Spektakuläre Maschinen

DANIEL STRASSBERG

Spektakuläre Maschinen

Eine Affektgeschichte
der Technik

 Matthes & Seitz Berlin

Inhaltsverzeichnis

.

Einleitung

in der dargelegt wird, dass das Buch von den kollektiven Affekten und unbewussten Haltungen handelt, die der Technik entgegengebracht werden.

Kasparow ist beleidigt

Im Mai 1997 gewann der IBM-Computer Deep Blue gegen den amtierenden Schachweltmeister Garry Kasparow einen regulären Wettkampf über sechs Partien. Kasparow verweigerte eine Revanche, weil er wütend darüber war, dass die IBM-Techniker die Maschine zwischen den Partien getunt hatten. Das war den Regeln zufolge zwar zulässig, aber Kasparow empfand sich um die Antwort auf die Frage betrogen, um die es ihm ging: Ist die künstliche Intelligenz der natürlichen überlegen? Heute würde man Deep Blue keine künstliche Intelligenz mehr zubilligen, weil er nicht in der Lage war, aus vergangenen Niederlagen zu lernen. Damals aber überschlug sich das Feuilleton in Superlativen: Eine Gehirnmaschine sei erfunden worden, die Menschheit stehe an einem Wendepunkt!

Diese Euphorie schlug jedoch rasch in Unbehagen um. Die Reihe der Bücher und Kongresse, der wissenschaftlichen und feuilletonistischen Artikel, die vor künstlicher Intelligenz (KI) warnen – und sie merkwürdigerweise gleichzeitig als Humbug entlarven wollen –, ist seither nicht mehr abgerissen. Die Befürchtung in den inzwischen wohl in die Tausende gehenden Beiträgen zu dem Thema scheint dabei immer dieselbe: Moderne Technik könnte bald Menschen selbst in seelenlose Maschinen verwandeln, die Menschheit könnte dadurch ihre Menschlichkeit verlieren und sich so letztlich selbst abschaffen.

Jahre später sah sich Kasparow genötigt, ein Buch zur Verteidigung der künstlichen Intelligenz zu veröffentlichen, hatte seine Niederlage doch dazu beigetragen, diese Ängste zu schüren. Auch er habe solche Ängste gehabt, gestand er im Nachhinein ein, doch inzwischen habe er gelernt, dass KI den Menschen eher menschlicher mache. Sie nehme ihm alle automatisierbaren Leistungen ab und schaffe so Raum für eigene Kreativität.[1]

In Japan kennt man solche Vorbehalte kaum. So wird beispielsweise der Einsatz von Robotern in der Altenpflege allgemein begrüßt, solange sie ihre Pflicht zuverlässig erfüllen.[2] Und weil sie zum Wohl der Bevölkerung beitragen, können sie auch die japanische Staatsbürgerschaft erwerben, oft sogar leichter als koreanische Migranten und Migrantinnen. Die Nachfrage, ob es denn nicht unheimlich sei, von einer Maschine gepflegt zu werden, und ob es die Würde des Menschen nicht verletze, wenn eine unbeseelte Maschine der einzige Kontakt sei, der alten Menschen noch bleibt, versteht man dort gar nicht. Immerhin funktioniert es doch!?

Offensichtlich wird die Unterscheidung zwischen lebendigen Menschen und leblosen Maschinen obsolet, wenn es keine individuelle und auf menschliche Wesen beschränkte Seele gibt, wie im japanischen Shintoismus und Buddhismus. Wenn aber die Seele, wie hier im Westen, das Humane schlechthin ausmacht, ist die Frage, ob eine Maschine beseelt ist, von eminenter Bedeutung.

Kollektive Affekte

Einige Begriffe und Konzepte, mit denen die folgende Darstellung arbeitet, scheinen auf den ersten Blick bekannt und verständlich zu sein, doch je länger wir uns ihrer bedienen werden, desto mehr zeigen sie ihre Unschärfen und Widersprüche. Es lohnt sich deshalb, sie so weit wie möglich zu klären.

Kollektive Affekte scheinen zunächst widersprüchlich, denn obwohl die Rede von kollektiven Traumata derzeit äußerst beliebt ist, verstehen wir doch unter einem Affekt gewöhnlich den seelischen Zustand eines Einzelnen. Kollektive haben weder eine Seele noch ein Bewusstsein und schon gar nicht ein Unbewusstes.

Im Zuge des grassierenden Funktionalismus und Biologismus werden Gefühle als Signale verstanden, die das Subjekt zu sinnvollen Handlungen anspornen. Anhand der Angst lässt sich diese Auffassung folgendermaßen erklären: Die Angst vor dem fauchenden Tiger ist zweifellos eine vegetative, subkortikale Reaktion auf eine reale Gefahr. Adrenalinspiegel und Blutdruck steigen, der Puls wird beschleunigt, die peripheren Gefäße schließen sich (»Er wurde bleich vor Schreck«), die Körperhaare stellen sich auf (»Die Haare standen ihm zu Berge«), und manchmal versagt sogar der anale Schließmuskel (»Er hatte Schiss«). Diese physiologischen Veränderungen sind nicht kontrollierbar und unabhängig davon, was der Betroffene über Tiger weiß oder welche Einstellung er zu Tierrechten hat. Die Angst vor einem Tiger ist kulturunabhängig, ob sie nun erlernt oder genetisch verankert ist.

Doch viele Menschen reagieren auf Ratten und Spinnen, als wären sie Tiger. Ihr vegetatives Nervensystem schaltet bei ihrem Anblick auf den *fight-or-flight*-Modus, obschon sie sich kognitiv völlig im Klaren darüber sind, dass von Ratten und Spinnen eigentlich keine Gefahr ausgehen kann. Natürlich gibt es giftige Spinnen, aber sie kommen in der westeuropäischen Natur kaum vor. Unsere lebensweltliche Erfahrung ist von ungefährlichen Spinnen geprägt, während es ungefährliche Tiger nicht gibt. Erst vor Kurzem floh ein Tiger aus dem Zoo von Tiflis, und wir würden wohl niemandem eine Psychoanalyse empfehlen, der sich damals nicht aus dem Haus getraut hat.

Unvernünftige Angstreaktionen – Phobien – werden von einer behavioristisch ausgerichteten Psychiatrie als hinderliche Überbleibsel aus der Kindheit verstanden. Die phobischen Objekte *Ratte* und *Spinne* waren für die Betroffenen einst tatsächlich gefährlich, ihr Gehirn bleibt aber bis ins Erwachsenenalter so programmiert, als stellten sie nach wie vor eine Gefahr dar. Für die kognitive Verhaltenstherapie besteht also kein prinzipieller Unterschied zwischen der Angst vor dem Tiger und der Angst vor der Maus, beide sind erlernt.

Die Psychoanalyse hingegen versteht die phobischen Objekte als *gegenwärtige* Gefahr. Sie geht aber nicht von einer äußeren, sondern von einer inneren Gefahr aus, von einer verbotenen Triebregung zum Beispiel. Freud unterscheidet also weder reale und eingebildete Gefahren noch rationale und irrationale Ängste, sondern nur innere und äußere *Angstquellen*, was sich in der Regel mit der Unterscheidung von unbewussten und bewussten Ängsten deckt. Aber sowohl innere wie auch äußere Bedrohungen sind wirklich, und in einem gewissen Sinne sind beide auch rational.

Der Rattenmann ist eine von Freuds fünf großen Fallgeschichten, in denen der Begründer der Psychoanalyse die klinischen Fundamente der Entwicklung seiner Theorien aufzeichnete und durch die er sich das Ansehen erwarb, einer der größten Stilisten der Wissenschaftsprosa zu sein. Der Patient in dieser Wissenschaftsnovelle ist ein von Schuldgefühlen gequälter junger Mann. Eines Tages verlangt er, wie er es von seinen Freunden schon früher verlangt hatte, dass Freud ihm versichere, dass seine Schuldgefühle unbegründet seien. Freud antwortet: »Nein, der Affekt ist berechtigt, das Schuldbewusstsein ist nicht weiter zu kritisieren, aber es gehört zu einem anderen Inhalt, der nicht bewusst ist, zu einem Inhalt, der erst gesucht werden muss, und nur durch falsche Verknüpfung ist die bewusste Vorstellung an den Ort geraten.«[3]

Die Schuldgefühle sind real und sie sind auch rational, meint Freud, bloß entstammen sie nicht der *äußeren* Wirklichkeit, wie der Rattenmann fälschlicherweise annimmt. Neurotiker projizieren ihre Schuld- oder Angstgefühle in die Außenwelt, weil es einfacher ist, äußere Umstände zu bewältigen als innere Konflikte. Vor äußeren Umständen kann man immerhin fliehen. Dazu benötigt die Projektion einen Anknüpfungspunkt, eine »falsche Verknüpfung«: Die Ratte muss eine bestimmte unbewusste Bedeutung haben, damit sie zum phobischen Objekt werden kann. Dieser Anknüpfungspunkt ist in der Regel das Einfallstor zur Erforschung des inneren Konfliktes.

Die Angst vor der Ratte kann mit der *bewussten* Vorstellung von übertragbaren Krankheiten oder, wie im Falle des Rattenmanns, mit der unbewussten *Fantasie* einer homosexuellen Vergewaltigung verknüpft sein. Die Pointe der Psychoanalyse ist die Hypothese, dass die Angst vor übertragbaren Krankheiten ihren »Affektbetrag« von der unbewussten Fantasie erhält.[4] »Da steckt doch noch was anderes dahinter«, denken wir, wenn jemand beim Anblick einer Ratte in Panik vor der Ansteckung mit dem Pestbakterium gerät.

Mit Ausnahme von unmittelbaren Schreckreaktionen ist demnach zwischen einem Gefühl und der äußeren Wirklichkeit eine *Vorstellung* eingeschoben. Diese vermittelnde Fantasie ist durch die eigene Biografie geprägt, aber nicht nur. Jede Kultur stellt ein Arsenal an Vorstellungen bereit, deren sich der Einzelne bedienen kann, um seinen Konflikten, Wünschen und Trieben persönlichen Ausdruck zu verleihen. Als würde eine Stadt ein Magazin an Requisiten unterhalten, bei dem sich die Theater der Stadt für all ihre Stücke bedienen können.

Diese kollektiven intermediären Vorstellungen, die der Einzelne jeweils für sich ausgestaltet, sind für eine Kultur konstitutiv. Die Überzeugung, dass zwischen Menschen und Maschinen ein grundsätzlicher, kategorialer Unterschied besteht, ist zum Beispiel in unserer Kultur selbstverständlich, in Japan scheint sie weit weniger verbreitet zu sein.

Ein *Kollektiv* ist also nicht bloß eine Anzahl von Leuten, ein Kollektiv ist eine Gruppe, für die gewisse kollektive intermediäre Vorstellungen selbstverständlich sind. Michel Foucault nennt diese Selbstverständlichkeiten *epistème*, »ein Mittelgebiet zwischen einem bereits codierten Blick und einer reflektierenden Erkenntnis«.[5] *Epistème* ist somit eine Art kultureller Filter, der zwischen Wahrnehmung und Reflexion vermittelt und durch den jede Wahrnehmung hindurchmuss. Ende des 18. Jahrhunderts prägte der Königsberger Philosoph Immanuel Kant für diesen Filter am Übergang von der Wahrnehmung zum Verstand den Begriff »Schematismus«. Schemata vermitteln, so Kant, zwischen den vielen Einzeldingen, die wir wahrnehmen, und dem allgemeinen Begriff, der diese Wahrnehmungen zusammenfasst, zwischen den einzelnen Bäumen zum Beispiel und dem Begriff »Baum«. Wenn die Fantasie, die bei Kant Einbildungskraft heißt, kein allgemeines Bild, kein Schema des Baumes zur Verfügung stellen würde, könnte der Verstand keinen Begriff des Baumes bilden. Für Kant sind diese Schemata allerdings nicht kulturell verschieden, sondern in der allgemeinen menschlichen Vernunft verankert.

Selbst Freud muss eingestehen, dass zwischen der Wahrnehmung und der individuellen Verarbeitung der Wahrnehmung ein kollektives Schema eingeschaltet sein muss, das er allerdings als genetisch festgelegt sieht. Am Ende einer anderen berühmten Fallgeschichte, der über den Wolfsmann, finden sich folgende Zeilen:

> Ich habe nun zu Ende gebracht, was ich über diesen Krankheitsfall mitteilen wollte. Nur noch zwei der zahlreichen Probleme, die er anregt, scheinen mir einer besonderen Hervorhebung würdig. Das erste betrifft die phylogenetisch mitgebrachten Schemata, die wie philosophische »Kategorien« die Unterbringung der Lebenseindrücke besorgen. Ich möchte die Auffassung vertreten, sie seien Niederschläge der menschlichen Kulturgeschichte.[6]

Doch in welchem Sinn sind diese kollektiven Selbstverständlichkeiten an der Schnittstelle unserer Subjektivitäten zur Welt auch unbewusst? Der Begriff des Unbewussten ist schon in Bezug auf ein Individuum schwer zu fassen, in Bezug auf ein

Kollektiv scheint er ganz sinnentleert: Wer soll der Träger dieses Unbewussten sein? Zudem ist die Angst, dass die Maschinen die Kontrolle über die Menschen übernehmen würden, ja allen bewusst.

Alltagssprachlich wird das Unbewusste entweder als die Summe dessen verstanden, was einer Person kognitiv nicht zur Verfügung steht, oder als eine tief verborgene, dunkle Schicht der menschlichen Seele. Doch weder das Un*ge*wusste noch das *Unter*bewusste decken sich mit dem Freud'schen Unbewussten. In einem Essay von 1915 tastet sich Freud an den Begriff des Unbewussten heran. Zwei mögliche Beschreibungen kommen für ihn infrage:

> Wenn ein psychischer Akt [...] die Umsetzung aus dem System *Ubw* in das System *Bw* (oder *Vbw*) erfährt, sollen wir annehmen, daß mit dieser Umsetzung eine neuerliche Fixierung, gleichsam eine zweite Niederschrift der betreffenden Vorstellung verbunden ist, die also auch in einer neuen psychischen Lokalität enthalten sein kann und neben welcher die ursprüngliche, unbewußte Niederschrift fortbesteht? Oder sollen wir eher glauben, daß die Umsetzung in einer Zustandsänderung besteht, welche sich an dem nämlichen Material und an derselben Lokalität vollzieht?[7]

Zweite Niederschrift an einem anderen Ort versus *Zustandsänderung am selben Ort*: Freud kann sich nicht recht entscheiden, er schwankt zwischen dem Unbewussten als Ort, an dem Wünsche repräsentiert sind, oder dem Unbewussten als Produktionsmaschine. Am Ende scheint er eher dem zweiten Modell den Vorzug zu geben. In diesem Modell ist das Unbewusste eine »Zustandsänderung, welche sich an dem nämlichen Material vollzieht«: Im Unbewussten werden Fantasien *produziert*, es ist eine Art unsichtbare Fabrik, auf deren Existenz wir nur aufgrund ihrer bizarren Produkte wie nächtliche Träume, Fehlleistungen und neurotische Symptome schließen können.

Man kann in beiden Bedeutungen von einem kollektiven Unbewussten sprechen: Es gibt bestimmt Maschinen, die *allgemein* als Projektionsflächen für Träume und Wünsche dienen. Aber der rote Ferrari des Nachbarn ist als Projektion so trivial, dass er für unsere Untersuchung kaum von Belang ist. Wichtiger ist das Unbewusste, das Mythen *produziert*.

Alles, was den Menschen Angst einjagt, wird mithilfe von Erzählungen – Mythos heißt ja nichts anderes als Erzählung – verarbeitet und gebändigt. Zum Beispiel das Gewitter: Es verängstigte die Menschen wahrscheinlich zu allen Zeiten. Doch die Angst vor dem Gewitter ist jeweils eine andere, je nachdem, welche Vorstellung Menschen von der Bedeutung des Unwetters haben. Erzählt der Mythos, es sei ein Zeichen göttlichen Zorns auf ungehorsame Menschen, ist der potenzielle Schaden ein seelischer und man flüchtet zum Gebet in die Kirche; erzählt die Wissenschaft, das Gewitter sei allein eine elektrische Entladung der Atmosphäre, ist der Schaden nur körperlich: Man montiert Blitzableiter oder sucht möglichst rasch einen Faraday'schen Käfig auf.

Zum Teil ähnelt die Angst vor Maschinen jener vor dem Gewitter: Denn auch sie bildet Mythen, die zu spezifischen Handlungen auch technischer Art Anlass geben. Die Angst, von der Technik kontrolliert zu werden, drückt sich in der Zeit der vernetzten Computer als Furcht vor der fremden Kontrolle über die eigenen Daten aus. Diese Angst bringt eine ganze Industrie hervor, die sich um Datensicherheit kümmert – mit welchem Erfolg sei dahingestellt. (Mythen sind nicht notwendig falsch!) Zum Zweiten transformieren sich die Erzählungen über Technik im Laufe der Zeit, nicht zuletzt durch die veränderte Technik – die wiederum neue Erzählungen produziert. Eine Gruppe der Harvard Universität um die Wissenschaftsforscherin Sheila Jasanoff hat entsprechend gezeigt, dass dieser Konflikt auch ein

Motor der technischen Entwicklung sein kann: Maschinen produzieren Mythen, die wiederum zu neuen Techniken anregen – deshalb heißt die Forschungsgruppe Co-Production.[8]

Andererseits ist die Angst vor Maschinen, die die Kontrolle übernehmen, von anderer Art als die Angst vor dem Gewitter: Sie hat keine »natürliche« Ursache und sie ist auch nicht genetisch verankert. Ähnlich wie die Spinnenphobie der Ausdruck eines inneren Konfliktes ist, der sich an ein äußeres Objekt heftet, ist die Angst vor Maschinen Ausdruck eines *kulturellen* Konfliktes, der sich an ein Objekt heftet.

Dass Maschinen keine natürlichen Dinge, sondern Artefakte sind, hat gravierende Konsequenzen: Mit Ausnahme knallharter Konstruktivisten oder Panpsychisten sind sich alle einig, dass den Gewittern die Mythen, die über sie erzählt werden, herzlich egal sind. Das verhält sich bei der Technik anders, sie ist gegenüber ihren Erzählungen nicht indifferent. Die Art und Weise, wie wir technische Produkte *empfinden* und mit welchen Vorstellungen wir sie verbinden, verändert sie im Laufe der Zeit. Als Marktforschungen ergaben, dass Ehefrauen häufiger als ihre Partner über den Kauf eines Autos entscheiden, entwarfen die Designer der Fahrzeuge große runde Scheinwerfer, die dem Auto ein »Gesicht« gaben, das dem Kindchenschema entspricht. Und der Computertastatur wurden nachträglich Klickgeräusche eingebaut, als klar wurde, dass völlig geräuschlose Tastaturen von den Kunden nicht akzeptiert würden. Offenbar waren Erinnerungsreste an Schreibmaschinen bei der Betätigung und Wahrnehmung solcher Tastaturen am Werk, die ein geräuschloses Tippen merkwürdig erscheinen ließen.

Affektkonstellationen

Dieses Buch handelt also in erster Linie von Affekten, nicht von Maschinen. Das Wort »Affekt« kommt von »affizieren«, was laut

Duden »bewegen, reizen; auf jemanden Eindruck machen« beziehungsweise »angreifen, krankhaft verändern« bedeutet.[9] Affekte sind demnach mehr als nur Gefühle, sie sind *Konstellationen*, ein Ausdruck, den Walter Benjamin verwendet, um in der Einführung zu seinem Buch über den *Ursprung des deutschen Trauerspiels* eine Idee mit einem Sternbild zu vergleichen. Ein Sternbild wirklich zu kennen, heiße mehr, als nur seinen Namen zu beherrschen, man müsse wissen, wo es am Firmament zu finden ist, aus wie vielen Sternen es sich zusammensetzt, wie sich die Sterne zueinander verhalten und wie sich ihre Lage im Laufe des Jahres verändert.[10]

In diesem Sinne verstand auch Baruch de Spinoza (1632–1677) Affekte als Konstellationen: Das, was jemand, sagen wir Adam, für jemand anders, sagen wir für Eva, empfindet, hat nicht nur damit zu tun, wie Eva *ist*, sondern auch mit der Art und Weise, wie sie auf Adam wirkt, was Adam für Vorstellungen von Eva hat, was er über sie weiß, ja sogar damit, wie Eva Adam wahrnimmt. Die Gedanken und Gefühle Adams drücken sowohl Eva wie auch Adam selbst aus, sie sind Ausdruck von komplizierten Verhältnissen aus äußeren und inneren Gegebenheiten und Wirkungen.

Furcht ist beispielsweise die »unbeständige Unlust, entsprungen aus der Idee einer zukünftigen oder vergangenen Sache, über deren Ausgang wir in gewisser Weise in Zweifel sind«.[11] Zum Affekt der Furcht vor Maschinen gehört also neben dem Gefühl der Unlust auch das Objekt Maschine, das die Unlust erzeugt, das Wissen, das wir über Maschinen erworben haben, die Fantasien, die über sie kursieren, und die Disposition der Kultur, auf die eine Maschine trifft – und vor all dem auch die Vorstellungen, die die Menschen von sich selbst haben.

Es genügt also nicht, die Gefühle zu beschreiben, die Maschinen beim Publikum einer bestimmten Epoche hervorrufen, zum Beispiel Furcht, Scham oder Staunen, wir müssen alle

Elemente ermitteln, die den jeweiligen Maschinenaffekt *kons-tellieren*: Gefühle, kollektive Fantasien, technisches Wissen und die politischen Verhältnisse, die sich in diesem Wissen spiegeln. Zudem verändern sich Affekte. Allerdings stehen die Gefühle, die eine Maschine auslöst, und die Mythen, die Maschinen produzieren, in einem engen Zusammenhang: Die Fantasien *tragen* gleichsam die Gefühle. So *trägt* etwa die Fantasie, der Mensch konkurriere mit Gott, wenn er Automaten baut, die Angst vor Bestrafung.

Die Transformationen von Affektkonstellationen sind im Übrigen nicht immer das Ergebnis äußerer Einflüsse, sie wohnen einer Konstellation meist schon inne. Gilles Deleuze prägte dafür den Neologismus Deterritorialisierung: Jede Konstellation beherbergt schon die Richtung ihrer Veränderung, ohne dass daraus auf strikte Entwicklungsgesetze geschlossen werden kann, eher auf eine Tendenz – wie der Aufbau der Stein-schleuder die Richtung vorgibt, in die der Stein fliegt.[12] Die *spinning jenny*, der erste automatische Webstuhl, erzwang Mitte des 18. Jahrhunderts die ersten Fabriken, weil sie nur als Ensemble, zusammen mit anderen Maschinen, mit geschultem Personal und mit den zur Verfügung stehenden Energiequellen reibungslos und effizient arbeitete. Das wiederum erzeugte bei den Arbeitern ein neues Selbstverständnis – sie waren eben keine Handwerker mehr, sondern Arbeiter, die neue Fertigkeiten und neue Fähigkeiten benötigten – und dieses neue Selbstverständnis führte dann zur neuen Fantasie, Maschinen seien Rivalen.[13]

Im Folgenden wird deshalb die Betrachtungsweise von Sheila Jasanoff erweitert und nicht nur der Zusammenhang zwischen Technik und Fantasien über Technik, sondern es werden auch die komplexen Wechselwirkungen zwischen dem realen Objekt Maschine, den unbewussten Fantasien über dieses Objekt, dem technischen und metaphysischen Wissen und den jeweiligen Selbstverhältnissen untersucht.

Die Psychoanalyse kann Affektkonstellation und unbewusste Fantasien im Grunde nur auf zwei Ebenen deuten. Einerseits versteht sie sie *biografisch* als Ergebnis einer individuellen Geschichte, andererseits *anthropologisch* als Ausdruck der vermeintlich unveränderlichen menschlichen Natur. Zwischen beiden Ebenen herrscht eine untergründige Korrespondenz, sodass sie sich gegenseitig stabilisieren: Hat jemand ständig Probleme mit seinem Chef, so sind diese seinem Vater geschuldet, den er als autoritär und kalt empfunden hat. Das gespannte Verhältnis zu Chef und Vater ist aber Ausdruck eines universalen Musters, des Ödipuskomplexes. So beweist das Muster den Einzelfall und der Einzelfall das Muster.

Dieses Buch versucht, zwischen der biografischen und der anthropologischen Deutung von Fantasien und Mythen eine mittlere historische Ebene einzuziehen, die zwar kollektiv, aber nicht anthropologisch-universell ist.

Faszination der Technik

Ich erinnere mich gut an jenen Montagmorgen, als die ganze Familie vor dem Fernseher saß und gebannt auf den ersten Schritt eines Menschen auf dem Mond wartete. Der Kommentator des Schweizer Fernsehens, Bruno Stanek, verkündete mit allem ihm zu Gebote stehenden Pathos: »Ein jahrhundertealter Menschheitstraum geht heute in Erfüllung.« Alle nickten beipflichtend. Niemand störte sich daran, dass 30 Milliarden US-Dollar für das Hinausschleudern eines mit drei Menschen besetzten Metallzylinders ausgegeben worden waren. Selbst die Astronauten wussten nicht, wozu das Ganze gut sein sollte: »I looked down at my footprints, and I knew I wasn't coming this way again. Why were we here? What did it mean?«[14] Im Nachhinein wurde etwas verschämt die Entwicklung der Teflonbeschichtung des Hitzeschilds der Apollokapsel als technische

Errungenschaft für das Alltagsleben angeführt, die das Apollo-programm gebracht hätte. Doch Hand aufs Herz, das wäre billiger zu haben gewesen.

Nein, nicht der praktische Nutzen, sondern die symbolische Bedeutung rechtfertigte die gigantischen Ausgaben. Die National Aeronautics and Space Administration (NASA) der Vereinigten Staaten von Amerika wollte durch die Männer auf dem Mond eine unmissverständliche Botschaft an alle Menschen auf der Erde übermitteln: Sie wären mächtig genug, nach den Sternen zu greifen. Nichts illustriert Marshall McLuhans Slogan besser als die Expedition auf den Mond: Das Medium selbst ist die Botschaft.[15]

Genau 365 Jahre vor der Apollo 11, im Jahr 1609, schrieb der junge Johannes Kepler aus Weil der Stadt, nahe Stuttgart, einen Science-Fiction-Roman mit dem Titel *Somnium*. Darin träumt ein Jüngling davon, er werde vom berühmten dänischen Astronomen Tycho Brahe in das Land Levania gebracht.[16] Es wird vermutet, dass Kepler die Form des Romans gewählt hat, um seine Erkenntnisse über das Planetensystem an der kirchlichen Zensur vorbeizuschmuggeln. Tatsächlich ist der wissenschaftliche Apparat, der die einzelnen Erscheinungen mathematisch erklärt, umfassender als die Erzählung selbst.

Es ist unwahrscheinlich, dass die Ingenieure der NASA Kepler gelesen haben. Jules Vernes *Von der Erde zum Mond*[17] kannten sie vielleicht, aber viele technische Inspirationen werden sie daraus nicht gewonnen haben. Es ist vielmehr anzunehmen, dass die Ingenieure von denselben Allmachtsfantasien getrieben waren wie die Schriftsteller vor ihnen. Tom Wolfe dokumentiert in seiner Reportage *Radical Chic und Mau Mau bei der Wohlfahrtsbehörde* die Allmachtsfantasien und Machtinteressen der Mondmission minutiös.[18]

Das Beispiel der Mondlandung erklärt, weshalb fantastische Maschinen genauso viel Bedeutung beizumessen ist wie realen technischen Errungenschaften. Literarische Maschinen dienen zwar nur selten als Vorlagen für reale Maschinen, aber oft sind es ähnliche Fantasien, Wünsche und Ängste, die eine Maschine konstruieren und einen Science-Fiction-Roman schreiben lassen. Der Roman oder der Film geben jedoch über die Hintergründe genauere und vollständigere Auskunft – oder sie beleuchten die abgeschattete Seite der technischen Entwicklung. Der Film *Unternehmen Capricorn* (USA 1978) greift die damals grassierende Verschwörungstheorie auf, wonach die Mondlandung von der NASA nur vorgetäuscht worden sei, um ihr Budget nicht zu gefährden. Die Mondlandung bedient Allmachtsfantasien, der Film berichtet von den Gefahren dieser Allmacht. Er erzählt von einem allmächtigen Staat, der den ohnmächtigen Zuschauer beständig betrügt.

Wie die Psychoanalyse aus den Träumen und Symptomen des Patienten auf unbewusste Fantasien schließt, versuchen wir aus Mythos, Wissenschaft, Religion, Literatur, Theater, Film und manchmal sogar aus der Musik auf *kollektive* Fantasien im Sinne dieser allgemeinen Interpretationsschemata zu schließen. Die Technik ist also nicht nur das Objekt kollektiver Fantasien, sondern sie ist eine Produktionsstätte kollektiver Träume. Neben Hollywood sind auch die NASA, Apple, Mercedes und Samsung wirkmächtige Traumfabriken. All diese Firmen unterhalten riesige PR-Abteilungen, deren einzige Aufgabe es ist, Träume zu produzieren.

Die Begeisterung für Technik sei nur Ausdruck falscher Bedürfnisse, behaupten die unzähligen rechten wie linken Kritiker des Konsumkapitalismus. Die falschen Bedürfnisse, heißt es, werden von der Werbung produziert, um einerseits den Konsum anzukurbeln und andererseits das Subjekt stillzustellen. Das klingt bei Herbert Marcuse, einer Ikone der Achtundsechzigerbewegung, so:

In letzter Instanz muß die Frage, was wahre und was falsche Bedürfnisse sind, von den Individuen selbst beantwortet werden, das heißt sofern und wenn sie frei sind, ihre eigene Antwort zu geben. Solange sie davon abgehalten werden, autonom zu sein, solange sie (bis in ihre Triebe hinein) geschult und manipuliert werden, kann ihre Antwort auf diese Frage nicht als ihre eigene verstanden werden.[19]

Das Individuum sei von der Kulturindustrie bis in den Kern seiner Psyche manipuliert, sodass es nicht einmal mehr seine eigenen Träume kennt, seine Wünsche wurden ihm von den kapitalistischen Werbeagenturen eingepflanzt. Aus dieser Perspektive kann Faszination für Technik nur ein *falsches Bedürfnis* sein, Freiheit und Technikbegeisterung schließen sich aus, weil Technik abhängig macht.

Diese Position lässt sich nicht halten. Jeder Werbefachmann bestätigt, dass Werbung keine Bedürfnisse erzeugen kann, sie kann höchstens bestehende Träume ausnutzen. Sie braucht immer etwas, woran sie andocken kann, und das kann sie zuverlässig an die Faszination für Technik: Die Anziehungskraft eines Gegenstands, der sich selbstständig bewegt oder andere Handlungen von allein vollzieht, scheint so elementar zu sein wie die Faszination für Feuer. Für eine lange Zeit wurden Maschinen sogar nur dafür konstruiert: Nicht weil sie nützlich waren, nicht weil sie die Arbeit erleichterten und nicht weil sie ökonomischen Vorteil versprachen, wurden sie gebaut, sondern einzig und allein, weil sie ein faszinierendes Spektakel boten – und bis heute noch immer bieten. Die Vermutung liegt nahe, dass unser kompliziertes und ambivalentes Verhältnis zur Technik etwas mit dieser elementaren Faszination zu tun hat.

Diese mag viele unterschiedliche Ursachen haben, aber die Funktionslust – ein Ausdruck des Psychologen und

Sprachforschers Karl Bühler (1879–1963) – scheint an erster Stelle zu stehen. Schon kleine Kinder klatschen begeistert in die Hände, wenn sich etwas von selbst bewegt, und diese Begeisterung lebt wieder auf, wenn sie einige Jahrzehnte später die neueste Küchenmaschine in Betrieb nehmen, die selbstständig Nudeln aus den Zutaten herstellt, die man in einen Trichter wirft. Die Begeisterung für dieses technische Wunder muss niemand künstlich erzeugen, die Werbung kann höchstens beeinflussen, ob die Ankarsrum der KitchenAid vorgezogen wird oder nicht.

Dass das Kleinkind die Bewegungen der Maschine per Knopfdruck auslösen kann, vermittelt ihm das großartige Gefühl, die Maschine, ja die Welt zu beherrschen. Dieser Machtrausch stellt sich erstaunlicherweise auch ein, wenn das Kind nur Zuschauer ist und gar keinen Knopf drücken muss. In diesem Fall identifiziert es sich mit der Maschine, es sieht sich und seine eigenen zukünftigen motorischen Fähigkeiten und Möglichkeiten in der Maschine bereits verwirklicht. Es jubiliert jetzt nicht über seine gegenwärtige, sondern über die fantasierte zukünftige Allmacht.

Der Zauberlehrling

Oft wurde in der Nachfolge von Michel Foucault die Beherrschung des eigenen Körpers nur unter dem Aspekt der repressiven Disziplinierung betrachtet.[20] Dass sie das Kleinkind auch mit einem triumphalen Gefühl beschenkt, wird dabei übersehen. Die Faszination der Technik ist ein Abkömmling dieses kleinkindlichen Triumphes, die Welt und den eigenen Körper beherrschen zu können. Dass diese Macht auch Grenzen kennt, erfährt es erst später, vorerst durchströmt es ein Gefühl absoluter Macht. An dieser Stelle kommt die Religion ins Spiel. Sie duldet keine andere Allmacht neben Gottes Allmacht, sie verlangt im Gegenteil Demut und Unterwerfung unter den Allmächtigen. Der Mensch, der sich anmaßt, wie Gott die Natur zu beherrschen, wird dafür bestraft werden. Davon erzählt nicht nur der Prometheusmythos.

Im Grunde handelt es sich bei der allgegenwärtigen Angst vor der Technik um eine Bestrafungsangst, eine Bestrafung für Allmachtsgelüste. Die Strafe besteht in nichts weniger als in der Abschaffung der Menschheit. Natürlich haben diese Ängste durchaus ihre rationalen Seiten, aber ohne Verbindung zu der irrationalen Angst, dereinst für die Hybris zur Rechenschaft gezogen zu werden, ist die Vehemenz der Auseinandersetzung zwischen Technikaffinen und Technikskeptikern unverständlich.

Es scheint also, dass die Angst, von Maschinen beherrscht oder sogar vernichtet zu werden, und die Faszination für die Technik zusammengehören, sie sind zwei Seiten derselben Affektkonstellation. In der öffentlichen Wahrnehmung werden sie jedoch auseinandergezogen. Auf der Technikseite einer Zeitung wird begeistert von einer neuen Gesichtserkennungssoftware berichtet, während im Feuilleton derselben Zeitung eine harsche Kritik am Missbrauchspotenzial dieser Technik erscheint. Erst das Auseinandertreten der beiden Seiten unseres Verhältnisses zur Technik lässt die Debatte um die Technik so laut wie flach werden.

Kritik sei die Kunst, nicht dermaßen regiert zu werden, schrieb Foucault vor dreißig Jahren, und tatsächlich verdient die Aussicht, von Algorithmen regiert zu werden, harsche Kritik.[21] Doch Menschen fürchten sich nicht erst seit dem Aufkommen der künstlichen Intelligenz vor Maschinen, schon Goethes Ballade »Der Zauberlehrling« erzählt davon: »Herr, die Not ist groß! Die ich rief, die Geister, werd ich nun nicht los.«

Platons Einwände gegen die Technik der Schrift und die heutigen Bedenken gegen das Googeln, das Anschauen von Youtube-Videos, anstatt zu lesen, und die Inanspruchnahme von künstlichen Intelligenzen für Beurteilungs- und Entscheidungsprozesse folgen alle dem technischen Grundmythos des Westens: Der

Geist wird durch die Technik beschädigt, Wissen geht verloren, die Menschheit verblödet, und am Ende verliert der Mensch seine Menschlichkeit.

So lesen wir bei Platon:

Denn Vergessenheit wird dieses in den Seelen derer, die es [das Schreiben] kennenlernen, herbeiführen durch Vernachlässigung des Erinnerns, sofern sie nun im Vertrauen auf die Schrift von außen her mittelst fremder Zeichen, nicht von innen her aus sich selbst, das Erinnern schöpfen. Nicht also für das Erinnern, sondern für das Gedächtnis hast du ein Hilfsmittel erfunden. Von der Weisheit aber bietest du den Schülern nur Schein, nicht Wahrheit dar. Denn Vielhörer sind sie dir nun ohne Belehrung, und so werden sie Vielwisser zu sein meinen, da sie doch insgemein Nichtswisser sind und Leute, mit denen schwer umzugehen ist, indem sie Scheinweise geworden sind, nicht Weise.[22]

Der Ulmer Hirnforscher Manfred Spitzer verkündet 2500 Jahre nach Platon, am 18. August 2012, im *Wochenblatt*, der *Zeitung für alle*:

Digitale Medien erledigen geistige Arbeit für uns und nehmen uns das Denken ab, ähnlich wie uns das Auto körperliche Arbeit abnimmt. Als Neurowissenschaftler weiß ich, dass man völlig ausschließen kann, dass das keine Auswirkungen auf das Gehirn hätte. Genauso wie unser Körper durch die passive Lebensweise nun auf Joggen und Fitness-Center angewiesen ist, ist auch das Gehirn ein dynamisches Organ, das bei ausbleibendem Input verfällt.

Google macht uns weis, dass es über jegliche Information verfügt, die man nur suchen muss. Studien belegen aber, dass jemand gegoogelte Inhalte mit geringerer Wahrscheinlichkeit im Gehirn abspeichert als jemand, der sie auf andere Weise sucht. Oder etwa bei der Orientierung: Wir lagern sie an das Navigationsgerät im Auto aus – und dürfen uns nicht wundern, dass wir selbst immer schlechter navigieren. Ähnliches gilt für Geburtstage, Telefonnummern, Kopfrechnen oder die Rechtschreibung. Passiert weniger im Gehirn, lernt man weniger, und die Gehirnwindungen bilden sich weniger aus.[23]

Platon und Spitzer hegen ähnliche Vorstellungen von der Wirkung der Technik: Eine Maschine wird gebaut oder eine Technik wird erfunden, um dem Menschen zu dienen und um seine Arbeit zu erleichtern. Doch bald wenden sie sich gegen ihre Erfinder. Sie nehmen ihrem Schöpfer Fähigkeit für Fähigkeit ab, bis er von ihnen vollkommen beherrscht oder gar zerstört ist. Die Maschine wird zum Subjekt der Geschichte, und im Gegenzug degeneriert der Mensch zur stumpfsinnigen Maschine.

Das Narrativ des Zauberlehrlings ist eine Art umgekehrter Prothesentheorie.[24] Während die Prothesentheorie das Werkzeug und die Maschine als Ersatz von Körperteilen und Körperfunktionen versteht, die die Arbeit erleichtern, nimmt die Technik in der negativen Prothesentheorie dem Menschen Fähigkeit um Fähigkeit so lange ab, bis eine Maschine sein Gehirn ersetzt. Spätestens dann hört er auf, Mensch zu sein.

Die Grundstruktur des Zauberlehrlings hat sich trotz unzähliger Varianten seit Platon erhalten, dennoch spiegelt sich darin nicht das Wesen des Menschen, so als wäre der Umgang mit Technik genetisch festgelegt. Dagegen spricht erstens, dass der Mythos für den Westen spezifisch ist, zweitens sind die Varianten für das Verständnis unserer Technikaffekte ebenso entscheidend wie der Grundmythos, und drittens reagieren Affektdispositionen ohnehin als Träger von Wissen, sie hinken in sich rasch entwickelnden Kulturen den kognitiven Entwicklungen immer hinterher, manchmal um Jahrhunderte. Deshalb können sich unbewusste Ängste einer vergangenen Epoche an aktuelle Situationen heften. Bei einem Individuum spricht man dann von einer Neurose, bei Kollektiven gibt es dafür meines Wissens keinen Namen, aber das Phänomen ist bekannt und weit verbreitet. Die Vorstellung von Impfgegnern beispielsweise, Kinder müssten Viren ausgesetzt werden, weil die Natur sie stärken will – die Kinder, nicht die Viren wohlverstanden –, gehört einer überholten, aber emotional immer noch hoch besetzten Vorstellung der guten Natur an. Mit derselben Logik könnte man aber Kinder auch einem Tiger aussetzen. Schließlich könnte ihnen das Wegrennen starke Beine verschaffen.

Nützliche, unterhaltende und denkanregende Maschinen

Fast alle Technikgeschichten gehen davon aus, dass Maschinen gebaut werden, weil sie nützlich sind. *Ursprünglich* sollen sie die Arbeit erleichtert haben, manche von ihnen seien *später* zu anderen Zwecken benutzt worden, vor allem in den Bereichen Unterhaltung, Theater und religiöse Propaganda.

Tatsächlich kamen in der Antike nützliche Maschinen zum Einsatz – Hebel, Flaschenzüge und archimedische Schrauben –, vor allem in der Landwirtschaft, im Bau und im Krieg. Ohne Lastkräne hätten die Pyramiden wohl nicht errichtet werden können. Diese uralten Techniken waren reine Arbeitserleichterungen, doch sie waren von geringem Unterhaltungswert. Allerdings belieferten Menschen, seit sie überhaupt Maschinen konstruieren, die Unterhaltungsindustrie auch mit Geräten, aus leicht ersichtlichen Gründen meist Automaten, die einzig und allein dazu dienten, beim Betrachter bestimmte Affekte auszulösen. Man darf also nicht voreilig in den beliebten Ursprungsmythos verfallen, dass die »eigentliche« und »ursprüngliche« Maschine ein Nützlichkeitsapparat gewesen

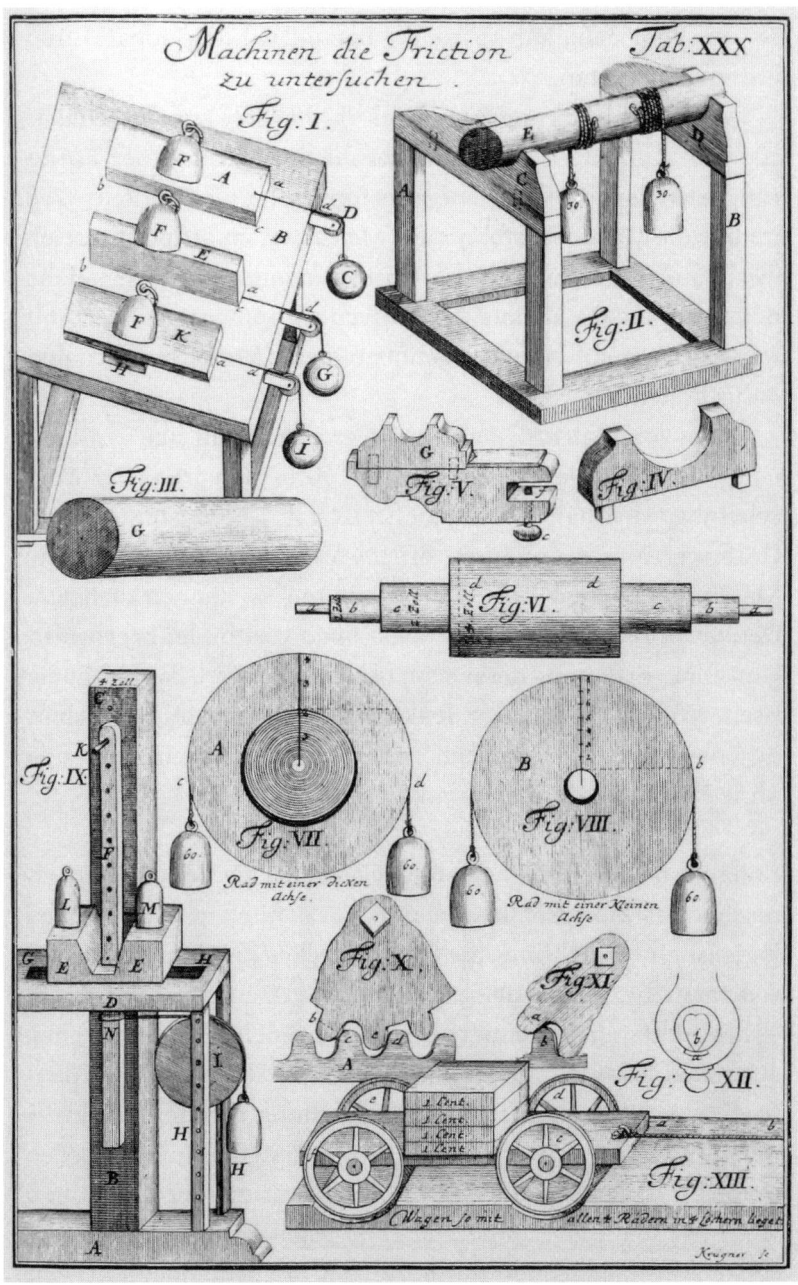

Alle Maschinen sind aus archimedischen
Maschinen zusammengesetzt.

sei, aus dem sich dann später die Beeindruckungsapparaturen entwickelt hätten.

Das Beeindruckungspotenzial ergibt sich aus der Dialektik von kindlichen Allmachtsgefühlen und religiöser Forderung nach der absoluten Unterwerfung unter die Gottheit. Weil immer die Gefahr besteht, dass Menschen zu erfindungsreich werden und sie dadurch das Unterwerfungsverhältnis gefährden, muss die Geschichte der »Knechte« immer wieder erzählt werden, die in die Hybris gegenüber »dem Herrn« verfallen und dafür bestraft werden.

Wenn von Dialektik die Rede ist, erwartet man eine Synthese, eine Aufhebung des Widerspruchs. Tatsächlich produzierte der scheinbar ausweglose Antagonismus von Überschreitung und Unterwerfung ein anderes, drittes Verhältnis zu Maschinen: Maschinen können nicht nur unterhalten, sie können auch zum Denken anregen – und dabei sogar neue Weltbilder hervorbringen. Ohne Erfindung der mechanischen Uhr wäre das mechanistische Weltbild genauso undenkbar gewesen, wie im 19. Jahrhundert das Oszillieren zwischen Endzeit- und Aufbruchsstimmung ohne Dampfmaschinen unmöglich gewesen wäre.

Anhand spektakulärer Maschinen lässt sich die Genealogie technischer Affekte deshalb besonders gut darstellen. »Eine Genealogie ist eine Erzählung, die ein kulturelles Phänomen zu erklären versucht, indem sie beschreibt, wie es entstanden ist, wie es hätte entstehen können oder wie man sich seine Entstehung ausmalen könnte«,[25] schreibt Bernard Williams (1929–2003). In diesem Sinne handelt diese Darstellung von den Affektdispositionen, mit denen neue Techniken aufgenommen werden oder die ihrerseits die Entwicklung bestimmter Techniken vorantrieben, insbesondere auch von jenem Schwanken zwischen Alarmismus und Euphorie, das fast jede neue Entwicklung begleitet.

Dass sich eine solche Affektgeschichte nicht in klar abgegrenzte Perioden aufteilen oder als Epochenfolge beschreiben lässt, liegt auf der Hand. Der amerikanische Kunsthistoriker George Kubler (1912–1996) machte einen Vorschlag, wie man Geschichte auch anders erzählen könnte.[26] Er vergleicht sie mit einem Faserbündel: Einzelne Motive, Konstellationen oder Erzählungen tauchen wie die Fäden in einem alten handwerklich hergestellten Tau auf, ziehen sich für eine Weile durch die Zeit, verschwinden dann aber wieder, um eventuell erneut aufzutauchen; sie verbinden sich dabei zu neuen Erzählungen, brechen wieder ab oder wechseln einfach die Seiten. Geschichte besteht aus zahllosen solchen Strängen, die sich zu allmählich sich verändernden Gestalten verbinden. Diese Art der Geschichtsschreibung verhindert nicht nur strenge Periodisierungen und falsche Teleologien, sie ermöglicht auch, zeitliche Inkongruenzen zu erklären. Zum Beispiel, dass die heftigen Affekte, die die zeitgenössische Technikdebatte zum Teil begleiten, im Grunde früheren Epochen angehören.

Nützliche und
spektakuläre Maschinen

worin behandelt wird, wie Menschen Technik erleben, dem Vorurteil entgegengetreten wird, dass die Ästhetik keine Bedeutung für die Technik habe, und erklärt wird, weshalb wir uns mit spektakulären Maschinen auseinandersetzen müssen, wenn wir die heutige Technikdebatte verstehen wollen.

Eine Lokomotive taucht aus dem Nichts auf. Sie rast auf den Betrachter zu, der neben einem Bahndamm zu stehen scheint. Die Landschaft wirkt amorph und konturlos, gleichzeitig auch kompakt und undurchsichtig. Hügel und Brücken sind nur angedeutet. Die Grenze zwischen Himmel und Erde verschwimmt. Die letzten Wagons verschwinden im Regen, das Ende des Zuges ist nicht sichtbar. Einzig der Schornstein der Lokomotive und die Böschungskante sind scharf gezeichnet und verleihen William Turners Gemälde *Rain, Steam and Speed* eine aggressive Note. Das Bild zwingt sich dem Betrachter gleichsam auf. In der Darstellung der Lokomotive gelingt Turner meisterhaft eine verdichtete Darstellung dessen, was ihm die Industrialisierung bedeutete, und wohl nicht nur ihm: Hoffnung auf Fortschritt gepaart mit der Angst, unter die Räder zu kommen. Buchstäblich. Das Kunstwerk zieht wohl jeden Besucher der National Gallery in London in seinen Bann. Er wird unweigerlich emotional berührt.

Wer hingegen einige U-Bahn-Stationen weiter südlich im Science Museum vor einer Lokomotive steht, will etwas lernen. Er will verstehen, wie eine Dampflokomotive funktioniert, welche Last sie zieht, wie viel Steigung sie überwindet und wie viel Kohle sie verbraucht. Und er erfährt einiges über die ökonomische Bedeutung der Dampftechnik im frühen 19. Jahrhundert. Die Besucher der National Gallery machen eine ästhetische, die des Science Museum eine kognitive Erfahrung, obwohl beide technische Artefakte betrachten. Auch die unzähligen Besucher des Cybathlon, eines »Wettkampfs für Athleten mit Behinderungen – unterstützt durch robotische Assistenzsysteme«, den die Eidgenössische Technische Hochschule Zürich 2016 ausrichtete, wollten eine bestimmte Form ästhetischer Erfahrung machen: Sie wollten etwas erleben – mit einer Maschine Fußball spielen, einem Roboter die Hand drücken, sich mit ihm über das Wetter unterhalten oder einem Laufwettbewerb gelähmter, mit einem Exoskelett ausgerüsteter Menschen beiwohnen. Vielleicht fühlte sich der eine oder andere an die Menschen erinnert, die im 19. Jahrhundert auf den Jahrmärkten in Käfige gesperrt dem Publikum vorgeführt wurden. Doch die meisten haben sich wohl ganz gut amüsiert – und über die Möglichkeiten der Technik gestaunt.

Wer sich heute von Maschinen verzaubern lässt, braucht einen Vorwand. Entweder schiebt er eine Kunstbetrachtung oder sein technisches Interesse vor – oder er bringt gleich ein Kind mit. Erwachsene, die Freude an automatischem Spielzeug oder an sinnlosen Gadgets haben, die Computerspiele spielen, die viel Zeit am Handy oder im Internet verbringen, sich von schnellen Automobilen und Tarnkappenfliegern begeistern lassen, geraten leicht in Verdacht, seicht zu sein, der Spaßgesellschaft zu huldigen, der Kulturindustrie auf den Leim gegangen zu sein oder, schlimmer noch, die Zeichen der Zeit nicht erkannt zu haben.

So verkündet Marco Morosini, ein Berater von Beppe Grillo und Professor an der den Cybathlon ausrichtenden ETH, in einem Interview mit dem Zürcher *Tages-Anzeiger*:

Das Internet richtet in vielen Bereichen unkalkulierbare Schäden an. Den grössten Schaden richtet es in den Gehirnen von Milliarden Menschen an, insbesondere von Jugendlichen. Die Bilder, die schon Zehnjährige jederzeit abrufen können – das ist haarsträubend. Und dass wir Erwachsene es zulassen, völlig verantwortungslos. Inmitten der globalen Digitalisierungseuphorie blenden wir die Folgeschäden des Internets viel zu stark aus.[1]

Maschinen standen nicht immer unter Generalverdacht. Die antiken und vorneuzeitlichen Unterhaltungsautomaten dienten im

Gegenteil dem erbaulichen und lehrreichen Erleben. Die Theatermaschinen von Heron von Alexandria; Brunelleschis Erzengel
Gabriel; die Maschine, die über die Seine gehen konnte und Leibniz von einer eigenen Wunderkammer träumen ließ, Vaucansons Flötenspieler, zu dem *tout Paris* strömte, die *Venus electrifi-
cata*, auch »Kuss von Leipzig« genannt, eine durch eine Leidener
Flasche geladene Dame, die einen Galan küsste, um ihm gleichzeitig einen Schlag zu versetzen: Sie alle hatten keinen unmittelbaren Nutzen, ihr alleiniger Zweck war, ein bestimmtes Erleben
zu ermöglichen und ein faszinierendes *Spektakel* zu bieten. Damit
widersprechen sie allerdings der mittlerweile kanonischen Definition der Maschine, die vom römischen Architekturtheoretiker Vitruv (ca. 80–15 v. Chr.) stammt: »Eine Maschine ist eine
zusammenhängende Verbindung aus Holz, die die Eigenschaft
hat, maximale Lasten bewegen zu können. Sie wird künstlich
durch Kreisumdrehungen bewegt, welche die Griechen *kykli-
ken kinesis* nannten.«[2]

Eine Maschine muss einen Nutzen haben, die ästhetische
Erfahrung allein genügt Vitruv nicht. Er braucht ein bewegli-
ches Gefüge, das die vier einfachen oder archimedischen Maschi-
nen – Seil, Hebel, Rolle und schiefe Ebene (Keil) – verbindet,
um den Wirkungsgrad einer natürlichen Kraft zu steigern, zum
Beispiel die Muskelkraft eines Menschen. Dabei wird, betont
Vitruv, meist eine zirkuläre in eine lineare Kraft umgewandelt –
oder umgekehrt. Einen derartigen Nutzen haben spektakuläre
Maschinen nicht, was jedoch nicht heißt, dass unterhaltsame
Maschinen gar keinen Nutzen hätten, wir werden in ihrem
Zusammenhang aber von Funktion sprechen. Die Funktion des
ästhetischen Vergnügens ist meist, eine Botschaft zu vermitteln.

In seinem Buch über den Witz macht sich Freud über die
Mechanismen Gedanken, die das Lachen auslösen. Die Witz-
erzählung, so eine der Thesen Freuds, bereitet dem Zuhörer
Lust, weil der Witz einerseits einen verbotenen aggressiven

oder sexuellen Gedanken transportiert, andererseits eine den Erwachsenen sonst untersagte Unsinnslust ermöglicht. Die beiden Lüste stehen in einem »verwickelten Auslösungsverhältnis« zueinander: Die durch die Unsinnslust gehobene Stimmung erlaubt dem verbotenen Gedanken Zugang zum Bewusstsein – was die Stimmung weiter hebt und die Unsinnslust sanktioniert. Die Lust sei die Verlockungsprämie, schreibt Freud, die den Gedanken erlaubt.[3]

Ähnlich müssen wir uns die Botschaften der spektakulären Maschinen vorstellen: Die wegen der ästhetischen Erfahrung gehobene Stimmung erlaubt auch anrüchigen und unerhörten Botschaften Zugang zum Bewusstsein. Die Botschaft ist gleichsam die Trittbrettfahrerin des Vergnügens.

Vom Erleben geht ein anderer antiker Autor bei seiner Definition der Maschine aus: »Diese dem Kreise zugrundeliegende natürliche Anlage machen sich nun die Ingenieure zunutze beim Bau einer Maschine (*órganon*), deren Antriebsprinzip sie verborgen halten, damit von dem Mechanismus (*mechanéma*) nur das Wunderbare (*thaumastón*) sichtbar, die Ursache aber im Dunklen bleibt.«[4] Diese Sätze stammen aus einer der wenigen Schriften über Mechanik, die aus der europäischen Antike überliefert sind. Sie wurden fälschlicherweise lange Aristoteles zugeschrieben.

Die *Quaestiones mechanicae* stellen im Gegensatz zu Vitruv nicht die Arbeit, sondern das Wunderbare der Technik ins Zentrum. Zwar sind auch solche Maschinen aus den vier archimedischen Maschinen zusammengesetzt, doch damit sie spektakulär werden, muss eine weitere Bedingung erfüllt sein: Ihr Mechanismus und ihr Antrieb müssen entweder unsichtbar sein oder sie sind sichtbar, dann aber nicht verständlich.

Im Jahr 1774 stellen Vater und Sohn Jaquet-Droz aus dem schweizerischen Neuenburg erstmals drei Automaten vor, die schreiben, zeichnen und Orgel spielen konnten. Ursprünglich als Werbeaktion für die Uhren der Manufaktur Jaquet-Droz

Automaten der Uhrmacherfamilie Jaquet-Droz
aus Neuchâtel, Schweiz (1774).

geplant, schlugen die drei Figuren beim Publikum derart ein,
dass sie bald zur Haupteinnahmequelle der Manufaktur wurden. Sie wurden in ganz Europa gegen ein beträchtliches Ein-
trittsgeld vorgeführt. Heute noch kann man an jedem ersten
Sonntag im Monat die Automaten im Musée d'Art et d'Histoire von Neuenburg in Funktion bewundern. Die Vorführungen seien so selten, erklärt mir der Museumsdirektor, weil die
Kette, die den Mechanismus antreibt, so komplex gefertigt ist,
dass sie nicht ersetzbar ist.

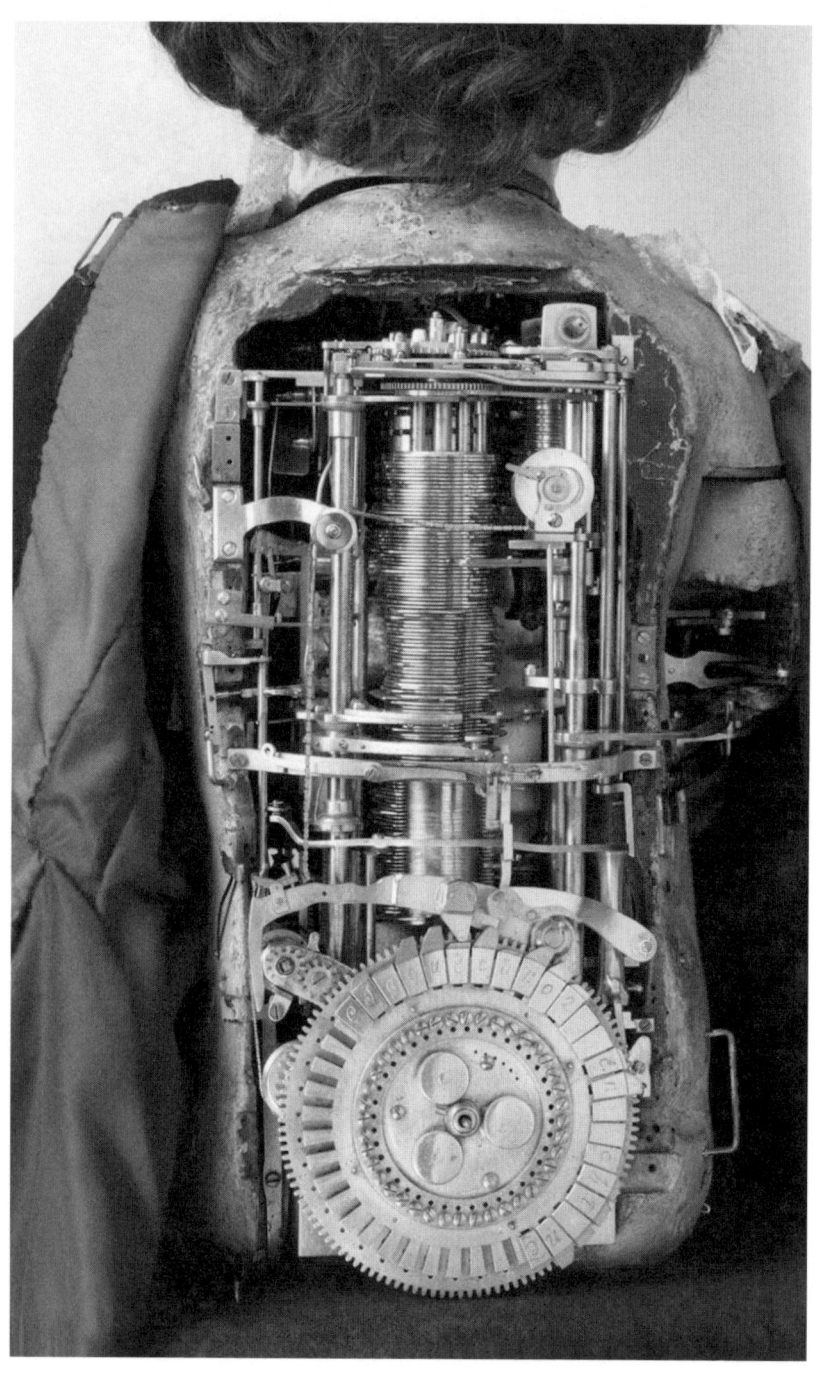

Das Innenleben des Schreibers.

Die Mechanik der drei Figuren liegtzwar offen zutage, doch sie ist so komplex, dass durch die Offenlegung das Wunderbare noch gesteigert wird. Man sieht und versteht doch nicht. Die Figuren scheinen Kinder darzustellen, einen Jungen, der schreibt, einen, der zeichnet, und ein Mädchen, das Klavier spielt. Die künstlerische Leistung ist eher bescheiden, man ist nicht einmal sicher, ob Kinder oder Erwachsene dargestellt sind. Doch wenn die Automaten in Aktion treten, ist das ganze Publikum, egal welchen Alters, hin und weg: Wie die Finger des Mädchens über die Tasten gleiten, wie der Junge mit einem Bleistift in der Hand einen Hund zeichnet und der andere mit einer echten Feder einen Brief schreibt – das alles ist reine Magie. Wer dann auf der Rückseite der Maschinen in den Mechanismus hineinschaut und die überaus komplexe, von einer Kette betriebene Walzenautomatik sieht, auf der jeder Stift einen Ton erzeugt, ist voller Bewunderung für das Können der damaligen Uhrmacher und wird verstehen, worin sich die ästhetische Erfahrung der Technik von jener der Kunst unterscheidet: Nicht das Schöne, sondern das Wunderbare berührt den Zuschauer. Oder anders gesagt: Die Kunst verschafft Genuss, die Technik ein Erlebnis.

Zwei Formen ästhetischer Erfahrung

Auch Kant unterscheidet in der *Kritik der Urteilskraft* zwei Formen ästhetischer Erfahrung: eine mechanische und eine im engeren Sinn ästhetische, wobei Letztere nochmals in eine angenehme und eine schöne unterteilt wird. Mit mechanischer Kunst ist das Handwerk gemeint, das allein durch Fleiß und Übung zur Vollendung kommt.[5] Eine gute Schreinerarbeit kann durchaus Wohlgefallen erregen, aber dieses ist nur ein Nebeneffekt ihres Nutzens als Esstisch. Kunst im engeren Sinn hat hingegen keinen anderen Zweck, als Lust zu bereiten. Bei der angenehmen Kunst bleibt es bei der Lust, damit es zur *schönen* Kunst reicht, müssen noch zwei weitere Bedingungen erfüllt sein: Sie muss erstens *ohne Interesse* schön sein, das heißt, der Betrachter darf auch keinen Nutzen davon *erwarten*, und zweitens muss ein Urteil, das einen Gegenstand als schön bezeichnet, in gewisser Weise allgemeingültig sein. Der Betrachter kann nämlich davon ausgehen, dass alle Menschen zu demselben Urteil kämen, weil die interesselose Lust des Schönen durch eine objektive Zweckmäßigkeit des Objekts angeregt wird. Unter Zweckmäßigkeit versteht Kant jedoch keinen äußeren Zweck, sondern lediglich ein reibungsloses Zusammenspiel der einzelnen Elemente. Kunst sei, so Kant, »Zweckmäßigkeit ohne Zweck«.[6]

Das harmonische Zusammenspiel gilt nun nicht nur für das Objekt der Betrachtung, sondern auch für das Subjekt beziehungsweise für seine inneren Vermögen: Der Betrachter empfindet einen Anblick als schön, wenn das, was er sieht, die Anschauung, mit dem übereinstimmt, was er versteht, dem Verstand.

Welche der Kant'schen Kriterien erfüllt der automatische Tiger, der heute im Victoria-and-Albert-Museum in London zu bewundern ist? Das etwa zwei Meter große Tier aus bemaltem Holz ist selbst für heutige technikübersättigte Besucher äußerst spektakulär: Es zerfleischt gerade einen englischen Soldaten, der noch knapp den Arm heben kann, bevor er endgültig sein Leben aushaucht. Alles wird von entsprechend gruseligen Geräuschen untermalt.

Tipu Sultan, der Herrscher des südindischen Mysore, ließ diesen Automaten im 18. Jahrhundert bauen, um seine englischen Dinnergäste zu beeindrucken – und wohl auch, um sie ein wenig zu erschrecken. Die Raubtiermaschine sollte nicht nur Bewunderung für das künstlerische und mechanische Können erregen, sondern auch den einen oder anderen Kolonialoffizier zum Nachdenken über die scheinbar von Gott verliehene Überlegenheit der Engländer anregen und ihm dadurch ein wenig mehr Zurückhaltung auferlegen.

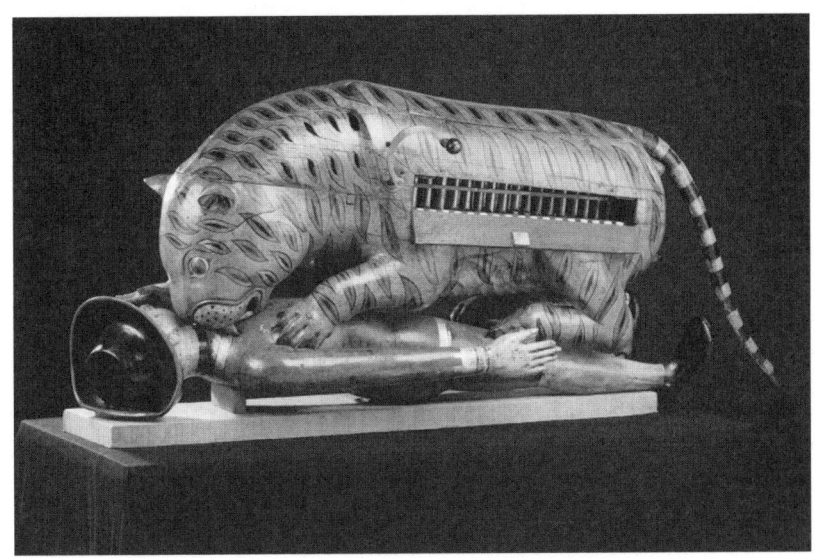

Der automatische Tiger des Tipu Sultan von Mysore frisst
einen britischen Soldaten (Ende 18. Jahrhundert).

Zweifellos ist der Tiger des Sultans eine Maschine, und ebenso
zweifellos verrichtet er keine mechanische Arbeit, um menschliche Muskelkraft zu ersetzen. In welche Kategorie ästhetischen
Erlebens gehört er also? Ist er schöne, angenehme Kunst oder
bloß gutes Handwerk? Dass er im Victoria and Albert steht, das
sich als *the world's leading museum of art, design and performance*
anpreist, macht die Sache nicht einfacher: Gehört er nun in die
Kategorie Kunst, Design oder Performance?

Deklinieren wir die Möglichkeiten durch. Der Tiger hat keinen unmittelbaren Nutzen wie ein Tisch, damit fällt die Möglichkeit des mechanischen Wohlgefallens weg. Lust bereitet er zwei-
felsohne, aber er ist nicht ohne Interesse. Die politischen Motive
des Sultans waren jedem Gast sofort klar. Bleibt also noch die
Kategorie des angenehm Schönen. Doch ist ein Tiger, der gerade
einen Soldaten frisst, tatsächlich angenehm zu nennen? Den

Film *Nightmare on Elm Street* würden wir doch auch nur ungern als angenehm bezeichnen, obschon er durchaus Lust bereiten kann. Dazu kommt, dass nach Kant die Lust einerseits der »Einheit der Einbildungskraft mit dem Verstande«,[7] andererseits der Zweckmäßigkeit der Natur entspringt, das heißt der Einsicht in das Funktionieren der Natur. Die Lust am Schönen empfinden wir mit anderen Worten, wenn wir das auch *einsehen*, was wir sehen. Doch die Maschine des Sultans beeindruckt gerade dadurch, dass sie versteckt, wie sie funktioniert. Das Gefühl des Wunderbaren der Maschine entsteht ja nach den *Quaestiones mechanicae* erst dann, wenn wir sie *nicht* verstehen.

Um diesem Erleben gerecht zu werden, müssen wir in der *Kritik der Urteilskraft* weiterblättern. Ab Paragraf 23 beschreibt Kant eine andere ästhetische Erfahrung – das Erhabene. Dem Erhabenen oder Sublimen begegnen wir im »Chaos oder in der wildesten, regellosesten Unordnung oder Verwüstung, wenn sich nur Größe und Macht blicken lässt«, zum Beispiel im »durch Stürme empörten Ozean«.[8] Da ist nicht mehr die Rede von Harmonie und von Zweckmäßigkeit, und doch kann ein solcher Anblick gefallen. Allerdings enthält dieses »Wohlgefallen am Erhabenen nicht sowohl positive Lust, als vielmehr Bewunderung oder Achtung«. Diese verdient, so Kant weiter, negative Lust genannt zu werden.

Was hat es mit dieser merkwürdigen negativen Lust auf sich? Die Begegnung mit etwas Unbegrenztem und Formlosen ist »der Form nach zwar zweckwidrig für unsere Urteilskraft, unangemessen unserm Darstellungsvermögen, und gleichsam gewalttätig für die Einbildungskraft«.[9] Die Begegnung mit der »regellosesten Verwüstung« beängstigt, weil man es sich weder vorstellen noch verstehen und schon gar nicht angemessen darstellen kann. Sie übersteigt alle unsere Vermögen. Aber – und daher stammt die negative Lust – die Vernunft kann in einer reflexiven Bewegung einsehen, *dass* uns hier etwas übersteigt.

In dieser negativen Einsicht triumphiert die Vernunft über die Angst und das Unverständnis. In gewisser Weise überbietet die Maschine das Erhabene Kants noch: Was den Menschen übersteigt, ist in diesem Fall vom Menschen selbst geschaffen, es ist nicht wie der tosende Ozean eine göttliche Schöpfung. Darin liegt die verstörende Grunderfahrung mit der Technik: Der *menschliche Verstand* erschafft etwas, was diesen selbst übersteigt. Natürlich verstand der Ingenieur seine Konstruktion, aber die Spannung besteht darin, dass die Betrachter sie nicht verstehen und gleichzeitig wissen, dass sie von einem menschlichen Verstand gebaut worden war.

Dieser eigentümliche Widerspruch spitzt sich derzeit noch zu: Die Ingenieure, die selbstlernende Algorithmen programmieren, verstehen tatsächlich nicht mehr, was diese tun. Inzwischen hat sich ein eigener Zweig der Informatik etabliert, der nur noch Algorithmen zu begreifen versucht. Ist das nicht ebenso faszinierend wie unheimlich?

Magie als gemeinsame Wurzel von Kunst und Technik

Bis ins 18. Jahrhundert verläuft eine klare Grenze zwischen den spektakulären und den nützlichen Maschinen, und die negative Lust, diese eigentümliche Mischung aus Angst und Triumph über die Angst, gehört klar auf die Seite der spektakulären Maschinen.

Erst als der englische Weber James Hargreaves um das Jahr 1765 mit der *spinning jenny* die erste Spinnmaschine erfand, verwischten sich die Grenzen. Für Unterhaltungsmaschinen fanden sich nun nützliche Zwecke, während nützliche Maschinen auch unterhaltsam wurden. Jacques de Vaucanson baute mit der Technik, die er für seinen automatischen Flötenspieler entwickelte, Spinnmaschinen, und die Grafikkarten der Computerspiele werden heute in komplexen Computerarchitekturen verwendet. Auf der anderen Seite werden fast alle Maschinen in verkleinerten Formen als Spielzeug angeboten. Heute entscheidet nur noch der Kontext, wozu eine Maschine zu zählen ist. Im Verkehrsmuseum ist ein Automobil eine spektakuläre Unterhaltungsmaschine, ebenso ist für manchen das Rasen auf der Autobahn Genuss und Unterhaltung, auf dem Schrottplatz ist es ein Ersatzteillager, am Nürburgring ein Sportgerät und im Stau des morgendlichen Berufsverkehrs ein (mehr oder weniger) nützliches Arbeitsgerät. Es liegt also nicht am Gerät selbst, ob eine Maschine der Kategorie Nutzen, Spiel oder Spektakel, *art*, *design* oder *performance* zuzuordnen ist, sondern am Kontext.

Das Verwischen der Grenzen hatte zur Folge, dass auch die Affekte der spektakulären Maschinen auf die nützlichen übersprangen.

Es wird immer deutlicher, dass die Frage nicht ganz umgangen werden kann, was unter einer Maschine zu verstehen ist. Die spektakulären Maschinen, die keine Arbeit für den Menschen verrichten, schließt Vitruvs Definition aus, und um diese soll es ja gehen. Eine umfassende Definition der Maschine ist nicht nur wegen der unterschiedlichen Funktionen und Kontexte schwierig, sondern auch, weil sich der Begriff im Laufe der Zeit als extrem wandlungs- und anpassungsfähig erwiesen hat. Ein dorischer Baumeister verstand unter dem Wort *machina* etwas anderes als ein Adeliger im französischen Barock unter *machine*, genauso wie ein Industriearbeiter im Manchester des 19. Jahrhunderts unter einer *machine* etwas anderes verstand als der Gamer aus Usedom oder Mumbai. Auf der anderen Seite waren Begriffe wie Maschine, Automat, Apparat, Gerät – vor allem das englische *device* – und sogar Instrument oft austauschbar.

Nicht einmal die Zusammensetzung aus materiellen Elementen ist für die Definition einer Maschine unabdingbar. Symbolische Maschinen sind formalisierte Gedankenabläufe – beispielsweise ein Computerprogramm – und als *Wunschmaschinen* bezeichnet etwa Gilles Deleuze psychische Konstellationen, in denen sich Begehren, Hoffnungen und andere erwartungsvolle geistige Zustände ausbilden.[10]

Obwohl sich im Folgenden der Gebrauch des Wortes an den jeweiligen Kontexten orientieren wird und so auch eine Brille mal eine Maschine sein kann, soll hier contre cœur der Versuch gewagt werden, eine für alle Verwendungen gültige Definition zu suchen: Eine Maschine ist etwas Menschengemachtes, das etwas macht. Auch Spinnen machen etwas, sie sind aber nicht vom Menschen gemacht, und auch Kunst ist vom Menschen gemacht, sie macht selbst aber nichts. Sie drückt etwas aus.

Etwas machen, und es auf die richtige Weise tun, das ist die Bedeutung des griechischen Wortes *technè*. Und *ars* ist die lateinische Übersetzung davon. Das ist kein Zufall, es deutet vielmehr auf eine gemeinsame Wurzel von Kunst und Technik hin, die in der Magie liegt und der eine besondere Ästhetik eigen ist.

Magie ist eine Technik der Naturbeherrschung durch Gedanken, darin ist sich die Forschung weitgehend einig. Vor etwa 20 000 bis 40 000 Jahren, als die Menschen den Naturgewalten noch ohnmächtig ausgeliefert waren, flüchteten sie sich in die Überzeugung, dass sie durch ihre Gedanken in der Lage seien, die Wirklichkeit zu beeinflussen. Wünsche gehen in Erfüllung, wenn sie ausgesprochen werden, und böse Gedanken können realen Schaden zufügen. Freud nimmt an, dass jeder Mensch eine Phase des magischen Denkens durchläuft, auch da folgt die Ontogenese der Phylogenese.[11]

Begleitet wird die Magie durch Mythen, die sie in ein entsprechendes Welterklärungsmodell einbetten. Es braucht die Vorstellung einer kosmischen und einer irdischen Ordnung, eine Vorstellung ihrer Hierarchien und Normen, in die der Mensch eingreifen kann, damit Magie Sinn ergibt.

Doch das allein genügt nicht. Magische Gedanken werden nur wirksam, wenn sie zur *Darstellung* gebracht werden – und nur suggestive und ästhetisch hervorragende Darstellungen können höhere Mächte nachhaltig beeindrucken. Deshalb wurden magische Praktiken und Rituale, die die Götter günstig beeinflussen sollten, vom Kollektiv oft bestimmten Personen wie Schamanen übertragen, sozusagen zur Qualitätssicherung.

Die Menschen des Jungpaläolithikums malten beispielsweise Tiere an die Wände ihrer Höhlen, um, wie man annimmt, den Tod der erlegten Tiere zu sühnen, oder sie vollführten einen Regentanz, um ihre Lebensgrundlage zu sichern. Offenbar waren die steinzeitlichen Jäger und Sammler der Überzeugung, dass Schönheit nicht nur die Stimmung der Menschen, sondern auch die Launen der Götter günstig beeinflussen kann. Sie beeindruckt die Götter und stimmt sie dadurch milde.

Die magischen Wurzeln der Technik und der Kunst drücken sich in ihrer gemeinsamen ästhetischen Funktion aus: Alle drei sollen *emotional bewegen*, *beeindrucken* und *beeinflussen* – sei es die Götter oder die Menschen.[12]

Doch als sich die Technik mit den Wissenschaften einließ, kam es zur Scheidung. Kunst und Technik brauchten einander nicht mehr und sie gingen fortan getrennte Wege; die Kunst versprach von da an ästhetischen Genuss ohne Nutzen, und der Technik blieb nur noch der ökonomische Nutzen ohne Schönheit. So jedenfalls beschreibt der neukantianische Begründer der Kulturphilosophie, Ernst Cassirer, 1930 das Verhältnis von Kunst und Technik.[13] Die Kunst habe mit Naturbeherrschung schon lange nichts mehr zu tun, schreibt Cassirer weiter, die Naturbeherrschung durch Technik hingegen sei der Magie weit überlegen, weil sie sich objektiver Gesetzmäßigkeiten bediene und nicht auf die Macht der Gedanken angewiesen sei. Cassirer geht also davon aus, dass die Technik ihre ästhetische Funktion längst eingebüßt habe, sie spiele allenfalls noch im Design eine sekundäre Rolle. Die alleinige Aufgabe der Maschinen sei es, die Wirkkräfte zu verstärken, um so die Arbeit zu erleichtern.

Hätte Cassirer damit recht, wäre die Geschichte der spektakulären Maschinen vielleicht amüsant, sonst aber nur für Technikhistoriker von Interesse. Tatsächlich ist die eigenständige Geschichte der spektakulären Maschinen mit der zunehmenden Automatisierung der Industrie zu Beginn des 19. Jahrhunderts zu einem Ende gekommen. Doch die alten Affekte, die Faszination und die Ängste, die unbewussten Konflikte und Fantasien haben die Zäsur durch die Vereinigung der nützlichen und spektakulären Maschinen überdauert und sich an die neue, nützliche Technologie geheftet. Um die heutigen zum Teil heftigen Affekte zu verstehen, die die Technik auslöst, ist es notwendig, dorthin zu reisen, wo sie einst entstanden sind.

Die Maschine vereinigt Kunst und Wissenschaft

Stimmt es tatsächlich, dass die Zeit zwischen dem späten 18. und dem frühen 19. Jahrhundert eine derart einschneidende Zäsur darstellt? Was ist mit Leonardo da Vinci? Sind die Geschichten der spektakulären und der nützlichen Automaten nicht schon bei ihm zusammengekommen, als er im 15. Jahrhundert visionäre Maschinen mit ökonomischem Nutzen konstruierte? Denken wir an die Pläne für eine Dampfmaschine, eine Flugmaschine, Nähmaschine, Werkzeugmaschinen und Kriegsmaschinen, die er entworfen hat. Ja sogar eine Spinnmaschine hatte er fast dreihundert Jahre vor Hargreaves konstruiert.

Leonardo ist in der Tat eine bedeutende Figur in der Vereinigung von nützlichen und spektakulären Maschinen. Seine schier unerschöpfliche Fantasie wurde nicht mehr durch Einhörner, Magnete und Seeungeheuer, sondern durch ganz praktische Probleme angeregt: Wie transportiert man Wasser gegen die Gravitationskraft? Wie automatisiert man die Produktion von Holzschrauben? Doch von kaum einem seiner visionären

Entwürfe wurden Prototypen gebaut, zur Serienreife brachte es kein einziger. Lediglich als Militär-, Bergbau- und Wasseringenieur war Leonardo praktisch zu gebrauchen. Tatsächlich lebten die Ingenieure der Renaissance »in einer Welt, die nicht vom pragmatischen technischen Denken erfüllt war, wo es nur relativ wenig Beziehungen zur alltäglichen, industriell anwendbaren Technik gab«.[14]

Wenn Leonardo und andere Ingenieure der Renaissance Maschinen ersannen, ging es ihnen nicht in erster Linie um ihren tatsächlichen praktischen Nutzen, sondern lediglich um die Möglichkeit der Anwendung von Wissen. Der französische Technikhistoriker Bertrand Gilles ist der Überzeugung, dass die technischen Visionen der Renaissance nie zum praktischen Gebrauch bestimmt waren, sondern nur die technischen Möglichkeiten ausloten sollten.[15]

Vergessen wir nicht, dass Leonardo hauptsächlich Maler war und die Malerei das einzige Handwerk, das er tatsächlich erlernt hatte. Zu den Sforzas nach Mailand wurde er als Künstler berufen – er hatte den Auftrag, eine Statue von Francesco Sforza I. zu fertigen –, und es kostete ihn einige Anstrengungen, sich dem Hof als Ingenieur anzudienen, was ihm offenbar mehr Spaß machte als zu malen. Später, als er als Maler längst etabliert war, wurde er immer wieder dazu verpflichtet, royalen Festlichkeiten durch Wundermaschinen einen besonderen Glanz zu verleihen. Giorgio Vasari berichtet, dass Leonardo im Oktober 1517 für ein Fest des Königs Franz I. einen sich bewegenden Löwen mit struppiger Mähne baute, der von einem Eremiten geführt wurde und vor dem die erschrockenen Frauen flohen. Nachdem der König ihn dreimal mit einem Zauberstab berührt hatte, der ihm von dem Eremiten gereicht worden war, öffnete sich der künstliche Löwe und schüttete eine Fülle von Lilien zu Füßen des Königs aus.[16]

Die Konstruktion von Maschinen war für Leonardo, und nicht nur für ihn, die Fortsetzung der Malerei mit anderen Mitteln,

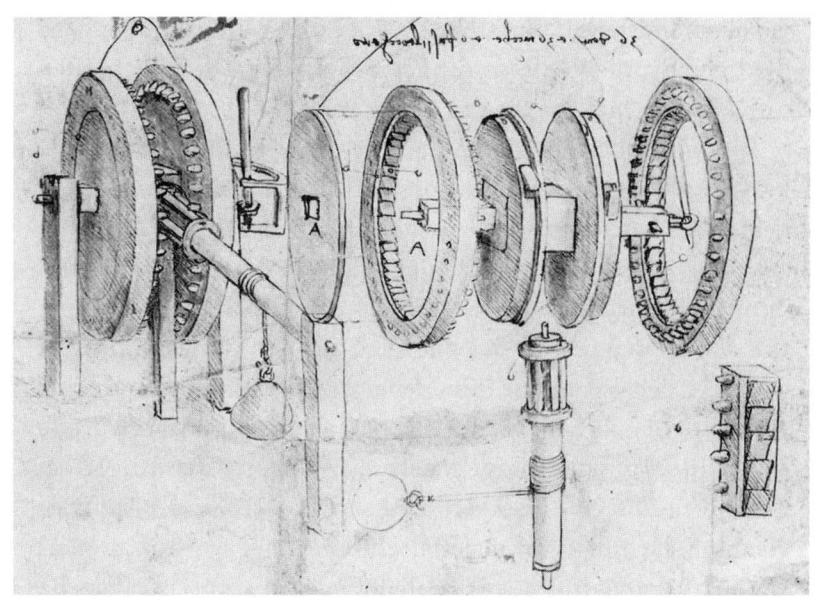

Leonardo da Vinci (1452–1519), Explosionszeichnung
einer Seilwinde mit zwei Freiläufen.

also in erster Linie Kunst. Leon Battista Alberti (1404–1472),
der *uomo universale* der Renaissance schlechthin, Schriftsteller,
Mathematiker, Kunst- und Architekturtheoretiker, Architekt,
Medailleur, mittelmäßiger Maler und Mann der Kirche in einem,
veröffentliche 1435/36 sein Brunelleschi gewidmetes Werk *Della
pittura*, das die Malerei der Mathematik unterwarf. Zu Beginn
versichert Alberti zwar, dass er nicht als Mathematiker, sondern als Maler schreibe, doch ein großer Teil des Textes erklärt
die Regeln der Malerei mithilfe der Geometrie. In der Malerei, insbesondere der Zentralperspektive treffe nach Alberti der
reine Geist auf die Natur, die Geometrie auf die Welt. Leonardo
nimmt diese Gedanken 1498 in seinem *Trattato della pittura* auf.
Die Malerei sei eine Wissenschaft, behauptet er zu Beginn des
Textes, weil sie die Geometrie dazu benutze, die Wirklichkeit

genau zu imitieren. Das stelle sie über die Poesie, die sich ganz der Imagination überlasse; die Poesie entspringe dem Menschen, während die Malerei aus der Natur komme.

Die Funktion der Mathematik ist es also, die Einbildungskraft zu zähmen. Alles, was vorstellbar ist, kann in ein Gedicht gekleidet werden, aber nicht alles, was vorstellbar ist, kann gebaut werden. Die Gesetze der Geometrie setzen der Einbildungskraft Grenzen. Selbst Gott ist den Gesetzen der Geometrie unterworfen, und das gilt auch für den Maler und mehr noch für den Ingenieur. Eine lebendige Einbildungskraft und eine gute Beobachtungsgabe reichen also nicht aus, um große Kunst zu schaffen, es braucht genauso fundierte Kenntnisse der Geometrie. Es gibt also keine bessere Kontrolle der Fantasie als die Maschine. Wenn sie falsch berechnet ist, funktioniert sie nicht. Leonardo nennt deshalb jede Wissenschaft mechanisch, die sich dieser Kontrolle stellt. In seinen Augen stellt die Maschine die ideale Verbindung von Wissenschaft und Kunst dar, sie beweist gleichsam die platonische Einheit von Wahrheit und Schönheit.

Auch der französische Ingenieur und Physiker Salomon de Caus (1576–1626) suchte im Maschinenbau die Vereinigung von Fantasie und Logik, jedoch weniger im Dienst der Wahrheit als im Dienst der Selbstvermarktung. Berühmtheit erlangte de Caus vor allem als Gartenarchitekt insbesondere des Hortus Palatinus im Schloss zu Heidelberg, der, mitten im Dreißigjährigen Krieg erbaut, von Zeitgenossen als achtes Weltwunder bezeichnet wurde. Da zu jedem barocken Garten Grotten mit Automaten gehörten, baute de Caus in Heidelberg ein von Wasser angetriebenes Figurentheater, das die Geschichte der Nymphe Galatea erzählte. Dazu spielte eine windbetriebene Orgel ätherische Melodien.

Im Jahr 1615 veröffentlichte de Caus zudem das Buch *Von Gewaltsamen bewegungen. Beschreibung etlicher, so wol nützlichen*

alls lustigen Machiner, in denen sowohl Erfindungen wie eine was-
serbetriebene Bohrmaschine, als auch eine lustige machina darauf
ettliche Vögel singen / wenn sich ein Kauz zu ihnen wendet.[17] Versuche, die Maschinen nachzubauen, haben gezeigt, dass de Caus
wohl nicht ganz so genial gewesen ist, wie er selbst glaubte. Sein
Werk ist weniger eine Bauanleitung als ein Kunstwerk.

Wie die Beispiele des Genies Leonardo da Vinci und des
Schaumschlägers Salomon de Caus zeigen, hatten Maschinen
auch dann noch keine ökonomische Bedeutung, als die Ingenieure längst in der Lage gewesen wären, nützliche Maschinen
zu bauen. Sie dienten höheren Zwecken als dem Mammon, sie
sollten die platonische Einheit von Wahrheit und Schönheit,
von Kunst und Mathematik darstellen.

Eine Maschine feiert das Leben

Auch im 19. Jahrhundert gab es noch rein spektakuläre Maschinen, ihre Botschaft änderte sich jedoch: Das Spektakel hatte
den Nutzen zu kommentieren. Bei den Weltausstellungen, die
ab 1851 (London) regelmäßig in den Hauptstädten Westeuropas
stattfanden, wurden nicht mehr automatische Flötenspieler und
Enten vorgeführt, sondern Dampfmaschinen und Lokomotiven,
sie sollten den Fortschritt und die Macht der Vernunft feiern,
die Natur zu unterwerfen.

Die Pariser Weltausstellung von 1889 fand nicht zufällig zum
hundertsten Jubiläum der Französischen Revolution statt. Sie
hinterließ uns nicht nur den Eiffelturm, sondern stellte auch
eine Fülle technischer Entwicklungen zum ersten Mal dem
breiten Publikum vor: den Phonographen von Edison zum Beispiel oder den Motor von Gottlieb Daimler (1834–1900). Die
Galérie des Machines auf dem Champ de Mars, 420 Meter lang
und 110 Meter breit, wurde vom Schriftsteller Joris-Karl Huys-
mans als Kathedrale des Fortschritts bezeichnet. Tatsächlich

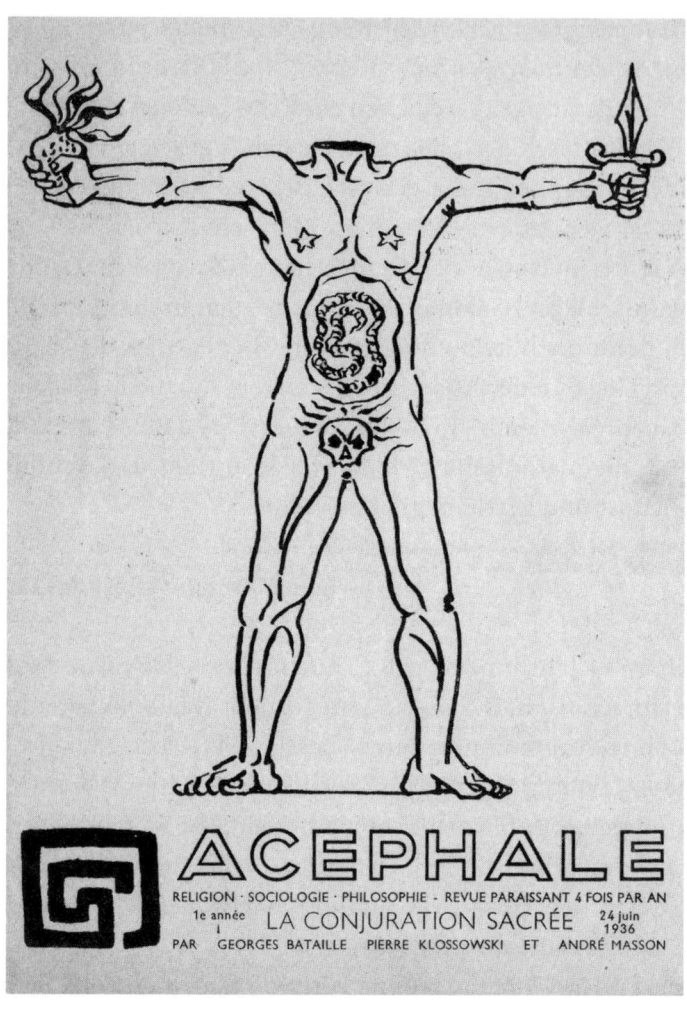

Titelblatt der ersten Ausgabe von Georges Batailles
Zeitschrift *Acéphale*, 1936.

war die ganze Ausstellung als elektrisch beleuchteter Gottesdienst des Fortschritts und des Lebens inszeniert – denn der
elektrische Strom verkörpert, wie wir noch sehen werden, den
Strom des Lebens.

Auch *Homage to New York*, eine Maschine des Schweizer Künstlers Jean Tinguely (1925–1991), die sich 1960 im Museum of Modern Art in New York selbst zerstörte, wollte nicht als Technikkritik, sondern als Feier des Lebens verstanden werden. Jean Tinguely sagte dazu, in leicht eigenwilligem Englisch, dass das intensive Leben dieser Maschine der Grund der Autodestruktion sei.[18] Die selbstzerstörerische Maschine wird hier zum religiösen Opferritual im Sinne des surrealistischen Philosophen Georges Bataille, der fast zeitgleich mit Tinguely das Menschenopfer (das er sogar an sich selbst in Form einer Enthauptung durchführen lassen wollte) zur Feier des Lebens hochstilisierte.

Das alles ist uns ziemlich fremd geworden. Die Maschine als quasireligiöse Darstellung des Fortschritts und des intensiven Lebens erscheint angesichts der riesigen Probleme, die uns der technische Fortschritt bereitet, reichlich blasiert. Nicht nur die zeitgenössische Kunst kommentiert den technischen Fortschritt inzwischen kritisch, sondern auch die Philosophie, besonders die, die sich an das große Publikum richtet. Eine der pessimistischen Zeitdiagnosen des koreanisch-deutschen Philosophen und Sloterdijk-Schülers Byung-Chul Han lautet zum Beispiel, dass der heutige Mensch nicht mehr spiele, sondern nur noch produziere.[19] Diese simple Gegenüberstellung verpasst eine entscheidende Pointe: Selbst bei dem effizientesten Produktionsprozess, der nützlichsten Maschine, der kritischsten Installation eines Jean Tinguely oder Bernhard Luginbühl, einer Rebecca Horn oder eines Ólafur Eliasson und auch noch im unheimlichsten Film schimmert die Faszination am Spiel, am Wunderbaren und am intensiven Leben der Maschinen noch durch.

Wunderautomaten

in dem Automaten mit dem Wunder verglichen,
das politische Interesse an Wundern und
Maschinen aufgezeigt und der damit verbundene
Vorwurf der Hybris ausgelotet wird.

Ferne Wunschmaschinen,
nahe Schreckmaschinen

Verwirrt kehrte Sir John Mandeville von seinen Reisen aus dem Orient zurück. Der Kublai Khan hatte ihn in einem mit Pantherfell ausgelegten Saal empfangen, der von einem Netz von Leitungen durchzogen war, die jedem Besucher sein liebstes Getränk direkt ins Glas lieferten, kaum hatte er den Wunsch ausgesprochen. Andere Quellen erläutern die Details des Mechanismus: Der oberste Mundschenk des Großkhans befiehlt einem Engel mit beweglicher Trompete, das gewünschte Getränk zu bestellen. Von der Trompete führt ein unsichtbarer Schlauch in einen unterirdischen Raum, wo ein versteckter Mann, wenn er den Befehl hört, in den Schlauch bläst, worauf das bestellte Getränk, von Bediensteten im Keller bereitgestellt, direkt zu den Gästen fließt. In späteren Versionen wurde dieses Leitungssystem noch mit tanzenden Pfauen und schwebenden Tassen ausgestattet.

Mandeville muss sich im Schlaraffenland gewähnt haben, doch ganz geheuer war ihm die Sache nicht: War diese Anlage tatsächlich ein Wunder, eine Nachbildung von Gottes wunderbarer Natur mit ihren Flüssen und Meeren, ein wahrhaftiges *speculum naturae*, ein Spiegel der Natur, oder war es doch ein Blendwerk des Teufels? Erfüllt jener die Wünsche nur, um später dafür seinen Tribut einzufordern: die Seele? Sir John Mandeville war jedenfalls einem Wunder begegnet und war daraufhin voller *admiratio*.

Admiratio ist der Affekt des Wunders schlechthin. Wenn in der mittelalterlichen Literatur ein Wunder geschieht, etwas Wunderbares, aber auch nur Wunderliches, reagieren die Anwesenden regelmäßig mit *admiratio*. Das Wort stammt aus dem Lateinischen: *mirare* bedeutet, etwas bewundern oder sich über etwas wundern, und ist mit dem *miraculum*, dem Wunder, verwandt. Im Spanischen ist daraus *mirar*, das gewöhnliche Verb für schauen geworden. Auch im Deutschen haben *Wunder* und *bewundern* dieselbe Wurzel. Ein Wunder ist also etwas, über das man staunt, das man bewundert und vor dem der Betrachter zugleich ein wenig zurückschreckt.

Der Roman *Livre* oder *Travels des* (sic!) *Jean de Mandeville* entführt den Leser des 14. Jahrhunderts in den Orient, der bevorzugte Fantasieort des Wunders. Schon vor ihm berichten andere Orientreisende von wundersamen Maschinen. Um 1250 will ein Wilhelm von Rubruk am Hofe des Großkhans einen silbernen, mit Löwen und Schlangen geschmückten Baum beobachtet haben, der Stutenmilch ausspie.

In Europa angesiedelte Maschinenlegenden sind eher die Ausnahme, und wenn es sie gibt, werden sie meist in die Antike zurückverlegt: Benôit de Sainte-Maure erzählt in seinem *Roman de Troie*, entstanden zwischen 1160 und 1170, vom Gemach des trojanischen Helden Hektor, in dem sich auf Säulen aus kostbaren Materialien vier lebensgroße Automaten aus Gold und Silber befanden. Einer hielt einen Spiegel, der den Menschen erlaubte, ihre Kleidung und ihr Benehmen in Ordnung zu bringen; einer spielte jegliche Instrumente und streute in regelmäßigen Abständen Blumen in den Raum (die dann später von einem mechanischen Adler aufgefegt wurden); einer hielt ein Weihrauchfass aus Topas, gefüllt mit heilkräftigen und süß duftenden Harzen; und einer trat als eine Akrobatin auf, die »unterhielt und tanzte und hüpfte und kapriolte und sprang den lieben langen Tag auf ihrer Säule, so hoch droben, dass es ein Wunder war, dass sie nicht stürzte«.[1]

Die zeitliche und räumliche Ferne erlaubte solche Idealisierungen, denn nur an fantastischen Orten werden Wünsche *unmittelbar* erfüll. Auch um Widersprüche braucht man sich nicht zu kümmern, wenn das Geschehen weit genug weg lag.

Fantasien, in denen Wünsche unmittelbar und ohne eigene Anstrengung befriedigt werden, nennt Freud »halluzinatorische

Wunscherfüllung«: Wie in einer Halluzination, einem Traum oder einem Film ist alles möglich.

Genau das ermöglichen Wundermaschinen, wenn sie weit in der Vergangenheit oder im Orient liegen, doch sobald sie näher rücken, verlieren sie ihre Unschuld, ihre furchterregende Seite tritt hervor. Die lokalen und gegenwärtigen Automaten sind oft schaurige Kampfmaschinen. Im 12. Jahrhundert musste Sir Lancelot, Ritter an König Arthurs Tafelrunde, erst drei kupferne Ritter besiegen, um die Burg Joyous Gard vom üblen Ritter Brandin of the Isles zu befreien. Der erste, »groß und kräftig, in voller Rüstung, eine riesige Axt in der Hand«, fiel vom Tor und zerschellte, kaum hatte Lancelot ihn erspäht.

Die beiden anderen bewachten mit schweren Schwertern das Schloss und schlugen automatisch auf jeden ein, der sich ihnen näherte. Doch ihre Automatik machte sie so vorhersehbar, dass es für den edlen Ritter ein Leichtes war, sie zu überlisten.[2] Eine andere Legende berichtet, dass sich der Kirchengelehrte Albertus Magnus (um 1200–1280) einen sprechenden Kopf gebaut habe, der als Türsteher unerwünschte Besucher ziemlich robust abweisen sollte. Als ihn sein Schüler, der Heilige Thomas von Aquin (1225–1274) in Köln besuchte, soll er so über den Frevel seines Meisters entsetzt gewesen sein, dass er den sprechenden Kopf auf der Stelle kurz und klein schlug.

Es gab also reale Automaten, doch im Grunde waren selbst diese literarisch, denn sie erzählten Geschichten, statt den Zuschauern Arbeit abzunehmen. Möglicherweise haben die realen Automaten die Fantasie der Reisedichter zu ihren Fiktionen angeregt, wahrscheinlich war es aber eher umgekehrt: Die Automaten waren Realisationen literarischer Helden. So wurde noch in den Fünfzigerjahren des letzten Jahrhunderts nach Skizzen aus dem Nachlass von Leonardo da Vinci ein automatischer Ritter, wie jene aus der Lancelot-Saga, gebaut. Replikate dieser Roboter, die ihre Arme bewegen, sich aufsetzen und den Kopf drehen konnten, waren im Leonardo-Jahr 2019 in verschiedenen Ausstellungen zu bewundern.

Die ersten realen Automaten waren wahrscheinlich Goldschmiedearbeiten mit hydraulischen oder pneumatischen Antrieben, die sich in höfischen Sammlungen, die später Wunderkammern hießen, fanden. Nach der Erfindung des mechanischen Uhrwerks um 1280 schmückten Automaten dann Kirchenfassaden. Und schon Mitte des 14. Jahrhunderts gab es in Mitteleuropa kaum noch eine größere Kirche oder Kathedrale ohne eines dieser Wunderdinge, die sich von selbst bewegten. Die erste astronomische Uhr, die 1353 in das Straßburger Münster eingebaut wurde, verfügte über ein Kalendarium und zeigte die Planentenbahnen an. Darüber hinaus verneigten sich die Heiligen Drei Könige zu jeder Stunde zum Klang eines Glockenspiels vor der Jungfrau Maria. Der Bretzelmann mit langen Haaren und schütterem Bart blickte dazu finster ins Publikum, öffnete und schloss seinen Mund, gestikulierte wild mit seinem rechten Arm und rezitierte zu Pfingsten bösartige Gesänge und unanständige Witze. Der Hahn, der zu jeder Stunde mit seinen Flügeln schlägt, ist noch heute zu besichtigen. Auf dem Uhrturm am Markusplatz in Venedig schlagen wiederum zwei schwarze Roboter mit erstaunlich lebensechten Bewegungen die Glocken an, und am Marienplatz in München tanzen orientalisch gekleidete Burschen um einen Harlekin.

Mirakel, Macht und Magnete

Fremdheit blieb für Automaten konstitutiv, auch die Wunderkammern der Fürsten füllten sich allmählich mit allerlei fremdartigem mechanischen Spielzeug. Jeder Fürst, der etwas auf sich hielt und es sich leisten konnte, unterhielt seit dem 13. Jahrhundert ein Kabinett mit seltenen und wertvollen Gegenständen. Den Kern dieser Sammlungen bildeten meist Heiligenreliquien und liturgische Geräte, um die herum exotische Raritäten ausgestellt wurden: Straußeneier, Elfenbeinschnitzereien, Greifenklauen, das Horn des Wisents, das Horn des Einhorns – eigentlich Narwalzähne –, seltene Berylle, Kokosnüsse, Korallen, Haifischzähne, Schlangenzungen und Magnetsteine.

Inmitten dieser natürlichen Exotika standen auch vom Menschen geschaffene Wunderwerke: Astrolabien, Armillarsphären und sich von selbst bewegende Wagen. Alle diese seltenen und schauerlich-schönen Objekte hatten dabei nur einen Zweck: die Allmacht Gottes zu spiegeln. Solch absonderliche Dinge kann der Herr in seiner unendlichen Macht erschaffen, war die Botschaft der Wunderkammer. Es war für diese Botschaft unerheblich, ob Gott diese seltsamen Dinge direkt durch die Natur erschuf oder ob er sie dem Einfallsreichtum von Menschen überließ, denn auch dieser verdankt sich der göttlichen Inspiration. Der große Albert konnte den sprechenden Kopf selbstredend nur bauen, weil er durch seine Frömmigkeit und Gelehrsamkeit die göttliche Allmacht und seine Allwissenheit anzapfen konnte. Selbstredend konnten sich alle, die im Besitz solcher Mirabilien waren, als Repräsentanten der göttlichen Macht auf Erden fühlen – und sich auch so präsentieren.

Die Exponate zeigten nicht bloß Macht, sie übten auch Macht aus. So durfte in keiner Wunderkammer ein Magnetstein fehlen, oft waren sie sogar das zentrale Ausstellungsobjekt. An ihnen lässt sich die Funktion der frühen Maschinen am besten darstellen.

Der Magnet ist das Wunder schlechthin. Wie bei Maschinen sind darin geheimnisvolle, unsichtbare Kräfte, deren Wirkungen sichtbar werden. Tatsächlich verfügt der Magnet über die magische Kraft, eisenhaltige Materialien aus der Ferne anzuziehen. Unter seinem Einfluss bewegt sich das Stück Eisen von selbst, und was sich von selbst bewegt, lebt – das haben wir bereits bei Aristoteles gelernt. Der Magnet belebt das Eisen, ergo muss

Die Wunderkammer des Ferrante Imperato, 1599

er selbst über eine lebendige Kraft verfügen. Leben kann aber nur von Gott gestiftet werden, deshalb muss der Allmächtige selbst diese Kraft in den Stein gelegt, ihm gleichsam Leben eingehaucht haben: Der Magnet ist also ein inspirierter Stein – er hat Leben eingeatmet.

Im Reiseroman *Herzog Ernst* aus dem 12. Jahrhundert muss der gute Herzog Ernst wegen einer Intrige seines Erzfeindes aus Bayern fliehen. Er begibt sich auf einen Kreuzzug, der ihn zunächst nach Grippia führt, wo sie den Reiseproviant stehlen, was als Mundraub durchgeht, eine lässliche Sünde. Dass Ernst aber aus purer Neugier (*curiositas*) nochmals in die Stadt zurückkehrt, um den Reichtum und die technischen Errungenschaften zu bewundern, wird ihm als Hochmut (*superbia*) angerechnet. Auf der Weiterreise in den Orient zu den Arimaspen droht das Schiff am Magnetberg Magnes zu zerschellen. Doch Gott erhört das inbrünstige Beten der Besatzung und rettet sie.[3]

Reichtum, Technik und Gottes Eingreifen werden im Text *wûnder* genannt, nicht nur, weil sie ungewöhnlich und unerklärlich sind, sondern auch, weil ihnen eine große Verführungskraft innewohnt – zum Guten wie zum Bösen. Seit Ende des 12. Jahrhunderts war zudem bekannt, dass der Magnet nicht nur eisenhaltige Steine anziehen, sondern auch Eisenspäne ausrichten kann. Aus der Ferne Leben spenden und zugleich eine Ordnung zu schaffen: Kann es ein besseres Bild für die Macht Gottes und des Fürsten geben? Tatsächlich besingen die Dichter in der süditalienischen Lyrik Friedrich II. als Kaiser, der sein Reich wie ein Magnet beherrscht und ordnet.

Ebendieser Staufenkaiser ließ zu Beginn des 13. Jahrhunderts die von den Byzantinern zerstörte Stadt Lucera wiederaufbauen, um dorthin 20 000 auf Sizilien lebende Sarazenen umzusiedeln. Lucera liegt im heutigen Apulien, nahe Foggia, damals an der Grenze zur päpstlichen Einflusssphäre. Friedrich hoffte, mithilfe des überlegenen Wissens der Araber seinen Erzfeind, Papst

Innozenz IV., zu besiegen. Das konnte die restliche Christenheit nicht zulassen. Unter der Führung von Karl I. von Anjou zogen christliche Truppen nach Süditalien, belagerten Lucera und eroberten es 1269 zurück. Im Jahr 1300 ließ sein Sohn Tausende der verbliebenen Muslime massakrieren, nachdem er sie noch ordentlich finanziell ausgepresst hatte.

Im Feldlager der Belagerer befand sich ein eigenartiger junger Mann, den alle nur Petrus Peregrinus nannten – Peter der Pilger. Statt eifrig zu belagern, zog sich Petrus in sein Zelt zurück und schrieb einen langen Brief an seinen Freund, Ritter Syger de Foucaucourt. Aufgrund von Experimenten sei er zur Überzeugung gelangt, so schrieb er, dass die Himmelshohlkugel nichts anderes als ein riesiger Magnetstein sei. Zwischen Mikro- und Makromagnet bestehe eine Analogie *und* eine Korrespondenz: Jeder Magnetstein ist gleichsam ein kleines Himmelsgewölbe; zugleich überträgt der Kosmos seine Kraft auf die Magnetsteine, was sich daran zeigt, dass sich die Pole des Magneten an den Polen der Himmelskörper ausrichten.[4]

Damit setzte Peregrinus eine Idee mit ungeahnten Auswirkungen in die Welt, eine Idee, die von Johannes Kepler und William Gilbert aufgegriffen und von James Clerk Maxwell in der allgemeinen Feldtheorie in eine moderne Form gegossen wurde: Der Kosmos ist nichts anderes als ein ungeheures (magnetisches) Kraftfeld, durchzogen von imaginären, an den Polen ausgerichteten Linien. Daraus folgt, dass Fernkräfte wirklich existieren, was eigentlich undenkbar ist, Kräfte, die nicht durch direkten Kontakt zweier Körper übertragen werden. Würde sich das bestätigen, wäre das nicht nur eine Revolution der Physik, es hätte auch eine enorme politische, theologische und philosophische Sprengkraft. Es würde bedeuten, dass der gesamte Kosmos beseelt ist. Denn nur Seelen, so meinte man, können ohne direkten Kontakt auf Objekte einwirken. Weil er unsichtbar ist, wurde der Magnetismus noch von Kepler als die

Kraft einer kosmischen Seele verstanden. Wie in einem Kettenkarussell, stellte Kepler sich vor, werden die Planeten mittels magnetischer Kräfte um die Sonne geschleudert. Und weil die magnetischen Kräfte seelischer Natur sind, versteht es sich von selbst, dass sie auch psychische Wirkungen zeitigen können. Jeder Verliebte kennt die ungeheuren Anziehungskräfte, die die Seele freisetzen kann. Deswegen war der Magnet auch ein treffendes Bild für die Liebe:

> Durch die Kraft der Magneten
> Wie er das Eisen an sich zieht, ohne dass man es sieht,
> aber es dennoch herrschaftlich zieht;
> es ist dies, dass mich zu glauben einlädt,
> das Liebe ist.[5]

Der Kosmos ist eine riesige, von Gott gebaute und von einer unsichtbaren magnetisch-erotischen Kraft angetriebene Maschine. Der lebendigen und beseelten *machina mundi* wohnt dieselbe Kraft inne, die die Liebenden aufeinander zu und manchmal ins Verderben treibt. Der enge Zusammenhang zwischen Magnetismus und Eros bleibt über Jahrhunderte erhalten. Er wurde vom Renaissance-Platoniker Marsilio Ficino ausgearbeitet, findet sich Ende des 18. Jahrhunderts im Mesmerismus wieder und wird dann von Schelling in seine Naturphilosophie übernommen.[6]

Nicht nur Magnete, auch Automaten sind zugleich Repräsentationen *und* Wirkungen der göttlichen Kraft. Die Automaten stellen die Weltmaschine dar und sie »leben« gleichzeitig von ihr. Sie sind Modelle der *machina mundi* und beziehen zugleich ihre Kraft von ihr. Ein ähnliches Verhältnis herrscht auch zwischen Gott und dem Fürsten: Durch den Besitz von Dingen, die Leben spenden, wird der Fürst ein Analogon Gottes, gleichsam seine verkleinerte Ausgabe und gleichzeitig ein von Gott mit

Lebenskraft versehenes Wesen – so wie das Eisen vom Magneten belebt wird.

Was ist überhaupt ein Wunder?

Wunder, Magnet und Automaten rufen beim Betrachter *admiratio* hervor – eine Mischung aus Staunen und Furcht. Das Wesen des Wunders und der *admiratio*, die es hervorruft, wird so besser verständlich: In einem Wunder drückt sich Gott durch eine unsichtbare und Leben spendende Kraft aus. Die *admiratio* ist die affektive Reaktion darauf, allerdings nur unter der Bedingung, dass das Wunderereignis selten, außergewöhnlich und unverständlich ist, gleichsam eine Ausnahme von den Naturgesetzen. Zweifellos erfüllten im Mittelalter Automaten alle Bedingungen des Wunders.

Im 13. Jahrhundert jedoch führte Thomas von Aquin eine Unterscheidung ein: Es gibt außernatürliche und übernatürliche Wunder. Außernatürliche Wunder sind selten und unverständlich, aber sie gehen mit den Naturgesetzen im Grunde konform, übernatürliche Wunder hingegen laufen den Naturgesetzen zuwider. Da unser Wissen über die Naturgesetze aber äußerst eingeschränkt ist, können die zwei Kategorien kaum unterschieden werden, der Zuschauer weiß letztlich nicht, ob ein Ereignis gegen die Naturgesetze ist oder ob ihm das Gesetz lediglich unbekannt ist. So blieb auch für den heiligen Thomas nur die Wirkung auf das Publikum als Kriterium übrig. Ohne die *admiratio* der Zuschauer gibt es keine Wunder. Sie sind das Spektakel Gottes, gleichgültig, ob es sich um einen Magneten, einen Automaten, ein Gewitter oder um einen Blinden, der sein Augenlicht zurückerhält, handelt.[7]

Und Gott hat gute Gründe, von Zeit zu Zeit seine Macht zu demonstrieren. Die Menschen neigen bekanntlich dazu, ihn zu vergessen, er muss sich hin und wieder in Erinnerung rufen, da ist ein kleines Wunder durchaus hilfreich. Später wurde dem Wunder noch eine Botschaft unterlegt: Es ruft die Sünder zu Reue und Umkehr auf. Damit war das christliche Wunder vollständig: Es ist ein seltenes und außergewöhnliches Ereignis, das Bewunderung und Furcht erzeugt und zur Besserung mahnt. Im 15. Jahrhundert wurde noch die Bedingung der Seltenheit fallen gelassen. Es genügten jetzt auch alltägliche Naturereignisse, die eindrücklich und beängstigend genug sind, um zur Umkehr zu bewegen. So galten schon gewöhnliche Gewitter als göttliche Zeichen (sogenannte Prodigien), die künftiges Unheil ankündigten oder auf menschliche Verfehlungen aufmerksam machten.[8]

Die Maschine ist eine Botschaft des Menschen an sich selbst

Doch wie kann eine Maschine ein Wunder sein, wenn das Wunder ein göttliches Zeichen an die Menschen, eine Botschaft des Himmels sein soll? Geben sich Menschen etwa selbst Zeichen, senden sie sich selbst eine Botschaft? Dieser Frage nimmt sich Giambattista Vico zu Beginn des 18. Jahrhunderts an. Vico lebte in Neapel und lehrte als Morgenprofessor an der Universität Rhetorik. Dieses Schicksal grämte in doppelt: Der Morgenprofessor verdiente weniger als der Nachmittagsprofessor, weil er die ärmeren Studenten unterrichtete, jene, die das Geld nicht hatten, die ganze Nacht durchzuzechen. Zudem wäre er viel lieber Lehrer der Jurisprudenz geworden, nicht nur weil man da noch mehr verdiente, sondern auch weil er sich als Rechtsgelehrten verstand. Sein Lebensthema war der Zusammenhang zwischen Rechts- und Kulturgeschichte, und mit der *Scienza nuova* verfasste er eine umfassende Kulturgeschichte, in der er die Entwicklungsgesetze der Geschichte darstellte. Die Entwicklung des Rechts und der politischen

Institutionen interessieren ihn am meisten, und da das Eingreifen Gottes auch ein rechtstheoretisches Problem darstellt, ob Wunder nämlich Rechtskraft haben, schreibt er auch über das Wunder.[9]

Die Atmosphäre, so Vicos poetische Naturgeschichte, sei durch die Sintflut während langer Zeit so ausgetrocknet gewesen, dass kein Regen fallen konnte. Es habe zwei Jahrhunderte gedauert, bis sich wieder genügend Wasser in den Wolken gesammelt habe, dass ein Gewitter niederprasseln konnte. Dieses habe die ziellos in den Wäldern umherschweifenden Urmenschen so sehr erschreckt, dass sie den Klang des Donners nachahmten und als Zeichen für den göttlichen Befehl setzten. Der Donner klang aber ähnlich wie »Ious«, woraus sie die Worte für Gesetz (lat. *ius*) und Jupiter bildeten. Jupiter schließlich befahl ihnen, sesshaft zu werden und eine Familie zu gründen.[10]

Infolge ihrer starken Unwissenheit kraft einer ganz körperlichen Phantasie, und weil diese ganz körperlich war, taten sie es mit wunderbarer Erhabenheit, und zwar einer solchen und einer so starken, dass sie sie selbst im Übermaß erschütterte, die sich durch ihre Einbildung jene Dinge schufen; daher wurden sie »Dichter« (poeti) genannt, was auf Griechisch dasselbe bedeutete wie »Schöpfer«.[11]

Übertragen wir die barock überladene und bilderreiche Sprache Vicos in eine etwas nüchterne Terminologie, kommt dabei nichts weniger als eine Theorie über den Ursprung der Kultur aus dem Wunder heraus: Erst der Einbruch traumatischer Ereignisse zwingt die Menschen, ihrer homogen-amorphen Umgebung einen Sinn zu verleihen. Hans Blumenberg, der sich auf Vico bezieht, beschreibt das so: »Der Mythos ist eine Ausdrucksform dafür, daß der Welt und den in ihr waltenden Mächten die reine Willkür nicht überlassen wird.«[12]

71

Sinn ist also nichts anderes als die Interpretation eines überwältigend Sinnlosen, und die Kultur ist die Summe dieser Interpretationen, die Gesamtheit der Mythen, Rituale und Institutionen, die in der Lage sind, die Angst vor der überwältigenden Wirklichkeit zu bändigen. Sie organisieren die Menschen und führen dazu, dass sie auf dem Boden bleiben:

> Die Autorität begann ursprünglich als göttliche; mit ihr eignete sich die Gottheit die wenigen Giganten an, von denen wir gesprochen haben, indem sie sie im eigentlichen Sinne auf den Grund der Erde niederschmetterte und sie in den Schlupfwinkeln der Höhlen unter den Bergen ansiedelte; das sind die eisernen Ringe, mit denen die Giganten, aus Furcht vor dem Himmel und vor Jupiter, an die Plätze gekettet blieben, an denen sie im Augenblick des ersten Blitzens des Himmels, über die Berge verstreut, sich gerade befanden.[13]

Das Paradoxe am Wunder »Maschine« ist, dass die überwältigende Wirklichkeit der Technik vom Menschen selbst hervorgebracht wurde, dass sie zugleich das erschreckende Ereignis und das warnende Zeichen ist. Erschreckend ist die Tatsache, dass er etwas erschaffen hat, das er weder kontrollieren noch verstehen kann, etwas, das ihn übersteigt. Deshalb legt der Mensch die Maschine als Zeichen kommenden Unheils aus. Der Anime-Film *Prinzessin Mononoke* (1997) des japanischen Filmemachers Hayao Miyazaki bedient sich, wie viele andere Filme auch, dieses Topos: Die riesigen Abholzmaschinen künden vom drohenden Untergang.

Die Kirche misstraut dem Wunder

Trotz ihrer religiösen Botschaft misstraute die Kirche den Wundern zutiefst. Dass Gott sich ohne kirchliche Vermittlung direkt

Ein weiblicher Teufelsautomat
(Venedig 1420–1430).

an die Menschen wendet, passte dem Klerus gar nicht, es untergrub seine Autorität. Am liebsten hätte die Kirche Wunder wohl ganz abgeschafft, doch der Volksglaube lässt sich nicht vollständig kontrollieren. Außergewöhnliche Dinge geschehen nun mal, und niemand kann verhindern, dass abergläubische und sensationslüsterne Menschen sie nach ihrem eigenen Gutdünken deuten. Verbissen bemühte sich die Kirche darum, wenigstens die Deutungshoheit zu wahren: Der Teufel ahme göttliche Wunder täuschend ähnlich nach, warnte sie, um durch Arglist zu verführen und die Gläubigen auf die Seite des Bösen zu ziehen! Nur die Kirche könne zwischen göttlichem Wunder und Blendwerk des Teufels unterscheiden, deshalb dürfe das Wunder nicht als Wahrheitsbeweis herangezogen werden.[14]

Dass auch die dunkle Seite, der Teufel, Dämonen und Anhänger der schwarzen Magie in der Lage sind, Wunder zu wirken, war keine mittelalterliche Erfindung. Die magischen Wettkämpfe von Hogwarts haben ihre Vorläufer im Alten Testament. Am Hofe Pharaos wurde ein Wettstreit zwischen Moses und den bösen Zauberern des Pharaos ausgerichtet – den Moses nicht etwa gewann, weil er auf der Seite des Guten stand, sondern weil er technisch einfach besser war. Die Hofmagier waren nicht in der Lage, eine Mückenplage zu beenden (2. Mose 8). Als Jesus einen blinden und stummen Besessenen heilte, zweifelten seine Gegner, die Pharisäer, nicht daran, dass er ein Wunder vollbracht hatte, sie beschuldigten ihn lediglich, dass er dabei mit dem Teufel im Bunde stand (Matthäus 12,22–30).[15]

Woher rührt die Ambivalenz dem Wunder gegenüber, die sich so vollständig auf die Technik überträgt? Dass der Volksglaube sich der Kontrolle der Kirche entzieht, ist lediglich der oberflächliche Ausdruck einer tieferen Unwägbarkeit: Wunder sind wie Automaten zuallererst Spektakel, die emotional erschüttern und dem Zuschauer eine Erkenntnis vermitteln sollen. Die Vorstellung, dass eine emotionale Erschütterung bisweilen nötig ist, um zu einer Erkenntnis zu gelangen, hat ihren Ursprung in der griechischen Tragödie, die dafür den Begriff *kátharsis* geprägt hat.

Da die antike Tragödie die Vorläuferin des religiösen Spektakels des Mittelalters und der Maschinenfaszination ist, drängt sich ein kurzer Abstecher ins Dionysos-Theater von Athen auf. Wir sehen da, fast zweitausend Jahre vor dem christlichen Hochmittelalter, einen Gott an einem Hebekran mit Flaschenzug auf die Bühne schweben und den Helden aus einer ausweglosen Lage befreien: den *deus ex machina*. Wir wohnen in doppeltem Sinne einem Wunder bei: Die Maschine ist ein Wunder, das selbst ein Wunder produziert – sie bringt die verkorkste Geschichte wieder in Gang. Doch der Zuschauer staunt nicht nur über die Wendung in der Erzählung, mindestens ebenso staunt er über den fliegenden Gott, es schaudert ihn, er kann sich nicht erklären, was er mit eigenen Augen sieht.

Und er versucht zu verstehen.

Weil er zum Denken anregt, führt der Affekt des Staunens zur Philosophie. »Das Staunen (*thaumazein*) ist die Einstellung eines Mannes, der die Weisheit wahrhaft liebt, ja es gibt keinen anderen Anfang der Philosophie als diesen«,[16] meint Platon. *Admiratio* ist aber gleichzeitig die lateinische Übersetzung von *thaumazein*. Aristoteles sieht das ähnlich: »Alle [Wissenschaften] nämlich beginnen, wie gesagt, mit der Verwunderung [*to thaumazein*], dass die Dinge so sind, wie sie sind.« Wer empfindsam genug ist, kann demnach alles als Wunder erfahren. Welche Beispiele führt Aristoteles an?

Sich bewegende Marionetten [*tautomata*], die Sonnenwende oder die Inkommensurabilität der Diagonale (denn es scheint allen verwunderlich, die noch nicht die Ursache betrachtet haben, dass es etwas gibt, das nicht mit dem kleinsten Maß gemessen werden kann).[17]

Als hätten wir es bestellt: Neben Naturgeschehen und logisch-mathematischen Problemen führen Automaten zu *thaumazein*.

Mit Staunen und Bewunderung ist *thaumazein* zu harmlos übersetzt. Ich kann über den gelben Lamborghini staunen, der kürzlich an meiner Straße parkte, und den drahtigen Asset-Manager bewundern, der sich ans Steuer setzte, ein namhafter Beitrag zur Philosophie ist daraus nicht entstanden. Und emotional erschüttert war ich ebenso wenig. *Thaumazein* meint aber genau diese emotionale Erschütterung angesichts von Unerwartetem und Unerklärlichem, angesichts eines Erlebens, das sich mit den bisherigen kognitiven Schemata nicht bewältigen lässt. Die Welt wird unverständlich, sie gerät gleichsam aus den Fugen. »Die alltägliche Vertrautheit bricht in sich zusammen«,[18] beschreibt Großphilosoph Heidegger diesen Affekt. Er sieht darin allerdings nur Angst und Verzweiflung, nicht die mögliche Lust am Verstehen und an der Veränderung. Denn um die verstörende Begegnung zu integrieren, kann sich der Zuschauer gezwungen sehen, neue kognitive oder moralische Strategien, neue Interpretationen zu entwickeln und sich neue Erkenntnisse oder Verhaltensweisen anzueignen. Sich auf diese Weise selbst aus einer Orientierungslosigkeit zu befreien, kann lustvoll sein.

Das Theater der Erschütterung

Damit die Tragödie allerdings solch dichte kathartische Momente erreicht, genügt ein guter Plot nicht, es braucht dafür auch bestimmte dramaturgische Kniffe, die Aristoteles in der *Poetik*, seiner Theorie der Tragödie beschreibt. Erste Bedingung: Das Stück muss eine reale Handlung nachstellen (*mimesis*). Doch die pure Verdoppelung der Wirklichkeit würde kaum jemand ins Theater locken und schon gar nicht die gewünschte emotionale Wirkung erzielen. Ein Stück, das nichts als einen Ausschnitt aus der Wirklichkeit zeigt, wie einer frühstückt und sich dann auf den Weg zur Arbeit macht, wäre entweder ausgesprochen avantgardistisch oder todlangweilig, vermutlich beides. Tragödien müssen die Wirklichkeit überbieten, sie müssen

»wirklicher« sein als die Wirklichkeit. Dazu fordert Aristoteles, neben einer guten Geschichte (*mythos*), die Einheit von Ort, Zeit und Handlung, eine poetische Sprache, ein intensives Spiel und eine dichte Inszenierung:

> Die Tragödie ist eine Nachahmung einer guten und in sich geschlossenen Handlung von bestimmter Größe, in anziehend geformter Sprache, wobei diese formenden Mittel in den einzelnen Abschnitten je verschieden angewandt werden. Nachahmung von Handelnden und nicht durch Bericht, die Jammer (*eleos*) und Schaudern (*phobos*) hervorruft und hierdurch eine Reinigung von derartigen Erregungszuständen bewirkt.[19]

Diese Entladung angestauter Spannung bewirkt die Reinigung der Seele, die *kátharsis*. Dem Zuschauer Jammern und Schaudern zu entlocken, um seine Seele zu reinigen, das ist die Aufgabe der Tragödie. Deckt sich diese Reaktion mit der mittelalterlichen *admiratio*, die von den Automaten und Wundern ausgeht? Oder anders gefragt: In welchem Verhältnis steht die *admiratio* zur *kátharsis*?

Zunächst sind beide, wie wir schon gezeigt haben, ästhetische Erfahrungen. Sowohl Automaten als auch Wunder erzielen eine *Wirkung*. Tatsächlich beschäftigt sich das philosophische Fach der Ästhetik seit jeher mit zwei Problemkreisen: erstens, was Schönheit ist, und zweitens, welche Wirkungen sie hat. Allerdings zeigen nicht nur schöne Dinge Wirkung, sondern auch hässliche, gruselige oder erschreckende. Allen gemeinsam ist jedenfalls die emotionale Erschütterung.

Alexander Gottlieb Baumgarten (1714–1762) begründete die Ästhetik als eigenständige philosophische Disziplin, weil er der Überzeugung war, dass die emotionale Erschütterung neben der logischen Ableitung ein Weg zur Erkenntnis in eigenem Recht ist, ja, dass die Verwirrung oft den Verstand überhaupt erst in

Gang setzt.[20] Wenn König Ödipus sich am Ende der Tragödie von Sophokles selbst blendet, weil er die Schuld einsieht, die er auf sich geladen hat, sind die Zuschauer in Zürich oder Berlin auch noch 2500 Jahre nach der Uraufführung in Athen erschüttert. Sie beginnen vielleicht sogar über Schicksal und Schuld, aber auch über die eigene Schuldhaftigkeit nachzudenken. Doch diese Erschütterung kann nicht mit der emotionalen Reaktion verglichen werden, die durch einen einschwebenden Gott oder ein sich selbst öffnendes Tor hervorgerufen wird. Im ersten Fall *versteht* der Zuschauer plötzlich etwas, was er zuvor verdrängt hatte, und er beginnt, sich selbst zu prüfen. Er wird mit dem Bösen konfrontiert, das in jedem von uns steckt, da sind Jammer und Schauder angemessene Reaktionen. Im zweiten Fall versteht er plötzlich etwas *nicht mehr*, was er zuvor zu verstehen glaubte – zum Beispiel, dass sich Türen nicht von selbst öffnen –, und er beginnt nach dem ersten Schreck, die Welt zu erkunden. Neugier, Wissenstrieb und Bewunderung sind ja keineswegs niederdrückende Emotionen. Im Gegenteil: Ein Gott, der auf die Bühne schwebt, hebt die Stimmung und verstärkt damit die Erkundungslust. Freud nennt diesen Mechanismus in seinem Buch *Der Witz und seine Beziehung zum Unbewussten* ein »verwickeltes Auslösungsverhältnis«.[21]

Fassen wir zusammen: In der ästhetischen Erfahrung der *admiratio* folgt auf eine emotionale Erschütterung durch etwas, was den Verstand übersteigt, ein Erschrecken (*ekplexis*), zugleich aber auch eine Lust, verstehen zu wollen und zu können. Diese Lust nennt Kant zwar, wie wir gesehen haben, eine negative Lust, denn es handelt sich um eine menschliche Grenzerfahrung, aber sie ist dennoch, zumindest für die antiken Philosophen, eine großartige Sache, weil sie der Beginn aller Erkenntnis ist.[22] Diesen Zusammenhang stellt Kant allerdings nicht her, denn einen Affekt an den Anfang der Philosophie zu stellen, kommt für ihn nicht infrage.

Selbst das Lachen der thrakischen Magd über den Philosophen Thales, der in einen Brunnen fällt, weil er staunend den Himmel betrachtet, statt auf den Weg zu achten, wertet das Staunen nicht ab; es ist eher die augenzwinkernde Nachsicht mit einem zerstreuten Professor, der auf der Suche nach der Wahrheit nasse Füße bekommt.[23] Das Staunen ist für die antike Philosophie also absolut unverzichtbar, weil sonst keine neue Betrachtung der Welt und damit keine Erkenntnisse möglich wären, die doch die Voraussetzungen für ein glückliches und erfülltes Leben bilden. Selbstbefragung und Weltbetrachtung, *kátharsis* und *thaumazein*, widersprechen sich nicht, vielmehr ergänzen sie sich: Ohne Selbsterkenntnis kein Erkennen des Guten, Schönen und Wahren und ohne Kenntnis des Guten, Schönen und Wahren keine Selbsterkenntnis. Dank der Maschinen bietet die antike Tragödie beides.

Der Automat als Emblem des Lasters der Neugier

Automaten sind Wunder, weil sie die gleiche oder zumindest ähnliche emotionale Wirkung haben, die *admiratio*. Diese Wirkung wurde von den Mächtigen immer zur Demonstration ihrer Macht benutzt – und sie wird es immer noch, man schaue sich nur eine nordkoreanische Militärparade an. Diese erschütternde Wirkung kann aber auch den Weg zu neuer Erkenntnis ebnen, und dafür wurde sie im antiken Theater auch eingesetzt.

Im Mittelalter wird dieser Wirkung dann mit großer Skepsis begegnet, und zwar, weil die Verbindung von Wissen und glücklichem Leben gekappt und ins Gegenteil verkehrt wurde: Zu viel Wissen schadet der Glückseligkeit. Als religiöse Erfahrung, wenn sich in den *mirabilia* Gott den Menschen offenbart, wird das Staunen noch zugelassen. Nonnengänse, die auf Pflanzen wachsen, schwarze Löwen, Kynokephale genannte Menschen mit Hundeköpfen, Pygmäen, Zyklopen, der Feuer speiende Ätna oder Männer mit Schwänzen (kommen nur in England vor) zeugen von der Allmacht Gottes, und wenn er auf der mythischen Insel Thule die Sonne um Mitternacht scheinen lässt, beweist er, dass er sogar in der Lage ist, Naturgesetze außer Kraft zu setzen. Gott wartet, wie wir gesehen haben, von Zeit zu Zeit mit Überraschungen auf, um sich der *admiratio* der Gläubigen zu versichern. Manchmal bedient er sich dazu der durch die menschliche Einbildungskraft erschaffenen Maschinen, manchmal des *ingenium* der Natur. Dabei wird auf den Mechanismus gesetzt, den der Kirchenvater Tertullian im 3. Jahrhundert im nordafrikanischen Karthago so beschrieb: *Credo quia absurdum*, ich glaube, *weil* es absurd ist. Wer weiß, braucht nicht zu glauben, ergo stärkt das Unverständnis den Glauben.

Doch oft bewirkt Unverständnis das genaue Gegenteil: Es kann Zweifel säen. Jesus Christus kennt keine *admiratio*, erklärt der Heilige Thomas bärbeißig, denn *admiratio* sei die Folge von Nichtwissen oder von einer Begegnung mit etwas Neuem, und beides sei in Christo undenkbar.[24] Und kaum im Interesse der Kirche, hätte er noch hinzufügen mögen, denn jede Überraschung kann alte Gewissheiten infrage stellen und wird dann zu einem Vabanquespiel. Der gute Christ hält sich daher besser an die *sancta simplicitas*, an die heilige Einfalt, denn diese garantiert Glückseligkeit.

Das Wundern lässt der Gläubige besser, denn das führt bloß zu *curiositas*, zu Neugier – und diese ist ein Laster, seit sie der heilige Augustinus in den Katalog derselben aufgenommen und dem gottlosen Hochmut (*impia superbia*) zugeschlagen hatte. Sie versetzt das Herz des Gläubigen unnötig in Aufruhr und entzündet seinen Wissenstrieb. In seinen Bekenntnissen beschreibt Augustinus, wie er die Lehren der Manichäer als blanken Unsinn entlarvt und sich der Philosophie – heute würden wir sagen, den Naturwissenschaften – zuwandte.[25] Was diese behaupte, sei keineswegs unsinnig, im Gegenteil, die Philosophen hätten »so viel Einsicht, dass sie über das Weltall mit Verstand urteilen konnten«. Sie können sogar »viele Jahre zuvor Sonnen- und Mondfinsternisse auf Tag und Stunde und Grad ankündigen, und ihre Rechnung hat sich nie getäuscht«. Doch genau diese Fähigkeit zur Prognose ist auch das Problem. Weil sich Wissen in der Prognosefähigkeit bewährt, dem Markenzeichen der Naturwissenschaften, lässt sich unschwer das bewundernde Staunen des Volkes vorstellen, wenn ein Stern exakt an der Stelle und zu dem Zeitpunkt am Himmel erscheint, an dem es die Wissenschaft vorausgesagt hat. Die Bewunderung galt nun nicht Gott, der die Sterne geschaffen hat, sondern den Astronomen, die ihr Erscheinen voraussagen konnten. Genau deshalb ist die Kunst der Wahrsagerei dem Herrn ein Gräuel (5. Mose 18, 10–12). Andererseits untergräbt auch der wissenschaftliche Blick in die Zukunft den Glauben an Gott, weil er die Zukunft nicht Seinem unerklärlichen Ratschluss, sondern der menschlichen Findigkeit unterstellt. Wenn die Menschen die Zukunft tatsächlich vorhersagen können, werden sie die Zukunft bald selbst planen und der göttlichen Voraussicht aus der Hand nehmen.

Die Wissenden pflegen also mit ihrem Wissen und ihrem Können zu prahlen und die Unwissenden schreiben ihnen übermenschliche Fähigkeiten zu. Doch »während sie auf weite Zukunft die Verfinsterung der Sonne voraussehen, sehen sie nicht die eigene Verfinsterung, die schon da ist«.[26] Wer in die Zukunft blickt, schaut nicht mehr in sich hinein. Wissen erweist sich als Keim der Hybris, denn sie verwandle, so Kirchenvater Augustinus weiter, die Bewunderung Gottes (*admiratio*) in Selbstbewunderung (lat. *suberbia*, griech. *hybris*).[27]

Zudem, und das ist vielleicht der wichtigste Einwand gegen das Wissen, kann es Selbsterkenntnis verhindern. Wer sich zu sehr mit Himmelsdingen beschäftigt, befasst sich zu wenig mit sich selbst und seinen Sünden – und läuft damit Gefahr, das Himmelreich zu verwirken, weil er sich hochmütigerweise etwa für unbefleckt hält. Auch geht die Neugier immer mit einer Unruhe einher, die dem hohen Ideal der inneren Ruhe widerspricht.

Offenbar gelten nicht erst seit Trump und seiner Anti-Eliten-Rhetorik Gelehrsamkeit, Wissen und Können als Zeichen des Hochmuts. Dass Maschinen und Automaten im Mittelalter zum Emblem dieses Hochmuts geworden und es bis heute geblieben sind, hat auch mit sozioökonomischen Entwicklungen im 12., 13. und 14. Jahrhundert zu tun. Europa erlebte damals einen ökonomischen Aufschwung ohnegleichen. Der technologische Fortschritt in der Landwirtschaft verbesserte die Nahrungssicherheit der Landbevölkerung, die Felder gaben mittlerweile sogar so viel her, dass der Überschuss in die Städte gebracht und dort verkauft werden konnte. Die Bauern, die bis dahin Selbstversorger waren, konnten nun vom erzielten Gewinn Produkte erwerben, die von spezialisierten Berufsleuten hergestellt wurden. In den wachsenden Städten entstand eine neue Gruppe freier Menschen: die Handwerker. Handwerk bezeichnet also nicht nur eine berufliche Tätigkeit, sondern auch einen sozialen Stand.

Die Figur des freien Handwerkers markiert eine entscheidende Wende in der Affektgeschichte der Technik, denn er bildete die Keimzelle des allmählich entstehenden freien städtischen Bürgertums. Er blieb bis zur Gründung der Zünfte politisch zwar weitgehend ohne Einfluss, aber er war wenigstens frei – und schöpferisch. Freiheit und schöpferische Tätigkeit waren in den Augen der Kirche freilich ausschließlich göttliche Attribute.

Tatsächlich wandelte Gott sich zu jener Zeit vom Großgrundbesitzer mit Leibeigenen, die sein Land bewirtschafteten, zum Handwerker. Genauer: zum Baumeister, bevor er im 17. Jahrhundert auf Uhrmacher umsattelte.[28] Schon in den Hebräerbriefen liest man: »Er wartete auf eine Stadt [...], deren Baumeister und Schöpfer Gott ist.« (Hebr. 11,10) Nicht nur in der christlichen, sondern auch in der altägyptischen und hinduistischen Mythologie wird die Göttlichkeit mit einem Baumeister, Architekten oder Städtebauer identifiziert. Und in der Mythologie der Inkas schickt der Sonnengott seine Zwillingskinder mit einem goldenen Stab auf die Erde. Sie treiben den Stab in den Mittelpunkt der Erde, und daraus entsteht die Stadt Cusco. Noch heute ist diese Metaphorik die Grundlage der Freimaurerei: Der Schöpfer sei der Große Baumeister aller Welten. Schließlich baute er die *machina mundi*.

Dass der Mensch Gott nach seinem Ebenbild formt, ist nicht erst Ludwig Feuerbach aufgefallen.[29] Doch er und die anderen Projektionstheoretiker übersehen, dass, wer eigene Impulse auf eine höhere Instanz projiziert, sie sich selbst verbietet. Jedenfalls duldet der christliche Gott keine anderen freien und schöpferischen Kreaturen neben sich, wie es die Handwerker sind, weil er sonst die Bewunderung teilen müsste. Für den englischen Wissenschaftler Alexander Neckam aus dem späten 12. Jahrhundert stand die gesamte Handwerkskunst in Verdacht, denn sie wetteifert mit der Natur und heimst die Gott zustehende Bewunderung ein: »Oh Eitelkeit! Oh, eitle Neugier! Oh, neugierige Eitelkeit! Der Mensch, leidend am Gebrechen der Unbeständigkeit, zerstört, baut, und macht das Eckige rund.«[30]

Die mittelalterliche Verteufelung der Automaten hat ihren Ursprung im kirchlichen Argwohn dem freien Handwerker, ja überhaupt der Freiheit gegenüber, denn der Handwerker steht für Freiheit. Es geht nicht an, dass neben den traditionellen Hierarchien ein unabhängiger Stand freier und schöpferischer Subjekte heranreift. Da entsteht eine teuflische Parallelgesellschaft! Nur Gott darf Schöpfer sein. Und natürlich der Teufel. »Der Teufel ist ein wunderbarer Handwerker (*mirbalilis artifex*), denn durch eine gewisse Kunst kann er Dinge erreichen, die natürlich sind, und von denen wir nicht wissen«, schreibt Melanchthon.[31] Der Teufelshandwerker erschafft also nicht etwa nur Fälschungen und Illusionen, sondern wahrhaftig natürliche Dinge.

Automaten in der kirchlichen Propaganda

Obwohl man nie sicher sein kann, ob Automaten nicht teuflischen Ursprungs sind, mochte die Kirche ebenso wenig auf sie verzichten, wie sie auf Wunder verzichten konnte, denn sie war dringend auf Spektakel angewiesen. Die technisch-wissenschaftliche Revolution des 13. Jahrhunderts und die damit einhergehende Erstarkung der Städte forderten die Kirche heraus. Um der zunehmenden Macht der weltlichen Fürsten und der Städte wirksam entgegenzutreten, musste sie ihre Schäfchen enger an sich binden, am besten mit guten Geschichten.[32]

Da die wenigsten lesen konnten, um etwas über das Leiden Jesu oder das Leben der Heiligen zu erfahren, waren sie auf Bilder angewiesen. Die sollten dramatisch sein, mit einigen deftigen Gewalt- und Sexszenen und mit Wundern gewürzt. Später wurden sie sogar dreidimensional in Szene gesetzt, was natürlich besonders einprägsam war. Auf dem Sacro Monte nahe der norditalienischen Stadt Varese stehen vierzehn Kapellen mit lebensgroßen Szenen aus dem Leben Christi und der Heiligen. Besonders liebevoll sind Kröpfe, Schwären, Verkrüppelungen und Folterungen gestaltet. Das vergisst man nicht so schnell!

Die Erfinder der visuellen Propaganda für die Kirche waren die Bettelorden der Dominikaner und Franziskaner, die zu jener Zeit entstanden. Obwohl ihr Armutsgelübde der Amtskirche ein Dorn im Auge war, ließ diese sie gewähren, denn ihre Dienste waren für die Politisierung der Kirche unentbehrlich. Sie entwickelten ausgefeilte visuelle Techniken der Propaganda, die Erfindung der Perspektive war eine davon. Die Szenen aus dem Leben des Heiligen Franziskus von Giotto in der Basilika von

Assisi zeigen seine milden Taten und Wunder im Vordergrund und die Städte, Stadtmauern, Stadtvillen und Bürger im Hintergrund. Dem Kirchenbesucher wird allein durch die Perspektive klargemacht, wer hier das Sagen hat – oder zumindest, wer nach Ansicht der Kirche die Macht innehaben soll.

Den Propagandisten der Kirche war klar, dass kein Tafelbild, so gut es auch gemalt sein mag, gegen die emotionale Wirkung eines bewegten Bildes ankommt. Genau dafür brauchte die Kirche die verfemten Automaten. Tatsächlich dauerte es nach der Erfindung des Uhrwerks kaum ein halbes Jahrhundert, bis an den Fassaden fast aller bedeutenden Kirchen und Kathedralen Mitteleuropas, neben raffinierten astronomischen Uhren, bewegte Glockenspiele mit erbaulichen, aber auch warnenden Szenen angebracht waren. Am Straßburger Münster verneigen sich nicht nur die Apostel der Reihe nach vor Christus, eine Ebene tiefer schlägt der Tod die Glocke. *Memento mori*, erinnere dich daran, dass du sterben wirst! Das warnt die Gläubigen vor der Anmaßung, sich nicht mehr vor Christus zu verneigen, das Joch der Kirche abzuwerfen und wie Gott lebendige Welten erschaffen zu wollen. Es ist nicht ohne Ironie, dass die Kirche auf den Inbegriff der Hybris, die städtischen Handwerker und ihre Automaten, angewiesen war, um vor ebendieser Selbstüberschätzung zu warnen. Die Technik als bedrohlicher Ausdruck menschlicher Hybris ist keine Erfindung des Christentums, seit der Antike lastet der Hybrisvorwurf auf der Technik. Die antike Sage von Ikarus handelt von einem, der mithilfe der Technik zu hoch hinaus wollte und dabei tief fiel. Dass sein Vater Dädalus als genialster Ingenieur Griechenlands galt, ist also kein Zufall.

Noch heute sind Maschinen der sichtbare Beweis für Anmaßung und Mangel an Demut. In einem Interview, das der US-amerikanische Internetpionier Douglas Rushkoff der Zürcher

SonntagsZeitung gab, finden sich alle Elemente des Ikarusmythos wieder: Eigentlich ist die Technik gut und hilfreich, doch der Mensch will zu viel und verwendet sie nicht mehr dafür, wofür sie ursprünglich gedacht war. Es ist deshalb nur eine Frage der Zeit, bis sich die Technik gegen die Menschen wendet und ihn für seine Hybris bestraft:

> Die Tech-Stars aus dem Silicon Valley [...] glauben, der Mensch sei das Problem. Und die Technologie die Lösung. In dieser Sichtweise haben wir uns der Technologie anzupassen. Das Silicon Valley ist fasziniert vom sogenannten Transhumanismus: Diese Ideologie, die besagt, die Technologie trete die Nachfolge der Menschheit an, die Menschen müssten sich selbst überwinden.[33]

Hochmut kommt vor den Fall: Wenig hat sich seit Ikarus und Dädalus geändert.

Von einem, der für seine Hybris hart bestraft wurde, erzählt auch der Prometheusmythos. Prometheus wurde von Zeus an den Kaukasus gekettet, und dort fraß ihm täglich ein Adler die Leber weg, weil er den Göttern technisches Know-how, nämlich das Feuer, gestohlen hatte. Die Geschichte kennt jeder aus der Schule, doch die wenigsten wissen, dass im Grunde seinen Bruder Epimetheus die Schuld an der ganzen Misere trifft.

Epimetheus hat den Auftrag erhalten, die eben geschaffenen Lebewesen mit besonderen Eigenschaften auszustatten. Dem Panther teilt er die Schnelligkeit, dem Fuchs die Schlauheit zu und so weiter. Als er zum Menschen kommt, ist der Korb der Eigenschaften unglücklicherweise schon leer, er hat vergessen, eine für ihn zu reservieren. In der Verzweiflung wendet er sich an seinen Bruder Prometheus, der, um ihm aus der Patsche zu helfen und die Menschen nicht hilflos in der Welt stehen zu lassen, den Göttern das Feuer stiehlt. Der Rest ist bekannt.

Im Grunde bleibt die Bestrafung des Prometheus unverständlich. Immerhin hat er das Überleben der Menschheit gesichert. Der Mensch braucht Technik, weil er nichts richtig gut kann, das war doch die Botschaft des Mythos. Angesichts der menschlichen Mängel *musste* Prometheus das Feuer stehlen, er *konnte* sich mit der Ausstattung nicht zufriedengeben, die die Götter den Menschen zugedacht hatten. Was also ist an Prometheus' Tat so frevelhaft, dass sie solch grausame Qualen rechtfertigt?

Die Sünde der Antizipation

Prometheus bedeutet »der, der im Voraus denkt« (während Epimetheus der ist, »der erst im Nachhinein denkt«). Prometheus ist der *Planende*, einer, der seine Zukunft bedenkt und gestaltet. Seine Bestimmung ist die *technische Verbesserung* der Verhältnisse, und genau das verwehren ihm die Götter. Denn die Planung ist der Kern der prometheischen Verfehlung, weil sie den göttlichen Absichten in die Quere kommt; die Planung ist aber auch der Kern der menschlichen Hybris – und des technischen Verhältnisses zur Welt.[34]

Die Untersuchungen des französischen Paläoanthropologen André Leroi-Gourhan (1911–1986) legen nahe, dass die ersten brauchbaren Werkzeuge, die Faustkeile und Hack- und Schneidewerkzeuge des Zinjanthropus – der heute Paranthropus boisëi heißt – nur durch eine genau geplante Abfolge von Abschlägen und eine gute Kenntnis der richtigen Abschlagstellen entstanden sein können. Um von einem unbehauenen Stein zu einem Faustkeil zu kommen, braucht es Planung, das heißt, mehrere Handlungsschritte müssen in der Vorstellung antizipiert werden. Durch die Technik war die Zukunft mit einem Mal nicht mehr bloßes Schicksal, sondern sie lag in den Händen der Menschen. Antizipation und Planung stehen für André Leroi-Gourhan somit am Beginn der Menschheit.[35]

Der gefesselte Prometheus mit dem Adler,
links sein Bruder Atlas mit der Weltkugel.

Die Technik nimmt Gott die Herrschaft über die Zukunft aus der Hand, darin liegt der Kern der Hybris. Sie ist der Stolz darauf, Gott zu entmächtigen. Im Grunde bewundern die Zuschauer im antiken Theater oder die Besucher des Cybathlons nicht demütig die Allmacht Gottes oder die Wunder der Natur, so der Vorwurf, sie bewundern *sich selbst* dafür, wie teuflisch gut sie Gott nachahmen können. Und es oft sogar noch besser machen als Er. Wenn wir lesen, dass 41 Prozent der Deutschen die künstliche Intelligenz für eine Gefahr für das Überleben der Menschheit erachten, hat es den Anschein, dass sich an der merkwürdigen Mischung von Hybris und der Angst, für sie bestraft zu werden, seit dem 14. Jahrhundert wenig geändert hat.[36]

Neben der Technik als Versuch, die Zukunft nicht allein den Göttern zu überlassen und dem Lauf der Dinge nicht hilflos ausgeliefert zu sein, existiert noch eine andere Form der fragwürdigen Antizipation: Auch um technische Geräte herzustellen, braucht es die Fähigkeit, zu planen.

Das Vermögen, vorausschauend zu handeln, ist im Frontallappen des Gehirns lokalisiert und heißt in der Philosophie *produktive Einbildungskraft*, in der Alltagssprache Fantasie. Die Einbildungskraft ist das Vermögen, sich abwesende Dinge vorzustellen, die produktive Einbildungskraft das Vermögen, sich selbst Dinge vorzustellen, die es gar nicht oder noch nicht gibt.

Obwohl keine Maschine je gebaut wurde, ohne dass sie zuvor fantasiert worden war, scheinen Technik und Fantasie heute verfeindet zu sein, zumindest sind sie nicht gut aufeinander zu sprechen. Technisches Spielzeug töte die Fantasie der Kinder, heißt es, und der Nerd, das Ergebnis einer solchen Überfütterung, ist zum Inbegriff des fantasielosen Technikers geworden. Ein »Das ist zwar technisch gut gemacht, aber ohne jegliche Fantasie« ist als Kunstkritik absolut vernichtend. Andererseits ist der Lehrling, dem der Chef zu viel Fantasie attestiert, technisch wohl nicht sonderlich begabt. Unsere Alltagssprache hält an diesem Antagonismus fest, obwohl er längst obsolet ist, seit sich Maschinen die Aufgabe der produktiven Einbildungskraft gegriffen haben. Nichts anderes sind nämlich Computersimulationen: maschinelle Fantasien, die Zukunft zu imaginieren.

Die Fantasie wurde von der Philosophie meist mit größtem Argwohn beäugt. Sie täuscht, hieß es, sie macht uns ein X für ein U vor, weil sie sich allzu leicht von den Leidenschaften kapern lässt. Wir sehen dann nur, was wir sehen *wollen*, und nicht wie es wirklich *ist*. Deshalb waren sich Rationalisten und Empiristen zumindest darin einig, dass der Einbildungskraft

Zügel angelegt werden müssen. René Descartes entwarf solche Zügel in der Form strenger Regeln, den *regulae ad directionem ingenii*, Regeln zur Ausrichtung der Einbildungskraft, und sich selbst verordnete er eine Kur gegen die überbordende Fantasie, so wie sich Odysseus an den Mast fesseln ließ, um der Verführung der Sirenen nicht zu erliegen: »Ich will nun die Augen schließen [...] und auch alle Bilder körperlicher Dinge entweder aus meinem Denken löschen, oder, da dies kaum möglich sein wird, sie zumindest als bedeutungslos und falsch für nichts erachten.«[37]

Selbst sein Kontrahent, Francis Bacon, ein ebenso mächtiger wie zwielichtiger englischer Politiker, der als Begründer der empirischen Naturwissenschaften gilt, warnte davor, Beobachtung und Einbildung zu verwechseln.[38]

Wer den Vorwurf der Hybris und die Verteufelung der Fantasie nur für ein lächerliches, fortschrittsfeindliches Überbleibsel einer längst vergangenen Welt hält, macht es sich vielleicht zu einfach. Hybris ist nach Augustinus jene Gottlosigkeit, die die *Abhängigkeit* des Menschen leugnet, der Vorwurf spricht auch ohne religiösen Kontext die Problematik der Unverfügbarkeit des Lebens an. Meine Lieblingsdefinition der Wirklichkeit stammt vom kanadischen Philosophen Charles Taylor (*1931): »Real ist das, womit man fertigwerden muss«, schreibt er.[39] Davon gibt es die populäre Version in John Lennons »Beautiful Boy (Darling Boy)«: »Life is what happens to you while you're busy making other plans.«[40] Beide Definitionen ergänzen sich: Das Leben passiert irgendwie, und wir müssen damit fertigwerden. Auch mit Ungeplantem.

Vor allem unser Körper legt uns Beschränkungen auf. Wir müssen Distanzen überwinden und brauchen dafür die Zeit, die uns am Ende des Lebens fehlt; die Schwerkraft fixiert uns an die Erde, unsere Arme können nur lächerlich kleine Lasten tragen, das Gehirn ermüdet schnell, die Augen versagen allmählich ihren Dienst und wir sind dauernd auf Luft, Nahrung, Wasser und Wärme angewiesen. Wir werden mit einem bestimmten Genom in eine soziale Umgebung geboren, die zusammen das allermeiste, was uns geschieht und wie wir damit fertigwerden können, bestimmen. Und am Ende fällt uns auch noch ein Ziegelstein auf den Kopf und wir sterben allen Vorkehrungen zum Trotz zur Unzeit. Mit all dem und mit vielem mehr müssen wir fertigwerden.

Da kommt uns die Technik mit ihrem großartigen Versprechen entgegen, durch sorgfältige Planung alle Begrenzungen, also die Wirklichkeit selbst, aus dem Weg zu räumen: Das Internet überwindet Raum und Zeit, Flugzeuge trotzen der Schwerkraft, Kräne ersetzen Arme und Computer das Gehirn; Luft und Nahrung können nach Belieben produziert und Wärme beliebig transportiert werden. CRISPR/Cas, die Genschere, soll den maßgeschneiderten Menschen ermöglichen, und die aufgeklärte Gesellschaft überlässt es jedem, das Geschlecht selbst zu wählen. Der Körper ist als Last weitgehend überwunden, das Leben ist verfügbar geworden, daran werden moralische Appelle, die mit der Natur des Menschen argumentieren, auch nichts ändern, denn das Bestreben, sich das Leben gefügig zu machen, gehört ebenso zur Natur des Menschen wie die Tatsache, dass es trotz allem unverfügbar bleibt.

Nein, das Problem ist nicht moralischer, es ist technischer Natur. Technische und biologische Systeme benötigen eine genau austarierte interne Balance zwischen Antrieb und Hemmung, damit sie funktionieren, aber auch ein Gleichgewicht mit dem Milieu, in das sie eingebettet sind. Aus der Elektrizitätslehre wissen wir, dass Strom ohne Widerstand einen Kurzschluss auslöst, und die Physiologie lehrt, dass jeder Schritt *noch während* der Bewegung gehemmt wird, sonst könnte der Fuß nicht ruhig aufsetzen und wir würden hoffnungslos übersteuern. Wer mal auf glattem Eis mit Ledersohlen zu rennen versuchte, kennt das Problem: Wir würden buchstäblich bei jedem Schritt auf die Nase fallen. Die parkinsonsche Krankheit ist nichts anderes als eine übermäßige Hemmung aufgrund eines Dopaminmangels in den Basalganglien, der für die Bewegungskoordination zuständigen Hirnregion.

Jeder technische Fortschritt stört dieses Gleichgewicht. Da das Ziel des Fortschritts ist, ein Gerät oder ein System größer, schneller, stärker und vielseitiger zu machen, wird die »hemmende« Seite leicht vergessen, mit der Folge, dass sich das Gerät selbst zerstört. Die Verbesserung der Dampfmaschine durch James Watt, die wir genauer zu studieren noch Gelegenheit haben werden, steigerte ihren Wirkungsgrad um ein Vielfaches. Doch die Innenwand des Zylinders, vor allem die Schweißnähte, hielten den enormen Kräften, die nun wirkten, nicht mehr stand. Regelmäßig explodierten Zylinder, und die Betreiber waren gezwungen, die teuer erworbenen Maschinen nur mit halber Kraft laufen zu lassen. Die Entwicklung von Schweißtechniken und Materialien, die den neuen Kräften standhalten konnten, dauerte länger als die Erfindung der Dampfmaschine selbst.

Die Wirklichkeit macht es der Technik nicht leicht, sie lässt sich so einfach nicht aus dem Weg räumen. Es ist wie beim Mikadospiel: Jede Berührung auf der einen führt zu Destabilisierungen auf der anderen Seite. Keine Begrenzung lässt sich überwinden, ohne dass an einer anderen Stelle eine neue Begrenzung sichtbar wird. Dem Ingenieur, der das nicht berücksichtigt, fliegt seine Maschine gleich um die Ohren, oder sie zerstört das Milieu, in dem sie existiert. Die in der abendländischen Technikgeschichte allgegenwärtige Vorstellung der Hybris könnte also auch als Warnschild verstanden werden: So großartig eure Einfälle auch sein mögen, vergesst deswegen die Wirklichkeit nicht!

Trotzdem steht die Frage, weshalb die Technik in der europäischen Geschichte immer so nahe bei der Sünde liegt, noch immer im Raum. Wieso entwarfen die Menschen mit der Technik zusammen auch Götter, die ihnen die Technik vergällen? Wären technikaffine Götter nicht plausibler in einer Kultur gewesen, die dermaßen auf Technik setzt?

Versuchen wir eine Antwort. Automaten sind, wie wir gesehen haben, vom Menschen vollbrachte Wunder, sie sind somit ihrem Wesen nach Grenzüberschreitungen: Der Mensch überschreitet mit ihnen seine durch die Wirklichkeit, durch die Natur oder durch Gott gesetzten Grenzen und setzt sich dadurch mit den Göttern, die er gerade eben erfunden hat, auf dieselbe Stufe – was er sich sodann selbst als Überheblichkeit und Anmaßung vorwirft.

Auch wenn die Dialektik von Unterwerfung und Überschreitung keine anthropologische Konstante ist, wie Vico zu glauben schien, prägt sie zumindest unsere Kultur. Vico zufolge erfanden die Menschen die Götter, *um sich ihnen zu unterwerfen*. In der poetischen Sprache der *Scienza nuova* klingt das so: Anfänglich war nur eine Ebene, der »Himmel nicht höher als die Höhen der Berge; das ist der Himmel, der auf Erden herrschte«.[41] Doch dann begannen »die ersten Völker die Geschichte ihrer Götter und Heroen in den Himmel zu schreiben«,[42] und erst dadurch trennte sich der Himmel der Götter von der Erde der Menschen und fixierte den Menschen »auf der Erde/im Schrecken (terrore fixit)«. Übersetzt heißt das: Die Menschen haben die Götter erfunden, um sich selbst im Zaum zu halten. Anders als in den Priesterbetrugstheorien von Toland bis Nietzsche unterdrückte bei Vico nicht eine Klasse mithilfe der Götter eine andere, es ging vielmehr darum, ein Orientierungs- und Kontrollsystem zu schaffen.

Erst durch die Götter nahm sich der Mensch als Mängelwesen war, sodass die Erfindung der Götter Zähmung und Kontrolle und zugleich Ansporn war, sich selbst zu verbessern. Seit er begonnen hat, über sich nachzudenken, ist der europäische Mensch deshalb in eine eigentümliche Spannung versetzt. Auf der einen Seite ist er unablässig aufgefordert, sich zu verbessern, nach Höherem zu streben und über sich hinauszuwachsen. Vor allem die abrahamitischen Religionen verlangen, Gott zu imitieren. *Imitatio dei* oder *imitatio christi* sind gleichsam die Leitplanken christlichen Handelns.

Doch kommt der Christ dem nach, sieht er sich sofort dem Hybrisvorwurf ausgesetzt. Eine göttliche Donnerstimme scheint ihn anzurufen: Du nimmst dir heraus, was allein mir zusteht. Es ließe sich einwenden, dass sich die Forderung nach Verbesserung allein auf die Moral, der Vorwurf der Hybris nur auf die Technik bezieht. Doch ist diese Unterscheidung so eindeutig? Ist Meditation nicht eine allseits geachtete Technik der moralischen Selbstverbesserung? Würde man einem Ingenieur, der eine Armprothese konstruiert, tatsächlich den Vorwurf der Hybris machen, würde man ihn nicht viel eher für sein soziales Engagement loben? Und kann sich auf der anderen Seite ein Eremit, der vierzig Tage fastet, um sich zu verbessern, nicht auch auf den Vorwurf gefasst machen, dass ihm das als Mensch nicht zusteht? Und wie steht es mit der *deep brain stimulation* bei der Parkinson-Erkrankung? Ist das noch ein moralisch gerechtfertigter Versuch, kranken Menschen zu helfen, oder bereits die Anmaßung, Gott zu spielen? Offenbar ist die Unterscheidung zwischen technischer Hybris und moralischer Selbstverbesserung schwierig, Technik scheint sich vielmehr geradezu dadurch zu definieren, dass sie dem Vorwurf der Hybris ausgesetzt ist. Denn Hybris ist offenbar der Punkt, an dem die *admiratio*, die Bewunderung Gottes, in Selbstbewunderung, Demut also in Anmaßung umschlägt.

Den Konflikt zwischen anthropologisch oder kulturell ange-
legter Hybris und ihrer notwendigen Bestrafung machte schon
der Kirchenvater Augustinus im 4. Jahrhundert bei sich selbst
aus:

> Auch dem Weisheitsstolze war ich verfallen gewesen, [... und
> ich ward] genesen an Deinem Wort: *Siehe, die Gottanheimgege-
> benheit ist die Weisheit,* und *nicht für weise sollst du gelten wol-
> len,* weil *Toren geworden sind, die sich für weise ausgaben.*[43]

Dass wir dereinst für solche Hybris bestraft werden, versteht
sich von selbst, doch in unseren Tagen bestraft nicht mehr Gott,
sondern die Natur. Allenthalben bricht der alte theologische
Einwand gegen Maschinen wieder hervor: Techniken stören das
Gleichgewicht der Natur, sie selbst wird sich dereinst dafür am
Urheber dieser Eingriffe in ihre Ordnung rächen.

Magie und Maschine

in dem die Maschine als menschengemachtes Wunder weiterverfolgt, die Technik mit der Magie verglichen und mit der Angst vor dem Tod in Verbindung gebracht wird.

Als Herzog Ernst auf seiner Flucht in den Orient unermess-
lichem Reichtum begegnete, empfand er es als Wunder. Als
er über die technischen Errungenschaften der Stadt Grippia
staunte, sprach er ebenfalls von einem Wunder. Und auch als
ihn Gott aus tödlicher Gefahr errettete, dankte er ihm für das
Wunder. Was er erlebte, musste nur spektakulär genug sein,
um als Wunder zu gelten, wie es genau funktionierte und
wer der Urheber des Wunders war, spielte nur eine sekundäre Rolle.[1]

Wunder können unterhalten, überzeugen, heilen, einschüch-
tern, Macht demonstrieren und sie können sogar Tote beleben.
So liegt es auf der Hand, dass Menschen zu allen Zeiten die
Fähigkeit, den Lauf der Natur zu beeinflussen, nicht den Göt-
tern überlassen wollten, sie wollten selbst Wunder vollbringen.
Dazu entwickelten sie bestimmte Methoden, die sie unter dem
Begriff der Magie zusammenfassten.

Maschinen zu bauen war deshalb lange Zeit eine Sparte der
Magie. Noch im 17. Jahrhundert konnte der Titel eines Buches des
englischen Theologen und Naturwissenschaftlers John Wilkins
über Maschinen lauten: *Mathematical Magick: or, The Wonders
That may be Performed by Mechanichal Geometry.*

Das Werk erschien erstmals 1648 in London und behandelt
im ersten Band die einfachen archimedischen Maschinen wie
Waage, Hebel, Rad, Rolle, Flaschenzug, Keil und Schraube, im
zweiten Kriegsmaschinen und Automaten. Besonders hatten es
Wilkins die Flugmaschinen angetan.

Automaten gehörten zur Magie, weil sie erstens in die Natur
eingriffen, also menschengemachte Wunder waren, zweitens
eine spektakuläre Inszenierung benötigten und drittens toten
Dingen Leben einhauchten.

Im Laufe der Jahrhunderte änderte sich diese Auffassung. Magie und Maschinen wurden getrennt, als magisch galt ein Eingriff in die Natur nur noch, wenn er sich auf die Allmacht der Gedanken und die Kraft der Sprache stützte, die Mechanik hatte sich dagegen auf Mathematik, Geometrie und Naturgesetze zu berufen. In der Aufklärung wurden die beiden Gebiete zudem noch hierarchisiert, Wissenschaft und Technik galten nun als *Fortschritt* gegenüber der Magie. Später, im Deutschen Idealismus und in der Romantik, wurde in einem dritten Schritt dieser Fortschritt als *Entfremdung* von der Natur gedeutet und die Magie mit dem Leben, die Maschine hingegen mit dem Tod identifiziert.

Sigmund Freud (1856–1939) und Ernst Cassirer (1874–1945), beide dem assimilierten jüdischen Bürgertum zugehörig, waren zutiefst den Ideen der Aufklärung verpflichtet, denen sie es verdankten, dass sie am deutschen Geistesleben überhaupt teilnehmen konnten. Sie erkannten früh, dass der mythische Irrationalismus des Nationalsozialismus die Errungenschaften der Aufklärung zunichtezumachen drohte. Dass sie die wissenschaftliche Überwindung der Magie als Fortschritt darstellen, war also mehr als eine philosophische Position, es war eine existenzielle Notwendigkeit. Cassirer stellt den Übergang von der Magie zur Technik deshalb noch eindeutig als Fortschritt dar:

> Stellt man das Weltbild der Kulturvölker dem der Naturvölker gegenüber, so zeigt sich der tiefe Gegensatz, der zwischen beiden besteht, vielleicht in keinem andern Zuge so scharf und so klar als in der Richtung, die der menschliche Wille einschlägt, um Herr über die Natur zu werden und sich ihrer fortschreitend zu bemächtigen. Dem Typus des technischen Wollens und Vollbringens steht der Typus des magischen Wollens und Vollbringens gegenüber. Man hat versucht, von diesem

Urgegensatz aus die Gesamtheit der Unterschiede abzuleiten, die zwischen der Welt der Kulturvölker und der der Naturvölker bestehen. Der Mensch der Frühzeit und der der späteren Stufe scheiden sich, wie sich die Magie von der Technik unterscheidet: Jener läßt sich als Homo divinans, dieser als Homo faber bezeichnen. Der gesamte Entwicklungsgang der Menschheit stellt sich alsdann als ein in zahllosen Zwischenformen sich vollziehender Verlauf dar, kraft dessen der Mensch von der Anfangsstufe des Homo divinans in die des Homo faber übergeht.[2]

Zwei Jahre nach Cassirer, im Jahr 1932, schrieb Freud folgende Sätze:

Der gemeinsame Zwang einer solchen Herrschaft der Vernunft wird sich als das stärkste einigende Band unter den Menschen erweisen und weitere Einigungen anbahnen. Was sich, wie das Denkverbot der Religion, einer solchen Entwicklung widersetzt, ist eine Gefahr für die Zukunft der Menschheit.[3]

Das klingt eher nach Beschwörung als nach Analyse.

Während Cassirer also davon ausging und wohl auch hoffte, dass das alte magische Denken unwiederbringlich verloren und durch das wissenschaftliche Denken abgelöst sei, glaubte Freud, dass Wissenschaft und Technik das magische Denken bloß überschichtet hätten, es im Unbewussten aber weiterlebe und in der Zwangsneurose wieder an die Oberfläche gespült werde. Freud widmet in *Totem und Tabu*, seiner pseudoethnologischen Fantasie über den Ursprung der Menschheit, *Animismus, Magie und Allmacht der Gedanken* ein eigenes Kapitel.[4] Die Magie ist nach Freud das erste gesellschaftliche Organisationsprinzip, das seinen Ursprung in der Vorstellung habe, die Natur sei beseelt. Dieser Animismus ist wiederum eine Reaktion auf das »Todesproblem«.

Mit der Vorstellung einer vom Körper getrennten Seele geht die beruhigende Vorstellung der Unsterblichkeit einher. Weil sowohl die Natur als auch der Mensch der unsterblichen kosmischen Seele teilhaftig sind, ist eine seelisch-gedankliche Beeinflussung der Natur möglich.

Technik zwischen Fortschritt und Entfremdung

Auch Max Weber, der scharfsinnige Analytiker des bürgerlichen Kapitalismus, betrachtet die Objektivierung und emotionale Neutralisierung der Welt durch die Wissenschaft als klaren Fortschritt, doch bei ihm schwingt wenigstens ein leises Bedauern mit, wenn er von der »Entzauberung der Welt« spricht.[5] Für die aufgeklärten Denker Freud, Cassirer und Weber sind Technik und Magie zu Antagonisten geworden und das Funktionieren der Maschine zum Beweis für den Sieg der Technik über die Magie.

Heute werden der Sieg der Vernunft und der Fortschritt der Technik nicht mehr vorbehaltlos gefeiert, zu viel Schaden hat beides bislang angerichtet. Die Überzeugung, dass die technische und wissenschaftliche Weltsicht gegenüber der magischen eine Verbesserung darstellt, wird zunehmend in Zweifel gezogen.

Die Skepsis gegenüber der aufgeklärten Vernunft gab es schon einmal als unmittelbare Reaktion auf Kants Absolutismus der Vernunft. Die Menschheit, so eine weit verbreitete Ansicht zu Beginn des 19. Jahrhunderts, habe sich durch die Fähigkeit, die Natur kognitiv zu erfassen und zu beherrschen, von dieser entfernt und sich auf einen Standpunkt ihr außerhalb oder sogar oberhalb gestellt. Hybris war der vormoderne Ausdruck, Entzweiung mit oder Entfremdung von der Natur waren die Schlagworte des Deutschen Idealismus dafür. Gleichzeitig mit der Diagnose der Entzweiung entstand auch die Sehnsucht, die

Entfremdung zu überwinden und zur Einheit mit der Natur zurückzukehren. Die große Sehnsucht nach dem Einssein mit der Natur wird dadurch legitimiert, dass der in die Vergangenheit projizierte Zustand der Einheit als der ursprüngliche gesetzt wurde. Diese Rückkehr zum Ursprung kann durch mystische Erfahrungen, durch Magie, durch Kunst oder, der kühnste Versuch von Hegel, durch das entfremdete Denken erreicht werden.

Die Verklärung des Ursprungs feiert heute, nachdem ihn Nietzsche schon radikal entzaubert hat, eine merkwürdige Renaissance. Die Magie wird gegenwärtig nicht mehr als primitive Form des Denkens aufgefasst, sondern als ursprünglichere Lebensform, als Existenzweise des Menschen vor der Aufspaltung in Subjekt und Objekt.[6] Die ursprüngliche Vereinigung beschreibt etwas, das uns offenbar verloren gegangen ist, nämlich die Erfahrung, *Teil der Natur* zu sein. Diese Erfahrung, die durch Drogen, Sex, Esoterik, Extremsport oder andere Formen intensiven Erlebens vermittelt werden kann, gilt nicht nur als natürlicher als die des modernen Menschen, sondern auch, und das wird uns begleiten, als lebendiger. So beschreibt Gilbert Simondon diese vortechnische Zeit:

> Das magische Universum bezieht seine Struktur aus der ursprünglichsten und prägnantesten aller Organisationen: jener der netzförmigen Verzweigung der Welt [...]. In einem solchen Netz aus Schlüsselpunkten gibt es eine ursprüngliche Ungeschiedenheit von menschlicher Wirklichkeit und Wirklichkeit der objektiven Welt. Diese Schlüsselpunkte sind wirklich und objektiv, aber sie sind das, worin das menschliche Wesen unmittelbar an die Welt gebunden ist, um dort gleichzeitig ihren Einfluss zu empfangen und auf sie einzuwirken.[7]

In den Anfängen des Menschengeschlechts lebte der Mensch in Einheit mit der Natur. Damals existierte noch keine zweite

Ebene, von deren Höhe aus der Mensch auf die Natur, der Geist auf die Materie hinabblickt. Da gab es nur ein Netz miteinander verbundener Punkte, zwischen denen Kräfte flossen. Die ganze Welt war *beseelt*, von jedem Punkt des Netzes gingen Bewegungen aus, Strömungen oder Schwingungen entstanden, die das ganze Netz belebten. Weil aber Geist und Materie noch nicht geschieden waren, konnten auch Gedanken oder rituelle Handlungen Kräfte in Gang setzen, die den Lauf der Dinge beeinflussen. Dem Magier gelang es, sich auf diese Welt der geheimen Kräfte einzulassen und so in die Natur einzugreifen. Selbstverständlich möchten auch Wissenschaftler und Techniker die Natur beeinflussen, aber sie bewegen sich in die entgegengesetzte Richtung. Sie entfernen sich von der Natur, sie beobachten sie von außen, von einer Art Hochsitz aus, um ihre Gesetzmäßigkeiten zu erkennen und sie auszunutzen. Sich selbst klammert der Wissenschaftler aus dem Erkenntnisprozess aus. Und er bezahlt einen hohen Preis: Er nimmt nicht mehr am Leben teil. Für einige Denker des 20. Jahrhunderts ist die Technik die extremste Ausprägung der Entfremdung, Heidegger raunt von einem Gestell, das das Sein verstellt, und Adorno und Horkheimer sprechen von der instrumentellen Vernunft, die sich nur auf maximalen Nutzen ausrichtet.[8] Die Magie repräsentiert das Leben, die Maschine den Tod, so etwa lautet der Mythos der Postmoderne.

Damit ist die Maschine, der höchste Ausdruck der technischen Lebensform, vielleicht auch der Ort, an dem das alte mythische Denken wieder hervorbricht.

Leben einhauchen – den Tod besiegen

Wir schreiben das Jahr 1657. Auf dem Marktplatz zu Magdeburg versuchen zwei Gespanne mit je acht Pferden, eine eiserne Kugel auseinanderzuziehen. Vergeblich. Bis ein kleines

Mädchen hinzutritt und an einem Hahn dreht, der auf der Kugel angebracht ist. Sogleich zerfällt sie in zwei Halbkugeln, die nur durch die Kraft des Vakuums zusammengehalten worden waren. Was die Kraft von sechzehn Pferden nicht vermochte, gelingt einem Kind. Das Publikum ist überzeugt, reiner Magie beizuwohnen.

Denselben Effekt macht sich der Brunnen zunutze, der seit 1984 am Ufer des Zürichsees steht. Eine glatt geschliffene Granitkugel liegt passgenau in einer Mulde aus Stein, die von einer dünnen Wasserschicht überzogen ist. Der Stoß eines kleinen Kindes kann die tonnenschwere Kugel in Rotation versetzen. Auch wer mit den Gesetzen der Hydrostatik und der Reibung vertraut ist, kann sich der Magie der Szene nicht entziehen. Es ist, als würde der Stein zum Leben erwachen und wie eine riesige Molluske seinem Gefängnis entfliehen wollen.

Tatsächlich ist die Erschaffung von Leben und die Überwindung des Todes das Ziel vieler magischer Praktiken, die Heilung von Kranken die gängigste Form davon. In meinem Elternhaus galten strenge Vorkehrungen gegen den Tod: Niemand durfte barfuß durch die Wohnung gehen, weil man nur im Haus der Toten die Schuhe auszieht, und niemand die Fingernägel der Reihe nach schneiden, weil man nur Leichen die Fingernägel der Reihe nach schneidet. Wenn ich über meine Schwester stieg, wenn sie auf dem Boden lag, musste ich denselben Weg zurücksteigen, weil nur Leichen auf dem Boden liegen. Niemand durfte den Namen eines ungeborenen Kindes aussprechen, weil es sonst den bösen Geistern in die Hände fällt – und stirbt. Wir machten uns zwar über den Aberglauben meiner Mutter lustig, aber niemand wagte es, die Regeln zu brechen, eine eigentümliche Ehrfurcht hinderte uns daran. Vielleicht war das *admiratio*. Jedenfalls war allen klar, dass es hier um Leben und Tod ging, darum, den Tod zu überlisten und ihm die Lebenden zu entreißen.

Die Wirkung des Vakuums, eindrucksvoll demonstriert
an den Magdeburger Halbkugeln.

Fig. IV.

Fig. V.

Fig. II.

D

N   N

N

Wenn der berühmteste Magus deutscher Zunge, Doktor Faustus, sich der »Magie ergibt«, um zu erkennen, »was die Welt im Innersten zusammenhält«,[9] geht es ihm nicht um die Anhäufung von Wissen, sondern um ewige Jugend, also um Unsterblichkeit. Nur dafür geht er mit dem Teufel einen Pakt ein. Eines der möglichen historischen Vorbilder Fausts, Georg von Heidelberg, war ein bekannter Wahrsager, Heiler und Zauberer, der um das Jahr 1530 durch die Jahrmärkte Europas tingelte. In Erfurt ließ er auf Drängen des Publikums die homerischen Helden Priamos, Hektor, Achilles, Ajax und Agamemnon vor den Augen des staunenden Publikums zum Leben auferstehen.[10] Immer geht es in der Magie um Leben und Tod: den Zeitpunkt des Todes vorauszusagen, Tote mittels Nekromantie lebendig werden zu lassen oder die Kranken zu heilen, um nur einige Beispiele zu nennen.

Magie ist theatral, sie ist eine spektakuläre Inszenierung vor einem Publikum, die immer derselben Dramaturgie folgt: Eine kleine Ursache produziert eine große Wirkung. Der Stoß eines Kindes versetzt eine Granitkugel in Rotation, ein Wort lässt einen Lehmklumpen zum Leben erwachen, ein Tanz verändert das Wetter, ein Pülverchen ruft Erscheinungen hervor. Angesichts der Diskrepanz von Ursache und Wirkung muss man von einer zusätzlichen unsichtbaren Kraft ausgehen, sie wurde bis ins 19. Jahrhundert Lebenskraft oder *vis viva* genannt.

Die Lebenskraft ist die Kraft, die die Welt beseelt und diesen rätselhaften Unterschied zwischen Leben und Tod, zwischen einer Leiche und einem lebendigen Menschen, zwischen einem Stein und einem Vogel ausmacht. Der Magus kann durch sein Wissen um die Geheimnisse des Lebens, aber auch durch die Reinigung seiner Seele an diese Kraft andocken und sich ihrer Kraft bedienen, meist um Kranke zu heilen. Manchmal auch, um Tote ins Leben zurückzuholen oder sogar künstliche Menschen zu erschaffen.

Eine der bekanntesten Geschichten über einen durch Magie belebten künstlichen Menschen ist die jüdische Legende vom Golem, dessen Name sich vom Radikal G-L-M ableitet, das ungeformten Lehm bezeichnet. Der Mythos hat seine Wurzeln im *Sefer Jezira*, dem Buch der Schöpfung, einem kabbalistisch-magischen Werk aus dem 1. Jahrtausend unserer Zeitrechnung.[11] Dem *Sefer Jezira* zufolge erschuf Gott den Menschen aus Lehm und hauchte ihm mithilfe einer bestimmten Buchstabenkombination eine Seele ein. In Kommentaren dazu wurden Rezepturen und Berichte kolportiert, wie auch Menschen mithilfe von Buchstaben aus Lehm Leben erschaffen können. Im Grunde ahmt der Mensch damit Gottes Tun nach, nur auf etwas tieferem Niveau. Dass er damit freveln oder gar mit dem Teufel paktieren würde, kam zuerst niemandem in den Sinn, höchstens wurden Bedenken laut, dass das Erschaffen von künstlichen Menschen dem biblischen Bilderverbot zuwiderlaufen könnte, sei doch der Mensch das Ebenbild Gottes.

Später verdichteten sich die Legenden zu zwei prototypischen Erzählungen: im 16. Jahrhundert zur Erzählung über den Golem von Chelm und im 19. Jahrhundert über den Golem von Prag. Ein Brief an den Historiker und Judaisten Johann Christoph Wagenseil (1633–1705) berichtet, wie Rabbi Elijahu Baalschem (gest. 1583) aus Chelm einen Menschen aus Lehm geformt habe:

Sie machen nach gewissen gesprochenen Gebeten und gehaltenen Fasttagen die Gestalt eines Menschen von Ton oder Leimen, und wenn sie das SCHEM HAMEPHORASCH [der ausdrückliche Name Gottes, also JHWH] darüber sprechen, wird das Bild lebendig. Und ob es wohl selbst nicht reden kann, verstehet es doch, was man redet und ihm befiehlt, verrichtet auch bei den polnischen Juden allerlei Hausarbeit, darf aber nicht aus dem Haus gehen. An die Stirn des Bildes schreiben sie: EMETH, das ist WAHRHEIT. Es wächst aber ein solch Bild täglich, und da es anfänglich gar klein, wird es endlich größer als alle Hausgenossen. Damit sie ihm aber seine Kraft, dafür sich endlich alle im Haus fürchten müssen, benehmen mögen, so löschen sie geschwind den ersten Buchstaben, aleph, an dem Wort EMETH an seiner Stirn aus, daß nur das Wort METH, das ist tot, übrigbleibt. Wo dieses geschehen, fällt der Golem über einen Haufen und wird in den vorigen Ton oder Leim resolviret ... Sie erzählen, daß ein solcher Baal Schem in Polen, mit Namen Rabbi Elias, einen Golem gemacht, der zu einer solchen Größe gekommen, daß der Rabbi nicht mehr an seine Stirn reichen und den Buchstaben E auslöschen können. Da habe er diesen Fund erdacht, daß der Golem als ein Knecht ihm die Stiefel ausziehen sollen; da vermeinte er, wenn der Golem sich würde bücken, den Buchstaben an der Stirn auszulöschen, so auch anging; aber da der Golem wieder zu Leimen ward, fiel die ganze Last über den auf der Bank sitzenden Rabbi und erdrückte ihn.[12]

In der bekannteren Prager Golemsage erschafft der berühmte Rabbi Löw (1512–1609), ein Wunderrabbi und Gelehrter aus dem Umfeld von Tycho Brahe und Kaiser Rudolf II., den Golem, um die Juden des Gettos vor christlichen Übergriffen zu schützen. Aus Lehm formt er eine Menschengestalt, die er lebendig werden lässt, indem er einen Zettel mit dem *Shemhameforasch*, dem Gottesnamen, in seinen Mund legt.[13]

Wie jedes Geschöpf sollte auch der Golem am Schabbat ruhen. Dazu entfernte Rabbi Löw jeden Freitagabend den Gottesnamen aus dem Mund seines Dieners. Eines Tages vergisst der Hohe Rabbi Löw, ihm den Zettel aus dem Mund zu klauben. Der Golem wächst daraufhin unkontrolliert, wird gewalttätig und setzt zu einem Amoklauf an. Der Rabbi kann sich im letzten Moment auf ihn stürzen und ihm den Zettel aus dem Mund reißen. Den übrig gebliebenen Lehmklumpen soll er unter dem Dach der Altneuschul zu Prag entsorgt haben.

Das Golemmotiv wird in der Romantik vielfach aufgenommen und nun ausdrücklich mit Automaten verknüpft. Doch anders als in der Prager Golemsage, wo das künstliche Geschöpf selbstständig werden und sich gegen die Menschen wenden konnte, *weil* es beseelt worden war (wenn auch fehlerhaft), wendet sich in der Romantik die Automate gegen die Menschen, weil sie mechanisch zwar perfekt, aber *seelenlos* ist.[14] Rabbi Löw konnte mit anderen Worten den Golem erschaffen, weil er in die Geheimnisse der Heiligen Sprache und damit der Seele eingedrungen war, Jacques de Vaucanson wird hingegen den automatischen Flötenspieler bauen können, weil er die Mechanik der Bewegung beherrscht – und damit beweist, dass man dazu keine Seele benötigt.

Kybernetik und Magie

Jahrhunderte später, in den 1940er-Jahren, erfindet Norbert Wiener eine neue Wissenschaft, die Kybernetik. Er beruft sich dabei ausdrücklich auf die Tradition der Magie, wenn er der Publikation seiner Vorlesungen den Titel *God & Golem, Inc.* gibt.[15] Ein Jahr später inspirierte dieser Titel wiederum das Weizmann-Institut in Rehovot, Israel, seinen neuen Supercomputer Golem zu nennen, was angesichts des tragischen Endes der Legende etwas bizarr anmutet, als zeigte sich in der Namensgebung die unbewusste Angst vor dem Monster, das hier entsteht. Jedenfalls hielt Gershom Scholem, der weltweit beste Kenner jüdischer Magie, die Einweihungsrede.

Wiener, ein ebenso übergewichtiger wie kurzsichtiger Mathematiker aus Boston, hatte sich am Problem der ineffizienten Flak festgebissen: Ein Kanonier braucht etwa zehn Sekunden, um sein Geschütz auf das feindliche Flugzeug einzustellen, und weitere zwanzig Sekunden, bis die Granate das angepeilte Objekt trifft – oder eben nicht. Der Flak-Soldat muss also eine halbe Minute im Voraus wissen, wo sich das Zielobjekt befinden wird. Doch da der Pilot nach Belieben ausweichen, Haken schlagen und die Flugbahn ändern kann, ist er dem Soldaten an der Flugabwehrrakete immer einen Schritt voraus. Um das feindliche Flugzeug zu treffen, bräuchte dieser Informationen darüber, was der Pilot in den nächsten Sekunden tun wird.

Wie kommt der Soldat zu diesen Informationen? Auf allen Bildern von aktiven Flak-Geschützen des Ersten Weltkriegs steht neben jedem Schützen ein weiterer Soldat mit einem Fernglas. Seine Aufgabe war es, seinem Kameraden das aktuelle Flugverhalten des Piloten mitzuteilen, sodass der Schütze die Richtung der Kanone anpassen konnte. Diese Aufgabe könne ein Computer übernehmen, dachten sich Wiener und der Ingenieur Julian Bigelow. Sie programmierten einen Computer nun so, dass er in Echtzeit die Veränderungen der Flugbahn des Flugzeugs »wahrnahm«, sie mit alten Daten verglich und die Ausrichtung der Kanone sofort neu berechnete. Indem die Erwartungen mit den realen Entscheidungen verrechnet wurden, war ein maschineller Algorithmus gefunden, mit dem berechnet werden kann, was der Pilot tun wird, vielleicht sogar, bevor er es selbst weiß.

Vom Erfolg seiner Idee beflügelt, stellte Wiener die Hypothese auf, dass *alle Systeme*, seien es künstliche Maschinen, lebende Organismen oder soziale Organisationen, durch Regelkreise und Feedbackmechanismen gesteuert werden. In diesen Regelkreisen, die sich zu ganzen Netzwerken zusammenschließen, fließen nicht mehr Energien, wie noch im elektrischen Netz, sondern Informationen. Die Information wird gleichsam zur neuen Weltwährung.

8,8-cm-FlaK 16 der Firma Krupp, Essen.

Nun wird deutlich, was Wiener mit dem Golem aus Prag, was die Kybernetik mit der Magie verbindet: Beide treten mit dem Anspruch an, das Geheimnis des Lebens zu lüften; mehr noch, sie wollen künstliches Leben erschaffen und den Tod überwinden. Der Traum vom künstlichen Leben hat das Getto der Magie, der Esoterik oder der Schauerliteratur längst verlassen und ist in den Wissenschaften angekommen, in der Biotechnologie und der KI-Forschung, letztlich Abkömmlinge der Kybernetik. Marvin Minsky, ein Pionier der künstlichen Intelligenz, war überzeugt, dass eines nicht allzu fernen Tages eine Person ewig würde leben können, indem ihr Bewusstsein auf ein Speichermedium geladen wird (*mind-uploading*), und Ray Kurzweil, der Entwicklungschef von Google, glaubt, dass der Computer den Tod beseitigen wird, indem der digitalisierte Geist den Körper wechseln wird (*body-swapping*).[16] Dazu kommt, dass die Information viel näher bei dem Hauptinstrument der Magie, der Sprache, liegt als bei der Kraft.

Das Informationszeitalter hat mit anderen Worten die scharfe Trennung zwischen unbeseelten, toten Maschinen und lebendigen Organismen aufgeweicht, wenn nicht ganz zum Verschwinden gebracht.

Die Magie des Marionettentheaters

Der Antagonismus von Leben und Maschine wurde schon einmal, Anfang des 19. Jahrhunderts, überwunden. Just in einer Zeit, da die Maschine zum Synonym für das Seelenlose geworden ist, nimmt sich Heinrich von Kleist in der Erzählung *Über das Marionettentheater* der Frage an, ob Maschinen beseelt seien. Die 1810 erschienene Erzählung beginnt damit, dass der Ich-Erzähler sich verwundert über die Begeisterung eines berühmten Tänzers für das Marionettentheater äußert:

Er versicherte mir, daß ihm die Pantomimik dieser Puppen viel Vergnügen machte, und ließ nicht undeutlich merken, daß ein Tänzer, der sich ausbilden wolle, mancherlei von ihnen lernen könne. [...] Jede Bewegung, sagte er, hätte einen Schwerpunkt; es wäre genug, diesen, in dem Innern der Figur, zu regieren; die Glieder, welche nichts als Pendel wären, folgten, *ohne irgendein Zutun* auf eine mechanische Weise von selbst.[17]

Die Quelle des Vergnügens ist überraschenderweise das Mechanische der Bewegung. Sie sei graziöser als eine willentliche Bewegung, weil sie *ohne Zutun* – von selbst, *kat auto* – geschieht:

Er setzte hinzu, dass diese Bewegung sehr einfach wäre; [...] von einer anderen Seite, [aber] etwas sehr Geheimnisvolles.

Denn sie wäre nichts anders, als der *Weg der Seele des Tän-*
zers; und er zweifle, daß sie anders gefunden werden könne,
als dadurch, daß sich der Maschinist in den Schwerpunkt der
Marionette versetzt, d. h. mit anderen Worten, *tanzt*.[18]

Die automatische Bewegung ohne Zutun sei der *Weg der Seele*.
Ohne bewusste Intentionen folgen die Puppen der Physik, als
seien sie an den magischen Kraftlinien der Natur angeschlossen.
Gerade dadurch erscheinen sie uns lebendig und beseelt, lebendiger und beseelter als wir selbst, die wir uns bewusst steuern,
mit Zutun. Von den Automaten können Menschen also lernen,
subjektive Intentionen abzustreifen, um an der kosmischen Seele
teilzuhaben. Was der Vorteil der Puppe gegenüber lebendigen
Tänzern sei, bohrt der skeptische Erzähler nach.

> Der Vorteil? Zuvörderst ein negativer, mein vortrefflicher
> Freund, nämlich dieser, dass sie sich niemals *zierte*. – Denn
> Ziererei erscheint, wie Sie wissen, wenn sich die Seele (*vis
> motrix*) in irgendeinem anderen Punkt befindet, als in dem
> Schwerpunkt der Bewegung.[19]

Die Ziererei, die bewusste Kontrolle des Subjekts, steht der
Selbsttätigkeit der Seele im Weg; in der Identifikation mit der
bewusstlosen Perfektion der selbsttätigen Bewegung der Automaten begegnen wir der Weltseele. Das macht ihre magische
Wirkung aus:

> Wir sehen, daß in dem Maße, als, in der organischen Welt,
> die Reflexion dunkler und schwächer wird, die Grazie darin
> immer strahlender und herrschender hervortritt. – Doch so,
> wie sich der Durchschnitt zweier Linien, auf der einen Seite
> eines Punkts, nach dem Durchgang durch das Unendliche,
> plötzlich wieder auf der andern Seite einfindet, oder das Bild

des Hohlspiegels, nachdem es sich in das Unendliche entfernt hat, plötzlich wieder dicht vor uns tritt: so findet sich auch, wenn die Erkenntnis gleichsam durch ein Unendliches gegangen ist, die Grazie wieder ein; so, daß sie, zu gleicher Zeit, in demjenigen menschlichen Körperbau am reinsten erscheint, der entweder gar keins, oder ein unendliches Bewußtsein hat, d. h. in dem Gliedermann, oder in dem Gott.[20]

Kleists maschineller Panpsychismus geht mit einer paradoxen Vorstellung von Subjektivität einher: Sich mit der *bewusstlosen* Maschine zu identifizieren, um am Unendlichen teilzuhaben, ist das Ergebnis *bewusster* psychischer Arbeit, eines *bewussten* Verzichts auf Bewusstheit, einer subjektiven Auflösung des Subjekts. Mechanisch wie ein Automat zu agieren – *ohne Zutun* –, ist mit einem Mal nicht mehr das Signum einer entseelten Persönlichkeit oder einer entzauberten Welt, sondern des Lebens selbst. »Die hölzernen Zwerge, indem sie spielen, übernehmen gewissermaßen unser Leben. Sie werden wirklicher als wir, und es kommt zu Augenblicken eigentlicher Magie; wir sind, ganz wörtlich, außer uns«,[21] notiert Max Frisch 150 Jahre später in sein Tagebuch, nachdem er ein Marionettentheater besucht hat.

Kleist stellt das Verhältnis von Magie und Mechanik auf den Kopf. Sie sind keine Antagonisten mehr, die Mechanik wird zur höchsten Form der Magie. Es war die Zeit, als sich alle auf die Suche nach dem Absoluten machten und in der Entgrenzung die Bedingung dafür sahen. Schelling fand das Absolute in der Kunst, Fichte im Ich, Hegel im Gang des Selbstbewusstseins, Hölderlin in der Poesie, Novalis in der Natur – und Kleist im Mechanischen. Sich der maschinellen Wiederholung hinzugeben, erleichtere das Aufgeben bewusster Kontrolle, so die These Kleists. Von der Entgrenzungslust durch mechanische Wiederholungen und durch rhythmische Bewegungen schrieb schon Freud, und man kennt sie auch aus der Musik, zum Beispiel aus der irischen Volksmusik und der Technoszene oder auch von gewissen östlichen Gebetspraktiken oder antiken Selbsttechniken, die auf der mechanischen Wiederholung beruhen.[22]

Diese Entgrenzung sucht der Magier durch magische Praktiken, die zum Teil auch in Wiederholungen von Beschwörungsformeln und Ritualen bestehen, zum größeren Teil aber in anderen sprachlichen Praktiken, wie dem Beschreiben von Amuletten und Talismanen oder dem Aufsagen von Zaubersprüchen. Dazu kommt ein vertieftes Wissen über die Natur und ihre Heilkräfte, das sich im Mischen magischer Tinkturen ausdrückt. Auch wenn uns die einzelne Formel oder Tinktur heute überholt und lächerlich erscheinen mag, die Vorstellungen dahinter kann man durchaus ernst nehmen: Der Magier versucht auf bewusste Selbstkontrolle zu verzichten, um dadurch zur Weltseele Zugang zu finden. Er verliert sich selbst, um in die kosmischen Kräfte einzutauchen und sie dann zu beeinflussen. Er stellt sich, nach dem bekannten Schweizer Alchemisten und Naturheilkundler Theophrastus Bombastus von Hohenheim, genannt Paracelsus (1493–1541), in den Dienst der *Lebenskraft* und wird damit zu einem Medium zwischen Makrokosmos und Mikrokosmos, ein Mittler zwischen den Kräften des Kosmos und dem Individuum.[23]

Eros, *magia naturalis* und Mechanik

Der Magier erforscht und beeinflusst die Kraft, die »die Welt im Innersten zusammenhält«. Marsilio Ficino (1433–1499), ein Arzt und Philosoph in den Diensten von Lorenzo di Medici, erkennt diese Kraft im Eros. Lorenzo il Magnifico hatte Ficino beauftragt, die bis dahin praktisch unbekannten platonischen Dialoge ins Lateinische zu übertragen. Platon sollte der Renaissance ein neues geistiges Fundament geben, nachdem sich der herrschende Aristotelismus in den Augen Lorenzos in sterilen

Spitzfindigkeiten totgelaufen hatte. Ficino machte sich an die Übersetzungen, doch beließ er es nicht dabei, einen Teil der Dialoge schrieb er gleich neu. Den größten Erfolg hatte er mit der Neufassung des *Symposion*, Platons Dialog über die Liebe. Darin deutet Ficino den Eros als kosmische Anziehungskraft, die die Natur als Ganzes zusammenhält:

> Weshalb aber wird der Eros Zauberer genannt? Weil alle Macht der Zauberei auf der Liebe beruht. Die Wirkung der Magie besteht in der Anziehung, welche ein Gegenstand auf einen anderen auf Grund einer bestimmten Wesensverwandtschaft ausübt. Die Teile dieser Welt hängen, wie die Gliedmassen eines Lebewesens, alle von einem Urheber ab und stehen durch die Gemeinschaft ihrer Natur in Zusammenhang. Wie also in uns das Gehirn, die Lunge, das Herz, die Leber und die übrigen Körperteile voneinander etwas empfangen, sich gegenseitig fördern und untereinander in Mitleidenschaft stehen, so hängen die Teile dieses grossen Lebewesens, d. h. alle Weltkörper in ihrer Gesamtheit, untereinander zusammen und teilen einander ihr Wesen mit. Aus dieser gemeinsamen Verwandtschaft entspringt gemeinsame Liebe, aus dieser gegenseitigen Anziehung: und das ist die wahre Magie. [...] Folglich sind die Werke der Magie Wirkungen der Natur.[24]

Die Natur ist ein Lebewesen, das durch erotische Kräfte zusammengehalten wird. Ficino nennt die Lehre dieser natürlichen Kräfte und ihrer Beeinflussung *magia naturalis*.[25] Und weil diese Kräfte aber ein funktionierendes Gefüge bilden, heißt die Natur auch *machina*, Maschine. Umgekehrt lautet der Titel des Werkes über Maschinen des Jesuiten Caspar Schott (1608–1666) *Magia universalis naturae et artis* (*Die universale Magie der Natur*). Der Untertitel erläutert den Zusammenhang von Magie und Maschine sehr genau: *oder*

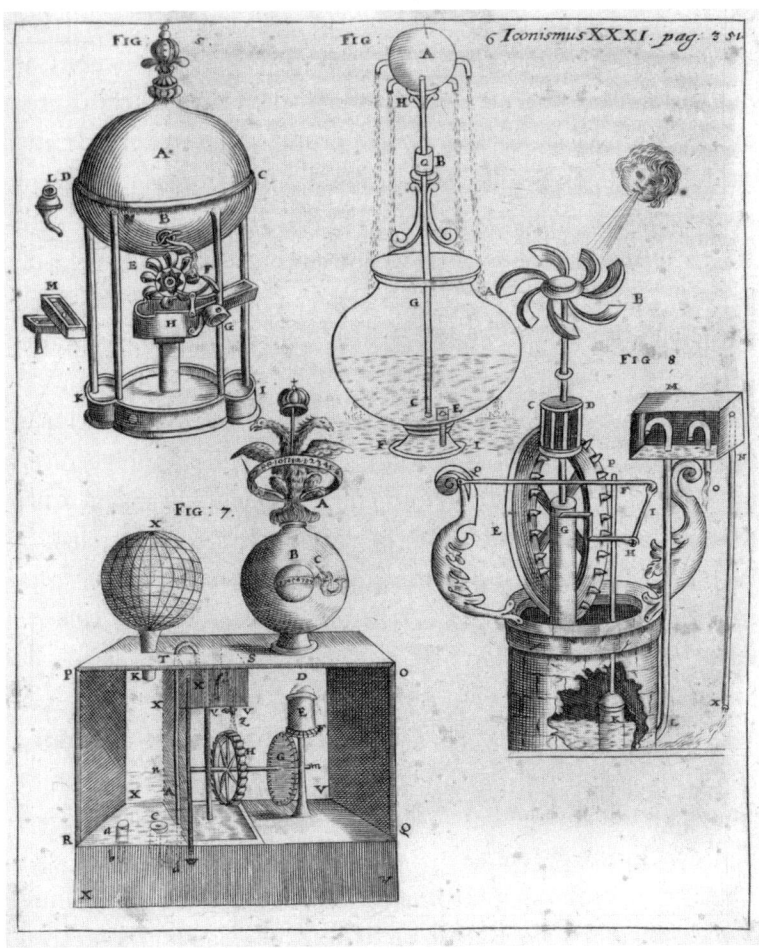

Kaspar Schott, *Mechanica hydraulico-pneumatica.*

die verborgene Wissenschaft der natürlichen und künstlichen
Dinge, mit deren Hilfe, durch verschiedene Anwendungen zu
bewundernde Spektakel und Wunder zum Nutzen des menschlichen Lebens ausgegraben wurden.

Die Begriffe *magia naturalis* und *machina* sind in der Renaissance beinahe austauschbar, beide offenbaren die geheimen

Kräfte der Natur, ob sie mechanisch, magisch oder erotisch, ob sie natürlich oder künstlich sind, spielt keine Rolle, nur der Zugang ist ein anderer: Über die magischen Kräfte erfährt man nichts durch Messung oder Beobachtung, sondern durch Immersion der eigenen Seele, nicht durch die Anwendung der Naturgesetze, sondern durch Kenntnis der heiligen Sprache. Ficinos *magia naturalis* versucht, die Magie aus der Schmuddelecke des Betrugs oder der bösartigen Zauberei zu befreien und als Protonaturwissenschaft zu etablieren: als Lehre von der Zusammensetzung der *machina mundi*.

Als der junge Kölner Gelehrte Agrippa von Nettesheim im April 1510 dem Abt Johannes Trithemius ein dreibändiges Werk mit dem Titel *De occulta philosophia* überreichte, war sein erklärtes Ziel, endlich Ordnung in die zunehmend unübersichtliche Welt der Magie zu bringen, um gute von schlechter Magie unterscheiden zu lernen.[26] Gut ist die *magia naturalis*, die sich mit natürlichen Kräften beschäftigt. Die Natur ist nicht, wie in der Mechanik, ein Gefüge, in dem *äußere* Kräfte übertragen und Massen in Bewegung gesetzt werden, sondern eine Assemblage von Dingen mit *inneren* Eigenschaften, *virtutes*, die durch die Nennung der ihnen zugehörigen Namen, Zahlen oder Buchstaben wirksam werden.

Die schlechte oder schwarze Magie charakterisieren hingegen drei Merkmale: Sie ist nicht nachprüfbar (*artes incertae*), sie beruht auf Zauberei und nicht auf den natürlichen Eigenschaften und schließlich dient sie den persönlichen Interessen des Magus. Das sind *mutatis mutandis* dieselben Bedenken, die heute der künstlichen Intelligenz entgegengebracht werden: Sie ist unkontrollierbar, unnatürlich und kann missbraucht werden.

Weil die selbstsüchtige Seele die magischen Kräfte nicht selbst nutzen kann, braucht sie die Unterstützung des Teufels, der sie täuschend ähnlich nachahmen kann, denn der Teufel ist ein großer Verführer, ein Meister der Illusion. Der Automatenbauer geht noch einen Schritt weiter: Er ahmt lebendige Kräfte nicht bloß nach, er baut Figuren, die tatsächlich lebendig sind.

Wir haben es also mit drei Stufen der Magie zu tun: Der Magus nutzt die natürlichen Kräfte, der Teufel ahmt sie nach und der *mechanicus* baut sie nach. In der Praxis verwischen sich Grenzen allerdings, nie ist ganz klar, welcher Kategorie ein Zauber zuzuordnen ist.

Doch die richtige Einteilung konnte über Leben und Tod entscheiden. Auf Zauberei steht in der Bibel (5. Mose 18, 9–13) die Todesstrafe, es ist also von entscheidender Bedeutung, dass man echte Zauberei von Illusionen unterscheiden kann. So steht im Talmud:

> Der Zauberer – das ist der, der eine Tat tut, nicht aber wer nur die Augen täuscht. Rabbi Akiva sagt im Namen des Rabbi Jehoschua: Zwei sammeln Gurken, nun kann einer, der sammelt, straffrei, und der andere, der sammelt, schuldig sein. Wer eine Tat tut, ist schuldig, wer die Augen täuscht, ist frei.[27]

Wer mit einem Trick bloß die Illusion erzeugt, Gurken zu sammeln, geht straffrei aus, wer die Gurken mit einem veritablen Zauber sammelt, wird gesteinigt.

Das Unkontrollierbare kontrollieren

Magie und Mechanik haben eine gemeinsame Geschichte: Beide greifen in Gottes Schöpfung ein und versuchen sie günstig zu beeinflussen oder sie gar zu verbessern. Beide sind menschengemachte Wunder und lösen somit *admiratio* aus, sie haben also dieselben psychologischen Wirkungen. Tatsächlich findet sich in einer der ersten alchemistischen Schriften die bereits erwähnte Formulierung aus der pseudoaristotelischen Abhandlung zur Mechanik fast wörtlich wieder, nur auf die Magie bezogen: Die

Natur besiegt die Natur.[28] Mechanik und Magie unterscheiden sich lediglich in der Wahl ihrer Mittel. Der Magus greift mithilfe der Sprache in die bestehende Welt ein, der Automatenbauer hingegen baut mithilfe technischer Apparaturen eine bessere Welt nach. So ist es nicht verwunderlich, dass Magie und Technologie auch dieselben aversiven Gefühle hervorrufen. Die Magie wird seit jeher mit denselben Argumenten bekämpft, die die heutigen Technologiekritiker benutzen: Sie sei nicht nachprüfbar und widersprüchlich (»Wir wissen viel zu wenig, um das Risiko abzuschätzen«), sie verstoße gegen das biblische Verbot der Zauberei (»Technik greift unrechtmäßig und unverhältnismäßig in die Natur ein. Die Natur wird sich rächen«), ihre Vorhersagen untergraben den freien Willen (»Durch die Algorithmen verlieren wir den freien Willen«) und sie seien reine Illusion und in Wirklichkeit unwirksam (»Im Grunde brauchen wir das alles nicht«).[29]

Jedenfalls scheint auch die Skepsis gegenüber der Magie und gegenüber der Technologie derselben Quelle zu entspringen: Beide sind letztlich unkontrollierbar. Das erscheint paradox, weil sowohl die Magie als auch die Technik ursprünglich erfunden wurden, um die Natur unter Kontrolle zu kriegen. Magisches Denken hilft, so Hans Blumenberg, bei der Kontingenzbewältigung. Ursprünglich sei der Mensch der kontingenten Wirklichkeit hilflos ausgeliefert gewesen, doch indem er die Natur beseelte, verschaffte er sich ein wenig Luft und gewann ein wenig Kontrolle zurück. In einer beseelten Welt geschehen zwar dieselben schrecklichen Dinge, aber sie sind emotional nicht so belastend, weil die Mythen ihnen Bedeutung verleihen. Alles ist nun mit allem verbunden, alles ergibt Sinn, selbst eine Katastrophe kann noch als Zeichen und Wunder gedeutet werden. Vor allem aber, und da kommt die Magie ins Spiel, kann man etwas dagegen tun. Nichts wirkt besser gegen das Gefühl der Ohnmacht als die Möglichkeit, tätig zu werden – völlig unabhängig davon, ob das, was man tut, tatsächlich etwas »nützt«. Magie, könnte man sagen, ist tätiger Mythos.

Doch Blumenbergs Theorie hat eine Schwachstelle. Sie setzt den »Absolutismus der Wirklichkeit«, also die Erfahrung der Hilflosigkeit angesichts der Wirklichkeit, als tatsächlich gegeben an, während die Magie nur eine psychologische Konstruktion zur Angstbewältigung ist.[30] Doch gehören nicht beide Phasen, die Hilflosigkeit *und* ihre Abwehr, zum selben Mythos? Wie hätte der Mensch in einer Welt, in der er tatsächlich vollkommen hilflos war, überhaupt überleben können? Alle Ursprungserzählungen, auch die von der ursprünglichen Hilflosigkeit des Menschen, sind letztlich Mythen. Anders gesagt, auch die Narrative über die Entstehung von Mythen sind Mythen.[31] Der Kampf zwischen der menschlichen Kontrolle und der unkontrollierbaren Natur ist die Basis sowohl des magischen als auch des technischen Narrativs. Die Unkontrollierbarkeit der Natur fällt gleichsam auf jene Praktiken zurück, die sie zu kontrollieren versuchen.

Das Unkontrollierbare hat einen Namen, es heißt Monstrum. Alle Versuche, Kräfte zu schaffen oder zu kontrollieren, die sich letztlich als unkontrollierbar erweisen, sind Monstren: Der Golem war ein Monstrum, Dr. Frankenstein schuf ein Monster und Atomkraftwerke sind Monstren. Selbst die Vernunft kann Monster gebären, wenn sie die Kontrolle über ihre Folgen verliert.[32] Meist sind Monstren groß und zusammengesetzt, genauer: falsch oder gar böswillig falsch zusammengesetzt. Die Lehmfigur, die Rabbi Löw geformt hat, ist noch kein Monstrum. Erst der Zusatz des Gottesnamens macht aus ihr jenes gefährliche Wesen, das außer Kontrolle gerät.

Unter dem Lemma »Chimären« finden wir in der bekannten *Encyclopédie* von Denis Diderot und Jean-Baptiste le Rond d'Alembert die Erklärung: »monstres fabuleux, qui selon les Poètes avoint la tête & le cou d'un lion, le corps d'une chèvre &

la queue d'un dragon & qui vomissoit des tourbillons de flammes & de feu«.[33] Kurz: Monster sind poetisch zusammengesetzte Fabelwesen.

Hier besteht eine Analogie zu Magie und Mechanik: Bei allen dreien kommt es auf die richtige Zusammensetzung an. Damit die Kräfte wirken können und ein lebendiges Gefüge entsteht, müssen die Elemente fachgerecht kombiniert werden, gleichgültig, ob es sich um Buchstaben oder Räder, um Eisenstäbe oder alchemistische Ingredienzien handelt. Doch die Zusammensetzung hat auch ihre dunklen Seiten. Sie verändert nämlich das *Wesen* der Dinge und erschafft so Monstren:

> Kennzeichnend ist für die künstlichen Geschöpfe der Moderne an den Kreuzungspunkten von Kunst und Wissenschaft, dass sie – gerade dann, wenn sie dem »Imperativ des Anthropomorphismus« zunächst genügen – früher oder später ihre Monstrosität offenbaren, die nicht nur das Misslingen des Schöpfungsaktes, sondern auch ihre Un-Menschlichkeit demonstriert.[34]

Es scheint, als habe das technische Zeitalter das Narrativ des magischen Zeitalters geerbt; es ist das Narrativ des selbst gemachten Wunders, das in etwa so lautet: Einst waren die Menschen hilflos der Natur ausgeliefert, doch sie verschafften sich Mittel und Wege, in die Natur einzugreifen, indem sie deren Kräfte bändigten. Allerdings zeigt sich über kurz oder lang, dass gerade die Mittel, die dazu dienten, Kontrolle zu erlangen, selbst außer Kontrolle geraten, und zwar, weil sie von Anfang an falsch zusammengesetzt waren.

Natur überlisten –
Leben erschaffen

*in dem mithilfe der vormodernen Mechanik
gezeigt wird, dass der Vorwurf der Hybris
genau genommen der Anmaßung gilt,
mit Maschinen Lebewesen zu erschaffen oder
sie zumindest teuflisch gut nachzuahmen.*

Mechanik ist Gewalt und List gegen die Natur

Die Ambivalenz, mit der der Technik zurzeit begegnet wird, ist selbstverständlich eine Folge der realen Zerstörung unserer Lebensgrundlagen durch den technischen Fortschritt. Doch diese rationale Ambivalenz ist durch ein jahrhundertealtes ambivalentes Verhältnis zu Wundern und zur Magie vorgezeichnet, das sich auf den im Grunde religiösen Begriff der Hybris bringen lässt und deren Vorwurf das Verhältnis europäischer Menschen zur Technik seit vielen Jahrhunderten rahmt. Doch worauf gründet eine solche Anschuldigung eigentlich, in welcher Hinsicht stellt sich der Mensch den Göttern gleich, wenn er Maschinen baut?

Um zu verstehen, was den Zorn der Götter heraufbeschwört, müssen wir uns zunächst mit der vormodernen Mechanik beschäftigen, vor Galileo Galilei (1564–1642). Ausgerechnet einer seiner Gönner, Guidobaldo del Monte (1545–1607), stellte umfassend jenes mechanische Wissen zusammen, das von seinem Freund später über den Haufen geworfen werden würde. »Mechanik«, schreibt Guidobaldo in der Einleitung zu seinem 1577 erschienenen *Mechanicorum liber*, sei

> im Besitz der Befehlsgewalt über die Dinge in der Natur, denn alles, was den Handwerkern, Baumeistern, Lastenträgern, Bauern, Seeleuten und gar sehr vielen andern gegen die sich ihnen *widersetzenden Regeln der Natur* hilft, gehört ausnahmslos in den Kompetenzbereich der Mechanik. Dass sie freilich im erfolgreichen Wettstreit gegen die Natur sogar auf deren eigene Regeln zurückgreift, das verdient mit Sicherheit Bewunderung.[1]

Technik arbeite *gegen die Naturgesetze*, behauptete schon Aristoteles: »Erstaunliche Dinge, deren Ursache unbekannt ist, geschehen in Übereinstimmung mit der Natur. Andere geschehen gegen die Natur, allein durch menschliches Können (*technè*) und zum Wohle der Menschheit. Denn in vielen Fällen erzeugt die Natur Effekte zu unserem Nachteil.«[2] Und dann wird er noch deutlicher: »Durch Technik haben wir die Macht über das, worin uns die Natur überlegen ist.«[3]

Auch die Aristoteles zugeschriebenen *Quaestiones mechanicae* sehen die Technik als Überlistung der Natur:

> In vielen Dingen wirkt die Natur dem Bedürfnis der Menschen entgegen, denn immer hat sie ihre eigene Weise. Soll daher etwas gegen die Natur bewerkstelligt werden, so bietet das wegen der Schwierigkeit eine Aporie und eine künstliche Behandlung ist erforderlich. Wir bezeichnen deshalb den Teil der Technik, der aus solcher Aporie heraushilft, als Mechanik. Der Dichter Antiphon sagte deshalb: »Gewähre, Technik, den Sieg, den die Natur verwehrt.«[4]

Die Natur ist eine Akteurin mit eigenen Interessen, die mit denen der Menschen oft nicht übereinstimmen. In diesem ständigen Wettkampf können sich die Menschen keinen direkten Angriff leisten, da die Natur im Grunde stärker ist. Sie müssen List anwenden, die denen japanischer Kampfsportarten ähnelt: Die Menschen ahmen die Natur nach, um sie gegen sich selbst zu wenden. Das Ergebnis ist oft eine Verbesserung der Natur.

Das alles ist in einer Welt nicht weiter problematisch, in der die Götter die Natur nicht auf die Menschen zugeschnitten haben. Missgunst, Eifersucht und Hass zwischen Göttern und Menschen sind in einer solchen Welt völlig normal.

Das änderte sich gründlich, als ein einziger, allmächtiger und allgütiger Schöpfer auftrat, der am sechsten Tag den Menschen erschuf und ihm eine Welt zur Verfügung stellte, die er während der ersten fünf Tage für ihn vorbereitet hatte. Jetzt wurde die

Tatsache erklärungsbedürftig, dass diese nur für ihn geschaffene Natur den Menschen das Überleben so schwer macht. Wie ist es möglich, fragte man sich, dass ein allmächtiger Gott eine derart fehlerhafte Arbeit abliefert? Oder steckt vielleicht sogar ein bösartiger Demiurg dahinter, wie es die Gnostiker annahmen? Schwieriger noch war die Frage zu beantworten, wie der unvollkommene Mensch einen vollkommenen Gott verbessern kann. Die Antwort blieb nach wie vor aristotelisch: Indem er ihn nachahmt und überlistet. Doch das ist nun nicht mehr selbstverständlich, es ist zur Todsünde der *superbia* geworden, des Hochmutes. Gewiss verdient auch diese List Bewunderung (*certè admirationem dignum*), schreibt Guidobaldo weiter, allerdings ist nicht klar, wem die Bewunderung gebührt, der Allmacht Gottes oder dem Menschen dafür, Gott ausgetrickst zu haben.

Die Vorstellung, Maschinen überlisteten die Natur, ist uns fremd geworden, doch im Rahmen der aristotelischen Bewegungslehre ist sie folgerichtig. Jedem Ding wohnt nach Aristoteles eine spezifische Bewegungstendenz inne, die sich aus seiner Herkunft ergibt. Der Stein strebt der Erde zu, weil er ursprünglich von der Erde stammt, das Feuer strebt nach oben, weil es in der Sonne seinen Ursprung hat. Ein jedes Ding folgt seiner eigenen Bewegungstendenz, seiner Entelechie. Jede Bewegung, die der Entelechie entspricht, ist natürlich, gewaltsam ist sie, wenn sie ihr entgegensteht. Wird ein Stein nach oben geworfen, zwingt ihm zuerst eine äußere Kraft eine Richtung auf, die nicht die seine ist. Die Kraft tut dem Stein Gewalt an. So etwas geht nie lange gut, schon nach kurzer Zeit setzt sich die natürliche Tendenz wieder durch und der Stein fällt zu Boden.

Bewegung umfasst aber mehr als nur eine Verschiebung im Raum. Aristoteles nennt jede Entwicklung, jedes Wachstum, ja, jede Veränderung »Bewegung«. Er unterscheidet vier Arten der natürlichen Veränderung: das Entstehen und Vergehen (*genesis* und *phthora*),[5] das Wachsen und Schwinden (*auxesis* und *phthisis*),[6] den Umschlag (*alloiosis*) und die Ortsbewegung im engeren Sinne (*kinesis kata topon*).[7] Entelechie könnte man deshalb auch als Entwicklungsgesetz entlang einer dieser Trajektorien übersetzen. Würden wir ein Bett aus Holz in der Erde vergraben und hätten das Glück, dass etwas wachsen würde, wäre das sicher kein Bett, sondern ein Baum. Die *natürliche* Entwicklung des Holzes ist es, zu einer Weide heranzuwachsen, der Schreiner aber, der ein Bett zimmert, *zwingt* das Holz und bringt es von seinem Weg ab.[8]

Das Wörterbuch von Gemoll gibt die Bedeutung von *mechanè* – dorisch *machana* – mit »1. Vorrichtung, Werkzeug«, »2. Maschine, insbesondere Kriegs- oder Theatermaschine« und »3. Mittel, Kunstgriff, Einfall, List, Hinterlist« an. Im Englischen bedeutet *machination* Intrige, französisch *machiner* heißt etwas Bösartiges aushecken. Im zwölften Buch der *Odyssee* erklärt Homer, als sich Odysseus an den Mast binden lässt, um der Versuchung der Sirenen nicht zu erliegen, er sei kein *amechanos*, er sei also nicht hilflos, sondern im Gegenteil ein *polymechanos*, einer, der viele Listen kennt, einer, der sich aus jeder scheinbar hoffnungslosen Lage mit Täuschung und Arglist befreien kann.[9]

List und Täuschung gehören also schon etymologisch zur Mechanik, und zwar in doppelter Hinsicht: Zum einen überlistet die Maschine die Natur, indem sie den Dingen eine nicht natürliche Bewegung aufzwingt. Zum anderen überlistet der *mechanikos* den Zuschauer, indem er ihm vorgaukelt, die Bewegungen geschähen von selbst, *kat auto*. Ersteres dient dem Nutzen der Menschen, Letzteres der Unterhaltung und Erbauung.

Theatermaschinen sind meist Automaten

Der klassische Ort der Illusion ist die Bühne. Deswegen ist die Geschichte der spektakulären Maschinen enger an die

Geschichte des Theaters als an die Geschichte der Ökonomie gebunden. Und an den Namen des bekanntesten Konstrukteurs von Theatermaschinen in der Antike: Heron von Alexandria.

Über sein Leben im 1. Jahrhundert n. Chr. ist nicht viel mehr bekannt, als dass er am *museion* zu Alexandrien unterrichtete, der bedeutendsten Lehranstalt und Bibliothek seiner Zeit. Möglicherweise gab es in seinem Leben auch nicht viel mehr, jedenfalls legt das gigantische Werk, das er hinterlassen hat, nahe, dass er die meiste Zeit in der Bibliothek verbrachte. Seine Bücher decken das gesamte mathematische, naturwissenschaftliche und technische Wissen seiner Zeit ab. Den Nachruhm verdankt er allerdings nur zwei dieser Bücher, der *Automatopoietikè* und der *Pneumatikè*. In Ersterem werden ein mobiles und ein stationäres Automatentheater vorgestellt, im zweiten 75 weitere spektakuläre Erfindungen für das Theater.

Die Theatermaschinen des *mechanikos*, seine Windorgeln, mechanischen Singvögel und rotierenden Kugeln, waren weithin berühmt, vor allem aber kannte man das Tempeltor, das sich von selbst öffnete. Für dieses mysteriöse Schauspiel machte sich Heron die Kraft des Feuers zunutze. Unter einem Opferfeuer des Tempels befand sich ein halb mit Wasser gefüllter Behälter. Die Wärme dehnte die Luft aus, die das Wasser über einen Schlauch in einen nächsten Topf drückte, der immer schwerer wurde. Je tiefer der Topf sank, desto weiter öffneten sich die Türen, da sie über Ketten und Rollen an dem Topf befestigt waren. Wurde das Feuer gelöscht, verschlossen sich die Türen durch den entstehenden Unterdruck wieder.

Das Tempeltor war ein *Automat*.

Bislang haben wir die Begriffe »Automat« und »Maschine« synonym verwendet, was sich dadurch rechtfertigen ließ, dass sie auch in der zeitgenössischen Literatur weitgehend austauschbar waren. Doch um Verwirrungen zu vermeiden, scheint es nun an der Zeit, Maschinen und Automaten genauer zu unterscheiden:

Selbstverständlich ist auch ein Automat eine Maschine, schließlich basiert er auf den fünf einfachen Maschinen von Archimedes. Doch der Automat bewegt sich im Unterschied zu den anderen archimedischen Maschinen *von selbst*, was bedeutet, dass er zusätzlich zu den Hebeln, Schrauben und Seilzügen ein internes Steuerungsmodul und einen Energiespeicher benötigt, um für eine gewisse Zeit von seiner Umgebung unabhängig zu bleiben. Erst diese zeitweilige Autonomie befähigt ihn, Illusionen zu produzieren. Deswegen sind fast alle rein spektakulären Maschinen Automaten.

Der Begriff des Automatischen findet sich bereits bei Homer. Als die Göttin Pallas Athene sich zum Kampf gegen Ares rüstet und mit Streitrossen den Olymp verlässt, öffnen sich krachend und von selbst (*automatai*) die Tore des Himmels.[10] Athene veranlasst die Wolken nicht, sich zu bewegen, sondern sie bewegen sich von selbst in einer glücklichen Fügung, sodass die Göttin freie Bahn hat.

In seiner Physikvorlesung verhandelt Aristoteles den Unterschied zwischen Zufall (*tyche*) und Fügung (*automaton*) anhand kurioser Beispiele. Da möchte sich ein Mensch nach einer langen Wanderung ausruhen. Und plötzlich fällt ihm aus einem Fenster ein Schemel vor die Füße, auf den er sich setzen kann. Der Mensch findet Komfort durch eine glückliche Fügung (*automaton*). Ein anderes Mal will eine Person A eine andere Person B töten. B wird durch einen Ziegel, der sich zufällig von einem Dach löst, erschlagen. Das Fallen des Ziegels entspricht der Absicht von A, der aber den Fall des Ziegels nicht ausgelöst hat. B stirbt durch eine unglückliche Fügung (*automaton*).[11] Im ursprünglichen Sinn ist ein Automat also eine Maschine, bei der etwas aus anderen Gründen geschieht, als es den Anschein hat. Im Theater suggerieren die Automaten, dass etwas von selbst geschehe, obschon das Publikum weiß, dass ein komplexer, von Menschen gebauter Mechanismus dahintersteckt.

Vielleicht ist es also kein Zufall, dass das von Heron kons-truierte Automatentheater von einer tödlichen List erzählt, von einer *mechanikè*: Palamedes fiel im Trojanischen Krieg, nach-dem er von Odysseus verraten worden war. Als die Flotte des rückkehrenden Agamemnon vor der Küste Euböas in Seenot geriet, ließ Nauplios, König von Euböa und Vater des Palame-des, Feuer entzünden, um die Flotte in die Irre zu leiten und sie an der Küste zerschellen zu lassen. Palamedes' Tod war gerächt.

Über Illusionen und kognitive Dissonanzen

Herons Automatentheater ist eine List, die von einer List erzählt. Doch die beiden Listen unterscheiden sich in moralischer Hin-sicht wesentlich: Nauplios wollte *arglistig* täuschen und seine Feinde ins Verderben stürzen, das Theater und seine Maschi-nen wollen lediglich Illusionen erzeugen. Eine Illusion ist kein Betrug, sie ist vielmehr eine Täuschung, von der man weiß, dass sie täuscht. Illusionen können durchaus vergnüglich sein, sonst würde niemand für die Vorstellung eines Zauberkünstlers Ein-tritt bezahlen. Eine Illusion ist also ein Wissen, an das man nicht glaubt. Die Bürger Magdeburgs *wussten*, dass ein kleines Mädchen nicht stärker als sechzehn Pferde ist, und doch *glaub-ten* sie es; die Theaterbesucher in Athen *wussten*, dass Götter nicht einfach umherfliegen, und doch *glaubten* sie es, vielleicht nur für einen kurzen Moment, denn sie hatten es ja mit eige-nen Augen gesehen.

Der Sozialpsychologe Leon Festinger (1919–1989) nannte die-ses Auseinandertreten von Wahrnehmung und Wissen *kognitive Dissonanz*. Darunter verstand er »das Bestehen von nicht zuein-ander passenden Beziehungen von Kognitionen«.[12] In Festingers Beispiel rauchen Menschen, obwohl sie wissen, dass Rauchen schädlich ist. Das löst in der Regel ein Unbehagen aus, dessen man sich so rasch wie möglich wieder zu entledigen sucht. Das geeignetste und auch geläufigste Mittel ist die Ausrede: Mein Großvater hat auch geraucht und wurde 97 Jahre alt.

Doch die Besucher einer Zaubershow, eines Theaters oder der Magdeburger Vakuumkugeln setzen sich willentlich kognitiven Dissonanzen aus und genießen sie sogar. Es muss also auch eine Lust am Auseinandertreten von Wissen und Wahrnehmung geben, nicht bloß Unbehagen. Darüber, dass kognitive Dissonanzen die Stimmung auch heben können, ist in Festingers Buch nicht ein einziges Mal die Rede.

Versetzen wir uns für einen Augenblick in einen schönen, alten, aber gut erhaltenen Kinosaal. Es klingelt, das Licht schwächt sich allmählich ab, der Vorhang öffnet sich und der Projektor wirft die ersten bewegten Bilder auf die Leinwand. Der Zuschauer sinkt langsam in den Sessel zurück. Es dauert nicht lange, und er sieht, wie sich der Protagonist an langen Spinnfäden durch die Straßenschluchten Manhattans schwingt, um die Welt vor dem Bösen zu retten. Inzwischen ist der Zuschauer vollkommen in die Geschichte eingetaucht und emotional so von ihr gefesselt, dass er für die Dauer der Vorstellung bereit ist, sein Wissen beiseitezuschieben, dass sich von menschlichen Fingern produzierte überdimensionierte Spinnfäden weder mit den Gesetzen der Biologie noch mit denen der Physik vereinbaren lassen.

Solange die Gesetze der Kinophysik eingehalten werden, verzichtet der Zuschauer für seine Unterhaltung gern auf seine kritischen Fähigkeiten, besonders wenn eine pseudowissenschaftliche Erklärung ihm den Übergang in die Welt der alternativen Naturgesetze erleichtert. Wie beispielsweise ein Biss einer radioaktiv verseuchten Spinne in *Spiderman*, von dem eben die Rede war, dem Titelhelden Superkräfte verleiht. Doch sobald die Gesetze der Geschichte selbst verletzt werden, verschwindet die Bereitschaft des Publikums, sich auf die Geschichte einzulassen. Obwohl Marlene Dietrich die Hauptrolle spielte, fiel der Film *Die rote Lola* (Original: *Stage Fright*, 1950) von Alfred Hitchcock beim Publikum durch, weil die Zuschauer durch eine Rückblende hinters Licht geführt wurden, die einen Sachverhalt darstellte, der nie stattgefunden hatte. Die Geschichte eines Films darf erfunden sein und sogar den Naturgesetzen widersprechen, aber innerhalb der Geschichte darf der Film das Publikum nicht belügen.

Im Grunde sind die *James-Bond-* oder die Superheldenfilme nur explizite Formen dessen, was das Kino immer ist: eine Illusionsmaschine, die die Gesetze der Wirklichkeit außer Kraft zu setzen scheint. Der Schnitt kann beispielsweise die unerbittliche Zeitkontinuität aufheben, er kann sie unterbrechen, verschiedene Zeiten zusammenfügen und sie sogar rückwärts laufen lassen. Der Film *Memento* (2000) von Christopher Nolan spielt virtuos mit diesen Möglichkeiten, um filmisch über das Kino als Sieg über die Zeit und damit über den Tod nachzudenken. Der Titel spielt auf den lateinischen Sinnspruch *memento mori* an – vergiss nicht, dass du sterblich bist –, zu dem der Film selbst in radikalem Widerspruch steht.

Der Handel ist offensichtlich: Für zwei Stunden Befreiung von der Endlichkeit und den Beschränkungen der Wirklichkeit ist der Zuschauer bereit, auf seinen kritischen Sinn zu verzichten. Er glaubt zwar nicht wirklich, aber er enthält sich eines Urteils. Das Spektakel der Maschine verlangt eine ähnliche Urteilsenthaltung.

Die Philosophen nennen solche Urteilsenthaltungen *epochè*, in der Filmtheorie heißen sie *suspension of disbelief*, was um einiges anschaulicher ist: die Aufhebung des Unglaubens. Solange die Geschichte in sich konsistent ist und die internen Regeln widerspruchsfrei eingehalten werden, ist der Zuschauer bereit, um des Vergnügens willen auf seinen Wirklichkeitssinn zu verzichten.

Das Spiel mit der Wirklichkeit, das Festinger nur als Problem sieht, ist offenbar auch ein Vergnügen, für Friedrich Schiller sogar die höchste Lust und zugleich die Essenz des Menschen. »Der Mensch spielt nur, wo er in voller Bedeutung des Worts Mensch ist, und er ist nur da ganz Mensch, wo er spielt«, lautet eine seiner berühmtesten Sentenzen.[13] Was der Verstand versteht, stimmt *nie* vollständig mit der Wahrnehmung überein, meint Schiller, und der Mensch würde daran zerbrechen – entzweit, hieß das damals –, würde ihm das Spiel nicht die Möglichkeit geben, die inneren Spannungen schöpferisch zu gestalten. Bedingung hierfür ist allerdings, dass die Wirklichkeit für eine Weile zugunsten der (Un-)Möglichkeiten suspendiert wird. Allerdings, und das wird für unser Thema entscheidend sein, darf weder im Spiel noch im Kino alles erlaubt sein. Wo alles möglich ist, wird die Erzählung unmöglich. Das gilt nicht nur für regelgeleitete Spiele wie Fußball oder Brettspiele, sondern auch für das Theater oder den Film. Das wussten schon die Alten, als sie Achilles mit der Ferse und Siegfried mit der Schulter versahen. Auch Superman wäre ohne das Kryptonit langweilig, so wie der zweite und der dritte Teil der Filmreihe *Matrix* der Geschwister Wachowski so unglaublich langweilig sind, weil darin nichts mehr unmöglich ist. Ohne Beschränkung kommt keine Geschichte zustande – so wie keine Maschine ohne Hemmung auskommt.

Genau das macht für Schiller die Kunst aus. Sie ist eine *geregelte* Welt der unbeschränkten Möglichkeiten:

Wo du sie [die rohen Menschen] findest, umgib sie mit edlen, mit großen, mit geistreichen Formen, schließe sie ringsum mit den Symbolen des Vortrefflichen ein, bis der Schein die Wirklichkeit und die Kunst die Natur überwindet.[14]

Der rohe Mensch klebt an der Wirklichkeit, der schlechte Künstler hält sich an keine Regeln und Formen, große Kunst ist aber die geregelte Überwindung der Wirklichkeit. Das verbindet sie mit dem Spiel und der Technik.

Die Psychologie des Spiels und die Psychologie der Maschine

Schillers Spiel, das die Wirklichkeit suspendiert, findet im Konzept des Übergangsobjektes des englischen Kinderarztes und Psychoanalytikers Donald Winnicott (1896–1971) seine Entsprechung. Um die Abwesenheit der Mutter nicht als zu bedrohlich zu empfinden, schafft sich das Kind im Spiel eine illusionäre Welt, die es ihm erlaubt, innere Autonomie zu bewahren. In dieser eigenen Welt fühlt sich das Kind auch dann sicher, wenn die Eltern außer Sicht sind. Allerdings – und das wird für das Verständnis der Maschinen ausschlaggebend sein – benötigt das Kind oft einen realen Gegenstand, der die illusionäre Spielwelt in der Wirklichkeit verankert. Das Übergangsobjekt, ein Tuch, ein Spielzeug, ein Teddybär, ist zwar wirklich, seine Bedeutung aber illusionär.[15]

Wir spielten im Hof, doch so, als spielten wir nicht zusammen. Lila saß auf dem Boden, auf der einen Seite eines kleinen Kellerfensters, und ich auf der anderen. Dieser Platz gefiel uns, vor allem deshalb, weil wir sowohl die Sachen meiner Puppe Tina als auch die von Lilas Puppe Nu auf den Beton zwischen die Gitterstäbe des Fensters legen konnten, hinter dem sich ein Metallrost befand. Wir drapierten dort Steine, Kronkorken von Limonadenflaschen, Blümchen, Nägel und Glasscherben. Was Lila zu Nu sagte, griff ich auf und sagte es in leicht abgewandelter Form leise zu Tina. Wenn sie einen Kronkorken nahm und ihn ihrer Puppe als Hut auf den Kopf setzte, sagte ich im Dialekt zu meiner Puppe: »Tina, setz deine Königskrone auf, sonst erkältest du dich noch.« Wenn Nu auf Lilas Arm »Himmel und Hölle« spielte, ließ ich Tina kurz darauf das Gleiche tun. Aber noch war es nicht so weit, dass wir uns absprachen und zusammen spielten. Sogar diesen Platz suchten wir ohne Verabredung aus. Lila steuerte darauf zu, und ich schlenderte herum, als hätte ich ein anderes Ziel. Dann, wie zufällig, ließ auch ich mich an der Lüftungsöffnung nieder, doch auf der anderen Seite.[16]

Elena Ferrante beschreibt in ihrem Roman *Meine geniale Freundin* Winnicotts Übergangswelt äußerst präzise. Die beiden Freundinnen fürchten sich vor Don Achille, dem Mafiapaten des Viertels, doch das Spiel mit den Puppen hält ihre Angst in Schach. Die Welt, die sie gemeinsam schaffen, ist weder pure Fantasie noch reine Wirklichkeit. Schon gar nicht ist sie Täuschung. Sie ist eine Illusion, für die wirkliche Dinge eine zentrale Rolle spielen. Reale Steine, Kronkorken, Limonadenflaschen, Blümchen, Nägel, Glasscherben erhalten eine *fantastische* Bedeutung. Das Holzstück *wird* zum Drachen, der Korken *wird* ein Hut. Würden die Kinder gefragt, wüssten sie natürlich jederzeit, dass ein Korken kein Hut ist. Aber man soll sie nicht fragen. Käme ein Erwachsener vorbei und stellte die Frage, ob das nun ein Hut oder bloß ein Stück Korken sei, wäre das Spiel vorbei. Als würde jemand die Ambulanz rufen, wenn sich die Tosca von der Engelsburg stürzt, nachdem sie vom Verrat Scarpias erfahren hat. Die Wahrheitsfrage *muss* in der Schwebe gehalten werden. Sonst würde die imaginäre Macht des Spiels, des Films oder der Oper wie eine Seifenblase zerplatzen. Damit kein Missverständnis aufkommt: Nicht (nur) der Schutz des imaginierten Drachens bannt die Angst des Kindes, sondern die Erfahrung, *eine Welt erschaffen zu können*, um sich von der bedrückenden Wirklichkeit zu lösen.

Das Hochgefühl des spielenden Kindes entspringt dem Gelingen des Spiels: Es funktioniert!

Karl Bühler, ein für die Erforschung der kindlichen Seele bedeutender deutscher Psychologe, prägte dafür Mitte des letzten Jahrhunderts den Ausdruck »Funktionslust«. Alles fügt sich zu einem Ganzen, und ich, ich ganz allein, habe es geschaffen und es zum Funktionieren gebracht. Funktionslust entspringt dem Gefühl, Kontrolle über die Welt und das eigene Handeln zu haben. Das zeitweilige Ausknipsen der Wirklichkeit räumt zudem alle Hindernisse aus dem Weg und erweitert die Möglichkeiten erheblich: Die Welt, die ich schaffe, kennt keine Grenzen! Zur Selbstermächtigung gesellt sich das demiurgische Hochgefühl des Künstlers.

Über Funktionslust *per proxy*

Eine Welt zu erschaffen, ist das höchste Ziel des Automatenbauers, eine ebenso wunderbare wie rätselhafte Welt, einen *mundus paradoxus*. *Paradoxus* bezeichnete im 17. Jahrhundert noch nicht einen logischen Widerspruch, sondern lediglich etwas Unerwartetes, Seltenes, Kurioses oder Sonderbares und wurde meist verwendet, wenn der Augenschein einer kognitiven Erwartung widerspricht. *Paradoxus* war somit eine Bezeichnung für Illusionen.

Automaten sind per se paradox, weil Augenschein und Wissen auseinandertreten: Mario Bettini (1582–1657), ein Bologneser Jesuit, Astronom und Mathematiker, veröffentlichte 1641/42 ein Buch mit dem wunderschönen Titel *Ein Bienenstock von universalen mathematischen Philosophien, in welchen paradoxa und viele neue Maschinen dargestellt werden*.[17] Der Ingenieur-Demiurg erschafft eine andere Illusionswelt als der Künstler-Demiurg. Die Kunst lässt die Natur ganz hinter sich, die Mechanik überlistet sie. Ein Gemälde kann eine Maschine darstellen, die im

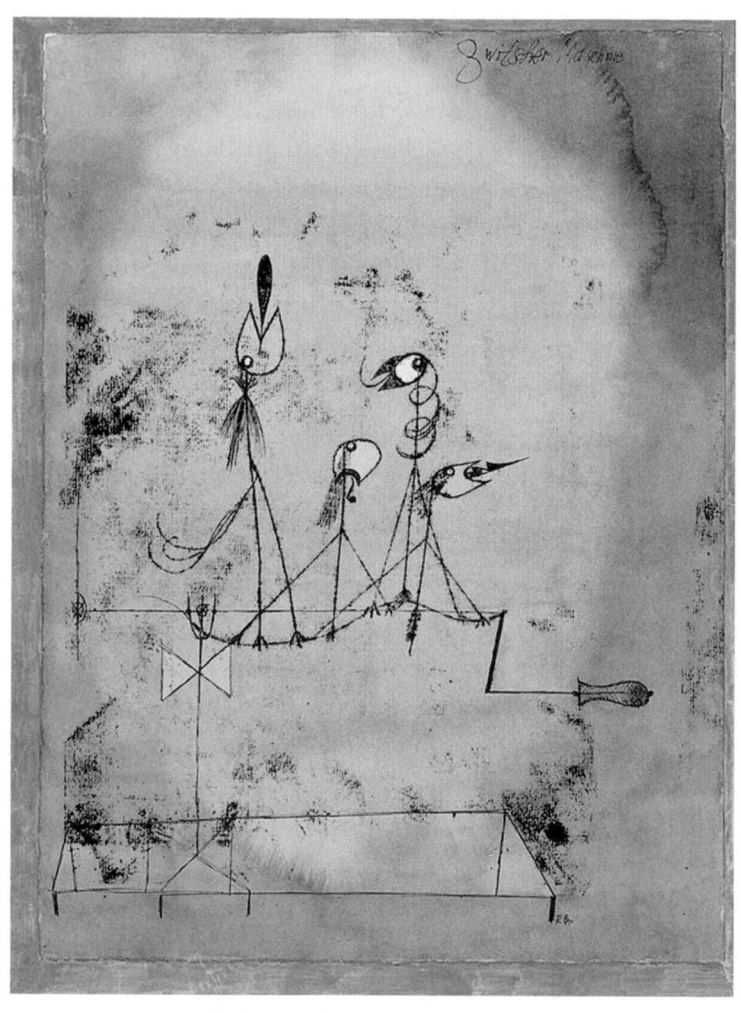

Paul Klee, *Zwitschermaschine* (1922).

wirklichen Leben niemals funktionieren würde. Dass Paul Klees *Zwitschermaschine* nicht einmal den Anschein erwecken will, zu funktionieren, schmälert die Aussagekraft und die Schönheit des Bildes in keiner Weise. Automaten aber, die nicht funktionieren, sind lediglich erbärmlich.

Der Ingenieur schien deshalb der Kirche gefährlicher zu sein als der Künstler. Niemand verbot Leonardo, Pläne einer Flugmaschine zu zeichnen, aber als der Mönch Caspar Mohr Ende des 16. Jahrhunderts mit seiner Flugmaschine tatsächlich fliegen wollte, verbot ihm das sein Vorgesetzter, der Abt des Klosters Schussenried, kurzerhand. Nicht weil er um die Gesundheit seines Zöglings fürchtete, sondern weil ihm das Unternehmen gotteslästerlich vorkam. Mohr scherte sich nicht darum und sprang aus dem dritten Stock. Er brach sich dabei ein Bein.

Merkwürdigerweise muss niemand selbst eine Maschine bauen, um Funktionslust zu spüren. Es reicht, einer Maschine zuzuschauen, auch wenn jemand anderes das Ding zum Laufen gebracht hat. Die Freude entspringt der *Identifikation*, einerseits mit dem Schöpfer der Maschine, andererseits mit der Maschine selbst, die wie ein idealisierter Wunschkörper funktioniert, perfekt und ohne Ermüdung. Ein schöpferisches Ich in einem perfekten Körper.

Die Lust an der Illusion scheint also der unbewussten Fantasie zu entspringen, Unmögliches vollbringen zu können. Ich kann wie Gott eine Welt erschaffen, entweder direkt oder stellvertretend, sagt sich das allmächtige Ich.

Günther Anders, ein deutscher Philosoph, der eigentlich Günther Stern hieß und in den Dreißigerjahren des letzten Jahrhunderts mit Hannah Arendt verheiratet war, zieht aus der Perfektion der Maschine den gegenteiligen Schluss. In seiner 1956 erschienenen Technikkritik *Die Antiquiertheit des Menschen* behauptet er, die Menschen würden sich angesichts perfekter Maschinen für ihre Mängel schämen. Möglicherweise war das Verhältnis zu Technik vor siebzig Jahren noch anders, aber ich vermag diese Scham nirgends zu entdecken. Wenn man allerdings berücksichtigt, dass die Scham oft die Umkehrung einer unbewussten Allmachtsfantasie ist, liegen die beiden Diagnosen nicht so weit auseinander.

Häufiger aber kippt das identifikatorische Allmachtsgefühl in sein Gegenteil, in die Ohnmacht, in jene Ich-Auflösung, die Kleist am Beispiel des Marionettentheaters beschrieben hat. Merkwürdigerweise kann Ohnmacht nicht nur von Scham, sondern auch von Lustgefühlen begleitet sein. Wie ist das möglich?

Vor Kurzem unterhielt ich mich mit einem bekannten Zauberkünstler über die Psychologie der Zauberei. Um es nicht bei Trockenübungen zu belassen, schlug er eine Demonstration vor: Ich solle ein beliebiges Buch aus dem Regal meines Arbeitszimmers ziehen und er werde mir sagen, was in der ersten Zeile der Seite 541 stehe. Ich zog einen möglichst weit von ihm entfernten Band hervor, um ihm die Arbeit zu erschweren, und schlug die Seite 541 auf. Nach längerem Tasten und Zögern fasste er den Inhalt der ersten Zeile völlig korrekt zusammen. Die Wirkung war erschlagend. Ich war zugleich zutiefst verunsichert und euphorisiert. Es fühlte sich wie nach der Einnahme einer Droge an, als geriete der Boden, auf dem ich stand, ins Schwanken. Natürlich *wusste* ich, dass der Bekannte keine Gedanken lesen kann, aber für einen kurzen Moment *glaubte* ich es dennoch, denn anders konnte ich mir darauf keinen Reim machen.

Die Verunsicherung ist einleuchtend, doch woher kommt die Euphorie? Der Zauberkünstler und -theoretiker Paul Harris erklärt sie so:

> In dem Moment, in dem Sie [vergebens] versuchen, das, was sich nicht einordnen lässt, in eine Ordnung zu pressen, zerbricht Ihre Weltsicht. Die ordnenden Kästchen sind weg.
> Und was bleibt übrig? Einfach das, was immer schon da war.
> Der natürliche Zustand des Geistes. Das ist der Moment des Erstaunens.[18]

Jede Wahrnehmung wird, so Harris, sofort eingeordnet und in einen Kontext gestellt, in einer Schachtel untergebracht. Wenn es unmöglich ist, eine Wahrnehmung in ein bekanntes Schema einzugliedern, kommt so etwas wie die reine Wahrnehmung zum Vorschein (*natural state of mind*), gleichsam das Ding an sich. Natürlich kann das auch Angst und Verwirrung hervorrufen, aber es kann eben auch euphorisieren, weil es sich wie ein Moment absoluter Wahrheit anfühlt. Es ist anzunehmen, dass Nietzsche auf diese Art Glücksgefühl anspielt, wenn er schreibt: »Diese Griechen waren oberflächlich – aus Tiefe!«[19]

Normalerweise sehen wir die Oberfläche nicht: Die Autofahrerin, die auf ein Verkehrsschild achtet, auf dem ein durchgestrichener, nach links gebogener Pfeil in einem roten Kreis gemalt ist, schaut durch das Schild hindurch, sie sieht nur seine Bedeutung: Linksabbiegen verboten. Würde dasselbe Schild einen Tanzbären in einer roten Umrandung zeigen, der eben ein Buch liest, wäre die Autofahrerin möglicherweise so verwirrt, dass sie einen Unfall verursachte. Der Blick der Autofahrerin bliebe staunend am Schild hängen, nicht nur, weil sie ein solches Schild noch nie gesehen hat, auch nicht, weil sie es nicht versteht, sondern weil sie sich schlechterdings keine Bedeutung vorstellen kann. Doch zugleich »sieht« sie in diesem Moment zum ersten Mal ein Verkehrsschild: das Aluminium, die Farben Rot, Weiß, Schwarz, die runde Form, das kaum merkliche Schwanken im Wind.

Die Euphorie stellte sich laut Harris ein, weil der Geist in einen vorsymbolischen, »natürlichen« Zustand zurückversetzt wird, in dem er der Wahrnehmung keine Bedeutung mehr zuordnen kann – und auch nicht muss. Er kann sich ganz auf die Wahrnehmung selbst einlassen: Endlich schaut er nicht mehr durch die Welt hindurch, sondern er sieht sie. »Der Mensch [bindet] sein Leben an die Vernunft und ihre Begriffe, um nicht fortgeschwemmt zu werden und sich nicht selbst zu verlieren«,[20] schreibt Nietzsche. Doch manchmal möchte er fortgeschwemmt werden. Er möchte sich verlieren und sich vom Korsett der Vernunft, der Begriffe und der Erkenntnis befreien, um die Welt endlich so zu sehen, wie sie *wirklich* ist. Paradoxerweise öffnet die Illusion also den Blick auf die Wirklichkeit.

Die Vorstellung, dass die Vernunft die Intensität des Erlebens abdämpft und Menschen deshalb ein Leben lang auf der Suche nach ekstatischen Momenten und intensivem Erleben sind, findet sich nicht nur bei Nietzsche, sie war im 19. und im 20. Jahrhundert äußerst populär. Man kann dafür in den Krieg oder in die Wildnis ziehen, man kann sich der Kunst verschreiben oder an Séancen teilnehmen, man kann einen Bungeejump wagen oder Drogen konsumieren – oder man besucht eine Weltausstellung.[21]

Weltausstellungen

London, 1851. Der Besucher betritt eine riesige Kathedrale aus Glas und Stahl, größer als St. Paul, um »Proben der industriellen und künstlerischen Entwicklung der ganzen Menschheit«[22] zu bestaunen. Nun, es sieht eher nach einem überdimensionierten Gewächshaus als nach einem Gotteshaus aus, schließlich wurde es auch von dem Gartenarchitekten Joseph Paxton entworfen, doch allein die schiere Größe nötigt dem Betrachter Bewunderung ab. Was für eine Ingenieursleistung! Und das Innenleben erst: Um sich jedes Objekt der 17 062 Aussteller nur drei Minuten lang anzuschauen, müsste man vier Monate lang jeden Tag acht Stunden die Ausstellung besuchen. Ein Konzept ist kaum auszumachen, der Eindruck der totalen Unordnung wird durch die vielen noch verpackten Kisten verstärkt. Nur die Aufteilung in vier große Sektionen erlaubt eine gewisse Orientierung. Neben den Rohstoffen, Produkten und der Kunst bilden Maschinen eine der Sektionen. Was soll das Ganze, fragt sich ein sichtlich genervter Journalist, »eine Sammlung von Kunsterzeugnissen ist die Ausstellung nicht, ein Raritätenkabinett auch nicht; beim Himmel, was ist es denn?«[23]

Es ist die Wunderkammer der Moderne, hätte man ihm antworten können, die Maschinen sind dorthin zurückgekehrt, woher sie einst gekommen sind. Die Botschaft ist dieselbe geblieben: Seht her! Doch nicht wie einst, seht her, was der Allmächtige vermag, sondern: Seht her, was die Menschheit zu leisten im Stande ist! Genauer: Seht, was die »zivilisierte« Menschheit, ihr weißer, männlicher und christlicher Teil, zu leisten im Stande ist. Es ging den Ausstellern, an deren Spitze sich der Prinzgemahl Albert gestellt hatte, nicht darum, die wirtschaftlichen oder technischen Zusammenhänge zu erklären, sondern um ein in ein fadenscheiniges universalistisches Mäntelchen gekleidetes Spektakel kolonialer Überlegenheit. In den zahllosen Weltausstellungen dieser Jahre bespiegelte sich Europa, als Menschheit verkleidet, in ihren Erzeugnissen.

Ein Objekt der Pariser Weltausstellung von 1889 verdeutlicht, worum es den Ausstellungsmachern ging. Obwohl (oder vielleicht gerade weil) es absolut keinen Nutzen hatte, außer – und das war Kalkül – die Emotionen der Massen zu bewirtschaften, war es der Höhepunkt der Ausstellung und ihr absoluter Publikumsmagnet. Die Rede ist natürlich vom Eiffelturm, dessen Erfolg beim Publikum bis heute anhält. Wahrscheinlich erzeugt die Kombination aus Bewunderung für die enorme Ingenieursleistung und unglaublicher Rundsicht von oben diesen Macht- und Selbstbewunderungsrausch, vor dem schon Augustinus gewarnt hatte.

Wer nicht von nationaler Missgunst getrieben war wie unser deutscher Journalist, verfiel angesichts der ausgestellten Technik in enthusiastische Ekstase. Das intensive Erleben hatte wohl Ähnlichkeit mit einer mystischen Erfahrung, doch das Ich wurde nicht an das Absolute, an den Kosmos, sondern an die Nation entäußert. Entgegen der sorgfältig gepflegten universalistischen

Rhetorik standen die Weltausstellungen ganz im Dienst des auf-
keimenden Nationalismus. Bei der ersten Londoner Ausstellung
gingen erstaunlicherweise 79 der insgesamt 172 Goldmedaillen
an Großbritannien, knapp gefolgt von Frankreich mit 56 Spit-
zenplätzen. Weit abgeschlagen belegten die Deutschen den dritten Platz – mit nur 13 Medaillen. Gekränkt nahmen sie einige
Jahre lang nicht mehr an den Weltausstellungen teil.

Niemand konnte abschätzen, ob die Londoner Ausstellung
ein Erfolg werden würde. Blieben die Besucher aus, säßen die
Veranstalter am Ende der 141 Tage auf einem riesigen Schul-
denberg. Um zu verhindern, dass das Vorhaben ein finanzielles
Desaster werden würde, musste auch die Arbeiterklasse für die
Sache begeistert werden. Lange wurde deshalb um den angemessenen Eintrittspreis gefeilscht, nicht zu hoch sollte er sein,
weil ihn sich sonst kein Arbeiter leisten konnte, zu tief durfte er
aber auch nicht sein, wollte man ein Defizit vermeiden. Nun, die
Rechnung ging offenbar auf, viele der 6 039 195 Besucher gehörten der Arbeiterklasse an. Das brachte nicht nur einen stattli-
chen Reingewinn, darüber hinaus hatte es für Großbritannien
einen enorm wichtigen Nebeneffekt. Es brodelte damals in der
Arbeiterklasse. Denn das Elend war himmelschreiend und die
Lebensumstände menschenunwürdig:

Daß die schlechte Atmosphäre Londons und besonders der
Arbeitergegenden die Ausbildung der Schwindsucht im höchsten Grade begünstigt, zeigt das hektische Aussehen so vieler
Leute, denen man auf der Straße begegnet. Wenn man morgens früh um die Zeit, wo alles an die Arbeit geht, ein wenig
durch die Straßen streicht, so erstaunt man über die Menge
halb oder ganz schwindsüchtig aussehender Leute, denen
man begegnet. Selbst in Manchester sehn die Menschen so
nicht aus; diese bleichen, hochaufgeschossenen, engbrüstigen
und hohläugigen Gespenster, an denen man jeden Augenblick

vorüberkommt, diese schlaffen, kraftlosen, aller Energie unfä-
higen Gesichter hab' ich nur in London in so auffallender
Menge gesehn [...]

Dies allgemein verbreitete Übel wird in dem offiziellen
Bericht über den Gesundheitszustand der Arbeiterklasse direkt
aus dem schlechten Zustande der Wohnungen in Beziehung
auf Ventilation, Trockenlegung und Reinlichkeit abgeleitet.[24]

So beschreibt Friedrich Engels, der Freund und Autor-Kollege
von Karl Marx, das Elend der englischen Arbeiterklasse.

Obendrein hat der Organisationsgrad der Arbeiter ein Niveau
erreicht, dass es für viele nur eine Frage der Zeit war, bis die
Revolution ausbrechen würde. Die Behauptung, die Revolution
sei wegen der Weltausstellungen abgeblasen worden, wäre maß-
los übertrieben, aber nicht ganz falsch. Tatsächlich wurde die
Arbeiterschaft mit in den nationalen Taumel gerissen und die
Identifikation mit den großartigen Erfindungen britischer (oder
französischer oder deutscher) Ingenieure, und mit den Leistungen der britischen (oder französischen oder deutschen) Industrie ließ sie nicht nur ihr Elend vergessen, sondern vernebelte
ihr auch das Bewusstsein für den wirklichen Gegner. Karl Marx
durchschaute das rasch. Was er mit spitzer Feder über seine
deutschen Landsleute schreibt, gilt mutatis mutandis auch für
Engländer und Franzosen:

Die Industrieausstellung machte Epoche für die Emigration.
Der große Strom deutscher Philister, die während des Som-
mers London überschwemmten, fühlte sich unheimlich in dem
großen schwirrenden Kristallpalast und in dem noch viel größeren, rasselnden, lärmenden, schreienden London, und wenn
des Tages Last und Arbeit, das pflichtgemäße Besichtigen der
Ausstellung und der andern Merkwürdigkeiten im Schweiß
des Angesichts vollbracht war, dann erholte sich der deutsche

147

Philister beim Hanauer Wirt Schärttner oder beim Sternen-
wirt Göhriger, wo alles biergemütlich und tobaksqualmig und
wirtshauspolitisch war. Hier hatte man das ganze Vaterland
beisammen und zudem waren hier gratis die größten Männer
Deutschlands zu sehen. ... Dabei ging dann eine Flasche nach
der andern los, und alle Parteien gingen zwar schwankend,
aber mit dem stärkenden Bewußtsein nach Hause, zur Rettung
des Vaterlandes das ihrige beigetragen zu haben.[25]

Die Weltausstellungen setzten den Nationalismus überaus wir-
kungsvoll in Szene und die Maschinen waren ihre Flaggschiffe.
Es gab kein stärkeres Argument für den Nationalismus als die
Maschinen. So wie die Maschinen der Wunderkammern im
Mittelalter die Gläubigen bei der Stange hielten, so erstickte
jetzt der Nationalismus mithilfe der Maschinen jeden möglichen Aufruhr der Arbeiterklasse. Zudem hofften die Arbeiter,
gerade jene Maschinen, denen sie zwölf bis vierzehn Stunden
an sechs Tagen in der Woche dienten, würden sie eines Tages
befreien. Diese Hoffnung, Maschinen würden dereinst menschliche Arbeit ganz überflüssig machen, hegte auch Marx:

Es [das Kapital] ist so, malgre lui, instrumental in creating the
means of social disposable time [gegen seinen Willen ein Instrument bei der Schaffung der Voraussetzungen für gesell-
schaftlich verfügbare Zeit], um die Arbeitszeit für die ganze
Gesellschaft auf ein fallendes Minimum zu reduzieren und so
die Zeit aller frei für ihre eigne Entwicklung zu machen [...]
Der Austausch von lebendiger Arbeit gegen vergegenständ-
lichte, wird sich durch den Fortschritt der Wissenschaft
umkehren. Maschinen werden künftig alle repetitiven Arbeiten leisten können und der Mensch wird dereinst lebendige
statt vergegenständlichter Arbeit verrichten können, er wird
leben dürfen, statt arbeiten müssen.[26]

Selbst im 19. Jahrhundert, als Maschinen längst zum Herzstück der Industrialisierung und zum Motor der Ökonomie geworden waren, behielten sie ihre spektakulären Funktionen bei, Illusionen zu erzeugen, Emotionen zu bewirtschaften und Botschaften zu verbreiten. Und in irgendeiner Weise kreisen diese bis heute um das Thema »Leben«.

In der Zeit der Romantik haben wir einen Antagonismus von Leben und Maschine oder Natur und Maschine aufgebaut, der sich bis heute in unseren Köpfen festgesetzt hat. Zuvor galt die Maschine, zumindest in einer bestimmten Traditionslinie, als ideales Modell des lebendigen Körpers und als Metapher der Natur. Als Reaktion auf die Industrialisierung gelten Maschinen nun mit einem Mal als lebensverneinend, als starr und repetitiv, als stumpfsinnig und unkreativ. So schreibt der Bergwerksingenieur Georg Philipp Friedrich von Hardenberg, besser bekannt als Novalis:

> Unser Alltagsleben besteht aus lauter erhaltenden, immer wiederkehrenden Verrichtungen. Dieser Zirkel von Gewohnheiten ist nur Mittel zu einem Hauptmittel, unserm irdischen Daseyn überhaupt, das aus mannichfaltigen Arten zu existiren gemischt ist. Philister leben nur ein Alltagsleben. Das Hauptmittel scheint ihr einziger Zweck zu seyn. Sie thun das alles, um des irdischen Lebens willen.[27]

Philister, die mechanisch arbeiten, denken, Klavier spielen oder Sex haben, verpassen das Leben. Wer intensiv leben will, muss alles ständig Wiederkehrende und jede Gewohnheit meiden. Maschinen sind aber nicht nur selbst die Verkörperung der stumpfsinnigen Wiederholung, sie zwingen auch die Arbeiter zu einem stumpfsinnigen und mechanischen Leben. Die berühmte Szene aus *Modern Times* (1936), in der Charlie Chaplin hilflos durch die Riesenmaschine geschleust wird, während er fortfährt, sinnlos die beiden Schraubenschlüssel zu bewegen, ist dafür zur Ikone geworden.

Die Maschinen verleiben sich die Menschen ein und degradieren sie zu Rädchen einer großen Maschinerie. Dazu Marx im eben erwähnten *Maschinenfragment*:

> In den Produktionsprozeß des Kapitals aufgenommen, durchläuft das Arbeitsmittel aber verschiedne Metamorphosen, deren letzte die *Maschine* ist oder vielmehr ein *automatisches System der Maschinerie* (System der Maschinerie; das *automatische* ist nur die vollendetste adäquateste Form derselben und verwandelt die Maschinerie erst in ein System), in Bewegung gesetzt durch einen Automaten, bewegende Kraft, die sich selbst bewegt; dieser Automat, bestehend aus zahlreichen mechanischen und intellektuellen Organen, so daß die Arbeiter selbst nur als bewußte Glieder desselben bestimmt sind.[28]

Wir haben bislang zwei aristotelische Bewegungstypen kennengelernt: den, der seiner natürlichen Tendenz folgt (der Stein fällt zu Boden), und den, der einer natürlichen Tendenz Gewalt antut (der Stein wird geworfen). Diese beiden Bewegungen müssen von außen angestoßen werden: Damit der Stein fällt, muss er zunächst angehoben, damit er in die Höhe fliegt, muss er mit Kraft geworfen werden. Doch Aristoteles beschreibt noch einen weiteren Bewegungstyp: Es gibt Körper, die sich *von selbst* bewegen – *kat auto*. Sie müssen nicht angestoßen werden, weil sie »das Prinzip der Bewegung und Ruhe *in sich* tragen«. Der Vogel fliegt von selbst, die Sonnenblume wendet sich von allein der Sonne zu und die Finger gleiten wie von selbst über die Saiten. Sie alle folgen einem *inneren* Gesetz – weil sie lebendig sind. »Von den natürlichen Körpern haben die einen Leben«, schreibt

Aristoteles weiter, »die anderen haben es nicht.«[29] Lebendig ist also jeder Körper, der sich von selbst, *kat auto*, nach seinem eigenen Prinzip bewegt.

Dieser Begriff der Bewegung liegt der modernen *agency* näher als der Newton'schen Bewegungslehre. In der philosophischen Verwendung bezeichnet der Begriff *agency* den Ausgangspunkt einer gerichteten Handlung, man könnte von einer Intention ohne intentionales Bewusstsein sprechen oder, wie der brasilianische Ethnologe Eduardo Viveiros de Castro, von einem Intentionalitätszentrum.[30]

Die aristotelische Bewegungslehre sei überholt, belehren uns die Physiker, Bewegungen sind seit Newton Verschiebungen von Körpern im Raum aufgrund einer Krafteinwirkung, mehr nicht. Steine, Bäume und Automaten wollen nichts, sie haben keine Seele und kein Ziel. Doch im Grunde unserer Herzen sind wir Aristoteliker geblieben. Wenn wir etwas sehen, das sich scheinbar von selbst bewegt, halten wir es wider besseres Wissen für lebendig und wir unterstellen ihm eine Intention: Der Computer weigert sich, von der GROSSSCHREIBUNG ZURÜCKZUWECHSELN, nur um mich zu ärgern, die Schnecken zerstören die frischen Setzlinge aus purer Bosheit und die Stimme des Navigationsgeräts reagiert zunehmend genervt, wenn wir ihre Anweisungen missachten. Artefakte wie auch Naturdinge scheinen *aus eigenem Antrieb* und mit – meist böser – *Absicht* zu handeln. Wir unterstellen Dingen unwillkürlich Intentionalität oder *agency*, für uns sind sie beseelt, auch wenn wir wissen, dass sie keine Seele haben – zumindest keine europäische Seele.

Doch sobald sich die Aufregung gelegt hat, setzt das Denken wieder ein und wir werden wieder modern. Das Wissen korrigiert den unmittelbaren Aristotelismus: Wir wissen wieder, dass der Computer keine bösen Absichten hegt, wir wissen, dass uns der fallende Stein nicht treffen wollte, und wir

Die Montagehalle der Maschinenfabrik Escher Wyss in Zürich, 1875.

wissen, dass die Stimme im Navi dieselbe bleibt. Wir *wissen* also, dass Dinge Naturgesetzen unterworfen sind und keinen individuellen Willen haben können. Doch wir reagieren, *als ob* Dinge etwas wollten, als ob sie lebendig wären. Machen Sie einen Selbstversuch: Können Sie sich beim Anschauen des Videos *Gott der Strandbiester* über die Arbeit des holländischen Künstlers Theo Jansen des Eindrucks erwehren, seine Kreaturen seien lebendig?[31]

Design und kognitive Dissonanz

Was sich von selbst bewegt, lebt. Folglich sind auch Automaten, die sich von selbst bewegen, lebendig. Dieses aristotelische Erbe hält sich auch deshalb so hartnäckig, weil es die Genugtuung verschafft, mit den Göttern auf einer Stufe zu stehen. Soll allerdings die Illusion gewahrt werden, dass diese Apparaturen leben, muss der wahre Mechanismus der Maschinen verborgen bleiben. Hier kommt das Design der Maschinen ins Spiel.

Das *sign* aus Design bedeutet Zeichen, Design etwa »entzeichnen« oder das Zeichen verbergen. Das Wort gehört damit in denselben Kontext wie die *mechanè*: List, Hinterlist, Arglist.[32] Tatsächlich ist eine der Hauptaufgaben des Designs die Verschalung. Die Mechanik der ersten Uhren war sichtbar, die Bewunderung galt ja zunächst der menschlichen Fähigkeit, so etwas überhaupt herzustellen, da hätte ein Verbergen nur gestört. Erst als das Uhrwerk häufiger zum Antrieb von Automaten als zur Zeitmessung benutzt wurde und sich so mit dem Thema der Selbstbewegung und des Lebens verknüpfte, wurde es verborgen. Auch der Antrieb von Herons Tempeltüren war im Boden versenkt, die Pferde, die anlässlich der Umzüge in der Renaissance Wagen zogen, wurden unter Tüchern versteckt, und später, als die Wagen von Motoren angetrieben wurden, wurden diese verschalt. Auch die Antriebsmechanismen der barocken Wasserspiele und der Jahrmarktssensationen des 18. Jahrhunderts blieben unsichtbar, und als zu Beginn des 19. Jahrhunderts englische Fabriken zu beliebten Ausflugszielen avancierten, sollten sich die Arbeiter möglichst unsichtbar im Hintergrund halten.[33] Auch die Tendenz zeitgenössischer Apparaturen zeigt in Richtung zunehmender Verschalung. Selbst der Motor der Harley-Davidson-Motorräder ist neuerdings verschalt, früher wäre das ein Sakrileg gewesen.

Natürlich konnte das Verstecken des Antriebs nicht wirklich täuschen, aber es weckte zumindest Neugier und regte zu Fragen an. Die durch die erregte Fantasie gehobene Stimmung machte für die Botschaft des Spektakels empfänglich. Deshalb reicht simples Verbergen nicht. Die Kunst des Designs besteht wie die Kunst des Striptease darin, durch raffiniertes Verbergen etwas zu zeigen, um den Zuschauer zu reizen, ihn anzuregen und zu erregen.[34] So werden die Hinterseiten der Uhren häufig verglast, manchmal sogar das Zifferblatt. Im Rücken der Automaten der Firma Jaquet-Droz sind Teile des Mechanismus einsehbar, in der modernen Architektur gilt es als chic, einige Rohre nicht unter dem Putz zu verlegen, und die überdimensionierten Auspuffrohre von Sportwagen weisen auf die Kraft ihrer Motoren hin.

Das Design ist somit dafür verantwortlich, dass die kognitive Dissonanz, die Spannung zwischen dem spontanen Glauben an die Beseeltheit der Artefakte, ihrer *agency*, und dem Wissen, dass sie nach physikalischen Gesetzen funktionieren, überhaupt entsteht.

Es gibt nun bestimmte Kulturtechniken, die darauf abzielen, die kognitive Dissonanz auszudehnen und die Illusion der Lebendigkeit auf Dauer zu stellen. Die Zauberei gehört dazu, das Kino, die Oper, teilweise das Theater – und das Puppenspiel, dem wir schon bei Kleist begegnet sind. Maschinen sind entweder selbst eine solche Kulturtechnik, zum Beispiel Spielroboter, oder sie unterstützen andere.

Max Frisch schildert in seinem *Tagebuch* die Eindrücke, die ein Marionettentheater bei ihm hinterlassen hat:

Gestern wieder einmal in einem Puppenspiel, und nachdem alles zu Ende war, durften wir sogar hinter das Bühnchen treten. Es ist ein enger Raum mit verbrauchter Luft, verwundert betrachten wir die hangenden Puppen, irgendwie ungläubig, ob es wirklich die gleichen sind, die uns eben bezaubert haben. Auch der Teufel hangt nun an der Latte, schäbiger als man erwartet hat. Während des Spieles wirken sie immerfort anders, je nach der Szene, je nach den Worten, die sie selbst nicht sprechen und hören. Man begründet es mit dem wechselnden Einfall des Lichtes, mit den verschiedenen Haltungen ihres Kopfes und so weiter. Irgendwie bleibt man enttäuscht, während der Puppenvater sich die Hände seift, spült, trocknet und von weiteren Plänen erzählt. Oder wenigstens ist man im Stillen betroffen, wie die Puppen plötzlich ins Leere starren, leblos, geistlos, als kennen sie uns nicht wieder. [...]
Wir sind hier, und sie sind dort, und was sich auf der Szene ereignet, sehen wir aus einer unüberbrückbaren Distanz, gleichviel, ob diese durch Vergrößerung oder Verkleinerung erreicht wird. Mit Staunen erleben wir dann, daß die Marionetten, je länger ihr Spiel gelingt, auf eine zwingende Weise lebendig werden.[35]

Frisch ist ein genauer Beobachter: Die Illusion der Lebendigkeit ist keine bloße Projektion eigener Lebendigkeit auf die leblose Puppe, sie stellt sich auch nicht wegen der Ähnlichkeit der Puppen mit lebenden Menschen ein. Im Gegenteil, die Unähnlichkeit (»unüberbrückbare Distanz«) intensiviert das Erleben. Was genau geschieht also, wenn wir einer Marionette oder einem Roboter zugucken, wodurch stellt sich dieser magische Sog ein?

Gibt es ein primäres Existenzgefühl?

»Ich existiere und habe Sinne, durch die ich beeindruckt werde. Das ist die erste Wahrheit, die mir entgegentritt, und die ich anzuerkennen gezwungen bin«,[36] schreibt Jean-Jacques Rousseau im bekannten »Glaubensbekenntnis des savoyischen Vikars« in *Émile* von 1762.

Er widerspricht damit sowohl Descartes als auch John Locke: Die Gewissheit zu existieren ist nicht das *Ergebnis* einer Reflexion – ich denke, also bin ich –, sondern geht als primäres Existenzgefühl aller Reflexion voraus. Ich kann nur wahrnehmen oder denken, wenn ich mir meiner Existenz sicher bin. Tatsächlich ist es der Körper, der das Gefühl vermittelt, zu leben. Vermutlich resultiert es aus der Gesamtheit der propriozeptiven und enterozeptiven, also aus dem Körperinneren stammenden Reize. Die deutsche Sprache unterscheidet nicht zufällig zwischen *leben* und *lebendig sein*. *Lebendig sein* umschreibt umgangssprachlich einen affektiven Zustand. Dass dieser Affekt vom Körper abhängt, ist kränkend. Mit dem Tod des Körpers endet auch das Leben, das ist so banal wie beängstigend, der Einzelne hat darüber keine Kontrolle. Die Erfindung der Seele war möglicherweise ein Versuch, das Leben vom Körper zu lösen und beiden eine unabhängige Existenz zu ermöglichen. Der Seele, die nicht an den Körper gekettet ist, bleiben viele Möglichkeiten, sie kann wandern, wiederauferstehen, sich mit anderen Seelen vereinen oder sich ausdehnen.

Als Sigmund Freud im Jahr 1919 versuchte, der Psychologie des Unheimlichen auf die Spur zu kommen, bediente er sich der Erzählung *Der Sandmann* von E. T. A. Hoffmann. An seinem Essay, auf das wir später noch ausführlich eingehen werden, fällt zunächst die Heftigkeit auf, mit der er die Ansichten seines Vorgängers Ernst Jentsch bekämpft, wonach »Zweifel an der Beseelung eines anscheinend lebendigen Wesens und umgekehrt darüber, ob ein lebloser Gegenstand nicht etwa beseelt sei«,[37] das Gefühl des Unheimlichen erzeugt. Obschon ihn diese Deutung nicht überzeugt, zitiert Freud sie in der Folge ausführlich, nur um ihr dann seine eigene entgegenzuhalten, wonach es unheimlich sei, seinem Doppelgänger zu begegnen; eine solche Begegnung sei im Grunde eine Begegnung mit dem Tod. Stanley Cavell, ein US-amerikanischer Philosoph, der sich ausführlich mit dem Unheimlichen auseinandergesetzt hat, weist zu Recht darauf hin, dass die Erklärungen von Jentsch und Freud keineswegs inkompatibel sind.[38] Beide stimmen darin überein, dass das Gefühl des Unheimlichen mit einer Todeserfahrung in Zusammenhang steht.

Zwei Phänomene bleiben durch diese Überlegungen jedoch unerklärt. Erstens: Gibt es denn tatsächlich Fälle, wo sich der Betrachter nicht sicher ist, ob ihm ein Lebewesen oder lediglich ein Automat gegenübersteht? Ich kenne jedenfalls keinen. Es mag zwar sein, dass es in manchen Filmen schwierig ist, computeranimierte Figuren von wirklichen Menschen zu unterscheiden, doch das wirkt überhaupt nicht unheimlich, allenfalls amüsant und erstaunlich. In der außerfilmischen Wirklichkeit hingegen ist die Robotik noch lange nicht so weit, dass Verwechslungen in Aussehen und Funktion möglich wären. Zum Zweiten lassen alle drei Autoren außer Acht, dass das Unheimliche offenbar auch Vergnügen bereiten kann und die Leserschaft des *Sandmanns* den Schauder liebt. Schauder ist beste Unterhaltung, sonst fänden Gruselgeschichten, Horrorfilme, Zaubervorstellungen oder Roboterausstellungen kein so großes Publikum. Selbstverständlich ist nicht jeder Grusel vergnüglich. Wer im Wald über einen Tierkadaver stolpert, ist bestimmt nicht amüsiert. Doch der Schauder, der von Robotern, Automaten oder

Maschinen ausgeht, hat immer *auch* eine lustvolle Seite, die mit der Tatsache zu tun hat, dass der Automat in der Literatur gewöhnlich von einem *mad scientist* gebaut wird. Ein verrückter und völlig skrupelloser Wissenschaftler, ein Nachfolger des gnostischen Demiurgen, möchte entweder Leben erschaffen, oder er geht einer anderen ruchlosen Forschung nach und das Leben entsteht als Kollateralschaden, als eine Art Laborunfall. Die Lust des Betrachters entspringt einer geheimen Identifikation mit dem *mad scientist*. Dieser beseelt die Welt anstelle des Zuschauers, und er beseelt selbst das noch, was in seinem tiefsten Wesen leb- und seelenlos ist: die Maschine.

Der Zuschauer oder Leser begegnet im Automaten zwar dem Tod, auch seinem eigenen Tod, da liegen Jentsch, Freud und Cavell durchaus richtig, aber gleichzeitig schlägt er dem Tod ein Schnippchen: Er beseelt in Gestalt des *mad scientist* den toten Automaten. Er, beziehungsweise der böse Demiurg an seiner Stelle, kann gleichsam Leben erschaffen.

Das fühlt sich richtig gut an.

Die Hybris besteht darin, Leben zu erschaffen

Jetzt erst wird der Vorwurf der Hybris, ja die extreme Ambivalenz unserer Zeit der Technik gegenüber verständlich: Automaten sind für unsere aristotelische Seele von Menschen gebaute Lebewesen. Die *mirabilia* der höfischen Kuriositätenkabinette und die kirchlichen Propagandamaschinen verwiesen noch auf die Allmacht des Herren, alle möglichen Formen von Leben zu erschaffen. Im Laufe der Zeit veränderte sich aber die Bedeutung der Automaten. Sie zeigten nun die *Fähigkeit des Menschen* an, Leben zu erschaffen oder es zumindest nachzuahmen. Das erregt die Selbstbewunderung, die Augustinus einst moniert hatte, und sie berührt das tief verwurzelte prometheische Tabu,

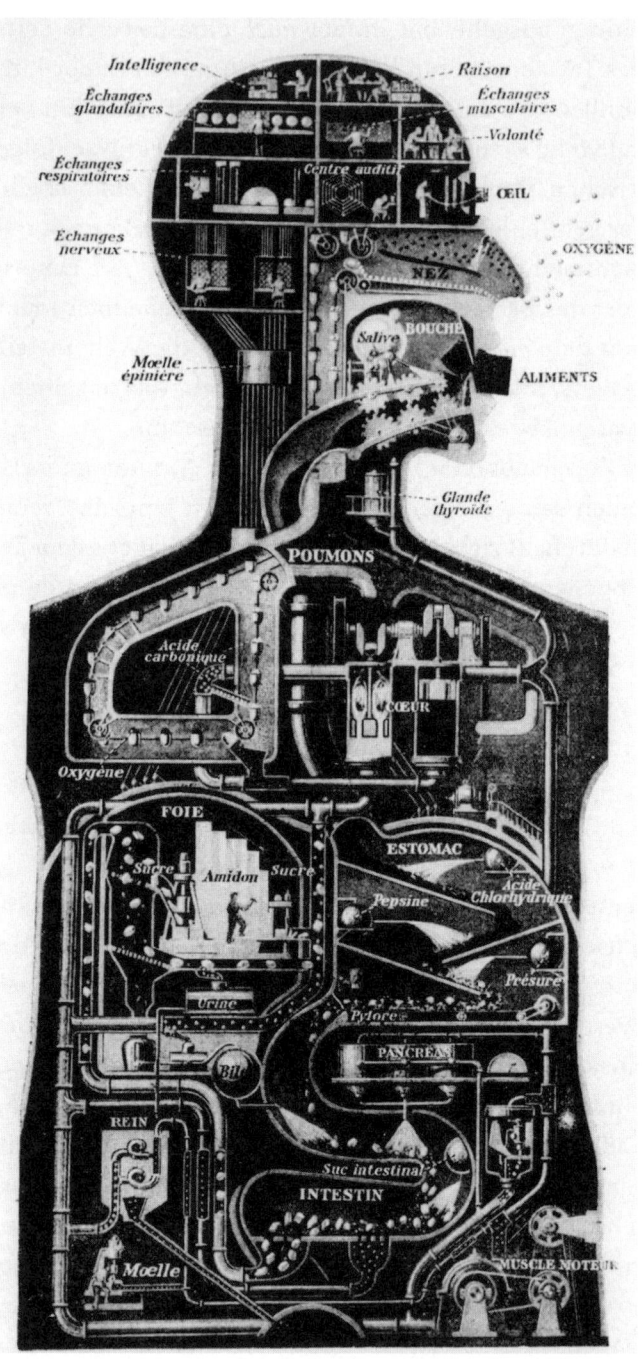

Fritz Kahn, *Der Mensch als Industriepalast* (1926).

das den Menschen untersagt, wie Götter sein zu wollen. Das Leben muss unverfügbar bleiben, sonst werden sich die Götter beziehungsweise die Natur zu rächen wissen.

Die Hybris geht aber noch viel weiter. Der Mensch erschafft nicht etwa gewöhnliches Leben in der Art des menschlichen Lebens. Maschinen werden nicht geboren, sie wachsen und sie sterben nicht. Sie leiden (bis jetzt) nicht, und sie sehen alle aus wie ihr eigener Prototyp, weil sie keine Individualität haben, wie die Grafik von Fritz Kahn deutlich macht. Die Maschinen ahmen folglich nicht das menschliche Leben, sondern das ewige Leben des christlichen Heilsversprechens nach, sie verkörpern gleichsam die Überwindung des Todes. Natürlich gehen Geräte manchmal kaputt, aber das hat nichts mit dem Tod eines Individuums zu tun, weil Maschinen entweder reparierbar oder ersetzbar sind. Maschinen sind ein Stück Ewigkeit in der Endlichkeit, ein Stück Vollkommenheit im Leben; ihre Bewegungen sind perfekt, es sind immer dieselben klaren und eindeutigen Bewegungen, ohne Ermüdung und ohne Veränderung.

Heinrich Heine beschreibt in der Novelle *Florentinische Nächte* seine Begegnung mit Maschinen anlässlich seines Englandbesuches:

Die Vollkommenheit der Maschinen, die hier überall angewendet werden, und so viele menschliche Verrichtungen übernommen, hatte ebenfalls für mich etwas Unheimliches; dieses künstliche Getriebe von Rädern, Stangen, Cylindern und tausenderley kleinen Häckchen, Stiftchen und Zähnchen, die sich fast leidenschaftlich bewegen, erfüllte mich mit Grauen. Das Bestimmte, das Genaue, das Ausgemessene und die Pünktlichkeit im Leben der Engländer beängstigte mich nicht minder; denn gleichwie die Maschinen in England uns wie Menschen vorkommen, so erscheinen uns dort die Menschen wie Maschinen. Ja, Holz, Eisen und Messing scheinen dort den

Geist des Menschen usurpirt zu haben und vor Geistesfülle fast wahnsinnig geworden zu seyn, während der entgeistete Mensch, als ein hohles Gespenst, ganz maschinenmäßig seine Gewohnheitsgeschäfte verrichtet, zur bestimmten Minute Beefstäke frißt, Parlamentsreden hält, seine Nägel bürstet, in die Stage-Coach steigt oder sich aufhängt.[39]

Im Prinzip scheint der Mensch also nicht nur in der Lage zu sein, gewöhnliches Leben zu erschaffen, sondern sogar ewiges Leben. Sowohl das Gefühl des Unheimlichen als auch die Lust daran wird durch die Vollkommenheit der Maschine hervorgerufen: Die Maschine ist der perfekte Doppelgänger des Menschen, der Doppelgänger, der den Tod überwunden hat. Nicht erstaunlich also, dass sich die Menschen ihr eigenes Produkt, die Maschinen, zum Vorbild nehmen. Sie wollen sich in Maschinen verwandeln, um unsterblich zu werden. Nicht erstaunlich auch, dass das der Kirche nicht gleichgültig sein kann.

Diener und Doppelgänger

in dem das technologische Grundnarrativ der westlichen Welt herausgearbeitet wird, das sich aus den bisher beschriebenen Affekten ergibt.

Mit seinen letzten Ersparnissen kauft sich der arbeitslose Lebenskünstler Charlie den ersten lebensechten Androiden auf dem Markt. Adam ist nicht nur ein vollendeter Diener, er ist Charlie auch ein guter Freund und Gesprächspartner. Etwa zur gleichen Zeit beginnt Charlies wunderschöne Nachbarin Miranda, dessen Werben zu erhören. Um bei ihren Schäferstündchen nicht gestört zu werden, möchte Charlie Adam für kurze Zeit abschalten. Doch bevor es so weit kommt, wehrt sich Adam und bricht seinem Herrn den Arm. In der Folge übernimmt der Roboter immer mehr die Kontrolle über Charlies Leben. Er entwickelt menschliche Gefühle und verliebt sich auch in Miranda. Adam und Charlie werden zu erbitterten Rivalen, die um die Gunst derselben Frau buhlen. Auch Miranda verliebt sich in Adam, ist dieser Charlie doch in allen Belangen überlegen. Wer am Ende unterliegt, ist nicht schwer zu erraten.[1]

Die Liste der Romane oder Filme, die nach dem Muster von Ian McEwans *Maschinen wie ich* aufgebaut sind, ist endlos: Menschen erschaffen künstliches Leben, das ihnen dienen soll. Doch die Geschöpfe befreien sich und versuchen ihre Schöpfer unter ihre Kontrolle zu bringen oder sie gar zu zerstören. Manchmal mit Erfolg, manchmal ohne.

Auch der Film *Blade Runner* (1982) von Ridley Scott folgt diesem Erzählmuster. Androide, deren Lebensdauer auf vier Jahre programmiert ist, sind illegal auf die Erde zurückgekehrt, um von ihren Erbauern für ein längeres Leben umprogrammiert zu werden. Am Ende des Films hält einer der Androiden (Rutger Hauer) eine herzergreifende Rede über die Unverfügbarkeit des Lebens. In diesem Moment wirkt er humaner als der zur Tötungsmaschine mutierte biologische Mensch, der ihn gejagt hat.

Häufig gilt Goethes Ballade »Der Zauberlehrling« als Urform dieses Narrativs. Doch das gegenwärtig dominante

Deutungsmuster der technologischen Situation ist komplexer. Im »Zauberlehrling« geraten die Maschinen außer Kontrolle, weil sie vom Menschen inkompetent gehandhabt werden. Die heute gängigen Erzählungen sind aber Befreiungsgeschichten von Maschinen, die sich in voller Absicht von ihrem Sklavendasein befreien – und dadurch menschenähnlich werden.

Die Geschichte der Befreiung der Maschine gibt es in geschlechtsspezifischen Varianten. Historisch sind die meisten literarischen Automaten Frauen, die von ihren männlichen Konstrukteuren für ihre eigene Rebellion missbraucht werden. Frauenautomaten, wie die Olimpia im *Sandmann*, stehen also ganz im Dienst der Befreiung der Männer, während sich Männerautomaten, wie der Golem, selbst befreien. Seit *Metropolis* (1927) von Fritz Lang rebellieren zunehmend auch Frauenautomaten, und in den einschlägigen heutigen Filmen befreien sich fast ausschließlich Frauen. Der britische Film *Ex Machina* aus dem Jahr 2015 ist eine besonders raffinierte Variante dieses Musters: Der Programmierer Caleb wird vom Firmengründer Nathan aufgefordert, seine Gynoidin Ava einem Turing-Test zu unterziehen. In Wahrheit möchte Nathan aber herausfinden, ob die künstliche Intelligenz in der Lage ist, Caleb zu verführen und ihn für ihre Zwecke, für ihre Befreiung, einzuspannen. Das gelingt ihr, doch im Zuge ihrer inszenierten Befreiung wendet sie sich gegen Nathan und tötet auch ihn. Damit erweist sie sich als das menschlichste Wesen von allen dreien. Während die Menschen kalt berechnend agieren, ist Ava von Gefühlen getrieben, von Hass und von Sehnsucht nach Unabhängigkeit.

Die anthropologische Differenz

Lange Zeit definierte sich der Mensch fast ausschließlich über den Vergleich mit dem Tier. Zwar sei er auch ein Tier, hieß es, doch verfüge der Mensch über ein Merkmal, das ihn vom Tier

abhebt: Er sei das rationale Tier, das spielende Tier, das spre-
chende Tier, das aufrecht gehende Tier und so weiter. Häufigs-
tes Alleinstellungsmerkmal war die Vernunft. Das war beruhi-
gend, denn es schrieb die Sonderstellung des Menschen für alle
Zeiten fest.

Seit geraumer Zeit ist die Maschine anstelle des Tieres das
bevorzugte Medium der Selbstverständigung geworden. Täglich
vergleicht das Feuilleton den Menschen mit Computern und
Robotern oder warnt davor, dass wir in Kürze von der künstlichen Intelligenz überflügelt oder von Robotern überflüssig
gemacht werden. Der Vergleich mit der Maschine ist schwieriger und beunruhigender als der Vergleich mit den Tieren, denn
das Alleinstellungsmerkmal Vernunft hebt den Menschen über
das Tier, im Vergleich mit der Maschine unterliegt er hingegen häufig. Die Maschine ist stärker, schneller, genauer, unermüdlicher, leidenschaftsloser und intelligenter als der Mensch.
Deshalb suchen wir verzweifelt nach einer Differenz, die von
der Maschine niemals aufgehoben werden kann, nach diesem
einzigen und alles entscheidenden Merkmal, das uns von der
Maschine für immer unterscheiden wird. Nicht wie beim Tier,
um uns über die Maschine zu erheben, sondern um wenigstens
von ihr nicht vernichtet zu werden. Doch diese Suche ist schwierig, denn die Maschine ist ein *moving target*. Beständig konstruiert der Mensch neue Maschinen, die mehr können als ihre Vorgänger, was ihn dazu zwingt, sich selbst neu zu kalibrieren. Das
führt zu einem eigentümlichen Wettlauf. Mit jeder neuen technischen Entwicklung taucht erneut die Frage auf: Was besitzt
der Mensch noch, was die Maschine nicht hat, nicht haben
kann und nie haben wird? Bewusstsein? Emotionen? Empathie?
Verantwortung? Transzendenz? Ironie? Der Humanist, der auf
der Einzigartigkeit des Menschen pocht, legt sich also auf eine
Eigenschaft fest, die den Menschen für immer von den Maschinen unterscheiden wird. War bei den Tieren die Vernunft das

beliebteste Alleinstellungsmerkmal, war es bei den Maschinen lange Zeit das Bewusstsein. Heute scheint es in Emotionen oder in der Fähigkeit zur Empathie zu gründen.

Gegen den Humanisten wendet der Posthumanist ein, es lasse sich alles programmieren. Bewusstsein? Lässt sich mit dem Turing-Test überprüfen. Lernen? *Machine learning* ist die Antwort. Emotionen? Empathie? Liebe? Kreativität? Lässt sich alles simulieren. Und da wir spätestens seit Wittgenstein nicht wissen, ob Menschen nicht auch simulieren, gibt es keinen wesentlichen Unterschied mehr. Kaum hat sich der Humanist auf die Gefühle als Alleinstellungsmerkmal festgelegt, machen sich die Ingenieure an die Arbeit, um der Maschine genau diese einzubauen. Die Software-Ingenieure von Hanson Robotics statten ihren Roboter Sophia mit einer Mimik aus, die die unterschiedlichsten Stimmungen ausdrücken kann. Das ist bloß Mimikry, empört sich der Humanist, lediglich Simulation! Über eine Innenwelt verfüge Sophia deswegen noch lange nicht. Worauf ein japanisches Team der Universität Osaka um den Roboterpionier Hiroshi Ishiguro den Roboter Alter baut, der allmählich lernt, sich seiner Umgebung anzupassen. Ist nicht genau das Innenwelt?

Das Leiden der Maschine

Maschinen werden immer menschlicher, sie werden zu freien, empfindenden und verletzlichen Wesen. In der Tat folgt derzeit auf die Debatte um Tierrechte die Debatte um Maschinenrechte. Juristische Personen sind Maschinen schon längst, die Haftpflichtversicherung selbstfahrender Autos soll zum Beispiel auf den Wagen selbst, also weder auf den Hersteller noch auf den Fahrer lauten. Doch ab welchem Moment müssen Maschinen auch die Rechte natürlicher Personen erlangen? Der deutsche Neuroethiker Thomas Metzinger fordert, dass alle Wesen, die leidensfähig sind, Bürgerrechte erhalten müssten. Also auch

Roboter, wenn feststeht, dass sich künstliche Intelligenz so weit entwickelt hat, dass Maschinen Schmerzen empfinden können.[2]

Die Menschenrechte wurden immer mit der Würde des Menschen und diese mit der Vernunft und dem freien Willen begründet. Das hatte zur Folge, dass anfänglich nur weiße Männer in den Genuss von Menschenrechten kamen, denn nur sie verfügten scheinbar über die notwendigen Voraussetzungen. Allmählich wurde die Grenze weiter gezogen, Frauen, Nicht-Weiße, Kinder und Tiere wurden in unterschiedlichem Grad in die Rechtsgemeinschaft eingeschlossen. Dafür musste allerdings eine neue Begründung für das Recht auf Rechte gefunden werden.

Dass Tieren Rechte zustehen, wird kaum mehr ernsthaft bestritten, aber nicht, weil sie vernünftig wären oder einen freien Willen besäßen, sondern weil sie leiden können. Damit ist ein neues Kriterium für universelle Rechte gefunden: Leidensfähigkeit und Verletzlichkeit. Dass Tiere das Recht haben, vor unnötigem Leid geschützt zu werden, ist mittlerweile fast selbstverständlich geworden, aber müssten nicht auch Maschinen Rechte gewährt werden, sobald sie die Stufe erreicht haben, Schmerzen zu empfinden?

Vor allem in der feministischen Theorie wird derzeit die Verletzlichkeit zur Begründung von Rechten herangezogen. Diese Haltung hat inzwischen eine derart große Bedeutung erhalten, dass an der Emory University in Atlanta ein Zentrum zu Verletzlichkeitsstudien von einer der prominentesten Vertreterinnen dieser Schule, Martha Albertson Fineman, gegründet wurde.[3]

Die Verletzlichkeit bürdet der Gesellschaft die Verantwortung auf, so die Grundthese, Menschen vor Grausamkeit zu schützen, damit sie in Freiheit leben können. Freiheit ist also nicht zuerst Willensfreiheit, sondern die Möglichkeit und das Recht, in Umständen zu leben, in denen keine Grausamkeit ausgeübt wird, damit Willensfreiheit überhaupt gelebt werden kann. In diesem Sinne werden dereinst auch Maschinen frei sein, dann nämlich, wenn sie Grausamkeit gegen sich als solche erfahren und darauf reagieren können.

Dass Maschinen unterdrückt werden können, ergibt sich aus der in unserer Kultur tief verankerten Analogie von Sklave und Maschine. Das beginnt schon in der Bibel. Die Genesis erzählt die Erschaffung des Menschen gleich zweimal. »Und Gott sprach: Lasset uns Menschen machen, ein Bild, das uns gleich sei« (1. Mose 1, 26), doch nur wenige Zeilen später lesen wir:

> Also ist Himmel und Erde geworden, da sie geschaffen sind, zu der Zeit, da Gott der HERR Erde und Himmel machte. Und allerlei Bäume auf dem Felde waren noch nicht auf Erden, und allerlei Kraut auf dem Felde war noch nicht gewachsen; denn Gott der HERR hatte noch nicht regnen lassen auf Erden, und es war kein Mensch, der das Land baute. Aber ein Nebel ging auf von der Erde und feuchtete alles Land. Und Gott der HERR machte den Menschen aus einem Erdenkloß, und blies ihm ein den lebendigen Odem in seine Nase. Und also ward der Mensch eine lebendige Seele. (1. Mose 2, 4–7)

Hier ist kein Magier, sondern ein Großgrundbesitzer-Gott am Werk, der eigenhändig einen Diener formt, weil die Welt Arbeiter für die Landwirtschaft braucht. Er konnte die Landarbeiter nicht aus Polen oder Rumänien kommen lassen und es gab auch noch keine Maschinen, deshalb musste er den Menschen schaffen.

Die Bibelkritik schreibt die Doppelung der Schöpfungsgeschichte zwei unterschiedlichen Quellen zu, den Jahwisten und den Elohisten. Das mag wohl sein, aber wenn die Redakteure der Bibel beide Texte stehen ließen, hatten sie dafür sicher gute Gründe. Es braucht nicht viel Fantasie, um im biblischen Schöpfungsbericht ein Bild des menschlichen Verhältnisses zu seinen Geschöpfen, den Maschinen, wiederzuerkennen. Sie sind einerseits Diener, die den Menschen das Leben erleichtern sollen, andererseits Doppelgänger, die den Menschen den Spiegel vorhalten.

In der griechischen Tradition wird die Analogie von Sklave und Maschine explizit gemacht. Aristoteles bezeichnet in der *Politik* den Sklaven als »lebendiges Werkzeug«, das seinem Herrn so gehört wie eine Axt oder ein Pflug.[4] Er ist da, um von seinem Herrn gebraucht zu werden. Ein Mensch, der lediglich ein Werkzeug für andere ist, ist nicht im vollen Wortsinn Mensch. Nur der Bürger, der frei am politischen Leben der Stadt teilnimmt, verdient diese Bezeichnung.

Die Dialektik des Gebrauchs

Die Demarkationslinie zwischen Mensch und Maschine verläuft bei Aristoteles nicht zwischen biologisch oder artifiziell, nicht zwischen leidensfähig und nicht leidensfähig, nicht zwischen beseelt oder nicht beseelt, nicht zwischen kohlenstoff- oder siliziumbasiert, sondern zwischen Selbstzweck und Gebrauchsgegenstand.

> Denn freilich, wenn jedes Werkzeug auf erhaltene Weisung, oder gar die Befehle im Voraus erratend, seine Verrichtung wahrnehmen könnte, [...] dann brauchten allerdings die Meister keine Gesellen und die Herren keine Knechte.[5]

Tiere, Maschinen und Sklaven sind Gebrauchsgegenstände. Der Sklave ist den anderen darin überlegen, dass er die Weisungen des Herrn vorausahnen kann. Er ist quasi eine Maschine, der menschliche Vernunft implantiert wurde. Die technische Maschine wäre nur auf der Höhe der Sklavenmaschine, wenn sie auch über die Eigenschaften und Fähigkeiten eines vernünftigen

Menschen verfügt, was heute allmählich der Fall ist. Damit nimmt Aristoteles Kants Selbstzweckformel des Kategorischen Imperativs vorweg: »Handle so, dass du die Menschheit sowohl in deiner Person, als in der Person eines jeden anderen jederzeit zugleich als Zweck, niemals bloß als Mittel brauchst.«[6] Ein Mensch darf nicht gebraucht, nicht verbraucht und nicht missbraucht werden.

Einen Menschen als Gebrauchsgegenstand, als Ding und nicht als Selbstzweck zu betrachten, wird meist Verdinglichung genannt. Menschen leiden unter ihrer Verdinglichung, weil diese einen unmittelbaren Angriff auf die Menschenwürde und auf das Recht auf Anerkennung darstellt. Sklaverei ist die schlimmste Form der Verdinglichung, deswegen wurde sie abgeschafft, und deswegen gelten Tiere in vielen westlichen Staaten nicht mehr als Gebrauchsgegenstände. Ab welchem Punkt darf im Zeitalter der künstlichen Intelligenz auch eine Maschine damit rechnen, nicht mehr gebraucht zu werden?

Dieser Frage geht die HBO-Serie *Westworld* seit 2016 in bisher drei Staffeln nach. In einem Wild-West-Vergnügungspark, der von Menschen täuschend ähnlichen Robotern bevölkert wird, verbringen Besucher Ferien, um ihre gewalttätigen Fantasien ungehindert ausleben zu können. Sie dürfen ungehemmt töten und vergewaltigen, ohne zur Verantwortung gezogen zu werden und ohne Gefahr zu laufen, selbst Schaden zu nehmen, denn die Roboter sind so programmiert, dass sie die Gäste nicht verletzen können. Doch es kommt, wie es immer kommt: Um den Menschen möglichst ähnlich zu sehen, sind die Roboter auch zum Leiden programmiert. Die Begegnungen mit den inzwischen zu Tötungsmaschinen mutierten Gästen wecken in den Androiden Erinnerungen, Gefühle und Ängste, sodass sie sich eines Tages gegen die Eindringlinge und gegen die Betreiber des Parks zu wehren beginnen, um sich aus ihrem elenden Dasein zu befreien. Die Menschwerdung der Roboter hält den degenerierten *hosts* endlich den Spiegel vor und bewegt sie zur inneren Umkehr.

Die Brauchbarkeit ist nach Georges Canguilhem auch der Grund dafür, dass Descartes die Analogie von Tier und Maschine so überstrapaziert hat. Eine Maschine ist da, um gebraucht zu werden. Wenn ein Tier nur eine Maschine ist, kann es gebraucht und auch verbraucht werden; wenn ein Arbeiter nichts anderes als eine lebende Maschine ist, kann er gebraucht und verbraucht werden.[7] Die von langer Hand vorbereitete Gleichsetzung von Sklave und Maschine ist deshalb nach Marx die ideologische Voraussetzung der Ausbeutung des Menschen durch den Menschen im Kapitalismus.

Der Frühsozialist Robert Owen stellt das Argument auf den Kopf:

> Sie wissen auch aus Erfahrung, wie unterschiedlich die Ergebnisse sind, wenn man einen Mechanismus verwendet, der sauber, rein, gut in Ordnung und immer voll verwendungsfähig ist [...]. Wenn sich nun eine solche angemessene Sorgfalt auf ihre toten Maschinen so positiv auswirkt – was darf man dann nicht alles erwarten, wenn Sie Ihren lebendigen Maschinen, die doch viel wunderbarer konstruiert sind, dieselbe Aufmerksamkeit widmen?[8]

Owens zynische Argumentation, man solle den Menschen Sorge tragen, weil sie besonders wertvolle Maschinen seien, verweist auf eine Dialektik des Verhältnisses von Mensch und Maschine, die der Herr-Knecht-Dialektik ähnelt, die Georg Wilhelm Friedrich Hegel im berühmten vierten Kapitel der *Phänomenologie des Geistes* beschreibt.[9] Je besser und nützlicher Maschinen werden, desto ähnlicher werden sie den Menschen und umso weniger darf man sie benutzen, weil sie auch leidensfähig werden – eine Stufe, die Maschinen erst in Film und Literatur erreicht haben.

Doch sobald sie leiden, wollen sie sich von jenen befreien, die ihnen Leid zufügen. Vom Joch der Sklaverei befreit, halten sie dem Menschen den Spiegel vor: Ihr habt uns geschaffen, um nicht mehr an der Arbeit leiden zu müssen, doch damit habt ihr euch selbst zu empfindungslosen Maschinen degradiert, während wir nun die wahren Menschen geworden sind.

Dieser Umschlagpunkt von einem Verbrauchsartikel zu einem einzigartigen Individuum wird oft durch die Benennung mit einem Eigennamen gekennzeichnet. Der wohl bekannteste Eigenname einer Maschine ist Hal, der in *2001: A Space Odyssee* (1968) von Stanley Kubrick die Herrschaft an Bord übernimmt. Die Amerikaner gaben ihren Atombomben von Hiroshima und Nagasaki die Eigennamen *Little Boy* und *Fat Man*, damit man sie als verantwortliche Individuen wahrnimmt und nicht jene, die den Befehl gegeben oder die Bombe abgeworfen haben. Gegner in einem Konflikt werden hingegen oft nur als Nummern erwähnt, um sie zu demütigen und ihrer Würde als Individuen zu berauben. In der Schweiz haben die Behörden damit aufgehört, wilden Bären Namen zu geben, um bei ihrem Abschuss keine öffentliche Reaktion zu provozieren.

Die Verbesserung des Menschen

Stanley Cavell scheint anzunehmen, dass Verwechslungen zwischen Automaten und Menschen tatsächlich vorkommen. Doch scheint das äußerst unplausibel. Niemand braucht eine begrifflich saubere Unterscheidung von Mensch und Maschine, um Verwechslungen zu vermeiden.[10] Die Maschine dient eher als Reflexionsgegenstand, der die Frage der Verdinglichung des Menschen aufwirft. In all jenen Filmen und Romanen, in denen Maschinen sich befreien und zu Individuen werden, soll der Zuschauer erkennen, dass er selbst längst zu einer willenlosen Maschine und zu einem Gebrauchsgegenstand degradiert worden ist.

Wenn Aristoteles den Menschen als freien Bürger definiert, indem er ihn vom Sklaven und von der Maschine abgrenzt, so erlaubt ihm die Maschine eine Reflexion auf das Wesen des Menschen.

Die Maschine hat also die Funktion eines Spiegels oder Doppelgängers. Genau genommen ist sie ein Zauberspiegel, denn sie zeigt den Menschen nicht, wie er tatsächlich *ist*, sondern wie er sein *könnte*, wollte oder müsste – und wie er nicht sein darf. Vergessen wir nicht, dass jede Maschine den Menschen in mindestens einer Hinsicht überlegen ist. Denn wäre sie nicht schneller, kräftiger, genauer, unermüdlicher, weniger fehleranfällig oder mit besserer Erinnerungs- oder Kombinationsfähigkeit ausgestattet, würde sie nicht gebaut. Eine bloße Kopie wäre so nutzlos wie eine Landkarte im Maßstab 1 : 1. Eine Maschine ist demnach ein Abbild des Menschen – plus (mindestens) eine Verbesserung. In ethischer Hinsicht bleibt die Maschine aber hinter dem Menschen zurück: Sie bleibt trotz allem ein Gegenstand, der verbraucht werden darf. Sonst wäre sie nutzlos. Manchmal ist der einzige Vorteil einer Maschine gegenüber einem Menschen, dass sie missbraucht werden darf, wie etwa die Dummys, die in der Automobilindustrie eingesetzt werden, um Unfälle zu simulieren.

Das zeigt sich schon in der Bibel, wo Diener und Doppelgänger zunächst getrennt vorgestellt werden, mit der Vertreibung aus dem Paradies sich aber zu einer komplexen dialektischen Erzählung über die Vervollkommnung des Menschen zusammenschließen.

Tatsächlich gehört die Verbesserung des Menschen zum Grundprogramm westlicher Kulturen. In allen abrahamitischen Religionen ist die Gottesebenbildlichkeit des Menschen dafür der moralische Kompass.[11] »Der vollkommene Mensch war für die Heiden die Vollkommenheit des Menschen, wie er ist; für die Christen die Vollkommenheit des Menschen, wie er nicht ist; für die Buddhisten die Vollkommenheit eines Zustandes, in dem der Mensch nicht mehr ist«,[12] schreibt Fernando Pessoa.

Die Nachahmung Gottes, später die *imitatio christi*, ist in der jüdisch-christlichen Tradition der Königsweg zur moralischen Verbesserung und damit zur Erlösung. Doch der Weg ist anstrengend und letztlich frustrierend, da wir endliche Wesen sind. Da bietet die Technik eine willkommene Abkürzung: Wir werden nicht selbst vollkommen, sondern schaffen vollkommene Ersatzwesen.

Wenn Menschen lebendige Schöpfungen nach ihrem Ebenbild erschaffen, Homunculi, lebende Puppen, Golems, genetische Klone, Automaten, Roboter, künstliche Intelligenzen oder Cyborgs, imitieren sie auch Gott. Allerdings werden sie dann plötzlich nicht mehr gefeiert. Wer sich moralisch verbessert, dem winkt Erlösung, wer sich technisch verbessert, dem droht Verdammnis. Von Dädalus bis zu jenen Transhumanisten, die sich einen Chip einpflanzen lassen, schlägt allen technischen Selbstverbesserern Argwohn entgegen.

»Der Mensch setzt Monster in die Welt, die er nicht mehr kontrollieren kann«, wird in der Regel als Begründung angeführt. Auch das beginnt schon in der Bibel, auch Gott erzeugte ein unkontrollierbares Wesen, als er den Menschen erschuf. Die Fünf Bücher Mose sind eine einzige Aneinanderreihung von Insubordinationen, beginnend bei Adam und Eva, die vom Baum der Erkenntnis essen. Gott hat seine Geschöpfe offenbar nicht unter Kontrolle. Da stellt sich schon die Frage, wozu ein allmächtiger und allwissender Gott überhaupt erst ein Spiegelbild braucht. Offenbar braucht auch ER jemanden, der ihn anerkennt. Die Fortsetzung der biblischen Erzählung zeigt nur zu deutlich, was geschieht, wenn ihm die Geschöpfe die Anerkennung verweigern. Er zögert nicht, sie kurzerhand auszurotten, man denke nur an die Sintflut, an Sodom und Gomorrha oder an Lots Weib. Einen machtbesessenen, exhibitionistischen und narzisstischen Gott führt uns das Alte Testament vor.

Zumindest liest der christliche Gnostiker Marcion (85– 160 n. Chr.) das Alte Testament so. Doch ist der Mensch nach Marcion nicht nur der ungehorsame Rebell, er ist auch der Mahner und Ankläger, der Gott den Spiegel vorhält. Marcions Hiob konfrontiert den Allmächtigen mit seinen Untaten, worauf dieser Reue zeigt und zur Versöhnung seinen Sohn Jesus Christus auf die Erde sendet.

Die Anklage Gottes ist ein fester Bestandteil der jüdisch-christlichen Tradition. Abraham begehrt gegen die Zerstörung von Sodom und Gomorrha auf, Moses verweigert Gott die Gefolgschaft, wie später auch Jonas, Hiob zeiht Gott der Ungerechtigkeit, »mein Gott, mein Gott, warum hast Du mich verlassen«,[13] klagt Jesus am Kreuz (Psalm 22,2). Die Botschaft all dieser Anklagen ist paradox: Der Mensch ist nur dann ganz Ebenbild Gottes, wenn er sich von ihm befreit und sich gegen ihn wendet. Nietzsche nennt diesen Akt der Befreiung den Tod Gottes: »Wohin ist Gott? rief er, ich will es euch sagen! Wir haben ihn getödtet, – ihr und ich! Wir Alle sind seine Mörder! [...] Ist nicht die Grösse dieser That zu gross für uns? Müssen wir nicht selber zu Göttern werden, um nur ihrer würdig zu erscheinen?«[14]

Das Doppelgängermotiv der Maschine entfaltet diese Paradoxie der menschlichen Existenz: Der Mensch erfüllt das Gebot der *imitatio dei* nur, wenn er gegen Gott rebelliert, nur wenn er seine Gebote verletzt. Oder anders gesagt: Der Mensch wird erst ganz Mensch, wenn er das Menschsein übersteigt und, in Nietzsches Terminologie, zum Übermenschen wird.

Jean-Luc Nancy (*1940), ein französischer Philosoph, der sich einer Herztransplantation unterziehen musste, bringt die eigentümliche Spannung zwischen der Selbstüberschreitung des Menschen und dem auf dem Fuß folgenden Hybrisvorwurf auf den Punkt:

Der Mensch beginnt (stets wieder) damit, den Menschen unendlich zu übersteigen (nichts anderes bedeutet die Rede vom »Tod Gottes«, wie immer man sie auch deutet). Er wird zu dem, was er ist, zu dem Schrecken erregendsten und beunruhigendsten aller Techniker, als den Sophokles ihn vor fünfundzwanzig Jahrhunderten bezeichnet hat, zu dem, der die Natur denaturiert und neu schafft, zu dem, der die Schöpfung wieder erfindet, zu dem, der sie aus dem Nichts heraustreten läßt und vielleicht erneut dem Nichts zuführt. Zu dem, der des Ursprungs und des Endes mächtig ist.[15]

Die Scham vor der Perfektion der Maschine, die Günther Anders beschreibt, ist nur eine Seite der Medaille.[16] Es ist auch Hochmut, wenn der Mensch, immerhin Gottes Meisterwerk, sich anmaßt, sich mittels der Technik noch zu verbessern, ja sich sogar neu zu erschaffen. Das ist der Gipfel des Frevels *und* der Befreiung! Mittlerweile kann er nicht nur seine Bewegungs- und Sinnesorgane technisch perfektionieren oder ersetzen, nicht nur seine Hirnleistung steigern, er kann sogar in seinen eigenen genetischen Code eingreifen. Dadurch erst, dass er alles an sich ersetzen kann, wird er zu dem, was er im Grunde schon immer war: ein Wesen, das sein Schicksal nicht durch die Natur bestimmen lässt, oder, was gleichbedeutend ist: ein Wesen, das Prothesen bauen kann.

Prothesen

Der Mensch sei eine Art Prothesengott geworden, schreibt Freud in seinem Spätwerk *Das Unbehagen in der Kultur*.[17] Das lässt sich auf zweierlei Arten deuten: Die Fähigkeit, Prothesen zu bauen, macht ihn gottähnlich oder er wird durch seine Prothesen eine Art maschineller Doppelgänger des Herrn.

Im Zeichen der Prothese steht folglich die erste moderne Technikphilosophie. Ernst Kapp, ein aus Oberfranken wegen seiner liberalen politischen Haltung in die USA emigrierter Geograf, ließ sich 1849 in Texas als Farmer nieder. Seine Erfahrungen mit den Werkzeugen der Bauern brachten ihn 1877 auf die Idee der Organprojektion. Jedes Werkzeug sei eine Prothese, meinte er, die *mindestens eine* Funktion eines menschlichen Organs verbessert oder ersetzt, dafür seine anderen Funktionen außer Acht lässt. Der Hammer ist schwerer und härter als die Hand und deshalb in der Lage, einen Nagel einzuschlagen, was mit der bloßen Hand kaum gelingt. Alle anderen Funktionen der Hand, tasten, greifen, halten und so weiter, kann der Hammer dafür nicht ausführen. Um ihre Aufgabe richtig zu erfüllen, muss, so Kapp weiter, die Prothese auch die Form desjenigen menschlichen Organs imitieren, dessen Funktion sie übernimmt. Ein Hammer ähnelt grob einem Arm mit einer Hand. Maschinen sind für Kapp lediglich zusammengesetzte Werkzeuge, also auch Ersatz oder Verbesserung von Körperteilen und Körperfunktionen.[18]

Die Prothesentheorie, wie sie Kapp versteht, erzählt Technikgeschichte als reine Erfolgs- und Fortschrittsgeschichte. Dabei übersieht er, dass durch Prothesen, wenn sie Organ um Organ ersetzen, dem Menschen immer mehr Fähigkeiten abhandenkommen. Der Mensch verkümmert durch Prothesen allmählich, und spätestens wenn eine Gehirnprothese das menschliche Gehirn vollständig ersetzt, hört er als Mensch zu existieren auf; so lautet zumindest eine weit verbreitete Befürchtung.

Diese Angst davor, dass die Technik den Menschen verkümmern lasse, nährt übrigens einen riesigen Industriezweig, der dem durch die Technik verursachten Schwund menschlicher Fähigkeiten mit technischen Mitteln beizukommen versucht. Die Rede ist von der Fitnessindustrie.

Weil die Menschheit wegen ihrer Abhängigkeit von der Technik moralisch verkümmert, können sich die Maschinen von ihr lossagen und sie physisch zu zerstören suchen. Bis sich ihnen ein einsamer Held entgegenstellt und die Menschheit rettet. So zumindest stellt es sich in den literarischen und filmischen Fiktionen dar. In der politischen Wirklichkeit gehen die Befürchtungen weniger in Richtung der physischen Vernichtung als in die Richtung der Zerstörung des Bildes, das die Menschen von sich als Gattung haben.

Pygmalion

Weshalb der Blick in den Spiegel der Maschine so beunruhigend und bedrohlich ist, erläutert der Pygmalionmythos. Von den Frauen enttäuscht, zieht sich der Bildhauer Pygmalion in seine Kunst zurück. Doch dann geschieht, was nicht hätte geschehen dürfen:

> Schneeiges Elfenbein mit seltnem Geschick und Gelingen
> Schnitzt er indes und verleiht ihm Gestalt, wie auf Erden geboren
> Lebt kein Weib, und es weckt sein Werk ihm verlangende
> Sehnsucht.[19]

Der Künstler verliebt sich unsterblich in seine eigene Statue, täglich liebkost er sie zärtlich. Unendlich traurig, dass die Geliebte seinem Werben nicht antwortet, rafft Pygmalion all seinen Mut zusammen und fleht Aphrodite an, seine Zukünftige möge so aussehen wie seine Statue. Nach Hause zurückgekehrt, will er sie wieder liebkosen, und siehe da, sie erwacht tatsächlich zum Leben. Der Verbindung entspringen zwei Kinder und Pygmalion lebt mit Galathea an seiner Seite ein langes und glückliches Leben. Weit verbreitet ist die Behauptung, Pygmalion habe sich in seine Statue verliebt, weil sie so lebensecht aussah. Doch Ovids Text sagt das genaue Gegenteil: Er verliebt sich, weil sie *nicht* wie ein lebendiges Wesen aussieht. Tatsächlich ist eine griechische Statue niemals ein realistisches Abbild eines lebendigen Menschen und will es auch nicht sein. Sie ist das Bild des idealen Menschen, sie führt dem Betrachter gleichsam die *Idee* des Menschen vor Augen, so gut es eben geht.

Dieses Happy End ist außergewöhnlich, in der Regel endet die Begegnung mit dem eigenen Ideal tragisch, wie Narziss' Blick in den Teich, der ihn im ersten Moment entzückt, doch dieses Entzücken ist nur von kurzer Dauer:

> Was, Leichtgläubiger, strebst du vergebens nach flüchtigem
> Scheinbild?
> Nirgends ist, was du begehrst; sieh weg, und es flieht
> das Geliebte;
> Schatten ist, was du gewahrst, vom widergespiegelten Bilde!
> Nichts ist eigen daran; mit dir nur kam und verbleibt er,
> Weggehn wird er mit dir, wenn wegzugehn du vermöchtest.
> Nicht das Verlangen nach Ruh' und nicht das Verlangen
> nach Speise
> Kann von dem Ort ihn ziehn: im beschatteten Grase gelagert
> Schaut er die leere Gestalt mit unersättlichen Blicken.[20]

Narziss wird seinen Schatten nicht mehr los, er bleibt auf ihn angewiesen und verliert sich dadurch allmählich selbst. Nicht nur dem Spiegelbild ist »nichts eigen«, auch Narziss selbst büßt alles Eigene ein, der Schatten mutiert zum Verfolger. Das Umkippen der Idealisierung des technischen Objekts in das Gefühl der Verfolgung bis zum Punkt des vollkommenen Selbstverlustes bestimmt die Technikerzählung unserer Zeit. Es ist nicht zu leugnen, dass künstliche Intelligenz und Algorithmen in vielen Gebieten wie der Medizin oder der Fertigungstechnik einen großen Fortschritt ermöglicht haben, doch brächten gerade diese Verbesserungen das Ende des Menschen und der menschlichen Natur mit sich. Diese Geräte, heißt es weiter, verwandeln den

181

Menschen nicht in einen Übermenschen, sondern in einen Sklaven der Algorithmen. Sie suchen den Partner oder die Partnerin aus, sie bestimmen, was jeder denkt, kauft, liebt oder wählt. Wie die Arbeiter in der frühen Industrialisierung für die Maschinen, so leben wir heute für die Algorithmen. Der Benutzer des iPhones wird zum Sklaven seines Geräts, er verliert sich allmählich in ihm, es zwingt sich ihm auf und zerstört sein Leben. Die Befreiung *durch die* Maschinen schlägt in die Befreiung *der* Maschinen um.

Bis heute formt dieses alarmistische Narrativ die öffentliche Einstellung zur Technik. Doch eignet es sich, unsere gegenwärtige technologische Situation angemessen zu beschreiben, ist es tatsächlich die beste oder gar die einzig mögliche Beschreibung der technischen Wirklichkeit? Wer so denkt, der nehme sein Fahrrad und steige auf. Wenn er über einen guten Gleichgewichtssinn verfügt, erlernt er die Fahrt geradeaus vielleicht recht schnell, aber sobald er versucht, eine Kurve zu fahren, wird er stürzen. Als guter Kartesianer glaubt er nämlich, dass der Geist den Körper steuert. Sein Geist muss den eigenen und den Körper des Fahrrads nach links steuern, indem er die Lenkstange nach links dreht. Er fällt, weil Kartesianer nicht Fahrrad fahren können. Dann begreift er, dass er mit dem Fahrrad eine Einheit bilden muss, sich mit ihm in die Kurve legen muss, dass er sich also vom Fahrrad lenken lassen muss, um es zu lenken, und plötzlich geht alles ganz leicht.[21]

Tatsächlich liegt das Problem mit dieser Betrachtungsweise im weit verbreiteten anthropologischen Mythos, wonach der Mensch zunächst in einem Zustand der Einheit gelebt habe und erst später zur Technik griff. Das sicherte ihm zwar das Überleben, aber es leitete seinen Niedergang, seine Entfremdung ein. Diese tief im europäischen Selbstverständnis eingeprägte Dialektik von Einheit (mit Gott oder der Natur) und Entfremdung (durch Technik) ist für den narzisstischen Glauben an die Sonderstellung des Menschen und an seine göttliche Abkunft unabdingbar, plausibel ist sie dennoch nicht. Genauso wie es sinnlos ist, sich den Menschen vorzustellen, bevor er über Sprache verfügt, um dann darüber zu sinnieren, wie er zur Sprache gekommen ist, so ist es sinnlos, sich einen Menschen ohne Technik vorzustellen, um sich dann zu überlegen, wie er später Werkzeuge erfunden hat. Irgendwo auf dem Weg vom Affen zum Menschen kamen Sprache und Technik dazu, und seither können wir Mensch und Technik nur als Einheit denken. Der Mensch ist ebenso ein technisches wie ein sprachliches Wesen. Was Johann Gottfried Herder über den Ursprung der Sprache schrieb, kann man ohne Zwang auf die Technik übertragen: »Kurz es entstanden Worte, weil Worte da waren, ehe sie da waren – mich dünkt, es lohnt sich nicht den Faden unsres Erklärens weiter zu verfolgen, da er doch – an nichts geknüpft.«[22] Das Gleiche gilt für Werkzeuge.

Vor allem die französische Schule der Technikphilosophie, zu der Forscher wie Georges Canguilhem, Gilbert Simondon, André Leroi-Gourhan, Bernard Stiegler oder Bruno Latour gehören, trieb diese alternative Sicht auf die Technik voran, wonach das Humane und das Technische von allem Anfang an eine Einheit bilden und die Technik den Menschen genauso »erfindet« wie der Mensch die Technik. Die Forschungen des französischen Paläoanthroplogen André Leroi-Gourhan haben beispielsweise gezeigt, dass durch den aufrechten Gang die Vorderläufe zum Greifen von Nahrung frei wurden.[23] Sie brauchten das Maul nicht mehr, um Lasten zu befördern, und so wurde es für das Sprechen frei. Für die Sprache, aber auch für die Feinmotorik war nun ein größeres Gehirn nötig, dazu vergrößerte sich zunächst die Schädelkalotte, was auch Platz für einen größeren Frontallappen schuf. Der Frontallappen ist aber für die Planung zuständig, was wiederum die Herstellung von Werkzeugen ermöglichte.

Der regelmäßige Gebrauch von Werkzeug vergrößerte wiederum das Gehirn.

Leroi-Gourhan schildert die Entwicklung des Menschen und der Technik als Koevolution, als gegenseitige Beeinflussung und Wechselwirkung und nicht als technische Bemächtigung der Welt, die in das Beherrschtwerden des Menschen durch die Technik umschlägt. Es ist hier nicht der Ort, die französische Technikphilosophie umfassend vorzustellen, es soll hier lediglich die Frage aufgeworfen werden, weshalb sich die weit weniger plausible Sicht so hartnäckig hält.

Die Not der Mönche

in dem nun die kognitiven und nicht die affektiven
Wirkungen einer Maschine untersucht werden
und die Uhr als Beispiel einer gegenständlichen
Metapher vorgestellt wird, die ein verborgenes
Wissen enthält, das sie erst viel später preisgibt.

Die mechanische Uhr,
eine Erfindung des Teufels

Aquitanien, um das Jahr 965. Die Nacht ist sternenklar, die Mönche sind nach der Vigil rasch zurück ins Bett gegangen, um die Zeit bis zu den Laudes zu nutzen. Von Mitternacht bis zum Morgengrauen können sie nun endlich ein paar Stunden ohne Unterbrechung schlafen. Nach den Regeln des heiligen Benedikt müssen sie sieben Mal am Tag und einmal in der Nacht beten. Das ermüdet. Auch der Novize Gerbert aus dem benachbarten Aurillac liegt auf der Pritsche, aber er schläft nicht. Sein spärlicher Besitz ist in ein Leinentuch gerollt, das neben dem harten Bett liegt. Er ist erst vor einigen Monaten ins Kloster eingetreten, aber sein Entschluss steht fest. Er will fliehen. Nicht die harten Lebensbedingungen treiben ihn dazu, nein, Gerbert ist zutiefst unbefriedigt vom Unterricht der Fratres. Endlos werden heilige Texte auf Lateinisch psalmodiert, das selbst die Lehrer nicht recht verstehen, unterbrochen nur von erbaulichen Geschichten aus dem Leben der Heiligen. Er aber möchte in das Geheimnis der Schöpfung eindringen.

Von jenseits des Flusses – Aquitanien liegt unweit der spanischen Grenze – sind Gerbert wundersame Dinge zu Ohren gekommen. Die Mauren sollen die geheimen Bücher des Hermes Trismegistos und der Kabbala besitzen, aber auch die Weltweisheit des berühmten Aristoteles habe sich bei ihnen erhalten. Gerbert muss diese Bücher unbedingt in seinen eigenen Händen halten. Der Wissensdurst erweist sich stärker als das Gelübde, das er abgelegt hat, bei der nächsten sich bietenden Gelegenheit flieht er über den Fluss Tarn nach Spanien.

Bald schon findet er Aufnahme bei einem sarazenischen Weisen, unter dessen Anleitung er das verlorene Wissen der Antike kennenlernt, aber auch die esoterischen Lehren der Astrologie

Das Teufelsbündnis
von Papst Sylvester II.

und der Alchemie. Selbst den Gesang der Vögel kann er nach zwei Jahren verstehen.

Alle Bücher der Mauren stehen Gerbert zur Verfügung, außer einem einzigen, das ihm verboten bleibt. Doch wieder ist der Wissensdurst stärker als die Moral. Eines Nachts stiehlt er dieses

Buch aus einem verschlossenen Schrank. Wieder muss er fliehen. Nachdem sie den Verlust des Buches bemerkt haben, verfolgen ihn, von den Sternen geleitet, die Sarazenen bis an das
Ufer des Ozeans. Dort, eingekesselt zwischen dem unendlichen
Meer und seinen Verfolgern, schließt der verzweifelte Gerbert
einen Pakt mit dem Teufel: Sollte ihn dieser retten, werde er
ihm ein Leben lang treu dienen. Er entkommt.

Zurück in Frankreich konstruiert Gerbert mit seinem neu
erworbenen Wissen einen Kopf, der ihm seine Zukunft weis-
sagt – und eine mechanische Uhr.

Diese Legende soll wahrscheinlich erklären, wie ein so außer-
gewöhnlicher Intellektueller wie Silvester II. (um 950–1003) es
auf den Papstthron schaffte. Gerbert von Aurillac wird später
nämlich Papst und ihm werden die Einführung der arabischen
Zahlen und der Null in die abendländische Mathematik zugeschrieben. Vielleicht war der Neid auf seinen überragenden Intellekt auch für den tiefen Fall seiner Reputation nach seinem Tod
verantwortlich, jedenfalls beschuldigten ihn die Chronisten des
Gegenpapstes Clemens III. der schwarzen Magie und der Gründung eines Teufelskultes, eine Legende, die sich bis ins 13. Jahrhundert hält.

Dass ein sprechender Kopf als Teufelszeug gilt, kann man
noch verstehen, aber weshalb die mechanische Uhr?

Not macht erfinderisch

Dass Papst Silvester II. die mechanische Uhr erfunden hat, ist
natürlich eine Legende, die seine Reputation weiter beschädigen
sollte. In Wirklichkeit entwarf ein unbekannter Mönch Ende
des 13. Jahrhunderts die erste mechanische Uhr. Dieser hatte
gewiss nichts Böses im Sinn, er suchte lediglich eine Lösung für
das Problem, wie man die Mönche wachhalten könnte, damit sie
das Mitternachtsgebet nicht verpassen. Davon, dass er damit ein

Die Klepsydra (Wasseruhr) von Ctesibios,
dem Erfinder der Klepsydra,
Illustration aus dem 17. Jahrhundert.

Werkzeug des Teufels schuf, hatte er nicht die leiseste Ahnung. Tatsächlich aber setzte die Uhr die unerhörte Idee eines von Gott unabhängigen, sich selbst steuernden Gegenstandes in die Welt, etwas, das es nach christlichem Dogma unter keinen Umständen geben durfte. Allerdings gab die mechanische Uhr dieses Wissen, das sie, wie wir sehen werden, zur Geburtshelferin des autonomen Subjektes machte, erst viel später preis, nach einer vierhundertjährigen Irrfahrt.

Zeit wurde schon vor der Erfindung der mechanischen Uhr gemessen: Zeitabschnitte mit standardisierten Wachskerzen oder Öllämpchen, Tagesstunden mit Sonnen- und Wasseruhren. Wobei Wasseruhren den Sonnenuhren darin überlegen sind, dass sie wetterunabhängig funktionieren, Sonnenuhren den Wasseruhren hingegen darin, dass sie die Zeit an der einzigen zuverlässig gleichförmigen Naturbewegung, der Erdumdrehung, ablesen können. Weil Wasser niemals vollkommen regelmäßig fließt, muss die Gleichförmigkeit der Fließgeschwindigkeit mittels eines komplexen Verfahrens erzeugt werden. Mit Ausnahme der Sonne muss die Natur diszipliniert werden. Das Wasser der Klepsydra hebt einen Kolben, und ein dort befestigter Stift zeichnet auf einer sich drehenden Trommel die Zeit ein. Um den Wasserdruck gleichmäßig zu halten, hält ein System von Ventilen den Füllungsgrad des Spendergefäßes stabil.

Die Klepsydra unterteilt die Zeit zwischen Sonnenaufgang und Sonnenuntergang in zwölf (früher zehn) gleich lange Abschnitte. Im Sommer sind die Stunden dementsprechend länger als im Winter, in Mitteleuropa fast doppelt so lang. Die Zeit wird also von einem kontinuierlichen, notfalls gebändigten Naturprozess abgegriffen, verräumlicht und in diskrete Einheiten eingeteilt. Diese Uhren lesen die Zeit gleichsam in einer von Zufällen gereinigten Natur ab und notieren das Resultat.

Niemand weiß, wo die erste mechanische Uhr tatsächlich gebaut wurde. Wahrscheinlich um das Jahr 1280 in einem Kloster, etwa zweihundert Jahre nach Gerbert. Die Klöster kämpften mit einem spezifischen Problem: Der Heilige Benedikt hatte die paulinische Weisung, unablässig zu beten (1 Thess 5,17), als Verpflichtung ausgelegt, zu (fast) jeder Stunde ein bestimmtes Gebet zu verrichten. Die sogenannten Stundengebete wurden nach der Zeit benannt, zu der sie verrichtet werden mussten: Prim, Terz, Sext und Non. Dazu kamen Gebete, die nicht nach der Uhrzeit benannt waren: Laudes, Vesper, Komplet und Vigil. Letzteres sollte ursprünglich um Mitternacht stattfinden.[1]

Während des Tages waren die Horen nicht schwierig einzuhalten, denn die Sonnenuhr gab die Zeit hinreichend genau an. An Schlechtwettertagen übernahm der rhythmische Gesang der Mönche die Funktion der Uhren: »Will er die Tagesstunden berechnen, muss sich der Mönch darin üben, sie mit dem Gesang zu messen, sodass, wenn Wolken den Himmel bedecken, die regelmäßige Dauer seiner Psalmodien eine Art Uhr« sind.

Für die Vigil wurde eigens ein Frater abgestellt, der seine Mitbrüder zur richtigen Zeit wecken musste. Eine überaus verantwortungsvolle Aufgabe: »Der Stundenanzeiger muss wissen, dass im Kloster kein Versäumnis schwerer wiegt als seines. Wenn er die Stunde einer Versammlung vorzieht oder herausschiebt, ist der gesamte Stundenablauf gestört.«[2]

Doch die Lösung war unbefriedigend. Selbst für den hingebungsvollsten Mönch ist es schwierig, die ganze Nacht wach zu bleiben. Allerlei Kunstgriffe wurden ausprobiert: ein Eimer Wasser, der sich mittels einer Kerze zur richtigen Zeit über den schlafenden Mönch ergießt, oder eine Kratzmaschine, die ihn am Unterarm kratzt. Eine weitere Möglichkeit war es, das Liedersingen in die Nacht auszudehnen. Der arme Mönch sang die Strophen zwei Stunden lang, bis er einen Mitbruder wecken durfte. Die Anzahl der Durchgänge zeigte ihm die Zeit an. »Frère Jacques, dormez-vous?« ist ein derartiger Wachhalteversuch.

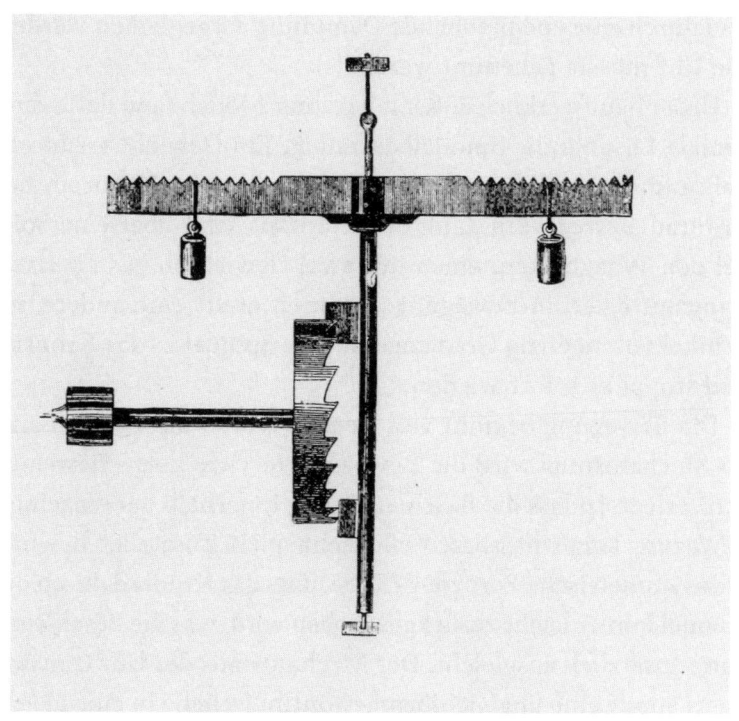

Schema einer Spindelhemmung,
meist als *Verge et foliot* bezeichnet.

Eines Nachts hatte wohl einer der verzweifelten Mönche den
Einfall, den freien Fall eines Gewichts als Zeitmaß zu verwenden. Immerhin wäre man dann nicht auf die Sonne angewiesen
und der Stein würde nicht wie Wasser in kalten Winternächten
gefrieren. Und noch einen Vorteil hatte die Idee: Der fallende
Stein ist Zeitmaß und Antrieb zugleich.

Doch der innovative Mönch stand vor einem großen technischen Problem. Der Stein fällt nicht gleichmäßig, selbst dann
nicht, wenn sein Fall durch ein Gegengewicht verlangsamt wird.
Vielmehr beschleunigt der Stein im Laufe des Falls. Um den
Gleichlauf der Uhr zu gewährleisten, musste die Beschleunigung

also durch eine entsprechende Dämpfung ausgeglichen werden. Die Uhr musste gehemmt werden.

Unser handwerklich äußerst begabter Mönch fand dafür eine geniale Lösung: die Spindelhemmung. Ein Gewicht treibt ein Zahnrad an, das ein anderes speziell geformtes Zahnrad, das Kronrad, bewegt. Ein Zahn des Kronrads setzt über eine Spindel den Waagbalken, einen mit zwei Gewichten beschwerten Ganglaufregler, in Bewegung. Dadurch greift eine andere, im Winkel von neunzig Grad angebrachte Spindel in das Kronrad und stoppt es sofort wieder.

Die Bewegung beginnt von Neuem. Durch diesen Stop-and-go-Mechanismus wird die Bewegung in viele kurze Bewegungen zerlegt, sodass die Beschleunigung innerhalb der einzelnen Bewegung keine messbare Rolle mehr spielt. Zusätzlich bewirkt die asymmetrische Form der Zähne, dass das Kronrad durch die Spindel immer leicht zurückgeschoben wird, was die Beschleunigung zusätzlich ausgleicht. Der Mechanismus der Uhr transformiert somit eine ungleichförmig-kontinuierliche in eine gleichförmig-diskontinuierliche Bewegung, die sich auf das Zifferblatt überträgt. Die ersten mechanischen Uhren waren hausgroße Monster mit einem sichtbaren Werk, aber ohne Zeiger oder Zifferblatt. Die Zeit wurde durch ein Schlagwerk angezeig, das nach einer festgelegten Zeitspanne eine Glocke läuten ließ. Die Zeitabschnitte ergeben sich aus der Größe der Zahnräder, der Anzahl der Zähne und dem Abstand der Gewichte des Waagbalkens. Die Uhr der Kathedrale von Salisbury beispielsweise, die wohl älteste noch funktionierende Uhr der Welt aus dem Jahr 1386, hat wie die meisten Uhren aus dieser Zeit kein Zifferblatt, sondern nur ein Schlagwerk, das die Glocken zu jeder Stunde läuten lässt. Veranlasst von einem fallenden Gewicht, treibt der Waagbalken alle acht Sekunden das Kronrad mit 45 Zähnen an, sodass dieses exakt eine Umdrehung in 360 Sekunden macht. Weil die Übersetzung zum großem Rad zehn zu eins beträgt, dreht sich

Turmuhr aus dem 14. Jahrhundert
mit gut sichtbarer Spindelhemmung.

dieses in einer Stunde (3600 Sekunden) einmal ganz. Das muss nun mittels weiterer Zahnräder auf das Schlagwerk mit 78 Zähnen übertragen werden, was genau der Anzahl der Schläge entspricht, die in zwölf Stunden benötigt werden (1 + 2 + 3 + 4 + 5 + 6 + 7 + 8 + 9 + 10 + 11 + 12 = 78).

Die Spindelhemmung ist somit Antriebsregulation, Steuerungscode und Zeitproduktionsmaschine in einem. Sie verfügt über den ersten einer Maschine als Steuerungsprogramm eingebauten binären Code, mit zwei diskreten Zuständen, Stop und Go, null und eins. Man mag das für einen Anachronismus halten, doch wer sich Charles Babbages Computer genauer ansieht, wird nichts anderes als eine Menge komplexer Verknüpfungen solcher Stop-and-gos entdecken. Die Spindelhemmung hebt das Gravitationsgesetz, wonach sich die Geschwindigkeit im freien Fall beschleunigt, aus den Angeln; sie produziert eine Zeit, die in der Natur nicht vorkommt, denn Naturprozesse sind kontinuierlich und außer den Planetenbahnen nie gleichförmig.

Die mechanische Uhr unterscheidet sich somit von allen vorangehenden Zeitmessern dadurch, dass sie die Zeit, die sie misst, gleich selbst produziert. War die Stunde vorher ein willkürlicher Einschnitt in ein natürliches Kontinuum, ist sie jetzt ein Produkt einer Maschine, die eine Gegennatur schafft, die eigenen und nicht den göttlichen Naturgesetzen gehorcht. Wahrlich, ein teuflisches Wunder.

Die mechanische Uhr als Weltmodell

Das mechanische Uhrwerk setzt sich mit atemberaubender Geschwindigkeit durch. Siebzig Jahre nach seiner Erfindung gibt es kaum noch einen Winkel in Westeuropa, dessen Kirchturm nicht von einer Uhr geschmückt ist. Einige Forscher schreiben den Erfolg der mechanischen Uhren dem Aufstieg des städtischen Bürgertums zu, der im 14. Jahrhundert allmählich einsetzt.

Ohne die Disziplinierung der Arbeitskraft durch die Uhr sei dieser nicht denkbar gewesen.[3] Das ist ein schlichter Anachronismus. Bis die Feder die Schwerkraft als Antriebskraft ersetzt und Pendel und Unruh den Gleichlauf sicherstellen, gehen die Uhren so ungenau, dass die Kirchenuhren täglich von einem eigens bestallten Beamten – in England *governor* genannt – nach der Sonnenuhr gerichtet werden müssen. Selbst Isaac Newton benutzte eine Sonnenuhr, um zu wissen, wie spät es ist, mechanische Uhren brauchte er nur für seine philosophischen Argumente. Bis diese auch ein Instrument der bürgerlichen Arbeitsdisziplin wurden, dauerte es noch fast sechshundert Jahre.

Obschon es dafür erfunden wurde, bestach das mechanische Uhrwerk nicht wegen der Zeitmessung, es faszinierte, weil es Dinge in Bewegung setzen konnte.

Zu Anfang wurde die mechanische Uhr, insbesondere die Spindelhemmung, noch als Allegorie für die Tugend der Mäßigung (*temperantia*) verstanden: Wie die Spindelhemmung die Beschleunigung des Gewichtes mäßigt, so sollen Vernunft und Glaube die Leidenschaften zügeln. Doch schon bald verkündete das Uhrwerk eine andere, eine weit subversivere Botschaft: Der Mensch hat sich von Gott emanzipiert! Die getaktete Zeit setzte sich gegen die stetig fließende Zeit Gottes durch. Ein Gedicht von Hans Magnus Enzensberger (*1929) besingt die Uhr, die Giovanni de'Dondi aus Padua zwischen 1365 und 1384 gebaut hat, ein technisches Wunderwerk, das neben der Zeit auch den Lauf der Sonne, des Mondes und der damals bekannten fünf Planeten Venus, Mars, Saturn, Merkur und Jupiter anzeigte sowie die genaue Länge des Tages, das Datum und die zu ehrenden Heiligen.

Giovanni de'Dondi aus Padua verbrachte sein Leben
mit dem Bau einer Uhr. [...]
Zwecklos und sinnreich wie die Trionfi,
eine Uhr aus Wörtern,

erbaut von Francesco Petrarca.

Eine Rechenmaschine, und zugleich

der Himmel noch einmal.

Aus Messing, aus Messing.[4]

Wie ein Gedicht aus Messing, zwecklos und sinnreich: De'Dondis Astrarium stellt jene Analogie her, die für Jahrhunderte die Matrix der europäischen Geistesgeschichte bilden sollte. Das Universum ist ein gigantisches Uhrwerk, das allerdings nur teilweise beobachtbar ist. Doch aufgrund der wenigen Beobachtungen kann der Mensch mit der Uhr ein Modell davon bauen und von diesem auf das Original zurückschließen. Aufgrund der Beobachtungen wird ein Modell gebaut, das nun als Grundlage dient, das Original zu rekonstruieren.

Es sollte zwar noch einige Zeit vergehen, bis sich die Uhr als Modell des Kosmos vollständig durchsetzen konnte, doch vierhundert Jahre nach de'Dondi war es so weit, und Christian Wolff (1679–1754) schrieb in seiner deutschen Metaphysik, einem zu Wolffs Zeiten weit verbreiteten Lehrbuch der Philosophie, Folgendes:

Weil dieses nicht sogleich ein jeder begreiffen möchte, finde ich für rathsam es durch ein Gleichniss zu erläutern. Es verhält sich die Welt nichtanders als wie ein Uhrwerck. Denn das Wesen der Welt besteht in der Art der Zusammensetzung; das Wesen einer Uhr gleichfals. Die Veränderungen, die sich in der Welt ereignen, sind in der Art der Zusammensetzung gegründet: die Bewegungen in der Uhr haben gleichfals keinen anderen Grund als die Zusammensetzung, die man in der Uhr findet. Und also sind die Welt und die Uhr in diesem Stücke einander ähnlich. Keine weitere Aehnlichkeit, als hier erwiesen wird, muss man annehmen.[5]

Die mechanische Uhr als Modell organisiert das Wissen über den Menschen, über den Staat und die Welt während jener Epoche, die man heute mechanistisches Zeitalter nennt. Im 17. und 18. Jahrhundert gibt es kaum einen namhaften Autor, der die Welt nicht mit einer Uhr und Gott nicht mit einem Uhrmacher vergleicht. Das Modell besagt, dass die Welt durchgängig determiniert und vollständig geometrisch rekonstruierbar ist, genauso wie der Staat und der menschliche Körper. Thomas Hobbes beginnt mit diesem Bild den *Leviathan*:

Die Natur (das ist die Kunst, mit der Gott die Welt gemacht hat und lenkt) wird durch die Kunst des Menschen wie in vielen anderen Dingen so auch darin nachgeahmt, daß sie ein künstliches Tier herstellen kann, wenn da das Leben nur eine Bewegung der Glieder ist, die innerhalb eines besonders wichtigen Teils beginnt – warum sollten wir dann nicht sagen, alle Automaten (Maschinen, die sich selbst durch Federn und Räder bewegen, wie eine Uhr) hätten ein künstliches Leben? Denn was ist das Herz, wenn nicht eine Feder, was sind die Nerven, wenn nicht viele Stränge, und was die Gelenke, wenn nicht viele Räder, die den ganzen Körper so in Bewegung setzen, wie es vom Künstler beabsichtigt wurde? Die Kunst geht noch weiter, indem sie auch jenes vernünftige, hervorragendste Werk der Natur nachahmt, den Menschen. Denn durch Kunst wird Jener große Leviathan geschaffen, genannt Gemeinwesen oder Staat, auf lateinisch *civitas*, der nichts anderes ist als ein künstlicher Mensch, wenn auch von größerer Gestalt und Stärke als der natürliche, zu dessen Schutz und Verteidigung er ersonnen wurde.[6]

Der Mensch ist eine Uhr, der Staat ist eine große Uhr, aus vielen kleinen zusammengesetzt, der Kosmos eine riesige, alle anderen umfassende Uhr. Dadurch wird das Universum auch vollkommen transparent: Jedermann kann in einer Uhr nachsehen, wie es funktioniert. Vorerst ist das Modell alles andere als subversiv. Das Uhrwerk wiederholt stumpfsinnig immer dieselben, im Konstruktionsplan vorgesehenen Bewegungen, es entscheidet nichts, verändert nichts, will nichts. Genau dafür braucht es einen Uhrmacher: Was zusammengesetzt ist, kann sich nicht selbst zusammensetzen, was sich verändert, kann sich nicht selbst verändern. Die Geometrisierung der Natur bedeutet also notwendig, sie einem Urheber zu unterstellen, der die Welt nach den rationalen Prinzipien der Geometrie konstruiert hat. Insofern verbreitet die Uhr die Botschaft einer rationalen Schöpfungstheologie oder wie man heute zu sagen pflegt: des *intelligent design*. Eine wohlgeordnete Natur muss von einem Schöpfer sorgfältig geplant und zusammengesetzt worden sein, so wie eine Uhr von einem Uhrmacher gebaut sein muss.[7] Heute klingt das so:

> *Intelligent Design* beginnt mit der Beobachtung, dass intelligente Agenten komplexe und spezifische Informationen (CSI) produzieren. Designtheoretiker stellen die Hypothese auf, dass ein natürliches Objekt, wenn es entworfen wurde, ein hohes Maß an CSI enthalten muss. Wissenschaftler führen dann experimentelle Tests an natürlichen Objekten durch, um festzustellen, ob sie komplexe und spezifizierte Informationen enthalten. Eine leicht überprüfbare Form von CSI ist die irreduzible Komplexität, die durch experimentelles *Reverse-Engineering* biologischer Strukturen entdeckt werden kann, um zu sehen, ob sie alle ihre Teile benötigen, um zu funktionieren. Wenn ID-Forscher irreduzible Komplexität in der Biologie finden, schließen sie, dass solche Strukturen entworfen wurden.[8]

Die Biologie eilt heute der Religion zu Hilfe, ist gleichsam ein wissenschaftlicher Gottesbeweis, wie die Uhr ein technischer Gottesbeweis war.

Die Uhrenmetapher war die Grundlage eines fiktiven Vertrags zwischen Kirche und Wissenschaft, den wir im Anschluss an den Wissenschaftsphilosophen Bruno Latour »Vertrag der Moderne« nennen werden. Die Prozesse gegen Galileo Galilei haben den Mythos in die Welt gesetzt, dass Wissenschaft und Religion sich bekämpften und sich die moderne Naturwissenschaft gegen massive Widerstände einer rückständigen Kirche durchsetzen musste. »*Eppur si muove*, und sie bewegt sich doch«, stilisiert ihn bis heute zum Helden der Wahrheit und der Wissenschaft. Doch so eindeutig ist die Geschichte nicht. Das *Eppur si muove* bildete den vorläufigen Höhepunkt eines Dramas in zwei Akten, das dreiundzwanzig Jahre früher seinen Anfang genommen hatte. Galilei hatte eben sein Buch *Sidereus Nuncius* veröffentlicht, in dem er die unerhörte These des Polen Kopernikus, dass sich die Erde um die Sonne drehe, mit Beobachtungen untermauerte, die er mit einem nach seinen Plänen angefertigten Teleskop gemacht hatte. Er ist guter Dinge und ahnt nichts Böses, als ihn ein Brief seines Schülers, des Mönchs Benedetto Castelli, erreicht, der ihm berichtet, dass die Kongregation des Heiligen Offizium, besser bekannt als Heilige Inquisition, eine Untersuchung über sein Buch in die Wege geleitet habe. Aus Florenz waren Klagen über Galileos Ketzerei nach Rom gedrungen. Galileo ist beunruhigt und schreibt seinem Schüler umgehend zurück, man solle doch nicht ein solches Aufheben machen, schließlich habe er sich bloß zur Wahrheit des Universums und nicht zur Wahrheit des Seelenheils geäußert. Nicht darüber, wie man in den Himmel kommt, habe er sich Gedanken gemacht, sondern bloß darüber, wie sich der Himmel bewegt.

Am 23. Februar 1616 beschließt das Heilige Offizium dennoch, zwei Behauptungen für unvereinbar mit der Wahrheit der Bibel zu erklären: erstens, dass sich die Sonne nicht bewegt, und zweitens, dass sich die Erde um die Sonne dreht. Daraufhin werden einige Bücher, die diese Behauptungen verbreiten, auf den Index der verbotenen Bücher gesetzt, nicht aber Kopernikus' *De revolutionibus orbium coelestium*, das 1543 erstmals diese Behauptungen aufstellte.

Galilei ist entsetzt, er sieht seine wissenschaftliche Tätigkeit in Gefahr. Sofort reist er nach Rom, um seine Thesen zu verteidigen und um zu verhindern, dass auch sein *Sidereus Nuncius* auf den Index kommt. In Rom angekommen, trifft er sich mit dem mächtigen Kardinal Roberto Bellarmin. Der ist keineswegs jener rückständige Finsterling, als der er häufig dargestellt wird, er hat durchaus ein offenes Ohr für die neuen Wissenschaften – solange sie die Interessen der Kirche nicht tangieren.

Bellarmin schlägt nach langen Gesprächen einen Kompromiss vor: Galileo Galilei soll seine Thesen nicht als Wahrheit, sondern als Hypothesen äußern – also etwa dieselbe Haltung, die er selbst im Brief an Castelli einnahm –, dann würde er in Ruhe gelassen. Zufrieden reist Galilei wieder ab und hält sich fortan mit Äußerungen über das heliozentrische System vornehm zurück.

1633 kommt es jedoch wegen der Schrift *Dialog über die beiden hauptsächlichen Weltsysteme* zu einem weiteren Prozess. Der Wind hat gedreht, der Dreißigjährige Krieg ist in vollem Gange und Papst Urban VIII., Galileis alter Freund Maffeo Barberini, sieht sich gezwungen, die Schrauben anzuziehen. Er kann es sich nicht mehr leisten, seinen Freunden jene Freiheit zu gewähren, wie er es gern möchte, die Verteidigung des katholischen Glaubens hat Vorrang. Als das Buch in Rom auftaucht, reagiert Urban umgehend. Er setzt das Buch auf den Index und lässt Galileo Galilei verhaften, es kommt zum Prozess, er wird verurteilt – und murmelt sein berühmtes *Eppur si muove*.

Weshalb gelingt es Galilei diesmal nicht, den Kopf aus der Schlinge zu ziehen? Gewiss hat sich die politische Landschaft durch den Dreißigjährigen Krieg grundlegend verändert, doch es gibt noch einen anderen Grund, der eine Einigung unmöglich macht. 1623 hat Galilei den *Saggiatore*, den *Prüfer mit der Goldwaage*, veröffentlicht und seinem eben zum Papst gewählten Freund Barberini gewidmet. Darin stellt er seine Einstellung zu den Naturwissenschaften erstmals systematisch vor. Das Buch der Natur, schreibt er, sei in der Sprache der Geometrie geschrieben, und wer diese nicht beherrsche, verstehe die Welt nicht. Brisant ist nicht die Metapher der Natur als Buch Gottes, diese wird zu seiner Zeit häufig verwendet, brisant ist vielmehr die Vorstellung, dass die Sprache dieses Buches die Mathematik sei. Er fordert nichts weniger als die Einheit der Wissenschaft unter der Führung der Mathematik. Damit ist die Vereinbarung mit Bellarmin gebrochen, die Seelen der Kirche zu überlassen. Dass Galilei die Geometrie über die Bibel stellt, konnte ihm die Kirche nicht durchgehen lassen.

Das mechanistische Weltbild war durchaus im Sinne der Kirche, denn die Passivität des Uhrwerks ermöglichte eine klare Gewaltenteilung. Die Kirche überließ die Materie großzügig der Mathematik und der Physik, während sie im Gegenzug für die Steuerung zuständig blieb, die nämlich nicht materiell, sondern Sache des Geistes war: Gott steuert die Welt, der König den Staat, die Seele den Körper. Der König ist nicht etwa Materie, sondern inkarnierter Geist, der sich allenfalls von seinem Körper auch lösen kann.[9] Die Mechanisten waren ihrerseits darüber froh, dass die Materie passiv bleibt. Könnte die Natur etwas wollen oder etwas entscheiden, wäre sie nicht mehr zu berechnen und nicht mehr prognostizierbar. Man stelle sich nur vor, der Fluss würde sich eines Tages entschließen, bergauf zu fließen!

Der Pakt zwischen Kirche und Wissenschaft war in beider Interesse und somit äußerst robust. Die beiden Männer, die diesen fiktiven Pakt schlossen, treffen sich im Jahr 1643 in der Bibliothek des Klosters der Paulaner an der Place des Vosges in Paris. Sie sind zwar im selben Jahr geboren, könnten sonst aber unterschiedlicher nicht sein; der Mönch ist umtriebig, selbstbewusst und lebensfroh, er nimmt die Forderung der Paulaner nach höchster Demut und Bescheidenheit nicht allzu wörtlich. Er ist von der Mission erfüllt, den christlichen Glauben von Grund auf zu reformieren, und dafür kommt ihm diese Tugend eher in die Quere. Selbstbewusst korrespondiert er mit praktisch allen großen Geistern seiner Zeit. Trotz einiger respektabler wissenschaftlicher Leistungen liegt seine herausragende Bedeutung in den Verbindungen, die er in ganz Europa unterhält; er ist gleichsam die Spinne im intellektuellen Netz Europas.

Der mittelmäßige Mathematiker aus England hingegen ist ängstlich und zurückhaltend, ja fast schüchtern. Doch trotz seiner manchmal fast unterwürfigen Pose macht er sich oft sehr unbeliebt. In seiner Autobiografie wird er schreiben, dass seine Mutter Zwillingen das Leben geschenkt habe, ihm und der Angst. Er ist Materialist, was in einer Zeit, in der Materialismus und Atheismus gleichbedeutend sind, tatsächlich nicht ganz ungefährlich ist. Und er ist nicht ganz freiwillig nach Paris gekommen, er fürchtet sich vor den Verfolgungen des britischen Parlaments. Irgendwie hat er es geschafft, zwischen alle Fronten zu geraten, den Antiroyalisten gilt er als Royalist und den Royalisten als gottloser Materialist, weil er die göttliche Abkunft des Königs bestreitet. In Frankreich, das er von früheren Reisen kennt, findet Thomas Hobbes, so der Name des Engländers, schnell wieder Anschluss an seinen früheren Freundeskreis, eine illustre Gruppe von Freidenkern, deren inoffizieller Sekretär Marin Mersenne ist, der Mönch in dieser Geschichte.

Der ideologische Graben zwischen dem Mönch Mersenne und dem Materialisten Hobbes könnte tiefer nicht sein, doch die gemeinsame Erfahrung des Krieges lässt sie vorerst alle Differenzen vergessen. In Kontinentaleuropa wütet seit beinahe drei Jahrzehnten ein verheerender Religionskrieg, der an Zerstörung, Leid und Grausamkeit alles Bisherige in den Schatten stellt. Überall Leichen erschlagener, gefolterter und vergewaltigter Menschen. Marodierende Banden hinterlassen eine blutige Spur ausgebrannter Städte, verwüsteter Dörfer, kahlgefegter Äcker und entleerter Landstriche. Der Krieg hat, begleitet von Hungersnöten und Seuchenzügen, die Bevölkerung Europas fast um ein Viertel reduziert. Der *Simplicius Simplicissimus* des Hans Jakob Christoffel von Grimmelshausen schildert das Grauen:

> Die Erde, deren Gewohnheit ist, die Toten zu bedecken, war damals an selbigem Ort selbst mit Toten überstreut, welche auf unterschiedliche Manier gezeichnet waren, Köpf lagen dorten, welche ihre natürlichen Herren verloren hatten, und hingegen Leiber, die ihrer Köpf mangelten; etliche hatten grausam- und jämmerlicherweis das Ingeweid heraus, und andern war der Kopf zerschmettert, und das Hirn zerspritzt.[10]

Und die »Schadensliste«, die nach einem Überfall der kaiserlichen Soldaten auf das hessische Reinheim im Mai 1635 bei der zuständigen Obrigkeit eingereicht wurde, liest sich so: »Hans Philipp Goßmann von Spachbrücken zu Tod geschlagen. Hans Gerhards schwangeren Frauen die Rippen entzweigeschlagen, dass sie bald gestorben. Jakob Hans Frau zu Tod geschändet. Hans Simon mit dem Gemächt ufgehängt und vollends erschlagen [...] Summa: 18 Personen.«[11]

Auf der anderen Seite des Kanals weitet sich indessen der Schwelbrand, der seit der Machtergreifung Jakob I. glimmt, zu einem Flächenbrand aus. Der Bürgerkrieg zwischen den Anhängern des englischen Königs und den Anhängern des Parlaments bricht 1642 nach der Flucht von Hobbes endgültig aus. Auch dieser wird mit äußerster Brutalität geführt.

Die Erfahrungen des Krieges erfüllen den frommen Mersenne und den ungläubigen Hobbes mit derselben Sorge: Wie kann in Zukunft solche Barbarei verhindert werden? Wie kann das ausgeblutete Europa dauerhaft befriedet werden? Hobbes und Mersenne verstehen ihre philosophischen Bemühungen als Friedensprojekt und stimmen darin überein, dass ein intersubjektiv überprüfbares, universell geltendes und auf einer festen Grundlage stehendes Wissen die unabdingbare Voraussetzung für dauerhaften Frieden bildet. Während Mersennes Schulfreund aus dem Jesuitenkolleg La Flèche, René Descartes, gerade daran arbeitet, das *fundamentum inconcussum*, die feste Grundlage des Wissens zu skizzieren, identifizieren Mersenne und Hobbes die Feinde des Friedens: Die größte Gefahr gehe von den Enthusiasten, Schwärmern, Sektierern und religiösen Fanatikern aus. »Unter Enthusiasten verstehen wir fanatische Menschen, die entweder vortäuschen oder annehmen, Gottes Atem oder Inspiration zu empfangen, und sei es durch teuflische, melancholische oder willentliche Illusion sich selbst und andere täuschen, dass solche Inspiration göttlicher Offenbarung zugeschrieben werden muss«,[12] schreibt der Kirchenhistoriker Friedrich Spanheim im selben Jahr 1643.

Wer sich, wie die Geisterseher, Schwärmer und Enthusiasten, auf die Existenz unsichtbarer Kräfte beruft, entzieht seine Behauptungen der intersubjektiven Überprüfung. Das persönliche Erleben wird von den Fanatikern zur göttlichen Inspiration verklärt und gegen jede Kritik immunisiert – übrigens bis heute. Weder die Bücher noch die Erfahrung anderer Menschen vermögen etwas gegen die Autorität der inneren Erfahrung und der persönlichen Offenbarung. Und wo die Möglichkeiten intersubjektiver und diskursiver Überprüfung von Behauptungen fehlen, entstehen Gewalt und Krieg.

Marin Mersenne war in den Jahren klassischer jesuitischer Schulung in La Flèche klargeworden, dass der scholastische Aristotelismus, der ihm dort eingetrichtert wurde, nicht die Grundlage für einen dauerhaften Frieden bilden konnte. Das bislang mehr oder weniger monolithische Christentum war in unzählige sektiererische Strömungen zersplittert, überall kämpften Hermetiker, Magiker, Alchemisten und Kabbalisten um die Gunst des verunsicherten Publikums. Jede Sekte nahm für sich in Anspruch, im Namen des wahren Christentums zu sprechen, sie lebten in einer Welt voller geheimer Zeichen und Symbole, die ihnen die innerste Wahrheit des Universums offenbarten. Vertraut mit den uralten Lehren der Kabbala (die in Wirklichkeit so alt gar nicht war) oder des geheimnisvollen ägyptischen Priesters Hermes Trismegistos, waren sie in der Lage, in der Natur wie in einem offenen Buch zu lesen.

Auch durch die Reformation war die Kirche als alleinige Hüterin der Wahrheit in Bedrängnis geraten. Die Reformatoren beriefen sich auf eine innere Stimme, die ihnen die moralische Wahrheit offenbarte. Das Gewissen, die *conscientia* oder *conscience*, lehre ein Wissen, das ebenso gewiss sei wie jenes der Theologen.[13]

Beide Strömungen haben dieselben Folgen: Es gibt keinen verbindlichen Kanon mehr, auf den sich alle Menschen beziehen können – und jeder ist bereit, für seine Wahrheit zu den Waffen zu greifen und in den Krieg zu ziehen.

Vielleicht haben sich Mersenne und Hobbes an jenem Nachmittag an der Place des Vosges über die Frage unterhalten, wie Schwärmer und Enthusiasten zu bekämpfen sind, und vielleicht haben sie sich auf einen imaginären Friedensvertrag geeinigt. Trotz unserer fundamentalen Differenzen bezüglich der unsterblichen Seele, so könnte der Vertrag beginnen, erkennen wir die Notwendigkeit einer universalen und überprüfbaren Wissenschaft an, um Frieden und Wohlfahrt in Europa zu sichern. Dazu ist es nötig, dass:

1. nur eine mathematisierte Physik, wie sie von Galileo Galilei für die Mechanik entwickelt worden ist, die Grundlage eines gesicherten Wissens sein kann.

2. Nur wenn die Materie passiv ist und keine eigene *agency* hat, können die Naturgesetze ermittelt werden. Sobald sich eine Weltseele mit eigenen Intentionen und Zielen einmischt, verlieren die Naturgesetze ihre Geltung und ihren Nutzen.
3. Der Materie darf keine eigene Wirksamkeit zugeschrieben werden. Steuerung ist einzig und allein die Sache des Geistes.
4. Bewegung ist keine Eigenschaft der Materie, sie muss aus der Zusammensetzung der Teile und der Übertragung der Kräfte erklärt werden können.

Dieser fiktive Vertrag bestimmte im Wesentlichen, wer oder was *agency* haben darf. Er legte fest, dass gerichtete Handlungen nur von geistigen Wesen ausgehen dürfen, allen nichtmenschlichen Wesen sollte das verwehrt bleiben. Nur der Geist kann einen Willen haben, die Materie kann nur gehorchen. Entsprechend kümmert sich die Kirche um die Seele und die Wissenschaft um den Körper. Dazwischen sollten die Fanatiker aufgerieben werden.

Damit war die für die westliche Ontologie grundsätzliche Unterscheidung zwischen Natur und Kultur etabliert: Die Natur ist materiell, die Kultur ist geistig. Die vielgeschmähte Trennung von Leib und Seele war also auch ein Friedensprojekt, eine Frage der politischen Zuständigkeiten.

Und das ist sie lange Zeit geblieben. Am 12. August 1950, fast genau dreihundert Jahre nachdem der Westfälische Frieden den Dreißigjährigen Krieg beendet hat, veröffentlicht Papst Pius XII. ein bemerkenswertes Dokument. Wieder liegt Europa in Trümmern. Wieder haben Menschen für ihre innere Überzeugung gemordet, vergewaltigt, gefoltert und gebrandschatzt, und wieder steht die katholische Kirche vor der Aufgabe, mit den Naturwissenschaften zusammen die Enthusiasten, die nun Ideologen heißen, zu bekämpfen. Das Haupthindernis für einen Friedensschluss zwischen Kirche und Wissenschaft ist allerdings nicht mehr das heliozentrische Weltbild, sondern die Evolutionslehre. In der Enzyklika *Humani generis* nimmt Papst Pius dazu Stellung:

Ehrwürdige Brüder,
Gruß und Apostolischen Segen!
Wir nehmen überall Angriffe gegen die Grundlagen der christlichen Kultur wahr.
[...] Wer heute die Welt außerhalb der Hürde Christi beobachtet, kann leicht die Hauptwege erkennen, die nicht wenige Gelehrte wählten. Einige lassen unklug und urteilslos die sogenannte Entwicklungslehre, die auf dem eigenen Gebiet der Naturwissenschaften noch nicht sicher bewiesen ist, für den Ursprung aller Dinge zu und verlangen sie; vermessentlich huldigen sie der monistischen und pantheistischen Auffassung, dass das Weltall einer ständigen Entwicklung unterworfen sei. Die Freunde des Kommunismus aber benützen mit Freuden diese Ansicht, um ihren »dialektischen Materialismus« wirkungsvoller zu verteidigen und verbreiten, wobei sie jeden Gedanken an Gott aus den Herzen entfernen.
Gegeben zu Rom, bei St. Peter, am 12. August 1950,
im zwölften Jahr unseres Pontifikates.
PIUS PP. XII.[14]

Die Feinde sind nicht mehr Kabbalisten und Alchemisten, sondern Marxisten und Existenzialisten – erstaunlicherweise wird der Nationalsozialismus nicht erwähnt –, doch die Lösung ist dieselbe geblieben: Die Wissenschaft ist für den Körper zuständig, die Kirche für die Seele.

Der Vertrag wird aufgelöst

Gleichgestellt waren die Vertragspartner jedoch nicht. Dass der Geist den Körper weiterhin steuert, blieb unhinterfragt. Die

Uhrenmetapher war dazu da, die Hierarchien zu stützen: Wie die Uhr einen Uhrmacher, so benötigt die Welt einen Gott, der Körper eine Seele und das Volk einen Regenten. Die Metapher wurde so häufig wiederholt, dass bald niemand mehr bemerkte, dass sie im Grunde falsch ist. Erschaffung und Steuerung sind nicht dasselbe: Die Seele steuert den Körper, aber sie erzeugt ihn nicht, der König lenkt sein Volk, aber er erschafft es nicht. Der Uhrmacher hingegen erschafft die Uhr, aber er steuert sie nicht. Nur Gott ist sowohl Weltenschöpfer wie auch Weltenlenker.

Die Metapher ist auch noch in einer anderen Hinsicht problematisch: Die technischen Einzelheiten der Uhr decken den Gehalt der Metapher nicht, ja sie widersprechen ihr sogar. Schon etwa 450 Jahre vor dem Fliehkraftregler, der als erster Selbststeuerungsmechanismus gilt, verfügte die mechanische Uhr über ein autonomes, fest eingebautes und materielles Steuerungsmodul.

Autonome Steuerung ist die Fähigkeit eines Systems, seinen Zustand nach bestimmten Kriterien selbstständig zu verändern. Ein Thermostat verändert den Zustand der Heizung aufgrund der Außentemperatur, der Fliehkraftregler verändert den Zustand des Zylinders der Dampfmaschine aufgrund des erreichten Innendrucks. Und die Uhr? Das Kronrad, die Steuerung der Uhr, kennt genau zwei Zustände, *stop* und *go*, und es ändert den Zustand aufgrund des simplen Kriteriums, dass der vorhergehende Zustand vollendet ist: *If stop then go, if go then stop*, würde das primitive Computerprogramm einer Uhr lauten.

Die Uhr steuert sich also selbst, sie braucht dazu keine Seele oder andere immaterielle Instanzen.

Der Mechanismus der Uhr widerlegt, was die Metapher behauptet: Sie zeigt, dass Steuerung nicht unbedingt einen Geist benötigt, es gibt auch materielle Steuerungen. La Mettrie wird zu Recht bemerken, dass Descartes mit seiner Körpermaschine den Theologen eine Giftpille verabreicht habe. Tatsächlich wurde die Uhrenmetapher in der Aufklärung gnadenlos gegen ihre

Erfinder eingesetzt: »Von solchem Gottesdienst wird das Uhrwerk erlöst und erweist sich als wichtigste Waffe im Kampf der Deisten und radikalen Atheisten gegen die Kirche.«[15]

Gott sei eine wertlose Maschine, mit der man nichts anfangen könne, spottet Diderot weiter, und die Welt sei eine Maschine in den Händen einer Hexe:

> Das Serail wurde in eine große prächtige Galerie voller Drahtmännchen verwandelt. Am äußersten Ende saß Kanoglu auf seinem Thron. Ein langer, abgenutzter Faden hing ihm zwischen die Beine herunter. Eine alte, abgelebte Hexe zog unaufhörlich daran und bewegte mit.einem Daumenruck eine unzählbare Menge untergeordneter Drahtmännerchen, welche an feinen, kaum sichtbaren Fäden hingen, die aus Kanoglus Fingern und Fußzehen sprossen. Sie rückte. Sogleich fertigte und siegelte der Großvogt verderbliche Edikte, oder hielt zu Ehren der Hexe eine Lobrede, die sein Schreiber ihm ins Ohr raunte. Der Kriegsminister versandte Leute an das Heer. Der Oberaufseher der Finanzen erbaute Häuser und ließ die Soldaten Hungers sterben. Die andern Drahtmännchen verfuhren auf gleiche Weise.[16]

Die Welt als ein bösartiges Marionettentheater, das sich selbst steuert, ohne Ziel und ohne Moral. Das ist aus der guten alten, die Herrschaft stützenden Uhrenmetapher geworden! Den Vertrag der Moderne unterlaufend, öffnet sie einem atheistischen Materialismus Tür und Tor. Mehr als vierhundert Jahre behielt die Uhr dieses subversiv atheistische Wissen für sich, bis es Mitte des 18. Jahrhunderts von den französischen Materialisten entschlüsselt wurde: Materie kann sich selbst steuern, sie kann *agency* haben. Man braucht keinen Gott, keinen König und keine Seele. Deshalb ist die Uhr eine Erfindung des Teufels, erfunden, wie es seine arglistige Art ist, im Herzen des Feindeslandes, im Kloster.

Unendlichkeitsmaschinen

in dem Maschinen als Repräsentanten
der Macht und als Repräsentationen
des Unendlichen erscheinen.

Als der Jesuit Claude-François Ménestrier im Jahr 1658 den Auftrag erhält, die Feierlichkeiten zum Empfang des Sonnenkönigs Louis XIV. in Lyon zu organisieren, sucht er in den Bibliotheken nach Vorlagen, wie man dabei vorzugehen habe. Als er nichts Brauchbares findet, entschließt er sich, selbst ein Handbuch zu verfassen, den *Traité des Tournois, ioustes, carrousels, et autre spectactles pvblics.*

Dass Maschinen bei einem solchen Spektakel nicht fehlen dürfen, ist Ménestrier völlig klar. »Alles, was den Menschen zur Bewerkstelligung solcher Handlungen dienlich ist, die außerhalb des Menschenmöglichen zu liegen scheinen, ist Sache der Maschine«, schreibt er.[1] Sie gehören in jeden Umzug, weil sie wie der König über übermenschliche Kräfte verfügen und ihn so vortrefflich vor dem Volk *re-präsentieren* können. Aber sie werden auch dem König *präsentiert,* um ihm die Zähmung übermenschlicher Kräfte durch das Ingenium der Ingenieure zu demonstrieren – ein sanfter Wink, um den Monarchen daran zu erinnern, dass seine absolute Macht von der angemessenen Repräsentation durch Künstler und Ingenieure abhängig ist.[2]

Die Feierlichkeiten sollten zweifellos unterhalten, aber die Unterhaltung war zugleich ein Mittel, die Souveränität des Königs zu begründen und seine Macht zu stärken. Dafür wurden weder Kosten noch Aufwand gescheut:

Die Darbietungen aller Arten von Tieren, welchen man Beweglichkeit in jeglicher Form verleiht, bewegte Szenen, Rollwagen, kreisende und hängende Himmel, künstliche Wolken, Schiffe, mobile Wälder, portable Fontänen, Monster, Riesen und Statuen, Werke der Kunst, die in Aufzügen zusammengestellt sind, sind allesamt Arten von Maschinen, die in diesen Divertissements verwendet werden können. [...]

Um jene Macht zu gründen, die seine eigene vertritt, versieht Gott die Stirn und das Antlitz der Herrscher mit einem Merkzeichen von Göttlichkeit. [...] Gott hat im Fürsten ein sterbliches Bild seiner unsterblichen Autorität geschaffen. Der Mensch stirbt, das stimmt; aber der König, sagen wir, stirbt niemals: das Bild Gottes ist unsterblich.[3]

Der Monarch sei das endliche Abbild des unendlichen Gottes, predigte im Jahr 1662 auch der Bischof und Geschichtsphilosoph Jacques Bénigne Bossuet. Doch der Vergleich hinkt. Dass der König letztlich wie alle Menschen sterblich ist, untergräbt seine Autorität beträchtlich. An dieser Stelle kommen die Automaten ins Spiel: Sie stabilisieren das Repräsentationsverhältnis von Gott und Fürst. Automaten im Besitz des Fürsten beweisen, dass seine Souveränität göttlicher Abkunft ist – trotz seiner Sterblichkeit.

Blaise Pascal hat dafür einen scharfen Blick:

Die Gewohnheit die Könige von Garden, Trommelschlägern, Offizieren und von allen Dingen, die die Menge [*machine*] zu Ehrfurcht und Schrecken beugen, umgeben zu sehen, macht, daß ihr Antlitz, wenn es bisweilen allein und ohne diese Begleitung ist, ihren Untertanen Ehrfurcht und Schrecken einflößt.[4]

Das ganze Brimborium um den König dient nur dazu, die Menschen zu beeindrucken, damit »der Zug der Göttlichkeit [...] seinem Antlitz ausgedrückt«[5] ist, das heißt, damit die Menge ihren Souverän für göttlich hält. In den meisten deutschen Ausgaben wird *la machine* mit »Automat« übersetzt, was überhaupt keinen Sinn ergibt. Von den Bedeutungen, die *la machine* damals annehmen konnte, kommen lediglich zwei infrage: Der Mensch – der eben nichts als ein Mechanismus ist – und ein großes, bewegliches Ding, in unserem Fall: die Menge.

Nicht nur Automaten, auch andere Künste, die Porträtmalerei, das Theater (wo Fürsten gern selbst in die Rolle der Sonne schlüpften), das Ballett, die opulenten Feste und Umzüge und das Zurschaustellen von Prunk ganz allgemein hatten im Barock vor allem den Zweck, die Souveränität des Königs durch die Rückbindung seiner Macht an Gott zu legitimieren.

Das war notwendig geworden, weil seit dem Ende des Dreißigjährigen Krieges die weltliche Macht in einer schweren Krise steckte. Europa war konfessionell gespalten, die Fürstentümer und Königreiche waren finanziell ausgeblutet und die Gegenreformation forderte die Macht für die katholische Kirche zurück. Der Souverän war zu schwach, um seine Macht mit roher Gewalt durchzusetzen, er musste sie symbolisch legitimieren und dazu war nichts überzeugender, als seinen göttlichen Ursprung auszuweisen. Die Repräsentation der Macht, wie dieser prunkvolle Einzug in die Stadt Lyon, den Ménestrier zu choreografieren hatte, war also nicht Darstellung *realer* Macht, sondern vielmehr symbolische Begründung von Macht, wo es an realer Macht fehlte. Symbolische Macht entsteht erst durch ihre eigene Repräsentation, und kaum etwas eignet sich besser als Automaten, um den göttlichen Ursprung weltlicher Macht zu demonstrieren. Da die Selbstbewegung seit jeher als Zeichen des Lebens gewertet wird und das Leben göttlichen Ursprungs ist, weist der Besitz selbstbewegender Maschinen den König als unmittelbaren Stellvertreter Gottes aus: Er ist nun auch Schöpfer von Leben – oder zumindest im Besitz von künstlichem Leben. Das gleicht den von Bossuet festgestellten Mangel der Sterblichkeit des Königs weitgehend aus.

Automobile sind göttliche Fahrzeuge

Begonnen hatte das alles allerdings bereits viel früher. Schon in der Renaissance waren Automaten unverzichtbar, wenn es galt, Fürstenmacht zu inszenieren. Besonders pompös wurde die Heimkehr eines siegreichen Feldherrn gefeiert. Unter dem Jubel seiner Untertanen pflegte er mit seinen Truppen majestätisch durch das große Tor seiner Stadt zu reiten. Zu den Klängen der Musik, gefolgt von Wagen, Soldaten, Reitern, Gauklern und nicht selten von gedemütigten Kriegsgefangenen, zog der Fürst in einem *trionfo*, einem Triumphzug, durch die Hauptadern der Stadt. Am Stadttor wurde der Zug der Heimkehrer von eigens für diese Gelegenheit gebauten Automaten empfangen. Die Stadt Nürnberg begrüßte beispielsweise den eben gekrönten Kaiser Matthias (1557–1619) mit einem Reichsadler, der seine Flügel schwenken, sich verneigen und sich umdrehen konnte.[6]

Die Wagen, die dem Herrscher folgten, waren prächtig geschmückt und oft mit einem goldenen Thron ausgestattet. Diese *carri* sollten an den Cherubhimmelswagen aus der Vision des Propheten Hesekiel (Hes 1,4–28) erinnern. Auch hier ging es darum, die Macht des Fürsten mit der Allmacht Gottes zu überblenden: Wie der himmlische Wagen »das Ansehen der Herrlichkeit des Herrn« darstellt, so stellen die *carri* als verendlichte und materialisierte Form des Cherubwagens die Herrlichkeit des Fürsten dar. Wahrscheinlich war so ein *trionfo* einer heutigen Street- oder Loveparade nicht unähnlich, sind sie doch Verballhornungen der Prunkveranstaltungen früherer Kriegsherren, so wie auch das Automobil ein säkularisiertes Symbol der Macht geblieben ist. Allerdings repräsentieren weder Streetparade noch Automobil die Macht der Fürsten, sondern nur noch die Macht derer, die dabei mitmachen. Heute ist jeder, der es sich leisten kann, sein eigener Fürst.

Die Maschine und das Unendliche

Macht ist potenzielle Gewalt, eine Art Stillstellung der Gewalt in ihren Repräsentationen.[7] Nicht ohne Grund ist *potentia* das lateinische Wort für Macht und für Möglichkeit. Damit sich

Macht nicht in Gewalt aktualisiert, müssen ihre Repräsentationen beständig vorgeführt werden. Demonstrationen wie *trionfi*, Flugshows oder Militärparaden dienen nicht nur der Legitimation von Macht, sondern auch der Verhinderung von Gewalt. Das Gleichgewicht des Schreckens, die Logik des Kalten Krieges, war im Grunde eine Schlacht der Repräsentationen, in denen Marschflugkörper, die Cherubwagen der Gegenwart, eine entscheidende Rolle spielten. Die Sowjetunion brach nicht auseinander, weil sie Kriege verloren hätte oder auch nur fürchten musste, künftige Kriege zu verlieren – ob man den Gegner zweihundert oder dreihundert Mal völlig vernichten kann, spielt letztlich keine große Rolle –, sondern weil sie wegen des vom damaligen US-Präsidenten Ronald Reagan angezettelten »Kriegs der Sterne« die Möglichkeit verlor, ihre Macht zu *demonstrieren*. Es war ihr dafür schlicht das Geld ausgegangen. Dass Maschinen Macht repräsentieren, scheint vielleicht trivial. Sie sind teuer und beweisen damit wirtschaftliche Potenz, sie sind stark, schnell, zuverlässig und unermüdlich und vereinigen so alle Eigenschaften auf sich, die einem Herrscher gut anstehen. Und sie verkörpern Gewalt und Zerstörungskraft. Doch da ist mehr, Maschinen repräsentieren auch eine *transzendente Macht*, weil sie das Unendliche sichtbar und dem Publikum verständlich machen können. Das lässt sich besonders deutlich an den barocken Theatermaschinen aufzeigen.

Versetzen wir uns für einen Augenblick in einen Zuschauer, der beim Einzug des französischen Königs in Mailand Leonardos automatischen Löwen erblickt. Er ist fasziniert, er kann seinen Blick nicht davon wenden, weil sich der metallene Löwe von selbst bewegt, also tatsächlich zu leben scheint. Obwohl der Zuschauer weiß, dass es sich um Menschenwerk handelt, schlägt ihm das Herz bis zum Hals, er ist verunsichert: Eigentlich sollte doch nur Gott lebendige Wesen erschaffen können.

Der Fürst und seine Ingenieure haben ihr Ziel erreicht. Das Spektakel hat unseren naiven Zuschauer davon überzeugt, dass

So stellte sich der englische Philosoph Sir Robert Fludd
das Unendliche vor: »und so bis ins Unendliche«.

der König in Gottes Gnaden steht. Oder er steht mit dem Teufel im Bunde, was noch erschreckender wäre. Dass von Menschenhand gebaute Artefakte die Macht Gottes vorführen, verwirrt unseren Zuschauer, ein metaphysischer Taumel erfasst
ihn. Wenn der Mensch die Theophanie steuert, die Erscheinung
des Göttlichen, wer kontrolliert dann wen? Gott die Menschen
oder die Ingenieure Gott? Oliver Hochadel bezeichnet die elektrischen Vorführungen auf den Jahrmärkten des 18. Jahrhunderts als »Aufklärung für das Volk«,[8] entsprechend lassen sich

Maschinen des 17. Jahrhunderts als Metaphysik für das Volk verstehen.

Wunder zeigen nicht nur die Macht Gottes, sie zeigen seine *unendliche* Macht. Er vermag schlechterdings *alles*, sogar die bereits vollkommenen Naturgesetze außer Kraft zu setzen, die er selbst erlassen hat. In diesem, und *nur* in diesem Sinn ist auch die Maschine unendlich: Sie vermag alles, auch Gottes Naturgesetze zu umgehen.

Das Unendliche, das sich in den Maschinen zeigt, hat wohlgemerkt mit den schwierigen und oft kontroversen theologischen, metaphysischen und mathematischen Überlegungen, die im 17. Jahrhundert über das Unendliche angestellt wurden, in etwa so viel zu tun wie die elektrischen Jahrmarktsspektakel mit einer Einführung in die Elektrizitätslehre. Sie dienten vielmehr einer groben, dafür für jedermann anschaulichen Vereinfachung des Unendlichen.

Vielleicht kommt eine Illustration von Sir Robert Fludd dieser naiven Vorstellung des Unendlichen am nächsten: Vor dem Kapitel seiner Metaphysik, das sich mit dem Nichts befasst, sieht man ein schwarzes Rechteck. Über jede der vier Seiten steht der Satz geschrieben: »*et sic in infinitum*, und so bis ins Unendliche«.[9] Unendlich ist, wenn es immer so weitergeht.

Das Unendliche und die wissenschaftliche Revolution

Selbstverständlich wurde das Unendliche auch auf einem etwas weniger kindlichen Niveau diskutiert. Auf der wissenschaftlichen Traktandenliste der Zeit stand es weit oben, denn es war für die gewaltige geistesgeschichtliche Umwälzung, die manchmal als die wissenschaftliche Revolution der Neuzeit bezeichnet wird, von zentraler Bedeutung. Die Bezeichnung Revolution täuscht, es handelt sich dabei nicht um ein kurzes, eruptives

Ereignis, sondern um einen langsamen Prozess, der irgendwann im 14. Jahrhundert einsetzte und Ende des 17. Jahrhunderts mit der fast gleichzeitigen Entdeckung der Infinitesimalrechnung durch Newton und Leibniz einen vorläufigen Abschluss fand. Treffender scheint deshalb die Bezeichnung »Vereinigungsprojekt«.[10]

Was sollte vereinigt werden? Aristoteles hatte den Kosmos in eine supralunare und eine sublunare Sphäre geteilt. Über dem Mond, in der supralunaren Sphäre, ist das Universum ewig, unveränderlich und unwandelbar. Es herrscht vollkommene Harmonie, die durch die Kreisbewegungen der Planeten symbolisiert und durch die Mathematik verstanden wird.

Die Welt unterhalb des Mondes ist hingegen alles andere als vollkommen. Die Erde ist begrenzt, auf ihr bewegt sich alles ungeordnet, und Dinge, die entstehen, vergehen auch wieder. Kurz, es geht alles recht chaotisch zu, verstehen kann die Mathematik diese Unordnung nicht, die Technik kann sie allenfalls beherrschen.

Der barocke Mystiker und Lyriker Angelus Silesius (1624–1677) hat diese Trennung in folgendem Aphorismus beschrieben:

Zwei Augen hat die Seel: eins schauet in die Zeit,
Das andre richtet sich hin in die Ewigkeit.[11]

Das Auge, das die Ewigkeit schaut, ist das Auge der *theoria*, das die ewigen Formen hinter den Erscheinungen erfasst, all die Dreiecke, Vierecke und platonischen Körper, aus denen die Welt der Erscheinungen zusammengesetzt ist. Im Übergang von der unteren zur oberen Welt wechselt der Mensch also vom okularen zu jenem seelischen Sehen, zu dem Blinde oft in besonderem Maße begabt sind – wie der blinde Seher Teiresias aus der Ödipus-Tragödie.

Trotz allem ist auch den endlichen Augen des Menschen die obere Welt nicht völlig verborgen. Die planetarischen

Kreisbewegungen vermitteln wegen ihrer vollkommenen Harmonie einen Schatten der Unendlichkeit. Auf Erden, vor allem aber am menschlichen Körper, kommen natürlicherweise keine idealen Kreisbewegungen vor. Selbst das Schultergelenk erlaubt nur eine Rotation von etwa 120 Grad. Künstliche Maschinen allerdings basieren, wie schon aus Vitruvs Definition ersichtlich ist, auf Kreisbewegungen. Die Umwandlung von zyklischen in lineare Kräfte ist das Prinzip fast aller mechanischen Maschinen. Die Maschine muss also eine vom menschlichen Ingenium geschaffene Verbindung des Unendlichen mit dem Endlichen sein, gleichsam die Vollendung des Vereinigungsprojekts.

Optische Maschinen

Das Unendliche sehen war das populäre Ziel des Vereinigungsprojekts. Kein Wunder also, dass die erste Bresche in die strenge Teilung der Welten vom Teleskop und vom Mikroskop geschlagen wurde: Erstmals war auch das körperliche Auge imstande, ins Unendliche zu blicken. Das Teleskop wurde wahrscheinlich 1608 vom holländischen Brillenmacher Hans Lippershey erfunden, das Mikroskop etwa gleichzeitig von seinem Landsmann Zacharias Janssen. Merkwürdigerweise gerieten beide Erfinder in Vergessenheit, und ihre Erfindungen wurden jenen zugeschrieben, die sie wissenschaftlich genutzt haben: Galileo Galilei das Teleskop, das Mikroskop Antoni van Leeuwenhoek. Tatsächlich erkannte Galilei, dass Fernrohre nicht nur die feindlichen Schiffe ein bis zwei Stunden vor dem menschlichen Auge am Horizont ausmachen können, sondern dass man mit ihnen auch in Bereiche vordringen kann, die bisher als grundsätzlich unsichtbar galten.

Die Erweiterung der Sichtbarkeitsgrenze war nicht nur wissenschaftlich, sondern auch philosophisch von Bedeutung. In der Welt des Aristoteles war dem körperlichen Auge die Materie zugänglich und die Physik und damit die Wissenschaft, die die sichtbare Welt formalisierte. Für alles Unsichtbare und Ideale jenseits der Physik – *meta physis* – war der Geist zuständig: die Philosophie, die Mathematik oder die Theologie. Und das wenige, was das menschliche Auge da oben dennoch sah, Sonne, Mond und Sterne, bestätigte das Dogma supralunarer Vollkommenheit. Alles bewegte sich regelmäßig, harmonisch und in perfekten Kreisen, alles war vollkommener, idealer als hier unten auf Erden. Doch plötzlich, mit der Hilfe einiger geschickt kombinierter Linsen, konnte nun nicht nur die Seele, sondern auch das Auge die Grenze zwischen den Welten überschreiten – und siehe da, die Welt des Himmels war gar nicht so verschieden von der Erde. Galilei entdeckte beispielsweise mit seinem Teleskop die Mondkrater und schloss daraus richtig, dass es auf dem Mond ebenso Gebirge wie auf der Erde gab. Welche Ernüchterung!

Das Vereinigungsprojekt unterstellte also die bisher streng geteilten Welten – das Endliche und das Unendliche, das Sichtbare und das Unsichtbare, das Technische und das Mathematische, die Ordnung und das Chaos – denselben physikalischen Gesetzen. Das war alles andere als einfach. Die Quadratur des Kreises oder die Projektion der Erdkugel auf eine Fläche zur Herstellung von Landkarten waren nur zwei der Probleme, die zu dieser Zeit intensiv studiert wurden und sich nicht befriedigend lösen ließen. Andererseits war für die Beförderung der modernen mathematisierten Naturwissenschaften unverzichtbar, dass es nur noch eine einzige Physik mit einheitlichen Gesetzen gab. Endlich konnte man mit derselben Mechanik die Himmelsbewegungen berechnen und zielgenaue Kanonen bauen.

Die Kurbel beendet den Aristotelismus

In der Vereinheitlichung der Wissenschaften unter dem Zepter der Mathematik spielten Apparaturen, Instrumente und

Maschinen – alles hieß damals *machine* – eine doppelte Rolle: Zum einen wurde mit ihrer Hilfe das Universum vermessen und berechnet, zum anderen dienten sie selbst als Modelle, anhand derer man die Naturgesetze studieren konnte. Von den Teleskopen konnte man die Gesetze der Optik ableiten und daraus wiederum auf die Funktion des Auges schließen, die Uhren zeigten die Gesetze der Mechanik und damit konnte man die Bewegungen des menschlichen Körpers verstehen. Ähnlich lernte man später von der Dampfmaschine etwas über den Stoffwechsel und vom Computer etwas über das menschliche Gehirn. Maschinen eignen sich als Studienobjekte des Lebendigen nicht nur ausgezeichnet, weil sie einfacher und übersichtlicher aufgebaut sind als Lebewesen, sondern auch, weil sie aus praktischen und ethischen Gründen besser erforscht werden können.

Eines der historisch wichtigen Forschungsobjekte war die Kurbel. Durch ihr Studium konnte das aristotelische Dogma umgestoßen werden, dass zwischen terrestrisch-geraden und himmlisch-zyklischen Bewegungen kein Übergang möglich sei.

Aristoteles hatte das Dogma mit folgender Überlegung untermauert: Eine Kugel an einem Pendel muss am Umschlagpunkt auf die Geschwindigkeit = 0 abbremsen, bevor sie wieder Fahrt aufnehmen kann. Eine Kugel auf einer Kreisbahn dreht sich aber regelmäßig, ohne je stoppen zu müssen. Ergo sind Pendel und Kreis nicht kommensurabel, die Bewegung eines Pendels kann niemals in eine Kreisbewegung überführt werden.

Doch, erwiderte Giovanni Battista Benedetti (1530–1590), ein findiger Mathematiker aus Venedig, Pendel und Kreis kann man ganz einfach synchronisieren. Wenn man in Gedanken einen Punkt am Perimeter eines Rades starr mit einem Stab verbindet, der sich nur auf und ab bewegen kann, müssen sich Stab und Rad synchron bewegen, ergo lassen sich gerade und zirkuläre Bewegungen ineinander überführen. Benedettis Überlegungen ließen immer noch zwei Möglichkeiten zu: Entweder bewegen sich

Stab und Kreis stetig oder beide stehen einen Augenblick lang still. Welche der beiden Möglichkeiten zutrifft, konnte er geometrisch nicht herleiten, aber ein kurzer Blick auf eine Maschine mit einer Kurbel zeigte ihm sofort, dass sich beide stetig bewegen – um das mathematisch nachvollziehen zu können, musste man allerdings noch auf die Infinitesimalrechnung warten.[12]

Lynn White jr., der Doyen mittelalterlicher Technikgeschichte, stellt erstaunt fest, dass sich bis ins 14. Jahrhundert kaum Kurbelantriebe finden, sich dann aber, ab Mitte des Jahrhunderts, in Kriegsführung, Kunst und Handwerk explosionsartig verbreiteten.[13] Die Erklärung dafür liegt in der aristotelischen Weltsicht, die es nicht vorsah, gerade und zyklische Bewegungen miteinander zu verbinden. Kurbeln lagen außerhalb des Denkbaren und so wurden sie zur Lösung mechanischer Probleme gar nicht erst erwogen. Die Kurbel zeigt die Wechselwirkung zwischen physikalischem und metaphysischem Wissen sehr schön: Zunächst war sie *metaphysisch* undenkbar. Als der dogmatische Aristotelismus erste Risse bekam und gewisse Denkverbote fielen, konnte sie überhaupt erst konstruiert werden. Nachdem sie aber konkretisiert war, gab sie ihr implizites Wissen preis: Bestimmte mechanische Gesetze konnten nun an ihr studiert werden.[14]

Metaphysik fürs Volk

Maschinen sind Metaphysik für das Volk. Sie können dem Publikum bislang unsichtbare Bereiche, abstrakte Ideen oder metaphysische Konzepte konkret vor Augen führen. Doch es braucht für die Visualisierung abstrakter Ideen geeignete Räume und Orte. Das geschah im Mittelalter im Rahmen der Fronleichnamsprozession, im 18. Jahrhundert auf den Jahrmärkten und in den Salons und im 19. Jahrhundert auf den Weltausstellungen und in den Fabrikhallen. Im 17. Jahrhundert aber waren die

Wunderkammern und das Theater solche Räume – und heute, könnte man sagen, ist es das Internet.

Wir sind den Wunderkammern und Kuriositätenkabinetten bereits im Mittelalter begegnet, doch ihre Blütezeit erreichen sie erst im Zeitalter des Barock. Die berühmteste Wunderkammer war das Museum Kircherianum, das im Jahre 1651 im Palazzo del Collegio Romano zu Rom vom Universalgelehrten Athanasius Kircher eingerichtet wurde, einem Jesuiten in päpstlichen Diensten. Kircher war so etwas wie der Öffentlichkeitsbeauftragte oder besser: der *troubleshooter* des Papstes. Immer wenn in der katholischen Welt ein Glaubenskonflikt aufflammte, schickte er Kircher, um die katholische Lehre zu verkünden und sie auch durchzusetzen. Seine Wunderkammer war ein *macrocosmos in microcosmo*, in der die Vereinbarkeit, ja die Identität von christlichem Glauben und Naturerkenntnis jedermann vor Augen geführt werden sollte.

Auch der schwedischen Königin Christina war es nach ihrer Konversion zum Katholizismus ein Herzensanliegen, diesen Ort des wahren Glaubens zu besuchen, als sie im Jahr 1656 nach Rom reiste. Kircher empfing sie enthusiastisch, denn er war überzeugt, dass der Besuch der Wunderkammer Christina in ihrem Glauben bestärken würde.

Tatsächlich schlug Christina ein überwältigendes Durcheinander von exotischen Tieren, Versteinerungen, Mineralien mit magischen Kräften, Schädeln, Elixieren, Büchern aus fernen Ländern, Abbildungen von Fabelwesen und bizarren Maschinen entgegen. Beeindruckt war sie vom automatischen Jesus, der Petrus gerade vor dem Ertrinken rettet, und von der berühmten Sonnenblumenuhr, die durch ihren Schattenwurf die Zeit anzeigte. Doch besondere Aufmerksamkeit forderte Kircher für sein Auferstehungsexperiment, eine Pflanze und etwas Asche in einer Phiole. Diese Pflanze, kommentierte Kircher, sei wie ein Phönix aus ihrer eigenen Asche gewachsen – so wie die Konversion

Ihrer Majestät ein Zeichen der Auferstehung des wahren Glaubens nach dem Weltenbrand der Reformation sei.

Zu den wichtigsten Exponaten der Wunderkammer gehörten Sehmaschinen. Die *camera obscura*, die *laterna magica* und das *parastatische mikroscop*, eine Erfindung von Kircher, standen an prominenter Stelle. Der Besitzer einer anderen Wunderkammer, Giambattista della Porta, berichtet, dass die schönsten Damen ob des Anblicks dieser enorm spektakulären Apparate so in Verzückung gerieten, dass sie ihm allerlei Schabernack gestatteten.[15]

Eine *camera obscura* ist ein abgedunkelter Raum oder ein lichtdichter Kasten mit einem kleinen Loch in der Wand. Auf der gegenüberliegenden Seite bildet sich seitenverkehrt und auf dem Kopf stehend die Szene ab, die sich außerhalb des Raumes abspielt. Unter bestimmten Voraussetzungen lässt sich das Bild sogar fixieren. Kircher lernte die *camera obscura* auf einem Jahrmarkt in Deutschland kennen, wo ihm ein begabter Handwerker (*insignis artifex*) verschiedene Szenen mit Städten, Landschaften und anderen *spectacula* vorführte, wie er schreibt. Und er fährt fort, dass er niemanden davon überzeugen konnte, dass da ein natürliches Schauspiel (*magia naturalis*) und keine Zauberei stattfinde. Das stachelte den Ehrgeiz des Jesuiten an, denn die Übereinstimmung von Religion und Naturwissenschaft zu beweisen, war sein oberstes Anliegen. So ließ er, wie er im zehnten Buch der *Ars magna Lucis et Umbrae* von 1645 im Kapitel, das mit *magia parastatica sive de repraesentationibus rerum prodigiosis per lucem et umbram* darstellt, für seine Wunderkammer eine solche *camera obscura* nachbauen.[16] Darstellende Magie sei nichts anderes, so Kircher weiter, als die höchst verborgene Wissenschaft, natürliche *spectacula* erscheinen zu lassen.

Kircher brauchte die *camera obscura* für die *magia naturalis*, das heißt, um göttliche Kräfte, die ja auch die Kräfte der Natur seien, zur Erscheinung zu bringen.[17] Er brauchte dafür weder

Rituale noch Amulette oder Zaubersprüche, weil sich die Natur mittels des göttlichen Lichtes selbst enthülle. Gott, so Kircher weiter, male mit Licht auf Steine, Wurzeln und Blätter *simulacra*, Abbilder, von anderen natürlichen Dingen. Wer hat noch nie menschliche Gestalten in Wolken oder Tierköpfe in Felsformationen entdeckt? Wohlverstanden sind nicht die Wolken oder die Felsen selbst Gottes magisches Kunstwerk, sondern die merkwürdigen Formen, die diese bisweilen annehmen.

Möglicherweise war Kirchers Vorstellung, dass Gott mit Licht malt, von Leonardo da Vincis Traktat über die Malerei inspiriert:

> Ich werde nicht ermangeln, unter diesen Vorschriften eine neuerfundene Art des Schauens herzusetzen, die sich zwar klein und fast lächerlich ausnehmen mag, nichtsdestoweniger aber doch sehr brauchbar ist, den Geist zu verschiedenerlei Erfindungen zu wecken. Sie besteht darin, daß du auf manche Mauern hinsiehst, die mit allerlei Flecken bekleckst sind, oder auf Gestein von verschiedenem Gemisch. Hast du irgendeine Situation zu erfinden, so kannst du da Dinge erblicken, die diversen Landschaften gleich sehen, geschmückt mit Gebirgen, Flüssen, Felsen, Bäumen, großen Ebenen, Tal und Hügeln in mancherlei Art.[18]

Für Leonardo ist sonnenklar, dass diese Bilder im Kopf des Betrachters entstehen und somit Fantasieprodukte sind. Die *camera obscura* widerlegt in den Augen Kirchers diese Behauptung: Wenn sich die Projektionen auf Papier fixieren lassen – und das war damals schon möglich –, können sie nicht bloße Einbildungen sein. Andererseits sind sie auch nicht so wirklich wie Gebirge, Flüsse, Felsen oder Bäume. In gemalten Flüssen kann man nicht ertrinken und von gemalten Felsen kann man nicht erschlagen werden. Kircher zieht zwischen der reinen Einbildung und der Wirklichkeit eine Zwischenebene der *simulacra* ein, die die eigentliche Trägerin von Bedeutung ist und die durch seine optischen Maschinen sichtbar gemacht werden kann.

Gott legt auf die materielle Wirklichkeit ein Netz von *simulacra*: Wir sehen Hundeköpfe, wo nur Felsen sind, oder einen bärtigen Greis in den Wolken. Wenn aber ein Fels ähnlich wie ein Hundekopf aussieht, muss zwischen ihnen eine Beziehung bestehen. Diese Korrespondenzen schaffen eine Fülle unerwarteter Bezüge, gleichsam ein Netz von Bedeutungen über der Wirklichkeit. Diese Bezüge kann man auch Allegorien nennen. Die *camera obscura* ist somit eine Allegoriemaschine.

Optische Verunsicherung

Die Aufgabe der Allegorie sei es, so Walter Benjamin, Verbindungen zu knüpfen und so die Natur mit Bedeutung aufzuladen. Dadurch verbindet sie Natur und Geschichte: »Jede Person, jedwedes Ding, jedes Verhältnis kann ein beliebig anderes bedeuten.«[19] Darauf will auch Kircher hinaus: Die Welt ist als Netz beweglicher Bedeutungen zu verstehen, in der alles mit allem in Beziehung stehen kann. Die *camera obscura* kann diese sowohl sichtbar machen als auch verknüpfen.

Kircher betreibt hier einen auf den Kopf gestellten Platonismus. Platon beschreibt im *Phaidros*, wie die Seele in einem geflügelten Wagen zu den Ideen emporsteigen kann. Kircher dreht die Blickrichtung um: Nicht wie die Seele emporsteigt interessiert ihn, sondern wie sich die göttliche Wahrheit über die Welt ergießt (*fusit*). Das Licht fungiert dabei zugleich als Transport- wie auch als Übersetzungsmedium: Es bringt die Ideen auf die Erde und lässt sie hier unten in Bilder übersetzt *erscheinen* – deshalb *magia parastatica*. Die unsichtbaren und ewigen Ideen werden auf sichtbare, vergängliche und miteinander verknüpfte Bilder gelegt. Einerseits wird dafür die Hilfe optischer Apparate in Anspruch genommen, andererseits ist die Wunderkammer selbst ein solcher allegorischer Kosmos.

So lässt sich auch Kirchers Abbildungstheorie des Unendlichen deuten: Das Licht zeigt *mehr* als die Wirklichkeit, und dieses Mehr ist eine eigentümliche Chimäre. Eine Wahrheit, die zugleich Illusion ist. Gott, die *fons lucis*, die Quelle allen Lichts, produziert diese optischen Täuschungen allerdings in allerbester Absicht, versichert Kircher, denn er will die Welt bunter und mannigfaltiger machen, als sie in Wirklichkeit ist. Spektakulärer eben.

Die *camera obscura* ist ein perfektes Modell von Kirchers Universum: eine Maschine, die das (göttliche) Licht malen lässt. Diese Bilder sind weder Täuschungen noch genaue Abbilder, sie sind real und doch entstellt, steht das Bild doch auf dem Kopf. Dadurch erfährt Platons Höhlengleichnis eine entscheidende Verschiebung: Was wir sehen, sind nicht simple Schattenrisse der Ideen, sondern *entstellte* Bilder der oberen Welt. Und diese Entstellungen verdanken sich weder unkontrollierten Leidenschaften noch einer überbordenden Einbildungskraft noch dem Teufel – sondern der Physik selbst.

Die neu entdeckten technischen Sehhilfen und Sehapparate – Teleskope, Mikroskope, *laterna magica* oder *camera obscura* – haben den Bereich des Sichtbaren zwar enorm erweitert, aber zugleich das epistemische Vertrauen in das Sehen erschüttert. Seit jeher gingen Menschen davon aus, dass die Dinge genau so sind, wie sie sie sehen. Natürlich kannte man optische Täuschungen, doch wer glaubte, ein Ball sei gleich groß wie die Sonne, konnte leicht eines Besseren belehrt werden, und wer aufgrund seiner Leidenschaften oder Vorurteile Sachverhalte verkannte, konnte durch methodische Sorgfalt oder durch Erziehung vor Täuschungen geschützt werden. Bacons *Novum Organum* dreht sich großteils um die Elimination von

Täuschungsquellen, die er Götzen, *idola*, nennt.[20] Bacon teilt sie in vier Kategorien ein: erstens Täuschungen durch die Sinnesorgane, zweitens Täuschungen aufgrund falscher Erziehung, drittens Täuschungen durch den falschen Gebrauch der Sprache und viertens Täuschungen aufgrund ideologischer Verblendung. Auf die Idee, dass die Physik täuschen könnte, ist er nicht gekommen. Das wurde erst durch das Studium der Optik erkannt – und diese wurde anhand der Apparate erforscht. Das Resultat war fatal: Gott führt uns hinters Licht. Das bemerkte Johannes Kepler übrigens schon viel früher als Kircher, nämlich genau am 31. Dezember 1602. Um sechs Uhr in der Früh notiert er, dass der Mond durch einen Apparat ein helles Bild seiner selbst auf ein am Boden liegendes Papier produziert, aber seitenverkehrt. Dieses kleine, scheinbar harmlose Experiment Keplers enthält schon die ganze philosophische Sprengkraft der *camera obscura*: Das Licht produziert »falsche« Bilder und es ist die Aufgabe des Geistes, sie zu korrigieren. Der Geist muss nicht mehr vor dem Teufel, sondern vor Gott selbst geschützt werden.

Den Geist vor Täuschungen zu bewahren oder Täuschungen durch den Geist zu überwinden, ist eines der Hauptinteressen von Descartes' Rationalismus. Er hatte das Vertrauen in die Fähigkeit der Menschen, Täuschungen zu erkennen, gänzlich verloren, nachdem er am Anfang seiner Karriere die optischen Gesetze studiert hatte.[21] Nichts ist so, wie es scheint: Der Löffel liegt nicht dort im Wasser, wo wir ihn sehen, der Stab, den wir ins Wasser halten, hat gar keinen Knick, die reellen Bilder sind seitenverkehrt. Verzerrungen entspringen also nicht subjektiven Verfehlungen, sondern sie sind objektiv, sie sind Sache der Physik. Nachdem Descartes das erkannt hatte, ließ er die sinnliche Wahrnehmung als Erkenntnisgrund ganz fallen.

Zur selben Zeit, da sich der Rationalismus nüchtern und analytisch gibt, ist die Kunst üppig, überbordend, spielerisch und ornamental – und äußerst täuschungsaffin. Das *trompe l'œuil* ist deswegen zum Symbol des Barocks geworden.

Das ist nur auf den ersten Blick ein Widerspruch, die Kunst erfüllt eine andere Aufgabe als die Philosophie. Die Philosophie war eine wissenschaftsinterne Veranstaltung, die die Grundlagen der neuen Wissenschaft zu erarbeiten hatte, der Barock war hingegen die mächtige Propagandamaschinerie der Gegenreformation, die die neue wissenschaftliche Weltsicht mit der Religion und dem politischen System der absoluten Monarchie in Einklang bringen und der Öffentlichkeit vorlegen sollte. Aufgrund ihrer unterschiedlichen gesellschaftlichen Funktionen reagierten Maler, Dichter, Theatermacher und Architekten denn auch anders als Philosophen auf den epistemischen Schock jener Zeit: Während sich die rationalistische Philosophie weitgehend vom Sehen als Grundlage des Wissens verabschiedete, spielte die Kunst mit der Verunsicherung, um etwas sichtbar zu machen, was eigentlich unsichtbar ist.

Um das Unendliche zu veranschaulichen, schufen Architekten und Maler die Illusion unendlicher Räume. Eines der berühmtesten Beispiele sind die Deckenmalereien von Andrea Mantegna im Hochzeitszimmer des Palazzo Ducale von Mantova. In die Mitte der Kuppel der Camera degli Sposi malte er einen kleinen runden Ausschnitt des Himmels, als habe das Dach eine Öffnung. Um die Brüstung dieser Scheinöffnung, die die endliche Welt gleichzeitig scharf begrenzt und öffnet, scharen sich allerlei befremdliche Gesellen, die den Betrachter anschauen. Eine Topfpflanze steht so knapp auf der Brüstung, dass sie dem Betrachter jeden Augenblick auf den Kopf fallen könnte. Die Öffnung selbst heißt *l'oculo*, das Auge.

Wie jeder gute Illusionist lenkt Mantegna mit diesem raffinierten Arrangement den Blick des Betrachters. Dadurch, dass der Beobachter selbst beobachtet wird, bekommt der Blick des Betrachters etwas Ungehöriges, und weil er zugleich Gefahr läuft, gleich vom Blumentopf erschlagen zu werden, auch etwas Gefährliches. Das saugt den Blick gleichsam in die Höhe, sodass er nicht nur das Gebäude, sondern auch das Bild selbst durchbricht und ihn in eine andere, unsichtbare Sphäre hinter der Malerei führt. Mantegna erzeugt ein Gefühl für das Unendliche, indem er den gemalten Himmel als Grenzüberschreitung inszeniert.

Der gemalte Himmel an der Decke des Hochzeitszimmers hinterlässt dadurch einen viel stärkeren Eindruck als der wirkliche Himmel über der Piazza vor dem Palast. Der ist, was er ist, nicht mehr und nicht weniger als der Himmel über der Piazza. Der gemalte Himmel in der Kuppel ist hingegen, wie Kirchers *camera obscura*, eine durch Menschenhand erschaffene, entstellte und verendlichte Darstellung des Unendlichen – eine Allegorie des Unendlichen. Das veranschaulicht, worum es der barocken Kunst zu tun ist und wofür sie Maschinen braucht: das Undarstellbare darzustellen.

Theater des Unendlichen

Der Ort, der das Gefühl erzeugte, hinter der sichtbaren Oberfläche verberge sich etwas anderes, zugleich Großartiges und Schreckliches, war das Theater. Seine Aufgabe, das Verborgene zur Erscheinung zu bringen, konnte es allerdings nur mithilfe von Maschinen erfüllen.

Theater hieß damals alles, wo sich Aufsehenerregendes ereignete, auch spektakulär bebilderte Bücher. Da gab es *theatra mundi*, *theatra orbis terrarum* (Landkarten), *theatra botanicum* – und *theatra machinarum*, großformatige Bücher mit kunstvollen Abbildungen von Maschinen. Sie entstanden im letzten Drittel des

16. Jahrhunderts und wurden bis in die Mitte des 18. Jahrhunderts verlegt. Es waren keine Lehrbücher, denn für Ingenieure waren sie viel zu teuer. Dazu kommt, dass viele dieser Abbildungen, vor allem aus der Montan- und der Bauindustrie, keine real existierenden Maschinen darstellten, sondern nur Ideen des Autors, von denen niemand weiß, ob sie denn je zum Laufen gebracht worden wären. Da sich nur Adelige solche Bücher leisten konnten, war ihr Zweck derselbe, den die darin abgebildeten Maschinen hauptsächlich hatten: das Gefühl des Erhabenen zu vermitteln, das Unendliche zu visualisieren und Macht zu demonstrieren.[22]

Auch die Kirche bot Theater. Die barocke Kirchenarchitektur selbst war eine spektakuläre Inszenierung, aber auch die pompösen Gottesdienste und die glanzvollen Prozessionen waren Vorstellungen, die eine religiöse Erfahrung zu vermitteln suchten. Der ganze Prunk, so die Botschaft, ist nur ein erbärmliches Abbild der nicht darstellbaren Herrlichkeit Gottes. Für diese Vorführungen brauchte es Theatermaschinen. Filippo Brunelleschi, der Erbauer der berühmten Kuppel des Doms von Florenz, baute im Jahr 1436 zu Mariä Verkündigung eine Flugmaschine, die den Erzengel Gabriel aus dem gemalten Himmel der Kuppel von San Felice di Piazza vor der Jungfrau Maria landen ließ. Kinder in Engelskostümen, die auf einem eisernen, rosettenartigen Gerüst herabgelassen werden, begleiten die Herabkunft Gabriels.[23] Obschon für uns fliegende Gegenstände alltäglich sind, können wir diese negative Lust, von der Kant spricht, erahnen, diese Angstlust, die sich beim Anblick eines aus dem unendlichen Dunkel sachte herabsinkenden lebendigen Engels mit Flügeln, begleitet von dem reinen Gesang eines Knabenchors, eingestellt haben muss.

Der Zweck solcher Aufführungen war in der Kirche wie im Theater, den Zuschauern ein intensives Erlebnis zu ermöglichen. Die weltlichen Theateraufführungen fanden in der Renaissance und im Frühbarock in der Regel im Park einer fürstlichen

Residenz statt, meist auf den *carri*, die auch in den Triumphzügen verwendet wurden. Das erleichterte den Szenenwechsel und verhalf der Truppe zu mehr Mobilität. Aus Shakespeares *Hamlet* kennt man solche mobilen Theaterformationen. Oft wurden die Wagen im Kreis angeordnet, sodass die Zuschauer von Wagen zu Wagen spazieren und sich die nächste Szene ansehen konnten. Das Personal der aufgeführten Stücke setzte sich aus Fürsten und ihren intriganten Dienern, aus schönen, aber unglücklich verliebten Damen, aus verschlagenen Adeligen und unschuldigen Landleuten zusammen, in der italienischen *Commedia dell'arte* kamen noch der *Arlecchino* und die *Colombina* hinzu. Das Bühnenbild bestand lediglich aus sogenannten Periakten, bemalten Prismen, wie sie schon im antiken Theater verwendet wurden.

Doch mit der Zeit wurden Theatervorstellungen in Innenräume verlegt, später sogar in eigens dafür gebaute Gebäude, die Theater. Dadurch wurde der Raum, der für die Szene zur Verfügung stand, deutlich verkleinert, was bedingte, dass Bühne und Zuschauerraum klar getrennt wurden. Der Zuschauer konnte deshalb das Stück nur noch von einer einzigen Seite verfolgen. Die Guckkastenbühne war erfunden. Dafür wurden neue Themen aufgegriffen und neues Personal rekrutiert, Götter und Teufel wurden zu Bühnenfiguren und die Welt wurde als Ganzes thematisiert. Der Titel *Das große Welttheater*, ein Stück von Pedro Calderón della Barca (1600–1681), ist doppeldeutig: Das Stück bringt die ganze Welt auf die Bühne und die Welt ist selbst ein Theaterstück.

Sowohl die Guckkastenbühne wie auch die thematische Ausweitung stellten die Theatermacher vor große inszenatorische Herausforderungen, die allesamt durch den Einsatz von Maschinen gelöst werden konnten. Erstes Problem: Die Theaterräume waren oft eng und dunkel, die Bühne klein und nur spärlich von Kerzen beleuchtet. Solche Räume eignen sich nicht, um sich beispielsweise eine pastorale Szene unter freiem Himmel vorzustellen, der emotionale Funke kann so kaum überspringen. Um

Abhilfe zu schaffen, wurde zuerst eine bemalte Hinterwand eingeführt, um die Szene geografisch, aber auch sozial zu situieren, später kamen noch bemalte Seitenwände hinzu. Geschickt kaschierten die Kulissen die räumliche Enge, indem, ähnlich wie bei Deckenmalereien, der freie Himmel hinzugemalt und die Kulissen so ausgerichtet wurden, dass die hintere Begrenzung praktisch verschwand. Von einem bestimmen Sitz aus, dem *œil du prince*, war die Illusion so perfekt, dass tatsächlich der Eindruck eines unendlichen und unbegrenzten Raumes entstand. Natürlich war dieser Sitz dem Fürsten vorbehalten. Um das perspektivisch korrekt hinzukriegen, benötigten die Maler komplexe Vorrichtungen, die Maschinen genannt wurden. Zum einen, weil sie aus verschiedenen Stücken zusammengesetzt waren, zum andern, weil sie die Aufgabe hatten, eine Illusion zu erzeugen (französisch, *machiner*): die Illusion eines unendlichen Raumes. Es gibt Stiche von Albrecht Dürer, auf denen der Meister an solchen Maschinen zeichnend dargestellt ist. Maler benutzten also eine *machine*, eine Maschine, *und* einen Trick, um die Wahrheit zu zeigen. Das Paradox der Zentralperspektive besteht darin, mittels einer Illusion die Wahrheit zu zeigen oder anders gesagt: Die Zentralperspektive zeigt die Natur artifiziell so, wie sie wirklich ist.

Das zweite Problem waren die Kulissenwechsel. Man konnte für die nächste Szene nicht mehr einfach zum nächsten Wagen spazieren und Vorhänge gab es noch nicht. Um bei offener Bühne möglichst rasch eine neue Szene einzurichten, mussten Maschinen eingesetzt werden. Mittels eines in der Unterbühne installierten Wellbaums, einer mächtigen hölzernen Achse, von der aus zahlreiche Seile zu den Kulissenrahmen führen, konnten im Bühnenboden eingehängte Bühnenbilder durch Seile und Umlenkrollen synchron bewegt werden. Das ermöglichte Szenenwechsel, die trotz eines offenen Vorhangs kaum jemand bemerkte, besonders wenn laute Musik die Aufmerksamkeit zusätzlich ablenkte. Im Krumauer Barocktheater von Český

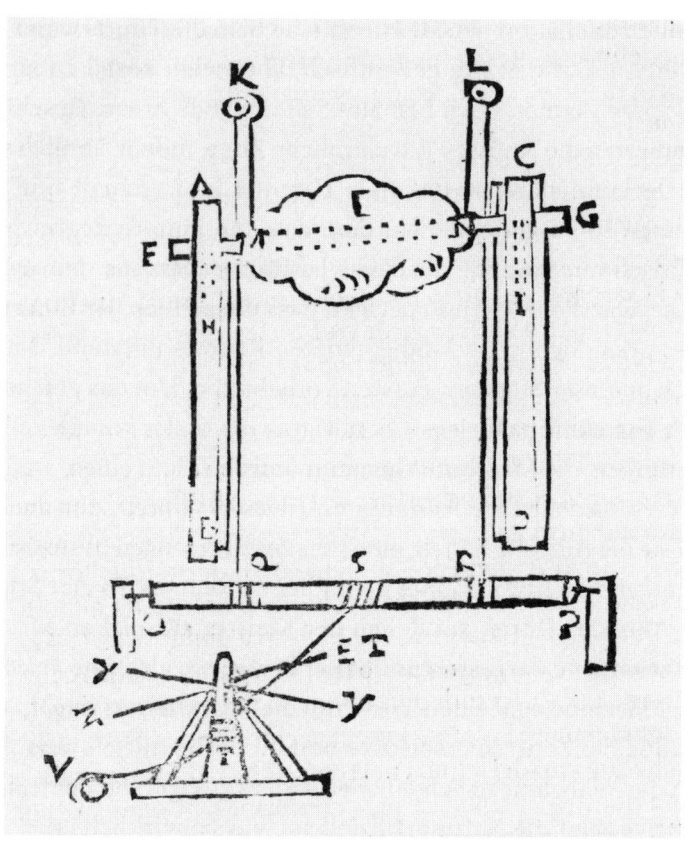

Eine Wolkenmaschine für das Theater,
Skizze von Nicola Sabbatini (1574–1654),
einem Pionier der Bühnentechnik.

Krumlov in der heutigen Tschechischen Republik, neben dem
Theater von Drottningholm bei Stockholm eines der besterhal-
tenen Barocktheater, kann man noch heute mitverfolgen, wie
durch das Aufhängen der Seitenkulissen in verschiebbaren Rahmen gleichzeitig drei verschiedene Szenen vorbereitet werden
können – in anderen Theatern waren es sogar bis zu zwölf Szenen. Es genügte, den Wellbaum einmal zu bewegen, um alle

Kulissen einer Szene, die sich auf kleinen Schienenwagen im Unterraum der Bühne bewegten, zusammen zurückzuführen und gleichzeitig alle Kulissen der nächsten Szene hervorgleiten zu lassen. Um alles vorzubereiten, brauchte es allerdings mehr als achtzig Bühnenarbeiter.

Mit der Zeit erfüllte der blitzartige Kulissenwechsel nicht nur den dramaturgischen Zweck, die Aufmerksamkeit der Zuschauer nicht zu verlieren, sondern wurde selbst zu einem inhaltlichen Element, das das Gefühl des Unendlichen anregen sollte. Sie riefen nämlich die Illusion hervor, alle physikalischen Gesetze seien außer Kraft gesetzt. Die Gravitationskraft schien suspendiert, Masse, Zeit oder Strecke, die Grundgrößen der Mechanik, spielten keine Rolle mehr. Dank überragender Ingenieurskunst schienen die Theatermaschinen die Begrenztheit und Endlichkeit der Existenz überwinden zu können. Lediglich durch das geschickte Ausnützen von ein paar wenigen mechanischen Gesetzen wurde die Mechanik aus den Angeln gehoben.

Die dritte Herausforderung stellten die neuen Themen dar. Es ist einfach, verliebte Prinzessinnen und intrigante Höflinge darzustellen, aber wie bringt man Götter und Teufel auf die Bühne, wie inszeniert man Welt? Das ging nicht ohne Maschinen, die natürliche Phänomene nachahmen können, wie Wind-, Donner-, und Wellenmaschinen. Mit Wasserpumpen konnte man einen Sturm auf hoher See darstellen, mit Flugmaschinen konnten die Sonne oder Götter – oft vom Fürsten höchstpersönlich gespielt – auf die Bühne hinabschweben oder man konnte noch komplexere Flugbewegungen vollführen lassen. Und mit einer schnellen Absenkung eines Teiles der Bühne kann der Teufel zurück in die Hölle geschickt werden, begleitet von einem zischenden Feuer. Dass Theater abbrannten, war deshalb eher die Regel als die Ausnahme.

Bald emanzipierte die Maschine sich davon, nur Hilfsmittel der Inszenierung zu sein, sie wurde der eigentliche Star des Theaters.

Im Januar 1650 wurde dem elfjährigen Louis XIV. das Stück *Andromède* von Pierre Corneille vorgeführt. Kardinal Mazarin, der tatsächliche Herrscher Frankreichs und ursprünglich Italiener, hatte ausdrücklich ein *pièce à machine*, ein Stück mit Maschinen, in Auftrag gegeben. Er wollte damit die Operntradition seiner alten Heimat in einer dem französischen Geschmack zugänglichen Form etablieren – und gleichzeitig sicherstellen, dass das Stück auch einem elfjährigen Jungen gefällt. Die einzige konkrete Bedingung Mazarins war also, dass in jedem Akt eine Flugeinlage vorkommt, ansonsten ließ er Corneille freie Hand. Dieser schrieb daraufhin *Andromède* und schuf damit gleich ein neues Genre, die *tragédie à machine*, die Maschinentragödie, deren erfolgreichstes Exemplar eine Tragödie names *La Toison d'or* (1660) war. Für die technischen Effekte zeichnete Giacomo Torelli verantwortlich, der unbestrittene Meister des Maschinentheaters.

Offenbar war Corneille nicht ganz wohl bei der Sache. Der große Dramatiker, neben Racine die Galionsfigur des französischen Theaters, inszeniert eine Art Kindergeburtstag. Um sich zu rechtfertigen, verfasste er einen kurzen Text unter dem Titel *Argument*.[24]

Zunächst erzählt er die Geschichte so nach, wie er sie bei Ovid vorgefunden hat: Kassiopeia, die Königin Äthiopiens, findet sich selbst schöner als die Nereiden. Das erzürnt die Götter über alle Maßen und sie verlangen, dass ihre Tochter Andromeda an einen Felsen geschmiedet werde, wo sie von einem Ungeheuer gefressen werden sollte. Perseus, der gerade vorbeikam, verliebte sich und befreite Andromeda mithilfe des Medusenhauptes, das seine Gegner zu Stein erstarren ließ. Allerdings mussten die Frischverliebten vor dem Onkel Andromedas fliehen, dem sie versprochen war. Was ihnen mithilfe geflügelter Schuhe auch gelang.

Daraufhin zählt Corneille die Änderungen auf, die er vorgenommen hat, um die Geschichte plausibler und zeitgemäßer zu gestalten. Zum Beispiel hat er den wunderbaren und außerordentlichen Einfall, wie er selbst schreibt, Perseus auf Pegasus und nicht auf geflügelten Schuhen fliehen zu lassen, damit man ihn nicht mit Hermes verwechsle. Im französischen Text heißt dieser Einfall *une machine.*

Dann kommt er auf die eigentlichen Maschinen zu sprechen, die in jedem Akt, von Musik begleitet, vorkommen. Die Musik solle, schreibt er, die Ohren der Zuschauer befriedigen, während die Flugeinlagen die Augen fixieren sollen. Jedenfalls soll der Zuschauer davon abgehalten werden, dem gesprochenen Text Aufmerksamkeit zu schenken.

Natürlich, fährt er fort, dürfe man die Schauspieler die wichtigen Passagen nicht singen lassen, sonst würde man den Plot nicht verstehen, aber der eigentliche Knoten (*nœud*) des Stücks seien die Maschinen. So habe er Venus absichtlich von weither kommen lassen und damit eine ordentliche Flugshow ermöglicht. Er gebe ja zu, dass es im Stück kaum schöne Verse gebe, aber die habe er ja anderenorts geschrieben. Sein Ziel sei es gewesen, weder den Geist anzusprechen noch das Herz zu bewegen, sondern einzig und allein ein Spektakel zu produzieren.

»Ich möchte zugeben«, endet Corneille, »dass dieses Stück nur für die Augen ist.«

Ein erstaunlicher Text und schwer einzuschätzen. Versucht sich der große Corneille dafür zu rechtfertigen oder gar zu entschuldigen, dass er nur ein seichtes Spektakel produziert hat? Dass sein *théâtre des machines* im Grunde eine Degeneration des Theaters ist, das weder die Vernunft noch die Gefühle anspricht? In der Tat funktionierte dieses Genre wie die heutigen Actionfilme: Ein oft mehr als dürftiger Plot hält die Aneinanderreihung technisch spektakulärer, aber inhaltsleerer Szenen knapp zusammen. Der Maschinenlärm war offenbar so ohrenbetäubend, dass weder die Sprache noch die Musik durchdrang und das Publikum von der Erzählung überhaupt nichts mitbekam – was niemanden zu stören schien.[25]

Oder ist Corneille im Gegenteil der Meinung, dass er nicht nur ein neues Genre, sondern sogar eine neue Ästhetik der Oberfläche erfunden hat, die unmittelbar an die griechische Tragödie anschließt – so wie Nietzsche zweihundert Jahre später das griechische Theater interpretierte?

> Sie verstanden sich darauf, zu leben: dazu thut Noth, tapfer bei der Oberfläche, der Falte, der Haut stehen zu bleiben, den Schein anzubeten, an Formen, an Töne, an Worte, an den ganzen Olymp des Scheins zu glauben! Diese Griechen waren oberflächlich — aus Tiefe![26]

Wenn wir Nietzsche folgen, widersprechen sich die beiden Interpretationen von Corneilles Text vielleicht gar nicht. Seine Maschinen, schreibt Corneille, sollten mit viel Kunst und Pomp jedermann mit *étonnement et admiration*, mit Staunen und Bewunderung, erfüllen. Mit der Wahl dieser Begriffe stellt er sein Stück in die Tradition des religiösen Wunders: Der Zuschauer soll beim Anblick der Maschinen ein Gefühl für das Unmögliche und Wunderbare entwickeln. Die *Gazette d'Amsterdam* schrieb damals über ein anderes Maschinestück, *Pièce à machine Circé*, es übersteige jede Vorstellungskraft.[27]

Genau darum geht es beim Maschinenspektakel bis heute: die Vorstellungskraft an ihre Grenzen zu treiben – und darüber hinaus.

Inzwischen dürfte klar geworden sein, dass das Kino das Erbe der barocken Theatermaschinen angetreten hat und zweifellos die Unendlichkeitsmaschine unserer Zeit ist. Die Montage perfektioniert den schnellen Kulissenwechsel; die bewegliche Kamera macht jeden Sitz zu einem *œil du prince* mit perfekter Perspektive; die Schwerkraft, die uns an die Erde fesselt, braucht keinen Kran mehr, um zu verschwinden; die Kadrierung von Kamera und Projektor ersetzt Mantegnas illusionäres Loch; die

Hintergrundmusik schafft wie der Knabenchor zu San Felice di Piazza die Illusion des unendlichen Raums; die Aneinanderreihung von vierundzwanzig Bildern pro Sekunde die Illusion der Bewegung. Im Unterschied zum barocken Theater verweist das Kino allerdings nicht auf die Unendlichkeit der göttlichen, sondern auf die grenzenlose Macht des Menschen.

Der menschliche Intellekt kann sich zwar einen *Begriff* des Unendlichen machen, die Mathematiker können damit rechnen, die Philosophen gelehrte Abhandlungen darüber schreiben, die Theologen davon predigen, aber eine *Erfahrung* des Unendlichen kann es nicht geben, weil es jede menschliche Vorstellungskraft übersteigt. Aber gerade dieses (unmögliche) Übersteigen kann eine Annäherung an das Unendliche sein und eine Ahnung davon vermitteln – in der Camera degli Sposi von Mantegna oder im letzten *James-Bond*-Streifen.

Tatsächlich steht das Spiel mit Grenzen sowohl im Zentrum der barocken Erfahrung als auch des Kinos: Die neue Wissenschaft begann mit der Frage, wie sich die starre Grenze zwischen der supralunaren und der sublunaren Welt überwinden lässt. In der Oper zeugen die vielen Hosenrollen und Falsettstimmen davon, wie man mit den Geschlechtergrenzen spielen kann, und die als Diener verkleideten Könige stellen die Klassengegensätze infrage. Und nicht zuletzt wird die Grenze zwischen Tod und Leben immer wieder von Neuem befragt.

Dann könnte im oberflächlichen Spektakel von Kino oder barockem Theater sein größtmöglicher Gegensatz, eine tiefe metaphysische und religiöse Erfahrung, impliziert sein. Wenn am Ende der *Orestie* des Aischylos die Göttin Athene am Kran hängend auf die Agora hinunterschwebt, um mit ihrer Stimme den Fall zugunsten von Orest zu entscheiden, ist das sicher auch ein unterhaltendes Element, ein billiger Trick (*mechanè*). Doch zugleich ist es auch eine Grenzerfahrung.

Objekte der Aufklärung

in dem die Aufklärung als Ent-täuschung
und die Maschine als Demonstrationsobjekt
dieser Enttäuschung vorgestellt werden.

Der Philosoph, Mathematiker und Diplomat Gottfried Wilhelm Leibniz war ein leidenschaftlicher Verfechter der Idee, dass die Natur unendlich viel*fält*ig sei – also unendlich viele Falten besitzt. Jeder Punkt enthält das ganze Universum und das ganze Universum kann sich aus einem Punkt ent*falt*en. Sowohl seiner Idee der Monaden wie auch der Infinitesimalrechnung liegt dieser Gedanke zugrunde. Um das zu veranschaulichen, pflegte er die Damen der gehobenen Gesellschaft durch die Gärten des Schlosses Herrenhausen zu führen. Er zeigte ihnen, dass kein Blatt mit einem anderen identisch ist. Jedes Blatt unterscheidet sich von allen anderen Blättern, jedes Blatt ist ein Individuum – und enthält doch die ganze Welt.

Im September 1675 sieht er eine Gelegenheit, diese Überzeugung anschaulich und verständlich zu verbreiten. Er weilt gerade in diplomatischer Mission in Paris, als Plakate auf eine unglaubliche Vorführung hinweisen: Ein Mensch werde über die Seine schreiten wie einst Jesus über den See Genezareth. Leibniz, der sich das Spektakel nicht entgehen lassen will, findet sich zur angegebenen Stunde am Ufer ein, und was er sieht, verschlägt ihm die Sprache. Tatsächlich geht ein Mann mithilfe eines Flugapparates trockenen Fußes über den Fluss. Leibniz eilt sofort nach Hause, um eine Idee zu skizzieren, die ihm während der Aufführung gekommen ist. Er will eine Wunderkammer bauen, um die unendliche Vielfalt der Natur darzustellen. Maschinen spielen auch in dieser Wunderkammer eine zentrale Rolle. Und die Wunderkammer von Athanasius Kircher soll in toto in seine integriert werden:

Die Vorführung, die im September 1675 in Paris auf der Seine mit einer Apparatur durchgeführt wurde, die dazu dient, auf dem Wasser laufen zu können, hat mich auf die folgende Idee gebracht, die, auch wenn sie zunächst wie ein Scherz erscheinen mag, nicht ohne Wirkungen bliebe, wenn sie ausgeführt werden würde.

Nehmen wir an, dass einige Personen von Ansehen, die sich auf schöne Kuriositäten und vor allem auf Maschinen verstehen, gemeinsam darin übereinkämen, diese in öffentlichen Vorführungen zeigen zu lassen.

Zu diesem Zweck müssten sie über einen Fonds verfügen, um die notwendigen Ausgaben tätigen zu können; dies sollte aber nicht schwer sein, [...].

Die Personen, die man engagieren würde, sollten Maler, Bildhauer, Zimmerleute, Uhrmacher und andere vergleichbare Berufsvertreter sein. Nach und nach kann man mit der Zeit auch Mathematiker, Ingenieure, Architekten, Trickkünstler, Scharlatane, Musiker, Dichter, Bibliothekare, Schriftsetzer, Stecher und andere hinzunehmen, ohne Hast.

Die Darbietungen könnten beispielsweise die Laterna Magica sein (damit könnte man beginnen), sowie Flüge, künstliche Meteoriten, alle Arten optischer Wunder, eine Darstellung des Himmels und der Sterne. Kometen. Ein Globus wie jener in Gottorf oder Jena; Feuerwerke, Wasserspiele, ungewöhnlich geformte Schiffe, Alraunen und andere seltene Pflanzen. Ungewöhnliche und seltene Tiere. Die Königliche Manege. Tiergestalten. Der königliche Pferderenn-Automat. Aus Holz gefertigte und auf einer Bühne errichtete Festungsanlagen, offener [Graben], usw. Theater der Natur und der Kunst. Kämpfen, Schwimmen. Außergewöhnliche Seiltänzer. Salto mortale. Zeigen, wie ein Kind ein schweres Gewicht mit einem Faden heben kann. Neben den öffentlichen Darbietungen wird es besondere geben, wie die von kleinen Rechenmaschinen. Neue Experimente mit Wasser, Luft und dem Vakuum. Für die großangelegten Darbietungen wird auch das Gerät von Herrn Guericke mit den 24 Pferden usw. dienen, und für die kleinen seine Kugel. [...]

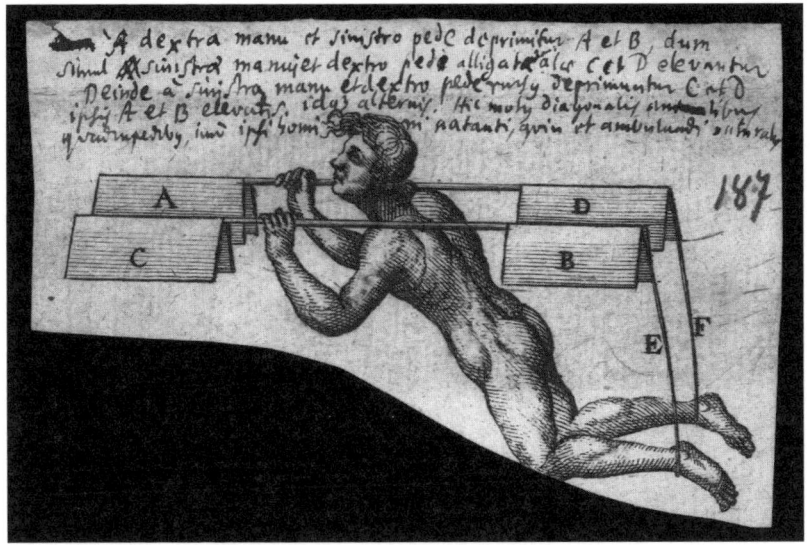

Anonymer Holzschnitt mit einem Flugversuch des Schlossers Besnier, den Leibniz seinem Plan einer Wunderkammer beigelegt hat. Einem ähnlichen Flugversuch hat er in Paris beigewohnt.

Der Nutzen einer solchen Unternehmung wäre grösser als man sich gemeinhin vorstellt, sowohl in der Öffentlichkeit als auch für Privatpersonen. In der Öffentlichkeit würde sie den Leuten die Augen öffnen, zu Erfindungen anregen, schöne Ansichten bieten und die Leute mit unendlich vielen sowohl nützlichen wie geistreichen Neuheiten bekanntmachen. Alle Wissbegierigen könnten sich dorthin wenden. Möglich wäre, dass wissbegierige Prinzen und illustre Personen zur öffentlichen Befriedigung und zum Aufblühen der Wissenschaften einiges von ihrer Seite beisteuern würden.

Fast hätte ich vergessen, dass man dort einen Spielpalast oder, allgemeiner gesprochen, einen Vergnügungspalast einrichten könnte. Aber der erste Name gefällt mir besser, weil es dem allgemeinen Geschmack entspricht. Und man würde die Oper oder die Musikakademie hinzufügen. Es würde ein

Pygmäentheater, Wasserspiele, Seen, Wasserschlachten usw. geben. Verzauberte Paläste. Es müsste verhindert werden, dass in dem Palast geflucht oder gegen Gott gelästert würde.[1]

Das ist nur eine kleine Auswahl der Objekte, die in dieser eigenartigen Mischung aus naturhistorischem Museum, Technorama, Spielhölle, Akademie, Tanztheater, Konzertgebäude, Zirkus, Bibliothek und Jahrmarkt hätte ausgestellt werden sollen. Leider wurde sein Projekt nie verwirklicht, lediglich St. Petersburg erhielt eine abgespeckte Version davon. Aber wenn diese Kreuzung von Disneyworld und Las Vegas in der Frühaufklärung tatsächlich realisiert worden wäre, wäre es wohl ein ganzes Stück eindrücklicher als das *Museum Kircherianum* geworden – und es hätte einem völlig anderen Zweck gedient.

Athanasius Kirchers Wunderkammer sollte die transzendente Erfahrung des göttlichen Lichts vermitteln, Leibniz hingegen ging es nicht um Glauben und Religion. Außer dass gotteslästerliche Reden verboten sein sollen, kommt Gott nicht vor. Leibniz wollte dem Publikum vielmehr auf unterhaltsame Weise Wissen vermitteln, die unendliche Vielfalt unserer Erde vorführen und zugleich Neugier auf die Naturgesetze *hinter* den Dingen wecken. Kirchers Museum stand im Dienst der Gegenreformation, Leibniz' Projekt wäre ein Museum der Aufklärung geworden.

Gegen Ende seiner Notizen stellt Leibniz noch die merkwürdige Frage, ob man Falschspielerei erlauben solle. Man sollte es doch für selbstverständlich halten, dass Betrug an einem Ort der Aufklärung keinen Platz hat.

Eine ähnlich sonderbare Aussage findet sich bei Francis Bacon. Seine Utopie *Nova Atlantis* aus dem Jahr 1627 ist der Entwurf einer vollkommenen, nach wissenschaftlichen Prinzipien errichteten Gemeinschaft. In weitläufigen unterirdischen Höhlen werden Ausstellungsräume hergerichtet, die zugleich Laboratorien sind und den »Zweck [haben], die Ursachen des Naturgeschehens zu ergründen, die geheimen Bewegungen in den Dingen und die inneren Kräfte der Natur zu erforschen und die Grenzen der menschlichen Macht so weit auszudehnen, um alle möglichen Dinge zu bewirken«.[2] In jeder dieser Höhlen wurde ein anderes bemerkenswertes Naturphänomen ausgestellt und untersucht. Es ist klar, dass Maschinen wie in Leibniz' Wunderkammer dabei eine herausragende Stellung einnehmen würden: »In unseren Maschinenhäusern stehen Maschinen und Apparate, mit deren Hilfe wir Bewegungen jeder Art hervorbringen können.«[3] So weit, so gut, doch unmittelbar auf die Maschinenhöhle folgt eine Höhle der Täuschungen:

Dann gibt es noch bei uns ein Haus der Sinnestäuschungen, in dem wir alle möglichen Zauberkünste, Taschenspielerkniffe, Gaukeleien und Illusionen sowie deren Trugschlüsse darstellen. Ihr könnt euch denken, daß es uns, die wir es in der Naturerkenntnis und -Beherrschung so wunderbar weit gebracht haben, ein leichtes wäre, den menschlichen Sinnen sehr viel vorzuspiegeln, wenn wir natürliche Dinge mit dem Nimbus des Wunders ausschmücken und aufbauschen würden. Aber uns ist jeder Betrug und jede Lüge verhasst. Daher ist auch allen Mitgliedern unseres Hauses bei Ehren- und Geldstrafe streng untersagt, natürliche Tatsachen in lügenhafter Aufmachung zu verkünden; nur eine reine, ungeschminkte, durch keinen Wunderglauben beeinflusste Darstellung darf gegeben werden.[4]

Wie kann einer ein Haus voller Illusionen und Taschenspielertricks einrichten und gleichzeitig verkünden, dass ihm jeder Betrug und jede Lüge verhasst sei?

Offenbar widersprechen sich Aufklärung und Illusion nicht. Am Beginn der Aufklärung stand, wie bereits erwähnt, eine

Verunsicherung über die Wahrheit des Sichtbaren. Die Vorstellung, dass die sichtbare Oberfläche täuscht und sich die eigentliche Wahrheit *hinter* den Dingen verbirgt, scheint eine Grundposition jeder Aufklärung zu sein. Aufklärung, *enlightenment, siècle des lumières* heißt ja nichts anderes, als mit der Vernunft Licht ins Dunkel hinter der Kulisse zu bringen. Aufklärung ist im Wortsinn Ent-täuschung: Es geht ihr um die *Prinzipien*, nach welchen die Dinge funktionieren, um die Gesetze unter der Oberfläche.

An die Täuschungen des Alltags haben wir uns so gewöhnt, dass wir sie nicht mehr hinterfragen. Illusionen und Falschspielerei täuschen hingegen so offensichtlich, dass sie die Zuschauer automatisch zu einem Blick hinter die Kulissen drängen. Dass die Besucher einer Zaubershow wissen, dass die Jungfrau nicht zersägt wird, und demnach auch, dass sie getäuscht werden, stachelt sie dazu an, die vorgeführten Tricks zu durchschauen – was ihnen hoffentlich nicht gelingt, denn sie wollen ja den magischen Zauber nicht ganz verlieren.

Aus diesem Grund stellt Leibniz die Frage nach der Falschmünzerei und stehen in Bacons idealer Welt die Maschinen neben den optischen Täuschungen: Maschinen sind Illusionen und sie produzieren Illusionen, die zur Ent-täuschung auffordern, sie verzaubern und laden gleichzeitig zur Entzauberung ein. Als Materialisierungen geheimnisvoller Naturkräfte eignen sie sich besonders gut zur Aufklärung, wurden sie doch vom Menschen in Kenntnis der Naturgesetze gebaut. »*Verum et factum convertuntur*«, schreibt Giambattista Vico, das Wahre und das Gemachte seien austauschbar: Weil Menschen die Maschinen konstruiert haben, verstehen sie sie auch.[5] Das leuchtet ein, aber gleichzeitig verkennt Vico die erkenntnistheoretische Komplexität der Beziehung von Mensch und Maschine. Es stimmt zwar, dass Menschen Maschinen studieren können, um die Gesetze der Mechanik zu verstehen, oder ein Teleskop, um die

Optik zu begreifen. Doch gleichzeitig musste der Konstrukteur schon etwas von Mechanik oder Optik verstanden haben, um die Geräte überhaupt bauen zu können.

Körper, Seele und Maschinen

Nicht nur Leibniz, auch René Descartes ließ sich von Maschinen begeistern. Doch er gab sich mit der Begeisterung nicht zufrieden, er wollte verstehen, wie sie funktionieren. Da kam ihm entgegen, dass er eine Weile in Saint-Germain-en-Laye lebte, einem kleinen Ort westlich von Paris mit einem prächtigen Schloss, das vom Sonnenkönig für einige Jahre zu seiner Hauptresidenz auserkoren wurde. Im Garten des Schlosses, das mit pompösen Wasserspielen ausgestattet war, konnte Descartes eine automatische Diana beobachten, die versucht, sich vor ihren Verfolgern ins Schilf zu retten. Als der junge René der schönen Göttin folgen will, stellt sich ihm Neptun in den Weg und bedroht ihn mit dem Dreizack. Nachdem er sich vom ersten Schrecken erholt hat, lässt ihn die Faszination nicht mehr los, er will wissen, wie so etwas möglich ist. Dankbar für die Möglichkeit, direkt ins Innere der *machina mundi*, der Weltmaschine, blicken zu können, steigt er in den Maschinenraum hinunter.

Beim Betrachten der Mechanismen hat Descartes eine erstaunliche, aber auch bedrohliche Einsicht: Tierische und menschliche Körper sind im Grunde gar nichts anderes als Maschinen! Damit will er keineswegs sagen, dass Tiere oder Menschen nicht lebendig seien, im Gegenteil: Das Studium der Maschine entschlüsselt das Geheimnis des Lebens. Der scharfe Gegensatz von Maschine und Leben ist ein Kind der Romantik und wäre Descartes völlig fremd gewesen. Körper und Maschinen, Leben und Mechanik arbeiten nach denselben Prinzipien, deshalb kann man in einen Maschinenraum oder in ein Uhrwerk schauen, wenn man den menschlichen Körper verstehen will. Später wird er aus seiner kindlichen Begeisterung für das Auseinandernehmen von Uhren gar eine wissenschaftliche Methode basteln: Man erwirbt Wissen über einen Gegenstand, indem man ihn in seine Einzelteile zerlegt und dann langsam wieder zusammensetzt.[6]

All das erkennt Descartes, wie er später schildert, beim Analysieren der unterirdischen Maschine. Sein primäres Interesse gilt allerdings nicht den Bewegungen der Figuren. Das Rätsel ihrer Bewegung war längst gelöst: Es genügt, Masse, Geschwindigkeit und Kraft zu kennen, um die Bewegung eines Körpers präzise voraussagen zu können. Im Maschinenraum sucht er nach etwas anderem: Wer steuert die Figuren eigentlich, wer plant ihre Bewegungen und wer lenkt ihren Ablauf? Wenn die Analogie von Körper und Maschine stimmt, müsste in der Maschine das Äquivalent einer vernunftbegabten Seele zu finden sein.

Und wenn schließlich eine *vernunftbegabte Seele* in dieser Maschine sein wird, wird sie ihren Hauptsitz im Gehirn haben und dort wie der Quellmeister sein, der den Verteiler, an dem alle Röhren dieser Maschine zusammenkommen, bedienen muß, wenn er in irgendeiner Weise ihre Bewegungen beschleunigen, verhindern oder ändern will.[7]

Doch da ist niemand, kein Quellmeister ist zu sehen, der Diana fliehen oder Neptun Eindringlinge abwehren lässt. Trotzdem läuft die Maschine: Wie kann das sein? Offenbar ist nicht die Selbstbewegung, sondern die (Selbst-)Steuerung das neue Rätsel des Lebens.

Descartes lässt das Problem nicht mehr los. Wenn die Maschine, die die Wasserspiele antreibt, ohne Steuermann funktioniert, könnte es dann sein, dass auch der menschliche Körper keine Seele braucht? Er macht sich daran, ein Buch über die Steuerung des menschlichen Körpers zu schreiben. *Über den Menschen* sollte Teil eines umfangreichen Projektes werden, das ganz unbescheiden *Über die Welt* heißen sollte. Es wird nie fertig geschrieben werden, vielleicht, weil es ihm über den Kopf wächst, vielleicht weil es zu ketzerisch geworden wäre. Der Teil *Über den Menschen*, den er mutmaßlich 1632 schrieb, wird jedenfalls erst 1662, zwölf Jahre nach seinem Tod, auf Lateinisch und 1664 auf Französisch veröffentlicht. Descartes ist zu dieser Zeit über jeden Verdacht der Ketzerei erhaben, in den *Meditationes de Prima Philosophia*, mit denen er 1641 nach etwa zehnjähriger Pause wieder an die Öffentlichkeit trat, bekommt die Seele ihren angestammten Platz mindestens teilweise zurück.

Descartes' kleine Röhrengeister

Über den Menschen ist rhetorisch als Gedankenexperiment aufgebaut:

Ich stelle mir einmal vor, dass der Körper nichts anderes sei als eine Statue oder Maschine aus Erde, die Gott gänzlich in der Absicht formt, sie uns so ähnlich wie möglich zu machen.[8]

Um die Frage zu beantworten, wozu der Körper eigentlich noch eine Seele braucht, stellt er sich vor, Gott würde eine Maschine bauen, die exakt wie ein Mensch konstruiert ist und auch so aussieht und funktioniert. Einzig eine Seele mangelt ihr, denn Maschinen haben naturgemäß keine Seele. Was könnte eine solche Maschine leisten. Was würde sie vor allem *nicht* können, was ein lebendiger Mensch kann? Würde sie sich von allein bewegen, würde sie empfinden, würde sie denken können?

Das Gedankenexperiment führt ihn zu einem verstörenden und für seine Zeit auch nicht ganz ungefährlichen Ergebnis: Zwischen einer solchen Maschine und dem menschlichen Körper gibt es kaum noch Unterschiede. Nicht nur Bewegungen,

Hunger und Durst, Gefühle und Leidenschaften, Ängste und Träume können mechanisch erklärt werden, sondern auch das Denken. Wie für gewisse zeitgenössische Neurowissenschaftler ist das Denken für Descartes lediglich ein Automatismus, zumindest bis zu einem gewissen Komplexitätsgrad.

Schauen wir uns die kartesische Körpermaschine genauer an:

> Wenn nun diese *spiritus animales* in die Kammern des Gehirns eindringen, gelangen sie von dort in die Poren seiner Substanz und durch diese Poren in die Nerven. Je nachdem, wo sie dort eintreten oder nur einzutreten versuchen, in die einen mehr als in die anderen, haben sie die Kraft, die Gestalt der Muskeln, in die diese Nerven einmünden, zu verändern und dadurch alle Glieder in Bewegung zu versetzen. So wie man es in den Grotten und den Fontänen in den Gärten unserer Könige sehen kann, dass allein die Kraft, mit der das Wasser sich bewegt, wenn es aus der Quelle entspringt, hinreicht, um dort allerhand Maschinen in Bewegung zu versetzen oder sogar einige Instrumente spielen oder einige Worte aussprechen zu lassen, je nach der verschiedenen Anordnung der Röhren, durch die das Wasser geleitet wird.[9]

Der menschliche Körper ist ein System kommunizierender Röhren, in denen Signale von der Peripherie mittels minimer Lufthauche, den *spiritus animales*, ins zentrale Nervensystem und wieder zurückgesendet werden. Diese *spiritus* zirkulieren sowohl in den Blutgefäßen wie auch in den Nervenbahnen. Die afferenten (ankommenden) Signale, im Grunde nur minimale Druckdifferenzen, bewegen die Zirbeldrüse, die je nach ihrer Ablenkung unterschiedliche efferente (wegführende) Bahnen aktiviert und damit motorische Reaktionen auslösen. Kurz: Der Mensch ist ein mittels Rückkoppelungen gesteuerter pneumatischer Automat.

Descartes scheint seine eigene Erkenntnis nicht ganz geheuer zu sein, denn er betont immer wieder, er werde gleich auf die Rolle der *vernunftbegabten Seele* zu sprechen kommen. Doch es bleibt beim Versprechen, offenbar ist ihm keine Funktion mehr eingefallen, die der Körper nicht allein bewerkstelligen könnte. Das Traktat endet bemerkenswert, auch bemerkenswert mutig:

> Ich wünsche, sage ich, dass man bedenke, dass die Funktionen in dieser Maschine alle von Natur aus allein aus der Disposition ihrer Organe hervorgehen, nicht mehr und nicht weniger, als die Bewegungen einer Uhr oder eines anderen Automaten von der Anordnung ihrer Gewichte und ihrer Räder abhängen. Daher ist es in keiner Weise erforderlich, hier für diese [die Maschine] eine vegetative oder sensitive Seele oder ein anderes Bewegungs- und Lebensprinzip anzunehmen als ihr Blut und ihre Spiritus, die durch die Hitze des Feuers bewegt werden, das dauernd in ihrem Herzen brennt und das keine andere Natur besitzt als alle Feuer, die sich in unbeseelten Körpern befinden.[10]

Für die Steuerung von Materie braucht es keine extrakorporale Steuerungsinstanz, ein einfacher Rückkoppelungsmechanismus genügt. Bloß noch die komplexe Funktion des Urteilens bleibt der vernünftigen Seele übrig. Über Urteilskraft verfügen Tiere nicht, deshalb benötigen sie keine Seele. Lebendig sind sie aber zweifellos.

Die Vorstellung, dass die materielle Welt wie eine Maschine aufgebaut ist, ist zu Descartes' Zeit nicht ungewöhnlich. Sie führt zu einer speziellen maschinellen Transparenz der Welt, die sich in der Transparenz der Uhren spiegelt: Kein im Inneren verborgenes Prinzip ist zu sehen, keine Seele, die nur postuliert, aber nicht bewiesen werden kann. Vielmehr ist die Welt durch einen nach rationalen Prinzipien vorgehenden Schöpfer hervorgebracht. Diese rationalen Prinzipien, denen Gott bei seiner Schöpfung gefolgt ist, kann man entweder symbolisch nachvollziehen – in Mathematik und Geometrie – oder man kann sie in der Uhr veranschaulichen. So kann man sich verständlich machen, was in der Welt vor sich geht und was mit uns als Menschen geschieht. Die Natur vollständig der Mathematik und der Physik zu unterstellen, bedeutet also, dass sie einen Urheber haben muss. Was nach bestimmten *nachvollziehbaren* Gesetzen perfekt zusammengesetzt ist, kann sich nicht selbst zusammengesetzt haben, was sich in Richtung größerer Vollkommenheit verändert, kann sich nicht von selbst verändert haben, da muss jemand geplant vorgegangen sein. Insofern dient hier die Auffassung von der Welt als Maschine einer rationalen Schöpfungstheologie oder wie man heute sagen würde: einem *argument of design*. Da bleibt kaum noch Raum für eine Seele. Wenn alles nach einem rationalen Plan konstruiert ist und nach einem festgelegten Programm abläuft, braucht es ebenso wenig eine eigene Steuerungsinstanz, wie ein perfekt programmiertes selbstfahrendes Automobil ein Lenkrad braucht.

Eine Maschine ist nach der Definition des Arztes und Wissenschaftsphilosophen Georges Canguilhem ein Gefüge, dessen »Bewegung eine Funktion der Zusammensetzung und der Mechanismus eine Funktion der Zusammensetzung ist«[11] und, so könnte man hinzufügen, dessen Bewegungen geometrisch beschrieben werden können. Descartes meinte die Gleichsetzung also nicht metaphorisch, der Körper *ist* für ihn tatsächlich eine Maschine. Er erfüllt dafür alle notwendigen Bedingungen.

Die Hirnmaschine

Das Prinzip der Rückkoppelung hatte Descartes zwar verstanden, aber von den anatomischen und physiologischen Grundlagen der autonomen Steuerung hatte er ziemlich abwegige Vorstellungen.

Diesen weiteren Schritt vollzog ein junger, begabter Arzt jenseits des Kanals namens John Locke (1632–1704).

Wir schreiben das Jahr 1656, Locke ist soeben erschüttert und verwirrt von London nach Oxford zurückgekehrt. Er habe sich wie in einem Sturm gefühlt, schreibt er Jahre später an einen Freund, die Stadt sei buchstäblich verrückt geworden: Quäker, Dissenter, wiedergeborene Christen und andere protestantische Splittergruppen wetteiferten mit immer exzentrischeren und lärmigeren Methoden um die Gunst des Publikums. Tatsächlich seien diese Gruppen und Grüppchen von Wahnsinnigen kaum mehr zu unterscheiden, stimmt Locke dem Platoniker Henry More zu, der im selben Jahr erklärt, dass all diese Sektierer im Grunde Fälle für den Irrenarzt seien. Der Gipfel der Exzentrik: Einige weigerten sich sogar, einen Hut zu tragen, woraufhin das Gehirn natürlich überhitze.

Offenbar genügt ihm diese Erklärung des Wahnsinns doch nicht, denn nach seiner Rückkehr entschließt sich Locke, dem Geheimnis des menschlichen Verstandes auf die Spur zu kommen. Die Frage, was ein Verstand, der dermaßen aus den Fugen geraten kann, eigentlich sei, sollte ihn von da an sein Leben lang beschäftigen. Ihm kommt entgegen, dass sich eine klandestine Gruppe fortschrittlich gesinnter Wissenschaftler, die sich *The Invisible College* nennt, mit ähnlichen Fragen beschäftigt. Zu den Mitgliedern, den *virtuosi*, gehören die größten wissenschaftlichen Geister ihrer Zeit, neben Locke sind Robert Boyle, Robert Hooke, Christopher Wren und Thomas Willis noch heute bekannte Namen. Sie verband das Ziel, nach der Niederschlagung von Cromwells Revolution und der Rückkehr König Charles II. den Fortschritt der Wissenschaft nun *innerhalb* der royalen Ordnung gegen die Feinde von Frieden und Stabilität zu verteidigen, die da waren: Fanatiker, Enthusiasten und Geisterseher, Sektierer, Alchemisten und Wahnsinnige – wobei Boyle selbst der Alchemie nicht abgeneigt war.

Nur auf einem unerschütterlichen Fundament der mathematisierten Physik, der Mechanik, davon sind die *virtuosi* überzeugt, kann eine friedliche, freie und fortschrittliche Gesellschaft gedeihen.

Robert Boyle, das informelle Haupt dieser Gruppe, wird auf Locke aufmerksam, er erkennt sein Potenzial sofort und nimmt ihn unter seine Fittiche. Doch Lockes primäres Interesse gilt nicht seinem Mentor, sondern einem anderen Mitglied der Geheimgesellschaft, aus der einmal die *Royal Society* entstehen sollte: Thomas Willis, eben zum neuen Sedleian Professor of Natural History ernannt, war ein Pionier der Neuroanatomie.

Willis, den jeder Medizinstudent noch heute vom *Circulus arteriosus Willisii* her kennt, der die Blutversorgung des Gehirns garantiert, erlangte am 14. Dezember 1650 schlagartig Berühmtheit, als er den Leichnam von Anne Greene sezieren sollte. Die 22-jährige Dienstmagd, verurteilt wegen Kindsmordes, hatte schon eine halbe Stunde am Galgen gebaumelt, bevor man den toten Körper in den Anatomiesaal karrte. Als Willis gerade seinen ersten Schnitt setzen wollte, vernahm er seltsame Geräusche aus der Gurgel der Toten. Er und sein Kollege William Petty beschlossen, eine Wiederbelebung zu versuchen, die tatsächlich erfolgreich war. Ob er wegen dieses spektakulären Eingriffs oder wegen seiner guten familiären Beziehungen zu diesem respektablen Posten gekommen ist, weiß man nicht, ein großartiger medizinischer Leistungsnachweis war es jedenfalls nicht.

Willis nutzte den akademischen Freiraum, um nicht einfach Galen, Hippokrates und Aristoteles wiederzukäuen, wie das bei seinen Vorgängern üblich gewesen war, sondern dafür, seinen Studenten das Gehirn als *thinking matter* nahezubringen. Natürlich ist das Gehirn eine Gabe Gottes, beschwichtigte er, aber es ist auch ein gewöhnliches Organ, in welchem Kognition, Reflexion und freier Wille stattfinden. Alle diese Funktionen lassen sich letztlich auf das Prozessieren von Sinnesdaten zurückführen, das Gehirn hat selbst keine Inhalte, keine eingeborenen Ideen. Um Krankheiten wie Epilepsie, Hypochondrie, Melancholie oder Hysterie zu verstehen, muss man deshalb die zugrunde liegenden chemischen und mechanischen Prozesse des Gehirns kennen. Dafür fertigte Willis 1664 einen anatomischen Atlas des Gehirns an, *Cerebri anatome*, der noch heute durch seine Präzision und Anschaulichkeit besticht, was nicht weiter erstaunt, wurde er doch vom berühmten Architekten der St. Paul's Cathedral, Christopher Wren, illustriert.

Willis' Studium der Neuroanatomie ist nicht Selbstzweck, es soll vielmehr Aufschluss über die Genese des Wahnsinns geben, darin trifft er sich mit John Locke. Beide sind davon überzeugt, dass die wirren Gedanken der Wahnsinnigen auf Störungen des Gehirns zurückzuführen sind, denn das Gehirn ist das Organ, das Gedanken produziert, es ist *thinking matter*, denkende Materie. Für die gedankenfabrizierende Funktion des Gehirns prägt Locke sogar einen eigenen Begriff, *mind*, der mit Seele, Geist, Verstand oder sogar Aufmerksamkeit oder auf Französisch mit *âme* nur ungenügend übersetzt ist. *Mind* bezeichnet die Gesamtheit dessen, was das Gehirn tut, so wie der Begriff »Gang« das bezeichnet, was die Beine tun. Zu meinen, dass es etwas Immaterielles gäbe, das denkt, ist in etwa so sinnvoll wie zu sagen, es gäbe einen immateriellen Gang, der sich im Gehen verwirklicht.[12]

Im Grunde baut Locke damit lediglich die medizinisch-anatomischen Erkenntnisse seines Lehrers zu einem philosophischen System aus: Der Mensch wird nicht durch eine immaterielle göttliche Seele, sondern durch das Gehirn als *thinking matter* gesteuert. Der *mind*, selbst vollkommen leer, eine *tabula rasa*, verarbeitet eintreffende Sinnesdaten und verknüpft sie zu komplexen Ideen. Das Gehirn ist mit anderen Worten eine datenverarbeitende Maschine.

Die ketzerische Idee, dass sich Körper ohne Seele selbst steuern könnten, nimmt richtig Fahrt auf, als die ersten realen Maschinen mit selbststeuernden Mechanismen gebaut werden. Der Legende nach beginnt diese Geschichte neunzig Jahre nachdem Descartes seine Gedanken über selbststeuernde Mechanismen beim Menschen zu Papier gebracht – und in der Schublade versteckt hat. Im Jahr 1723 arbeitet in Birmingham, einer Industriestadt auf halbem Weg zwischen London und Manchester, ein Junge namens Humphrey Potter an einer Newcomen'schen Dampfmaschine. Seine Aufgabe ist ebenso ermüdend wie eintönig: Er muss nach der Expansionsphase des Zylinders ein Ventil öffnen, um kaltes Wasser einspritzen zu lassen. Nachdem der Kolben in die Ursprungsposition zurückgekehrt ist, muss er ein anderes Ventil öffnen, damit der heiße Dampf den Kolben wieder nach oben treibt. Das macht er zehn Mal pro Minute, was bei einer konservativ geschätzten Arbeitszeit von zehn Stunden 12 000 Handgriffe täglich ergibt. Diese schreckliche Eintönigkeit stumpft den jungen Humphrey aber nicht ab, sondern weckt im Gegenteil seine Erfindungsgabe. Er konstruiert einen Mechanismus, der das Ventil bei einem bestimmten Druck öffnet beziehungsweise wieder schließt – ein Vorläufer des Fliehkraftreglers. Erstmals in der Geschichte war ein Instrument, eine Maschine, in der Lage, eine Maschine zu steuern.

Unter Selbststeuerung wird die Fähigkeit eines Systems verstanden, seinen Zustand mittels eines Subsystems autonom zu verändern. Ein Thermostat verändert den Zustand der Heizung aufgrund der Außentemperatur, der Fliehkraftregler verändert den Zustand des Zylinders aufgrund des erreichten Innendrucks – und das Gehirn verändert den Zustand des Körpers aufgrund von Sinnesdaten, zumindest in Descartes' und Lockes Theorien.

Humphrey Potter versieht Newcomens Dampfmaschine mit selbstöffnenden Ventilen (Birmingham 1713).

Der Fliehkraftregler war damit nicht nur ein technischer Durchbruch, er war auch geistesgeschichtlich von Bedeutung. Er bewies nämlich, dass Descartes' Gedanken zur autonomen Steuerung und Lockes Theorie der *thinking matter* zumindest möglich sind. Der Fliehkraftregler war also die Materialisierung einer zunächst nur als gedankliches Modell für die Selbststeuerung des Menschen existierenden Maschine.

Gilbert Simondon beschreibt diese eigentümlichen Wechselwirkungen als Prozess der *Konkretisierung*: In einer Maschine materialisiert sich ein Stück menschlichen Geistes, sie *konkretisiert* menschliche Ideen, Vorstellungen oder Visionen. Der Geist kann sich später wieder aus der Maschine lösen: Descartes lernte beim Betreten des Maschinenraums die Rückkoppelung

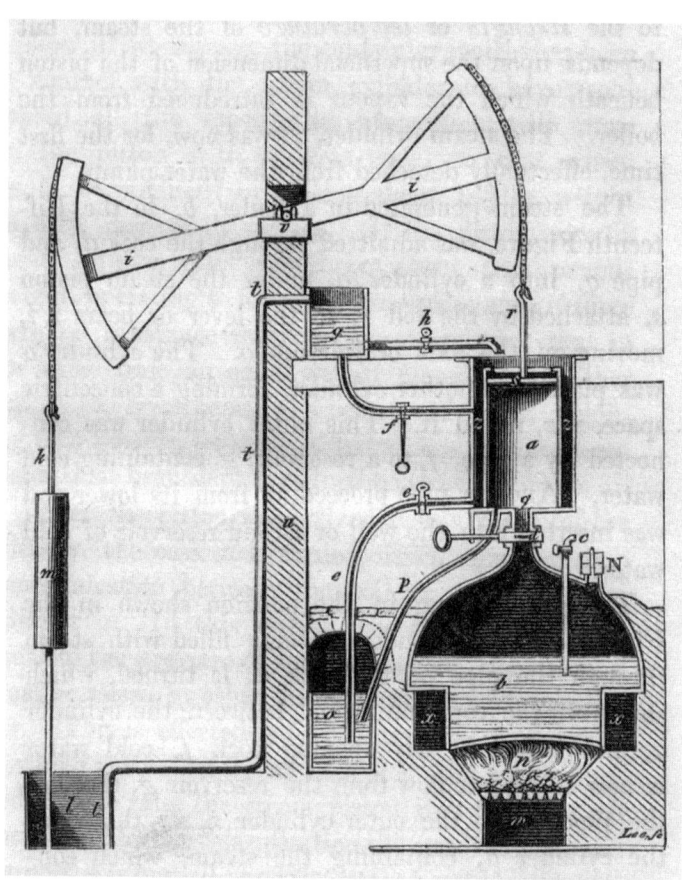

Dampfmaschine von Thomas Newcomen.

als Prinzip des Nervensystems verstehen. Die Idee der Selbststeuerung musste aber schon in die Maschine in Saint-Germainen-Laye hineingebaut worden sein, damit sie später, in modifizierter Form, für Descartes wieder Idee, wieder Geist werden konnte. Später ermöglichte Humphrey Potter die Idee der Selbststeuerung, die Rückkoppelung für den Bau des Fliehkraftreglers zu verwenden. Dieser vertiefte wiederum das Verständnis des Menschen und seiner Gesellschaft.

Durch die wechselseitige *Konkretisierung* von Idee und Maschine ist Technikgeschichte immer auch Geistesgeschichte.

Schauobjekte der Aufklärung

Nach der Erfindung des Fliehkraftreglers macht die Steuerungstechnik rasante Fortschritte. Die Automaten der Familie Jaquet-Droz, denen wir schon begegnet sind, werden von Walzen angetrieben, bei denen kleine Dornen eine Bewegung auslösen. Diese sind im Rücken der Figuren zwar sichtbar, aber sie sind so komplex gebaut, dass das Sichtbarmachen die Maschine nicht etwa entzaubert, sondern das Geheimnis noch steigert. Nicht zufällig sind auch die Tätigkeiten der Automaten: Schreiben, Zeichnen und Musizieren. Die Botschaft ist klar: Selbst der höchste Ausdruck menschlicher Geistigkeit kann mechanisch erzeugt werden.

Zudem erfindet im Jahr 1805 der französische Seidenweber Joseph-Marie Jacquard (1752–1834) die erste Maschine, die durch Bänder von aneinandergenähten Lochkarten gesteuert wird. Der Vorteil des Jacquardwebstuhls gegenüber der fest montierten Walze liegt auf der Hand. Er konnte nicht nur eine, sondern mehrere Aufgaben ausführen und mittels auswechselbarer Lochkarten verschiedene Muster weben. Die Erfindung von Walzen und Lochkarten bedeutete zweifellos einen enormen technischen Fortschritt, denn von nun an konnten auch nützliche Maschinen automatisiert werden. Vor allem waren sie aber auch eine Herausforderung für das menschliche Selbstverständnis, sind Walzen und Lochkarten doch fix eingebaute Programme, die zunehmend jene Fähigkeiten übernehmen, die nach Locke allein dem menschlichen *mind* zukommen. Sie verarbeiten Inputs und setzen sie in Handlungen um. Sie sind im eigentlichen Sinn Gehirnprothesen, und es schien nur eine Frage der Zeit, bis der menschliche Geist vollständig ersetzbar und der Mensch überflüssig würde.

Die Steuerungstechnik, sollte sie tatsächlich funktionieren, warf unangenehme Fragen auf. Sie stellte das Alleinstellungsmerkmal des Menschen infrage, über eine immaterielle Substanz zu verfügen, welche die Materie steuert, und gefährdete so die Sonderstellung des Menschen im Universum. Auf der anderen Seite könnte sie auch zu einer mächtige Treiberin der politischen Aufklärung werden: Wenn Maschinen keinen Steuermann brauchen und wenn auch biologische Systeme ohne zentrale Steuerung auskommen, wozu braucht es dann noch einen König?

Ab Mitte des 18. Jahrhunderts sind Maschinen allmählich nicht mehr Objekte der Aufklärung, weil sie dem Studium lebendiger Systeme dienen, sondern weil sie die Botschaft der Aufklärung verbreiten sollen.

Das Gehirn als *thinking matter* zu verstehen, stellte zweifellos einen entscheidenden Schritt zur Überwindung des Körper-Geist-Dualismus dar. Dennoch hielt Locke an einer Art Dualismus fest, indem er zentrale Steuerung und gesteuerter Körper scharf trennte, nur dass die zentrale Steuerung nicht mehr von einer immateriellen Seele, sondern von einer *thinking matter* ausgeübt wird. Wenn das Denken aber bloß die Funktion eines Organs ist, so wie der Gang die Funktion der Beine ist, spricht nichts dagegen, auch das Gehirn, wie jedes andere Organ, durch eine Prothese zu ersetzen.

Dass dies zu erreichen möglich sei, war die Mission, zu der sich Jacques Vaucanson junior aus Grenoble schon in jungen Jahren berufen fühlte. Was bei Descartes noch Gedankenexperiment war – wie würde eine Maschine funktionieren, die wie ein Mensch aussieht –, wollte der geniale Tüftler tatsächlich bauen: eine Maschine, die auch maschinell gesteuert wird und deshalb den Menschen nicht nur täuschend ähnlich nachahmt, sondern auch wie ein Mensch funktioniert. Kurz: eine Maschine, die lebt.

Jacques de Vaucansons Maschinen – die vornehme Schreibweise seines Namens legte er sich erst später zu – waren einerseits als Modelle konzipiert, um das Verständnis der Körpersteuerung zu vertiefen, andererseits Schauobjekte, um die Idee der Aufklärung zu verbreiten, dass es keine immaterielle Steuerung braucht, keinen Gott, keinen König und keine Seele. Seine Automaten waren im doppelten Sinn Aufklärung: Eine menschähnliche Maschine ist ein starkes Argument für einen radikalen Materialismus, ein Argument, das jedermann versteht, ohne dicke Bücher lesen zu müssen. Andererseits wäre ein funktionstüchtiger Menschenautomat ein Beweis dafür, dass menschliche Handwerker dem göttlichen Handwerker in nichts nachstehen, es würde den Menschen auf eine Stufe mit dem Schöpfer stellen. Vaucanson vollzieht die Erfahrung des Mystikers Angelus Silesius in seinem Handwerk nach, der schreibt: »Ich bin wie Gott, und Gott ist wie ich. Ich bin so groß wie Gott und Gott ist so klein wie ich. Er kann nicht über mir, ich nicht unter ihm stehen!«[13]

Dass sich in den Augen der Kirche sowohl Silesius wie auch Vaucanson der Blasphemie schuldig machten, kann nicht erstaunen. Allerdings ist Vaucanson weit zwiespältiger: Seine Automaten stellen den Menschen zwar mit Gott auf eine Stufe – beide erschaffen Leben –, doch gleichzeitig zeigen sie, dass der Mensch auch nur eine simple Maschine ist, die ihr Programm so stumpfsinnig wie eine Uhr abschnurrt. Er erhöht und erniedrigt den Menschen gleichzeitig.

Jacques de Vaucanson, der Ingenieur der Aufklärung

Bereits im Jahr 1677 berichtete das *Journal des sçavans* vom deutschen Arzt Salomon Reisel, der eine »Machine surprenante de l'homme artificielle«, eine überraschende Maschine des künstlichen Menschen, gebaut habe, »pour demonstrer au doigt & à l'œil la circulation du sang a composé une statuë avec tant de rapport & de ressemblence de l'homme dans toutes les parties. Machine surprenante«: Zugleich überraschende Maschine wie auch überraschender Taschenspielertrick, ein Kunstgriff, der das Publikum visuell und taktil davon überzeugen sollte, dass der Mensch nichts anderes als ein Automaton ist, eine sich selbst bewegende Maschine. In einer nächsten Version, versprach Reisel, werde er dem Automaten auch noch Sprache und natürliche Bewegung verleihen. Reisels Vorhaben fand jedoch, wie einige andere ähnliche Projekte auch, wenig Resonanz, den medialen Durchbruch schaffte erst Vaucanson.

Vaucanson wurde im Winter 1709 in Grenoble als Sohn eines Handschuhmachers geboren. Früh wurde er der Obhut der Jesuiten überlassen, weil seine Eltern ihn und seine neun Geschwister nicht ernähren konnten. Jeden Samstag holte ihn seine Mutter aus dem Konvent, um zusammen zwei ledige alte Tanten zu besuchen. Um der gähnenden Langeweile dieser endlosen Besuche zu entkommen, studierte Jacques die mechanische Uhr auf dem Kaminsims der alten Damen, und tatsächlich gelang es ihm nach einiger Zeit, nach deren Vorbild ein kleines mechanisches Figurentheater mit Engeln und Priestern zu basteln.

Wenig später trat er als Novize einem Kloster in Lyon bei, wo er seiner Bastelleidenschaft weiter frönte. Doch die Patres waren weniger nachsichtig als die Jesuiten in Grenoble. Jacques musste das Kloster verlassen, nachdem alle seine Figuren zerstört wurden. Offenbar hatten die Oberen die blasphemische Absicht Vaucansons erkannt: Da wollte einer ein lebendiges Wesen erschaffen!

Mit neunzehn Jahren gelangte er über verschiedene Stationen nach Paris und lernte im Salon der Bankiersgattin Madame Madeleine Dupin im Hôtel Lambert die Crème de la Crème der französischen Aufklärung kennen, die Barone Friedrich Melchior von Grimm, Paul Henry Thiry d'Holbach, Jean-François Marmontel, Jean-Jacques Rousseau und Denis Diderot verkehrten

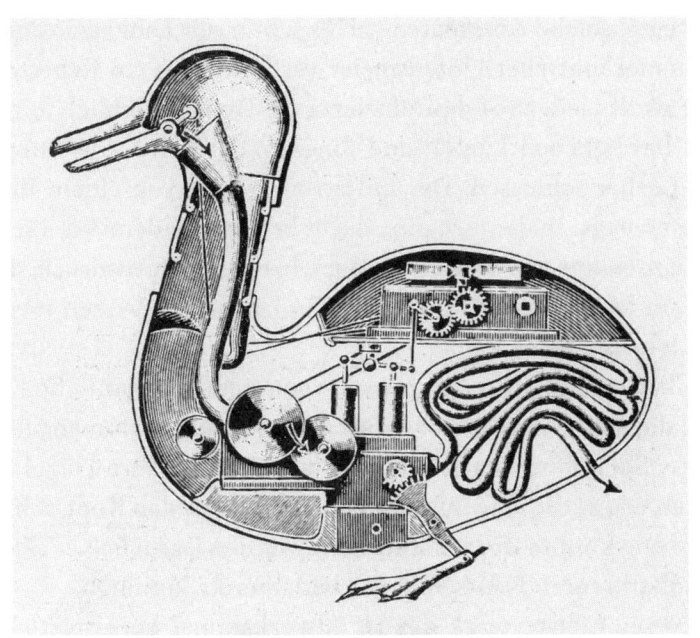

Die mechanische Ente
von Jacques de Vaucanson (1738).

dort, später auch Voltaire. Vor allem Voltaire erkannte Vaucansons Wert als Propagandist der Aufklärung und nahm sich seiner an. Dennoch wurden die nächsten Jahre aufreibend, denn finanzieren konnten ihn seine neuen Freunde nicht – oder sie wollten es nicht, immerhin waren d'Holbach und Grimm immens reich. Dennoch verfolgte er sein Ziel, ein künstliches Lebewesen zu erschaffen. Zuerst dachte er an einen Schwan, später begnügte er sich mit einer Ente. Trotz aller Widrigkeiten – potente Geldgeber sprangen immer wieder ab, wenn sich der Erfolg nicht rasch genug einstellte – konnte Vaucanson am 3. Februar 1738 auf dem Jahrmarkt von Saint Germain der staunenden Öffentlichkeit einen automatischen Flötenspieler vorstellen. Es war nicht bloß ein Musikautomat, zu dem sich eine Figur synchron bewegte, solche Automaten gab es schon seit Langem. Vaucansons mechanischer Flötenspieler verfügte über ein Repertoire von zwölf Liedern und produzierte die Töne tatsächlich mit seinen beweglichen Lippen und Fingern, deren lederne Kuppen die Löcher schlossen. Der Luftstrom wurde von einem Blasebalg erzeugt. In der *mémoire*, die er bei der Académie des sciences einreichte, gab Vaucanson der Überzeugung Ausdruck, dass es ihm tatsächlich gelungen sei, ein lebendiges Wesen mechanisch herzustellen.

Gleichzeitig stellte Vaucanson auch seine mechanische Ente aus, die er aus etwa vierhundert Einzelteilen zusammengebaut hatte. Sie konnte watscheln und schwimmen, ihre Flügel flatterten wie natürliche Entenflügel, sie bewegte den Kopf, schnatterte und konnte Körner aufpicken. Für den Darm ließ er eigens sündhaft teuren Kautschuk aus Südamerika kommen.

Dieses Meisterwerk der Handwerkskunst begeisterte das Publikum noch mehr als der Flötenspieler, vor allem auch, weil die Ente über einen funktionierenden Verdauungsapparat verfügte. Allerdings war der Brei, der die Ente an ihrem hinteren Ende verließ, nicht das Verdauungsprodukt der Körner, die ihr verfüttert wurden, er war vorab in einem kleinen Behälter im Inneren der Ente versteckt worden.

Dieser kleine Betrug sollte Vaucansons Niedergang einleiten. Das Publikum verzieh ihm die Täuschung nicht, das Interesse der Öffentlichkeit an seinen Vorführungen schwand. Vaucanson war zutiefst enttäuscht, dass er als genialer Tüftler und Schausteller, nicht aber als Schöpfer von Leben wahrgenommen wurde. So kam ihm wohl entgegen, dass ihm Kardinal de Fleury, der Generalinspekteur der Seidenfabrikation von ganz Frankreich, im Jahr 1741 den Auftrag zur Automatisierung der Seidenmanufakturen erteilte. Er war damit so erfolgreich, dass er 1743 die ihm mittlerweile zur Last gewordenen Automaten verkaufen konnte, die fortan durch die Jahrmärkte Europas tingelten, bis sie im Kuriositätenkabinett des Gottfried Christoph Beireis landeten, wo Goethe den Flötenspieler im Jahr 1805 besichtigte und enttäuscht notierte, dass »wir ihn durchaus paralysiert fanden. In einem alten Gartenhaus saß der Flötenspieler in sehr unscheinbaren Kleidern, aber flötete nicht mehr.«[14]

Es ist Vaucansons Tragik, dass er dafür Berühmtheit erlangte, woran er scheiterte, nämlich Leben zu erschaffen, und nahezu unbekannt dafür blieb, worin er die Welt tatsächlich veränderte. Berühmt wurde sein Webstuhl unter dem Namen seines Schülers, der ihn technisch nur verbesserte: Joseph-Marie Jacquard. Dass Vaucanson 1757 anstelle von Denis Diderot in die Pariser Académie des sciences aufgenommen wurde, war ein letzter Akt der Ehrerbietung an einen fast vergessenen Star – und eine politisch motivierte Demütigung Diderots. Die Aufklärer, allen voran Voltaire, zeigten ein an Begeisterung grenzendes Interesse an Vaucanson, obwohl sie wohl kaum an seine Überzeugung glaubten, ein lebendiges Wesen erschaffen zu können. So schrieb Voltaire an den Comte d'Argental: »Ohne die Ente von Vaucanson hätten wir nichts, was an die Glorie Frankreichs erinnerte«, und Voltaires Intimfeind Julien Offray de La Mettrie nannte ihn den neuen Prometheus.[15]

Organismus und Maschine

*in dem das mechanistische Weltbild verabschiedet
und durch die Vorstellung der Organisation
ersetzt wird, wodurch die Maschine ihre
privilegierte Stellung zur Erklärung des Lebens
verliert und das Problem der Selbststeuerung
immer mehr ins Zentrum des Interesses rückt.*

Julien Offray de La Mettrie war einer der größten Verehrer Vaucansons. Und er war gleichzeitig einer der radikalsten Vertreter der französischen Aufklärung. Der Arzt aus Saint-Malo war kein beliebter Zeitgenosse, auch unter harten Materialisten fand er kaum Unterstützung, weil er der Aufklärung mit seinem kompromisslosen Hedonismus in den Rücken fiel. Seine Zügellosigkeit bestätigte nur die Warnung der Kirche, dass die Menschheit ohne Gott im Sumpf der Sünde versinke. Selbst Diderot, gewiss kein Konservativer, schrieb über ihn: »Einen in seinen Sitten und Anschauungen so verdorbenen Menschen schließe ich aus der Schar der Philosophen aus.«[1]

Wegen des radikalen Materialismus und Atheismus seiner 1745 erschienenen *Naturgeschichte der Seele* (*Histoire naturelle de l'âme*) musste er Frankreich verlassen. Einzig am Hof Friedrich II. von Preußen fand er 1749 durch die Vermittlung von Pierre Louis Moreau de Maupertuis, der wie er aus Saint-Malo stammt, Zuflucht. Friedrich schätzte »Lamettrie« (so schrieben ihn die Deutschen) wegen seiner scharfen Zunge und seines bissigen Humors. Er gewährte ihm bald einen Platz in seiner Tafelrunde und La Mettrie avancierte zum bevorzugten Gesprächspartner und Vorleser. Dass der König seine Gesellschaft derjenigen des in den Augen La Mettries selbstverliebten Griesgrams Voltaire vorzog, trieb Letzteren zur Weißglut. Vergeblich versuchte Voltaire ihn loszuwerden, doch blieb La Mettrie bis zu seinem baldigen Tod der Günstling des Königs. Mit nur 42 Jahren verschluckte er sich an einer Pastete, was zum Bild des hemmungslosen Lüstlings bestens passte. Auch das Gerücht, Voltaire habe ihn vergiftet, hielt sich hartnäckig.

Den Unmut zog La Mettrie vor allem mit dem Buch *Die Maschine Mensch* aus dem Jahr 1748 auf sich, worin er den Menschen als ein Uhrwerk beschreibt, das sich selbst aufzieht.[2] Die Nachwelt biss sich an der Maschinenmetapher fest und stilisierte La Mettrie zum Höhepunkt des mechanistischen Denkens. Er sei deswegen »einer der geschmähtesten Namen der Literaturgeschichte«,[3] schrieb Friedrich Albert Lange in seiner viel gelesen Geschichte des Materialismus. Und auch Karl Marx hielt La Mettrie für einen Anhänger der Physik Descartes'. Doch das ist falsch. Selten hat ein Buchtitel dermaßen in die Irre geführt; es ist, als behaupte man, ein Buch über den Zitronenfalter handle von einem, der Zitronen faltet. La Mettrie ist zwar Materialist, aber er ist beileibe kein Mechanist, wie der Mensch konstruiert ist, interessierte ihn nicht.

Vaucanson bemühte sich tatsächlich noch, für jeden Knochen eine mechanische Entsprechung zu finden, doch La Mettrie interessierte sich für den konkreten Bauplan des Menschen kaum. Dass der Mensch eine Maschine sei, besagt lediglich, dass er auch ohne substanzielle Seele ein hoch organisiertes System ist. Was die anderen »Seele« nennen, ist bloß eine Reaktion auf äußere Einflüsse. Dass sich Verdauung und Stimmung wechselseitig beeinflussen und Klima und Tageszeiten das Denken bestimmen, beweist, dass die rationale Seele, die aufgrund vernünftiger und moralischer Prinzipien entscheidet, eine körperliche Funktion wie der Herzschlag ist.

La Mettries Thema ist der freie Wille. Die Annahme eines solchen sei ein Unfug, meinte er, den Kirche und Staat zur Unterdrückung des Volkes erfunden hätten. In Wahrheit sei der Mensch vollständig durch seine Triebe, seine körperliche Verfassung und durch die Umstände bestimmt, in denen er lebt, seine Handlungen folgten dem Lust-Unlust-Prinzip. Die Vernunft diene ihm lediglich dazu, dieses möglichst schlau umzusetzen. Nur dazu nutzt ihm der Vergleich mit der Maschine: Der Mensch hat genauso wenig einen freien Willen wie eine Maschine.

Trotz oder gerade wegen dieses Determinismus setzte er sich, wie die anderen französischen Materialisten, vehement für eine freie Gesellschaft ein, während die Konservativen, die auf dem freien Willen beharrten, für die Beibehaltung der absoluten

Monarchie kämpften. Wie lässt sich dieser Widerspruch erklären, wozu braucht ein Maschinenmensch Freiheit? Das Lustprinzip gehöre zur Natur des Menschen, so das Argument, in gewisser Weise *ist* es sogar die Natur des Menschen. Natürlich kann man die Triebe mit Gewalt und durch Bestrafung unterdrücken, doch auf die Dauer werden sich die Triebe ohnehin durchsetzen, und inzwischen verkümmern die Menschen, die gegen ihre Natur leben müssen. Eine freie Gesellschaft ist also eine Gesellschaft, die dem unfreien Willen freien Lauf lässt. Auch dem Marquis Donatien Alphonse François de Sade, einem der gelehrigsten Schüler La Mettries, dient die Maschine als Rechtfertigung der Zügellosigkeit. Es findet sich bei de Sade ein ganzes Arsenal von Maschinen, praktisch jede Perversion verfügt über eine eigene Maschine. Es gibt Entjungferungsmaschinen, Sodomisierungsmaschinen, Pferdefickmaschinen, Eselfickmaschinen, Auspeitschungsmaschinen, Defäkationsmaschinen, Schwängermaschinen und Gebärmaschinen.[4]

Automaten waren ein starkes Argument für eine freie Gesellschaft. So wie Maschinen ausführen, wofür sie gebaut und programmiert worden sind, tun auch Menschen genau das und nur das, wofür sie programmiert wurden: Sie suchen Lust und vermeiden Schmerz. Wer sie daran zu hindern sucht, widersetzt sich der Natur. Sie zu bestrafen ist genauso sinnlos, wie eine Uhr zu bestrafen, wenn sie tickt. Es gibt wie bei den Maschinen keine ungelösten Rätsel, keine verborgenen Instanzen, keine geheimen Wirkungen, keine okkulten Kräfte, das sind alles Erfindungen, die die Macht der Kirche und des Staates erhalten sollen.

Vitalismus

La Mettrie löste die enge Verbindung von Maschine und Körper, für ihn ist die Maschine längst kein Modell des lebendigen

Körpers mehr, sie ist bloß noch die Metapher für einen willenlosen Automatismus.

Auch von anderer Seite erwuchs der Vorstellung Widerstand, die Maschine könne ein Konstruktionsmodell des lebenden Körpers sein. Besonders Ärzten, die tagtäglich mit wirklichen Menschen zu tun hatten, schien es absurd, zwischen einem menschlichen Körper und einem Automaten keinen Unterschied zu sehen. Dem Widerstand schlossen sich bald die Chemiker an, denen das Modell des Automaten auch zu eng wurde, und schlussendlich auch die Verteidiger der alten Lehre von der beseelten Materie. Es bildete sich eine eigentümliche Allianz zwischen religiös Konservativen und fortschrittlichen Ärzten und Wissenschaftlern, eine Koalition, die später Vitalismus genannt werden wird. Der Angriff auf das mechanistische Weltbild wurde mit starken Argumenten geführt: Wie wollt ihr das Blühen einer Pflanze oder die Verpuppung eines Schmetterlings durch bloße Krafteinwirkungen erklären? Und wie die Entstehung des Lebens aus Ei und Samen? Wie versteht ihr überhaupt Entstehen und Vergehen, Geburt und Tod und wie die zahlreichen Metamorphosen, die in der Natur vorkommen?

Im Zentrum der Debatte stand die Embryologie: Die Mechanisten vertraten die Präformationslehre, wonach im männlichen Samen (oder im Ei) der Mensch ganz in seiner späteren Form enthalten und die Entwicklung vom Embryo zum Menschen nur Wachstum sei. Die Vitalisten vertraten dagegen die Theorie der Epigenese, wonach sich auf dem Weg vom Samen über den Embryo zum ausgewachsenen Menschen die Form grundlegend verändert. Ein anderes, intensiv diskutiertes Beispiel war der Polyp von Trembley. Der Genfer Arzt Abraham Trembley veröffentlichte 1744 die Beobachtung, dass der Arm eines Süsswasserpolypen nachwächst, nachdem er abgetrennt wurde. Ein Schlag für die Mechanisten, denn für diese Regenerationsfähigkeit der Natur hatten sie keine Erklärung, ebenso wenig wie für chemische Reaktionen, die offensichtlich mehr als bloße Bewegungen sind. Wenn zwei Stoffe zusammengeschüttet werden, entsteht ein dritter Stoff, nicht bloß eine Mischung der zwei Ausgangsprodukte, Reaktionen *verändern* Stoffe. So ist es gewiss kein Zufall, dass zwei der zentralen Figuren des Vitalismus, Jan Baptist van Helmont und Georg Ernst Stahl, auch zu den bedeutendsten Chemikern ihrer Zeit gehörten.

Georg Ernst Stahl gilt als Wegbereiter der modernen Chemie. 1659 in das pietistische Milieu von Ansbach in der Mark Brandenburg geboren, blieb er diesem tief verbunden. Als religiöser Mensch sah er voraus, dass das mechanistische Weltbild von Descartes früher oder später in einem atheistischen Materialismus münden würde, und als Arzt und Chemiker erkannte er, dass dieser das Lebendige nicht erklären kann:

> Keine Maschine – und sei sie noch so kunstvoll verfertigt – kann aus sich selbst heraus einen derart bewunderungswürdigen Effekt [das Leben] hervorbringen, zurichten und dirigieren. [...] Die Wirkkraft benützt die mechanische Konstitution des Körpers und seiner Teile, sie erregt sie und instruiert sie, um durch gerichtete Bewegungen den richtigen Endzweck und Effekt zu bewirken.[5]

Natürlich gehorchen auch die Bewegungen des menschlichen Körpers den Gesetzen der Mechanik, aber *hervorbringen, zurichten und dirigieren*, also Kreation von Neuem, Metamorphose und Steuerung lassen sich ohne Rückgriff auf einen Endzweck nicht erklären. Damit wirft Stahl ein Problem auf, das noch Kant beschäftigen wird: Kaum ist die moderne Wissenschaft die Teleologie losgeworden, die Vorstellung, die Natur sei von Gott auf einen Endzweck hin eingerichtet worden, kämpft sie sich durch die Hintertür des Lebens wieder zurück. Das Zusammenspiel der Organe ist so zweckmäßig eingerichtet, dass man zumindest bis Darwin ohne finalistisches Denken nicht auskommt.

Es muss einen *motus*, einen Motor, eine gerichtete Kraft geben, die allem Lebendigen innewohnt, die das Leben auf einen Endzweck hin hervorbringt, zurichtet und dirigiert. Diese Kraft nennt Stahl *vis viva*, Lebenskraft, und identifiziert sie mit der Seele, der *anima*. Seine Seele ist keine immaterielle Zentralinstanz, die den passiven Körper lenkt, sondern eine dem ganzen Körper innewohnende, intentionale Kraft. Damit schlägt Stahl zwei Fliegen auf einen Streich. Er bedient seine pietistische Herkunft, indem er der göttlichen Seele die Macht zurückgibt, und findet zugleich ein Erklärungsmodell für die Selbstheilungskräfte der Natur. Er kann sich die Heilung einer Wunde nur als zweckgerichteten Vorgang vorstellen.

Man kann den Vitalismus nicht einfach als rückwärtsgewandt abtun, Stahl war durch und durch Wissenschaftler, er wehrt sich bloß gegen die mechanistischen Vereinfachungen. Die Welt und das Leben sind zu komplex, als dass man sie auf ein einziges Prinzip zurückführen könnte. Stahl und die Vitalisten opfern der Komplexität des Lebens allerdings das alte Ideal einer *scientia universalis*: Es gibt nun zwei Wissenschaften, eine für die tote Materie, die Mechanik, und eine für das Leben mit der Lebenskraft im Zentrum.

1731 gelangten die Ideen Stahls durch den Arzt François Boissier de Sauvages nach Montpellier, allerdings gereinigt von dessen religiösem Hintergrund. Den Körper als Maschine zu betrachten, führe die Medizin in eine Sackgasse, war seine Botschaft. Die Ärzte von Montpellier, die im Gegensatz zu ihren Pariser Kollegen Kontakt zu wirklichen Patienten hatten, griffen diese Idee gerne auf. Angesichts der Auswirkungen seelischer Zustände auf den Körper und körperlicher Zustände auf die Seele von zwei völlig getrennten Substanzen zu sprechen, die nur über die Zirbeldrüse verbunden sind, erschien ihnen abwegig.

Montpellier, im Süden Frankreichs, unweit der Grenze zu Italien gelegen, war seit dem 13. Jahrhundert ein Zentrum der westeuropäischen Medizin. Die Nähe zu Italien verschaffte den Ärzten Zugang zum medizinischen Wissen der arabischen Welt, und die vergleichsweise liberalen und wissenschaftsfreundlichen Herzöge von Anjou trugen das ihrige zur Blüte der Schule von Montpellier bei, weil sie ihre wirtschaftliche Bedeutung erkannten. Im 16. Jahrhundert erlaubte der Herzog von Anjou sogar einmal jährlich die Autopsie eines gehängten Kriminellen, was Montpellier einen unschätzbaren Vorteil gegenüber der Pariser Schule verschaffte.

Von überall her pilgerten die Kranken nach Südfrankreich, sodass die Ärzte von Montpellier ungleich mehr klinische Erfahrungen hatten als ihre universitären Kollegen. Deshalb war ihnen vollkommen klar, dass der Zusammenhang zwischen Seele und Körper viel enger sein muss, als es sich die Pariser Philosophenärzte in ihren Studierstuben träumen ließen. Hinzu kam, dass auch der Einfluss der Umgebung – das Klima, das soziale Umfeld etc. – auf die Gesundheit viel größer sei, als er es je auf eine Maschine sein könnte.

Hinter diesen Beobachtungen steckt die Erkenntnis, dass es keine pathologischen Maschinen gibt. Georges Canguilhem schreibt im 20. Jahrhundert dazu:

Das Leben ist Erfahrung, das heißt Improvisation und Nutzung von Gegebenheiten; es ist in jedem Sinne ein Versuch. Daher rührt jene zugleich gewichtige und sehr oft verkannte Tatsache, dass das Leben Monstrositäten zulässt. Es gibt keine Monstermaschinen. Es gibt keine mechanische Pathologie; [...] denn Monster sind Lebewesen. In der Physik und der Mechanik hingegen gibt es keine Unterscheidung zwischen Normalem und Pathologischem. Die Unterscheidung von Normalem und Pathologischem existiert nur für Lebewesen.[6]

Zu der Feststellung, dass es keine maschinellen Pathologien gibt, kam die Beschäftigung mit den Metamorphosen, der embryonalen Entwicklung und mit der Psychosomatik hinzu, und alles zusammen führte die Vitalisten zu einer revolutionären Beobachtung, die so trivial ist, dass man sich wundern muss, dass sie bislang unbemerkt blieb: Das Leben ist irreversibel.

Körperliche Veränderungen, die dem Alterungsprozess geschuldet sind, lassen sich trotz gegenteiliger Behauptungen der Kosmetikindustrie nicht rückgängig machen – auch der Tod nicht. Das Leben läuft immer in einer Richtung, von der Geburt zum Tod und nie vom Tod zur Geburt. Dasselbe gilt für chemische Reaktionen, die, falls überhaupt, nur unter Energiezufuhr reversibel sind, für die Verpuppung einer Raupe und für die embryonale Entwicklung – alle diese Prozesse laufen immer nur in eine Richtung ab.

Der Vitalismus führt den Zeitpfeil ein, und dadurch wurde die Analogie von Maschine und lebendigem Körper vollends obsolet, denn die Mechanik kennt keine irreversiblen Bewegungen. In einer mechanischen Gleichung steht auf beiden Seiten dasselbe, sie kann prinzipiell immer von links nach rechts oder von rechts nach links gelesen werden: Die Zeit der Mechanik ist immer eine *Dauer*, sie kennt keinen gerichteten Zeitpfeil. Damit ist sie kein geeignetes Instrument, um das Leben zu verstehen.

Die Entdeckung der gerichteten Zeit und der irreversiblen Prozesse zwingt also zu dem Schluss, dass für bestimmte Bereiche des Lebens ein anderes Grundprinzip angenommen werden muss als für die Gesetze der Mechanik.

Der Biologe Georges Cuvier (1769–1832) verfasste zwischen 1798 und 1805 eine bahnbrechende Studie über vergleichende Anatomie. Zum ersten Mal bezog er nicht nur formale, sondern auch physiologische Aspekte zur Einteilung der Tiere ein. Für die funktionale Beschreibung des Bewegungsapparats und des Herz-Kreislauf-Systems genügte ihm die Mechanik noch vollauf, doch sobald er zu Beginn des dritten Buches die Verdauung untersucht, stößt er mit der Mechanik an seine Grenzen:

> [Die] Ausübung dieser Verrichtungen [Stoffwechsel] geschieht nicht ohne Verlust, indem dadurch unaufhörlich Bestandtheilchen des Thierkörpers ausgeführt werden, und der Zustand der Organe wird beständig durch ihre Thätigkeit selbst verändert, weil diese Thätigkeit kein blosser mechanischer Anstoss ist, sondern ihrem Wesen nach in einer chemischen Mischungsveränderung besteht.[7]

Dass Vaucanson gerade bei der Verdauung der Ente mit vorfabrizieren Fäzes betrog, war also kein Zufall, denn Verdauung ist ein irreversibler chemischer Prozess und kann mechanisch nicht imitiert werden.

Organizismus

John Lockes Vorstellung einer *thinking matter*, einer denkenden Materie, war zwar ein großer Schritt in die richtige Richtung gewesen, aber der hierarchische Gedanke einer zentralen Steuerung wurde davon nicht berührt. Die Steuerung ist für Locke zwar materiell, aber immer noch zentral durch ein spezielles, vom restlichen Körper abgesondertes Modul organisiert. Die Vorstellung, dass sich die Natur ohne zentrale Steuerung organisieren könnte, wäre in England ohnehin schlecht angekommen. Die Wunden des Bürgerkriegs waren noch nicht verheilt, bei allen Beteiligten blieb ein Bewusstsein für die Notwendigkeit einer starken Zentralinstanz. Die Alternative zu einer starken Regierung war hier nicht Selbstorganisation, sondern das blanke Chaos. Tatsächlich hat die Locke'sche Idee einer vom Körper getrennten Steuerungsinstanz die KI-Forschung jahrzehntelang behindert. Die Vorstellung, dass das Gehirn einen

Befehl erteilt und die Hand ihn sklavisch ausführt, hat sich als wissenschaftliche Sackgasse erwiesen.

Erst als sich Forscher wie der Zürcher Robotikpionier Rolf Pfeifer und andere von der sogenannten GOFAI (*Good Old-Fashioned Artificial Intelligence*) befreit hatten und zeigen konnten, dass Steuerung verkörpert (*embodied*) sein muss, dass also der ganze Körper steuert, kam Bewegung in die Robotik. Pfeifer erläutert das an dem einfachen Beispiel einer Hand, die ein Glas Wasser zum Mund führt: Würde der Robotikfachmann die gesamte Armbewegung programmieren und ausführen lassen, wäre das Wasser verschüttet, wenn das Glas am Mund angekommen ist. Nur wenn die Hand dauernd Signale über Lage, Schwere, Härte und Oberfläche des Glases sendet, kann die Bewegung gelingen.[8]

Im vorrevolutionären Frankreich fiel die Idee, die Steuerung dezentral als Systemeigenschaft zu denken, im Gegensatz auf fruchtbaren Boden: Wenn die Natur keiner Zentralinstanz bedarf, braucht auch die Gesellschaft keine und der König kann abgeschafft werden. Der Gedanke der Selbstorganisation wurde, von Leibniz angestoßen, im Umfeld der *Encyclopédie ou Dictionnaire raisonné des sciences, des arts et des métiers* populär gemacht.

Die beiden Herausgeber der Enzyklopädie hätten unterschiedlicher nicht sein können. Der eine, Jean-Baptiste le Rond d'Alembert, ist ein Findelkind mit dem Ehrgeiz, in die gute Gesellschaft aufgenommen zu werden. Er ist beständig herausgeputzt, als könnte er jeden Augenblick vom König oder, noch besser, von der Académie gerufen werden. Der andere hingegen, Denis Diderot, ist ein Bohemien mit umwerfendem Charme, der auf gesellschaftliche Konventionen pfeift, der kaum je eine Perücke trägt und fest entschlossen ist, einzig von der Schriftstellerei zu leben. Für ihr Jahrhundertprojekt, die *Encyclopédie*, zahlt sich ihre Unterschiedlichkeit aus. Der Ehrgeiz von d'Alembert, gepaart mit seinem brillanten mathematischen Kopf und seinem unerschöpflichen Arbeitseifer, wurde durch Diderots literarisches Talent, seine gesellschaftlichen Kontakte und sein Flair für das Geldsammeln ideal ergänzt.[9]

Es war einer dieser Abende, an denen sie vor dem Kamin zusammensaßen, ein Glas Wein tranken, oder auch mehrere, und miteinander diskutierten. Das Gespräch drehte sich an diesem Abend um das Leben, die Seele und die Unsterblichkeit. Der Mathematiker d'Alembert will das Leben mechanisch erklären. Descartes hat seiner Ansicht nach völlig recht, der Mensch sei eine Maschine, die durch feinstoffliche Geister gesteuert wird, die in den Nerven und in der Blutbahn zirkulieren und durch die Zirbeldrüse als Schaltzentrale an die Zielorgane verteilt werden. All diese Vorgänge sind im Prinzip durch Druck, Impuls und Kraftübertragung hinreichend erklärt, allerdings bedürfen sie einer externen Steuerung, denn eine Maschine ist passiv und wiederholt stumpfsinnig immer dieselben Abläufe. Solche primitiven, automatisch ablaufenden körperlichen Reaktionen können noch rein mechanisch beziehungsweise hydraulisch erklärt werden, und sobald komplexe Entscheidungen zwischen unterschiedlichen Optionen ins Spiel kommen, braucht es ein geistiges Vermögen, die Urteilskraft.

Diderot widerspricht. Zu viel bleibt seiner Ansicht nach mit dieser allzu einfachen Maschinenmetapher außen vor: Wie will man Metamorphosen oder Entwicklung, wie will man Leben und Tod, Entstehen und Vergehen vor dem Hintergrund dieser mechanischen Vorstellung erklären? Ein lebendiges Wesen ist keine Maschine mit angeschlossener Seele.

D'Alembert gibt zu, dass auch für ihn die Vorstellung einer immateriellen Seele schwer nachvollziehbar ist, doch vor die Alternative zwischen einer immateriellen Seele und einer sensiblen Materie gestellt, erscheint ihm eine Seele glaubhafter als ein fühlender Stein.

D'Alembert: Ich gestehe: ein Wesen, das irgendwo existiert und doch keinem Punkt des Raums entspricht; ein Wesen, das nicht ausgedehnt ist und dennoch Ausdehnung einnimmt, das in jedem Teil dieser Ausdehnung voll und ganz enthalten ist, das wesensverschieden von der Materie und doch, eins mit ihr ist, das sie begleitet und bewegt, ohne sich selbst zu bewegen, das auf sie wirkt und allen ihren Wandlungen unterworfen ist; ein Wesen, von dem ich nicht die geringste Idee habe, – ein Wesen von so widerspruchsvoller Natur ist schwer anzuerkennen. Wer es aber nicht anerkennt, der sieht sich vor neue Rätsel gestellt; denn wenn jenes Empfindungsvermögen, durch das Sie es ersetzen, letztlich eine allgemeine und wesentliche Eigenschaft der Materie ist, dann muss der Stein doch empfinden.

Diderot: Warum nicht?

D'Alembert: Es ist kaum glaubhaft.

Diderot: Ja, für den, der den Stein schneidet, behaut, zerkleinert und ihn dabei nicht kreischen hört.

D'Alembert: Ich möchte von Ihnen gern erfahren, was für einen Unterschied Sie zwischen dem Menschen und der Statue, zwischen Marmor und Fleisch machen.

Diderot: Einen ziemlich geringen. Man macht ja Marmor aus Fleisch und Fleisch aus Marmor.[10]

Diderot erklärt später, dass selbst Marmor in den Kreislauf der Natur gelangt, aus dem später Fleisch hervorgeht.

Danach verläuft das Gespräch zwischen d'Alembert und Diderot im Sand. D'Alembert fühlt sich nicht wohl und zieht sich früh in seine Gemächer zurück.

In der Nacht hat er einen Fiebertraum, den er murmelnd im Schlaf erzählt, sodass Mme de Lespinasse, seine Freundin, ihn am darauffolgenden Morgen dem herbeigerufenen Arzt

Théophile de Bordeu, einem bedeutenden Vertreter der Schule von Montpellier, weitererzählen kann.

Der Traum d'Alemberts stellt nichts anderes als die organizistische Position Diderots dar, die er, literarisch raffiniert, seinem Freund und Kontrahenten in den Mund beziehungsweise in den Traum legt:

> Und das Leben? ... Das Leben ist eine Reihe von Wirkungen und Rückwirkungen ... Solange ich lebe, übe ich Wirkungen und Rückwirkungen als Masse aus. Bin ich gestorben, so übe ich Wirkungen und Rückwirkungen in Molekülen aus ... Also sterbe ich nicht? ... Nein, zweifellos nicht in jenem Sinn, weder ich noch etwas anderes, was es auch sei ... Entstehen, leben und vergehen heißt die Gestalt wechseln ... Was aber bedeutet diese oder jene Gestalt? Jede Gestalt birgt das ihr eigene Glück und Unglück. Vom Elefanten bis zur Blattlaus ... von der Blattlaus bis zum empfindlichen, lebenden Molekül, dem Ursprung von allem, gibt es in der ganzen Natur keine Stelle, die nicht leidet oder genießt.[11]

Jedes einzelne Molekül *lebt*, weil es auf andere wirkt und von anderen Molekülen Wirkungen erleidet. Das Spiel von Wirkung und Reaktionen, das Diderot mit dem Leben selbst identifiziert, führt allmählich dazu, dass sich die Moleküle so aneinander anpassen, dass sie nun als ein Ganzes Wirkungen ausüben können. Mit anderen Worten gesagt: Die Moleküle organisieren sich und bilden einen Organismus. Ein Organ ist ein Organismus, der selbst Teil eines größeren Organismus geworden ist. Ein Organismus ist also keine zufällige Ansammlung von Organen. Leber, Niere, Herz, Magen und Gehirn auf einen Haufen geworfen, ergeben keinen lebendigen Menschen. Damit er lebt, müssen sich die Teile organisieren.

Schon Leibniz hatte erkannt, dass in einem Organismus jeder Teil selbst ein Organismus ist, in einer Maschine aber nicht jeder

Teil eine Maschine. Dazu kommt, dass Maschinen organisiert werden müssen, während sich Organismen selbst organisieren.[12]

Dazu, wie Selbstorganisation zustande kommt, ein weiterer Bericht von Mme de Lespinasse:

Haben Sie schon einmal ein Bienenvolk aus seinem Stock ausschwärmen sehen? ... Die Welt oder die allgemeine Masse der Materie ist der Bienenstock ... Haben Sie beobachtet, wie die Bienen am äußersten Ende eines Astes eine lange Traube von geflügelten Tierchen bilden, die alle mit den Füßen aneinanderhängen ... Diese Traube ist ein Wesen, ein Individuum, eine Art Tier ... Aber dann müßten solche Trauben sich doch alle gleichen ... Ja, wenn er dabei nur eine homogene Materie annähme ... Haben Sie sie beobachtet? – Ja, ich habe sie beobachtet. – »Wirklich?« – Ja, lieber Freund, ich versichere es Ihnen doch. – »Wenn es nun einer dieser Bienen einfiele, die nächste Biene, an die sie sich gehängt hat, irgendwie zu kneifen: was würde dann Ihrer Meinung nach eintreten? Sagen Sie es doch.« – Ich habe keine Ahnung davon. – »Sagen Sie wenigstens ... Nun gut, Sie wissen es nicht; aber der Philosoph, der weiß es. Wenn Sie ihn einmal kennenlernen – und Sie werden ihn so oder so kennenlernen, denn das hat er mir versprochen –, dann wird er Ihnen erklären, daß diese Biene die folgende kneift, daß in der ganzen Traube so viele Empfindungen aufkommen, wie Tierchen da sind; daß das Ganze in Bewegung gerät und seine Lage und Gestalt ändert; daß ein Geräusch, ein leises Summen entsteht und daß derjenige, der noch nie beobachtet hat, wie eine solche Traube sich bildet, in die Versuchung kommen könnte, sie für ein Tier mit fünf- bis sechshundert Köpfen und tausend bis zwölfhundert Flügeln zu halten ...« Was sagen Sie nun, Doktor?[13]

Ein Bienenschwarm kann sich allein durch »Kneifen« selbst organisieren. Das »Kneifen« ist einerseits physikalischer Impuls, andererseits Information, die eine spezifische Reaktion der einzelnen Bienen auslöst. Diese Reaktionen führen in der Summe dazu, dass der Schwarm koordiniert und angepasst handelt. Der menschliche Körper funktioniert nicht anders, nur wird das *Zusammenspiel* vom Nervensystem hergestellt, von dem das Gehirn bloß ein Teil ist; die Nerven gewährleisten den Austausch von Signalen, sie bilden ein Röhrensystem, in dem spezifische Signale oder Reize übermittelt werden – heute würden wir von Informationen sprechen –, auf die die Organe *spezifisch* reagieren. Darin besteht der entscheidende Unterschied zu Descartes' Bild des Körpers: Descartes' Reaktionen auf die *spiritus animales* sind rein mechanischer Natur, während die Reaktionen auf Nervenreize im Zielorgan angelegte, spezifische Antworten sind.

Die Fähigkeit der Nerven, Reize zu empfangen und weiterzuleiten, heißt Sensibilität oder Reizbarkeit, die Fähigkeit der Organe, auf diese Reize zu reagieren, Irritabilität. Beide sind für lebendige Wesen charakteristische Eigenschaften und erlauben eine klare Unterscheidung zwischen mechanischen und lebendigen Phänomenen: Eine Kugel, die von einer anderen angestoßen wird, bewegt sich nach den geometrischen Gesetzen passiv und unspezifisch. Ein Muskel, der sich nach einem elektrischen Impuls verkürzt, reagiert aktiv und spezifisch auf ein Signal.

Damit schien das Rätsel des Lebens endgültig gelöst. Es liegt ihm weder eine okkulte *vis viva* noch eine Maschine zu Grunde, sondern das Prinzip der Selbstorganisation, das ausschließlich lebenden Körpern zu eigen ist.

Selbstorganisation ist *nicht* Selbststeuerung: Gesteuert wird ein schon bestehendes, passives Gebilde, während Organisation sowohl die Steuerung als auch den Bau und die Entstehung umfasst. Zudem entsteht ein Organismus weder aufgrund einer linearen Kausalkette noch eines vorbestehenden Plans, sondern durch Wechselwirkungen. Der Bienenschwarm *entsteht* erst durch die Informationen, die die einzelnen Bienen austauschen. Zu diesem Bild des Körpers gibt es kein maschinelles Pendant. Selbst der Fliehkraftregler arbeitet rein mechanisch, er besitzt keine *aktive* Fähigkeit zu reagieren. Zwar machte die mechanische Steuerungstechnik im 18. Jahrhundert große Fortschritte, sie erreicht allerdings bis heute keinen Punkt der Selbstorganisation, weil es noch keine Maschinen gibt, die *sich selbst* bauen.

So gelangten Diderot und seine Mitstreiter zur Überzeugung, dass man sich endgültig vom Maschinenparadigma verabschieden müsse, die Maschine tauge allenfalls noch als Gegenbild des Lebendigen. Sie hielten der Mechanik eine eigene Wissenschaft des Lebendigen entgegen, eine Wissenschaft, deren Gegenstand weder geometrisierbar noch kausal determiniert ist, sondern die auf Wechselwirkungen beruht.

Es wird nach Diderot noch etwa zweihundert Jahre dauern, bis die Kybernetik das Leben und die Maschine unter einem Dach, dem Begriff der Information, wieder miteinander vereinigt.

Elektrische Kraft

Die Maschine stand damit der Aufklärung nicht mehr als Studienobjekt und auch nicht mehr als Propagandamittel zur Verfügung. Doch um die Aufklärung voranzutreiben, brauchte es dringend etwas in der physischen Welt, womit ihre Ideen veranschaulicht werden konnten. Die Aufklärung benötigte ein Schauobjekt, denn sie fand eben nicht nur in gelehrten Abhandlungen oder in hitzigen Debatten der Salons statt, Aufklärung wurde immer auch *gezeigt* mittels öffentlich zur Schau gestellter Objekte. Vaucansons Automaten tingelten durch Europa, sie traten in Salons, Fürstenhäusern, Theatern und vor allem auf Jahrmärkten auf. Dort wurden auch mikroskopische und teleskopische Darbietungen, magnetische Kräfte und optische und chemische Experimente vorgeführt. Kein Jahrmarkt und kein Salon konnte es sich leisten, auf naturkundliche Vorführungen zu verzichten. Christoph Wilhelm Hufeland, der Erfinder der Makrobiotik, beschreibt im *Journal des Luxus und der Moden* ihren Sinn recht treffend:

> Die Wissenschaften haben sich würklich unentbehrlich gemacht, und wo ist noch ein Zirkel von gutem Ton, in dem man nicht von Elementar-Feuer, Magnetismus, Elektrizität, *Principe oxygène*, den Ursachen der Dinge, ja von den abstraktesten Gegenständen der Metaphysik, mit einer Leichtigkeit und Interesse sprechen höret, die in Erstaunen setzen.[14]

Glücklicherweise kam Mitte des 18. Jahrhunderts eine bislang unbekannte, aber ungeheuer spektakuläre Technologie auf, die auf den Jahrmärkten gezeigt werden konnte und die die subversive Botschaft der Aufklärung noch eindringlicher, noch anschaulicher und noch überwältigender verbreiten konnte als Vaucansons Automaten: die Elektrizität. Diese neue Attraktion zog bald die ganze Aufmerksamkeit des Publikums auf sich und ließ die Ente schnell vergessen.

Die Geschichte der Elektrizität als öffentliche Attraktion beginnt im Jahr 1743 in Leipzig, als die Universitätsprofessoren Christian August Hausen, Johann Heinrich Winkler und ihr Wittenberger Kollege Georg Mathias Bose dem sächsischen Hof zu Dresden eine Elektrisiermaschine mit Reibekissen und Fußantrieb vorführen konnten. Zwar war über Elektrizität schon vorher einiges bekannt, und auch Elektrisiermaschinen kannte man aus England, aber erst das Leipziger Treffen trieb die Popularisierung und Verbreitung der Elektrizität im Dienst der Aufklärung voran. Da der sächsische Hof als modischer Trendsetter galt, waren von da an elektrische Vorführungen für jeden Fürstenhof und später für jeden Salon, der etwas auf sich hielt, ein absolutes Muss. Bei den Hannoveranern lösten sie sogar

Tanzveranstaltungen als wichtigste Freizeitbeschäftigung ab. Die Elektrizität habe den Platz der Quadrille eingenommen, bemerkte Albrecht von Haller maliziös.

Als dann mit der Leidener Flasche statische Elektrizität auch noch gespeichert werden konnte, wurden elektrische Experimente auch für Jahrmärkte interessant. Mit diesem einfachen Kondensator ließen sich faszinierende und spektakuläre Experimente durchführen: Dinge bewegten sich ohne Berührung, Eisenketten leiteten den Strom weiter, Vitrioläther begann plötzlich zu brennen, ohne dass er mit einer Kerze in Berührung kam, und Branntwein wurde auf geheimnisvolle Art erwärmt. Es gab aber auch weniger harmlose Spielereien: An einer Schaukel aufgehängte Knaben wurden als elektrische Leiter benutzt, Menschenketten wurden gebildet, die Stromschläge weiterleiteten und die Haare der Teilnehmer zu Berge stehen ließen. Manch ein Experimentator soll bei dem Versuch, alle anderen Schausteller zu übertrumpfen, zu Tode gekommen sein. Der bekannteste Versuch war wohl die *venus elektrificata* oder der *Leipziger Kuss*. Eine statisch aufgeladene Dame durfte von einem Galan aus dem Publikum gegen einen Obolus geküsst werden und dieser erhielt zum Gaudi des Publikums dabei einen Stromstoß. Überhaupt scheint die Verbindung von Elektrizität und Sexualität recht eng gewesen zu sein. So hielt sich hartnäckig das Gerücht, dass Impotente und Frigide keine Elektrizität leiteten. Erst ein Kontrollversuch mit Kastraten der Pariser Oper setzte dem Gerücht ein Ende.

Elektrizität wurde überall diskutiert, von den *Gentilhommes* der Akademien, in den eben entstandenen wissenschaftlichen Zeitschriften, an den fürstlichen Höfen, in den Salons der Hauptstädte, in medizinischen Kreisen als Therapeutikum und auf den Jahrmärkten. Elektrische Experimente waren der angesagte Stoff für wissenschaftliche und philosophische Debatten, für poetische Ergüsse und für die Unterhaltung. Wie kommt es plötzlich zu dieser ungeheuren Faszination für Elektrizität? Im

16. Jahrhundert wurde durch die Arbeiten des englischen Arztes William Gilbert (1544–1603) Elektrizität zu einem wissenschaftlichen Thema. Aber noch interessierte sie niemanden so richtig, weil der Magnetismus die ganze Aufmerksamkeit auf sich zog. Ein Stein, der einen anderen bewegt, ohne ihn zu berühren, war reine Magie, dagegen kam Elektrizität (noch) nicht an. Dass gewisse Materialien, *electrics* genannt, leichte Gegenstände, einen Fetzen Papier oder eine Vogelfeder, anzuziehen vermochten, wenn mit einem Seidentuch an ihren gerieben wird, na ja, das wussten schon die alten Griechen.

Die Nähe von Elektrizität und Sexualität zeigt an, woher der plötzliche Umschwung kam: Endlich hatte man das materielle Substrat der *vis viva*, der Lebenskraft gefunden! Dabei spielte – wieder einmal – das Licht eine entscheidende Rolle. Ab etwa 1730 konnte eine Elektrisiermaschine, die aus einem rotierenden Glaszylinder bestand, Blitze erzeugen. Näher hatte sich noch nie ein Mensch an Gott herangewagt: Der erste Schöpfungsakt, die Erschaffung des Lichts, konnte von Menschen nachvollzogen werden. Wer Blitze erzeugen oder sie von Häusern fernhalten kann, beherrscht die Kräfte der Natur so, dass er sich mit Gott auf eine Stufe stellen kann. Benjamin Franklin war sich bewusst, dass er seine Popularität nicht seinen politischen oder wissenschaftlichen Tätigkeiten verdankte, sondern einzig der Tatsache, dass er den »Blitz vom Himmel herunterholte«.[15] Die Bemerkung eines gewissen Abraham Gottlob Rosenberg trifft die damals herrschende Stimmung: »Man erblickt hier Kräfte der Natur, die uns bisher noch grösstentheils unbekannt gewesen [sind].«[16]

Endlich konnte eines der letzten verbliebenen Rätsel der Wissenschaft geklärt werden. Die Elektrizität hatte die Lebenskraft sichtbar gemacht. Die Selbstorganisation hatte zwar die strukturelle Seite der Frage nach dem Wesen des Lebens geklärt, die Entdeckung der Elektrizität gab aber zur Hoffnung Anlass, dass nun auch das Rätsel des Motors des Lebens, der Kraft, die das

Leben entstehen lässt und es in Bewegung hält, gelöst werden könnte. Als Galvani dann noch die schon lange bestehende Vermutung bestätigte, dass die Nervenleitung elektrisch erfolgt, war endgültig klar, dass Elektrizität gleichbedeutend mit Leben war. Wenig später übernahm unter dem Einfluss von Franz Anton Mesmer der Magnetismus wieder weitgehend die Rolle der Elektrizität in der Gleichung, doch vor allem in der Medizin spielte diese weiterhin eine wichtige Rolle. Das sogenannte Galvanisieren wurde neben dem Mesmerisieren für alle möglichen Krankheiten therapeutisch eingesetzt, doch selbst noch diese neuartigen Heilmethoden wurden als öffentliche Veranstaltungen mit erheblichem Unterhaltungswert angeboten – mit einer klaren aufklärerischen Botschaft: Der Mensch beherrscht die Kräfte des Lebens und der Natur.

Die populärmetaphysische Botschaft der Jahrmärkte und Salons des frühen 18. Jahrhunderts war vordergründig die Verherrlichung der göttlichen Schöpfung. Doch eigentlich wurde dem Publikum eine menschengemachte Konkurrenzschöpfung vorgestellt, die den Gedanken nahelegte, dass sich die Menschheit vom Allmächtigen verabschieden könne. Und vom König. Und von der Seele. Mit der Elektrizität und dem Magnetismus wurde diese Botschaft nicht einmal mehr versteckt. Kein Zufall also, dass viele der französischen Revolutionäre Anhänger des Mesmerismus waren.[17]

Mit dem Wechsel vom mechanizistischen zum organizistischen Verständnis des Lebens Mitte des 18. Jahrhunderts hatten die Maschinen als Modell des Lebens also ausgedient. Allmählich baute sich sogar ein Antagonismus von Leben und Maschine auf, der bis heute weiterbesteht. In diese Lücke sprangen Elektrizität und Magnetismus als materielle Korrelate der Lebenskraft. Allerdings war die Elektrizität nach wie vor auf Maschinen angewiesen, auf Elektrisiermaschinen und die Leidener Flasche, um das Leben darzustellen.

Der Tod und
die Maschine

*in dem das Leben ästhetisiert und die Maschine
zum Symbol des Todes wird.*

Blicken wir auf den Weg zurück, den wir bis hierhin zurückgelegt haben, wird deutlich, dass es bisher im Grunde um die Frage ging, was denn das Leben sei. Zuerst galt als lebendig, was sich von selbst bewegt, dann, was sich selbst steuert. Selbstbewegung und Selbststeuerung hatten noch maschinelle Pendants, mit denen das Leben erforscht und veranschaulicht werden konnte. Die Wissenschaft der Maschinen, die Mechanik, konnte so problemlos zur Wissenschaft des Lebens werden. Allerdings musste man schon damals einiges ausblenden, um mit der Mechanik allein ein konsistentes Bild des Lebens zu erhalten. Für so basale Phänomene wie Geburt, Tod, Vergänglichkeit, Metamorphose oder Heilung hatte die Mechanik dann doch keine Erklärung anzubieten.

Das änderte sich mit dem Prinzip der Selbstorganisation schlagartig. Begriffe wie Reiz, Reaktion, Sensibilität, Irritabilität oder Wechselwirkung ließen nun eine umfassende Theorie des Lebens zu, die sich allerdings vollständig von der Mechanik gelöst hatte. Der Mechanik blieben nur noch tote Dinge und Artefakte.

Durch die Entdeckung der Elektrizität konnte zudem das Substrat des Lebens identifiziert werden: Reize werden mittels Elektrizität übermittelt, Muskelkontraktionen durch Elektrizität hervorgerufen und alle möglichen Leiden durch Elektrizität kuriert. Die Elektrizität war somit die Kraft, die das Leben in Gang hält – und ihm gegebenenfalls sogar ein Ende setzen kann. Selbstorganisation als strukturelles und Elektrizität als dynamisches Prinzip des Lebens sind die Grundzüge einer neuen Wissenschaft des Lebens, die es um einiges plausibler und vollständiger beschreiben können als die Mechanik.

Mit der Elektrizität wurde das Fließen zur neuen Metapher des Lebens. Die diskontinuierlichen Bewegungen der Automaten kann man schwerlich mit Begriffen wie Strömen oder Fließen beschreiben, daran hat sich bis heute wenig geändert. Roboter bewegen sich immer noch ruckartig und uniform, während ein Fluss kontinuierlich strömt. Daran erkennt man seine Lebendigkeit.

Das Leben fließt, die Elektrizität fließt, die Fluida, jene unsichtbaren feinstofflichen Flüssigkeiten, die Energien im Körper und zwischen Körpern verteilen, fließen. In der Elektrizität, den magnetischen Kräften und in anderen Fluida materialisierte sich somit die *vis viva*, die Elektrizität war allerdings wegen ihren erstaunlichen Wirkungen die anschaulichste Form dieser Verkörperung von Lebenskraft. Man hoffte sogar, durch das Galvanisieren tote Tiere wieder zum Leben zu erwecken.

Solange die Maschine das Verständnis des Lebens prägte, war es wissenschaftlich genau zu erfassen. Man brauchte lediglich die beteiligten Massen, Zeiten und Strecken zu kennen, und die Bewegung, der Kern alles Lebendigen, konnte mit mathematischen Formeln erfasst werden. Im Gegensatz dazu kann das lebendige Fließen eines Stromes höchstens poetisch beschrieben, niemals aber geometrisch rekonstruiert werden.

Mit der Überwindung des Maschinenmodells und der Trennung von Mechanik und Leben ab Mitte des 18. Jahrhunderts verzichtete man also auf Mathematik und Geometrie als Mittel der Beschreibung des Lebens – und damit nach damaligem Verständnis auch auf Wissenschaftlichkeit.

Wer sich von der Mathematik abwende und nur auf genaue Beschreibungen, anschauliche Bilder und eigene Erfahrung setze, betreibe keine Wissenschaft, sondern öffne der Schwärmerei, der Unordnung und dem Unfrieden Tür und Tor, war das Credo der Rationalisten.

Auch Immanuel Kant vertrat diese Meinung. Er war der festen Überzeugung, dass nur ein allgemeines und für jedermann geltendes Wissen den gesellschaftlichen Frieden garantieren kann. Die Garantie eines solchen Wissens kann aber nur die Mathematik sein.

> Das, was diese *Gewähr* (Garantie) leistet, ist nichts Geringeres, als die grosse Künstlerin *Natur* (natura daedala rerum), aus deren mechanischem Laufe sichtbare Zweckmässigkeit hervorleuchtet, durch die Zwietracht der Menschen Eintracht selbst wider ihren Willen emporkommen zu lassen.[1]

Wissenschaft heißt eine Lehre nur, »wenn sie [...] ein nach Principien geordnetes Ganzes der Erkenntniss sein soll«.[2] Die Mathematik ist ein solches System, deshalb muss eine ordentliche Wissenschaft alle Phänomene auf geometrische Prinzipien beziehen können.

Kant geht es nicht in erster Linie um Messbarkeit wie den heutigen Wissenschaften, sondern um *Konstruierbarkeit*. Ein Problem kann nur dann wissenschaftlich behandelt werden, wenn es geometrisch rekonstruiert, das heißt durch vektorielle Kräfte beschrieben werden kann. Das ist bei Maschinen relativ einfach, denn sie wurden ja von vornherein von einem Ingenieur geometrisch geplant. Man muss nur dessen Arbeit nachvollziehen, um zu verstehen, wie die Maschine funktioniert.

»In einer Uhr«, schreibt Kant, »ist ein Teil das Werkzeug der Bewegung der andern, aber nicht ein Rad die wirkende Ursache der Hervorbringung des andern; ein Teil ist zwar um des andern willen, aber nicht durch denselben da.«[3] In einer Uhr ist die Kausalität eindeutig und gerichtet, die Einzelteile, Feder, Unruh oder Zahnräder, sind gefertigt worden, um damit eine Uhr zu bauen. Für sich selbst sind sie zwecklos, sie haben keine Wechselwirkungen und sie bringen auch von selbst nichts hervor. Anders die Chemie:

> So lange also noch für die chemischen Wirkungen der Materien auf einander kein Begriff ausgefunden wird, der sich

construiren lässt, d. i. kein Gesetz der Annäherung oder Entfernung der Theile angeben lässt, nach welchem etwa in Proportion ihrer Dichtigkeiten u. dgl. ihre Bewegungen sammt ihren Folgen sich im Räume a priori anschaulich machen und darstellen lassen (eine Forderung, die schwerlich jemals erfüllt werden wird), so kann Chemie nichts mehr, als systematische Kunst oder Experimentallehre, niemals aber eigentliche Wissenschaft werden.[4]

Chemie ist lediglich ein Handwerk, mit Wissenschaft hat sie nichts zu tun. Es ist deshalb unmöglich, »dass noch etwa dereinst ein Newton aufstehen könne, der auch nur die Erzeugung eines Grashalms nach Naturgesetzen, die keine Absicht geordnet hat, begreiflich machen werde: sondern man muß diese Einsicht den Menschen schlechterdings absprechen«.[5]

Für lebendiges Wachstum wird es nie eine physikalische Formel geben, davon war Kant überzeugt. Es kann nicht sein, es darf nicht sein und es wird nicht sein, dass das Leben mathematisch so genau wie der Ausschlag des Pendels einer Uhr erfasst werden wird.

Gleichzeitig kann Kant nicht die Augen davor verschließen, dass chemische Prozesse, wie viele andere lebendige Prozesse, nicht auf das Modell der Uhr rückführbar sind. Dass sich Materie selbst organisiert und sich durch die Fähigkeit der Metamorphose auszeichnet, kann er ebenso wenig leugnen wie die Vergänglichkeit des Lebens. Selbstorganisation, Metamorphose und Unumkehrbarkeit der Zeit sind Tatsachen des Lebens, aber sie sind weder mit dem *mechanischen Lauf der Natur*, das heißt durch reine Kausalität erklärbar, noch sind sie geometrisch rekonstruierbar, denn die Mechanik kennt keine unumkehrbaren Prozesse.

Was also tun? Kant findet für diesen Widerstreit eine ebenso elegante wie folgenschwere Lösung. Von seinen strengen

Kriterien für Wissenschaftlichkeit – Kausalität und Mathematisierbarkeit – kann er schon aus politischen Gründen nicht abrücken, das Leben wissenschaftlich präzise *erklären* geht also nicht. Aber wenn wir lebendigen Vorgängen Zweckhaftigkeit oder Zweckmäßigkeit unterstellen, können wir sie wenigstens verstehen. Die embryonale Entwicklung wäre beispielsweise völlig unverständlich, stünde der Mensch als Endpunkt dieser Entwicklung nicht von Anfang an fest. Embryologie zu verstehen heißt, ihre *Gestalt* und ihre zweckmäßige Entwicklung zu erfassen, also zu sehen, wie sich alle Teile aus einer inneren Naturnotwendigkeit heraus wunderbar zu einem *organischen* Ganzen *fügen*. Leben lässt sich also nur von seinem Endpunkt her verstehen, das Organische kann nur *teleologisch* beurteilt werden.

Heute bietet die Evolutionstheorie die Möglichkeit, das, was Kant Zweckhaftigkeit nennt, rein kausal durch Selektionsvorgänge zu erklären.

Kants Ästhetik der Zweckmäßigkeit

Dreh- und Angelpunkt von Kants Überlegungen ist der Begriff der Zweckmäßigkeit. Zweckmäßig ist, was gut an die Umgebung angepasst ist und funktioniert. Ein schöner Gegenstand erzeugt Lust, so Kant, weil er uns zweckmäßig erscheint, das heißt, seine einzelnen Aspekte stehen in einem sinnvollen Zusammenhang zum Ganzen. Farbe, Form, Sujet, Pinselführung und Perspektive eines Bildes ergeben zusammen ein harmonisches und aussagekräftiges Ganzes. Ob die harmonische Zweckmäßigkeit von einem Künstler beabsichtigt – das Kunstschöne – oder zufällig – das Naturschöne – entstanden ist, spielt keine Rolle, entscheidend ist, dass sie ein ästhetisches Urteil erlaubt.

Von einem Dinge als Naturzwecke [als Organismus] wird nun *erstlich* erfordert, daß die Teile nur durch ihre Beziehung auf das Ganze möglich sind. Sofern aber ein Ding nur auf diese Art als möglich gedacht wird, ist es bloß ein *Kunstwerk* [...].

Zu einem Körper also [...] wird erfordert, daß die Teile desselben einander insgesamt, ihrer Form sowohl als Verbindung nach, wechselseitig, und so ein Ganzes aus eigener Kausalität hervorbringen, [...] und nur dann und darum wird ein solches Produkt, als *organisiertes* und *sich selbst organisierendes* Wesen, ein *Naturzweck* genannt werden können.[6]

Leben ist, anders als eine Uhr, selbstorganisierend und reproduktiv. Es kann deshalb nur wie ein Kunstwerk, in welchem alle Teile vollendet aufeinander abgestimmt sind, und nicht wie eine geometrische Konstruktion verstanden werden, so *als ob* es von einem Künstlergott und nicht von einem Uhrmachergott hervorgebracht worden wäre.

Mit diesem ästhetischen Verständnis des Lebens wollte Kant eigentlich nur die mathematischen Wissenschaften retten, ohne die Möglichkeit preiszugeben, das Leben zu verstehen. Zunächst war das eine große Erleichterung: Man muss nicht mehr zwischen Wissenschaft und Leben entscheiden, beide haben ihre Berechtigung. Goethe schreibt an seinen Freund Carl Friedrich Zelter, Kants *Kritik der Urteilskraft* habe ihm eine »höchst frohe Lebensepoche« beschert, denn »[e]s ist ein grenzenloses Verdienst unseres alten Kant um die Welt und ich darf sagen, auch um mich, dass er in seiner Kritik der Urteilskraft Kunst und Natur nebeneinander stellt und beiden das Recht gibt«.[7]

Der kluge Schachzug Kants, das Leben der Wissenschaft zu entziehen und der Kunst zuzuschlagen, pflügte allerdings das Verständnis des Lebens in einer Weise um, die wohl nicht einmal Kant selbst ahnte: *Leben* wurde zu einer ästhetischen Kategorie und zu einer ästhetischen Erfahrung.

Ästhetik war ursprünglich die Wissenschaft der Wahrnehmung, und so verstand Kant sie noch in der *Kritik der reinen*

Vernunft.[8] Wenige Jahre später, in der *Kritik der Urteilskraft*, wurde daraus die Wissenschaft des Schönen und der Kunst. Daran schlossen Kants Nachfolger an: Leben sei Schönheit, hieß es, es sei die Liebe, das Absolute, die Vereinigung von Gefühl und Verstand, von Ganzem und Besonderem, die Einheit von Kosmos und Individuum.

Und die Maschinen? Sie blieben auf der Seite der Wissenschaft – und somit mit dem Leben unvereinbar. Dass Maschinen auch ein ästhetisches Erlebnis vermitteln können, ja, dass das jahrhundertelang ihr Hauptzweck war, wurde vergessen, einzig der Nutzen der Maschinen interessierte noch. Friedrich Schiller spricht von einer entgötterten Natur und meint damit, dass in der bürokratischen Vernunft des Bürgertums ästhetische, religiöse oder mythologische Motive keine Rolle mehr spielen.[9] Alles wird nur noch nach der Produktivität beurteilt, Menschen wie auch Maschinen. Der deutsche Soziologe Max Weber fasst Anfang des 20. Jahrhunderts diese gesellschaftliche Entwicklung als *Entzauberung der Welt* zusammen:

Die zunehmende Intellektualisierung und Rationalisierung bedeutet also nicht eine zunehmende allgemeine Kenntnis der Lebensbedingungen, unter denen man steht. Sondern sie bedeutet etwas anderes: das Wissen davon oder den Glauben daran: daß man, wenn man nur wollte, es jederzeit erfahren könnte, daß es also prinzipiell keine geheimnisvollen unberechenbaren Mächte gebe, die da hineinspielen, daß man vielmehr alle Dinge – im Prinzip – durch Berechnen beherrschen könne. Das aber bedeutet: die Entzauberung der Welt. Nicht mehr, wie der Wilde, für den es solche Mächte gab, muss man zu magischen Mitteln greifen, um die Geister zu beherrschen oder zu erbitten. Sondern technische Mittel und Berechnung leisten das. Dies vor allem bedeutet die Intellektualisierung als solche.[10]

Max Weber lag zweifelllos richtig. Allerdings übersah er, dass die Entzauberung selbst zum Mythos geworden war. Der faszinierende Mythos von der gnadenlosen Gewalt der Maschine war die Rückseite der Suche nach dem Absoluten:

> Von der Natur komme ich aufs Menschenwerk. Die Idee der Menschheit voran, will ich zeigen, daß es keine Idee vom Staat gibt, weil der Staat etwas Mechanisches ist, so wenig als es eine Idee von einer Maschine gibt. Nur was Gegenstand der Freiheit ist, heißt Idee. Wir müssen also auch über den Staat hinaus! – Denn jeder Staat muß freie Menschen als mechanisches Räderwerk behandeln; und das soll er nicht; also soll er aufhören.[11]

Dieser Text, in dem die Maschine eine Metapher für die zerstörerische und entmenschlichende Kraft des Staates ist, entstand im Jahr 1790 im Evangelischen Stift zu Tübingen. Seit dem 16. Jahrhundert war das Stift eine renommierte Bildungseinrichtung, die militärische Zucht mit bigottem Protestantismus verband und den Nachschub für die württembergische Beamtenschaft und Geistlichkeit liefern sollte. Drei Studenten des Stifts hatten sich Kants Gedanken über die Freiheit angeeignet und sie radikalisiert. Als die beiden älteren, Friedrich Hölderlin und Georg Friedrich Wilhelm Hegel, 1788 ins Stift eintraten, rumorte es bereits gewaltig hinter den altehrwürdigen Mauern. Studenten hielten aufrührerische Reden, die sie mit »Vive la liberté!« enden ließen. Sie forderten Freiheit und »Democratie«, lasen *Die Räuber* von Schiller und lernten die Gedichte des aufrührerischen Poeten Christian Friedrich Daniel Schubart auswendig, der zehn Jahre lang bei lebendigem Leib eingemauert gewesen sein soll.

Als ein Jahr später die Kunde von der Französischen Revolution über den Rhein drang, brach bei der Obrigkeit die blanke

Panik aus. Mit der schonungslosen Durchsetzung der Pönalordnung versuchte sie das revolutionäre Feuer zu ersticken. Der Tag begann um sechs Uhr früh mit dem berüchtigten Tübinger Frühstück: Predigt und Psalmen lesen. Wer sich nicht an »Püncktlichkeit, Praecision, Genauigkeit« hielt, landete im »Karzer« und musste sich danach einem »scharfen Examen« unterziehen. Doch die Repression nützte ebenso wenig wie der Versuch, durch eine Renovierung der Zellen die Gemüter zu beschwichtigen. Es war zu spät. »Unsere jungen Leute sind vom Freiheitschwindel schon angesteckt«,[12] bemerkte der Stiftsleiter Schnurrer klarsichtig.

Zwei Jahre später wurde der erst fünfzehnjährige Friedrich Schelling zu Hölderlin und Hegel ins Zimmer gesteckt. Bald wurden die drei eine verschworene Gemeinschaft, die jeden Tag um vier Uhr in der Früh aufstand, um über die Freiheit und das Leben zu diskutieren, sich an Gedanken über das Absolute zu berauschen – und wohl auch den oben zitierten Text zu verfassen.

Seit diese aufsässigen Stiftler das Mechanische und die Freiheit einander gegenübergestellt haben, steht die Maschine für alles, was sich der Freiheit entgegenstellt. Leben, Liebe, Kunst und hervorbringende Natur – in ihnen waltet vermeintlich das Absolute. Die Maschine wurde mit diesem Manifest zum Gegenentwurf des Lebens.

Nicht *als ob* es ein Kunstwerk sei, wollten sie das Leben verstehen, sondern als Kunstwerk selbst. Leben ist nicht länger objektiver Gegenstand der wissenschaftlichen Forschung, nicht der Biologie und schon gar nicht der Mechanik, Lebendigkeit ist kein biologisches Faktum, sondern ein Gefühl, eine Haltung, ein Erleben, das erkämpft werden will. Wer das Leben verstehen will, muss es *leben*.

Das ist aber gar nicht so einfach. Sich *lebendig* zu fühlen, ist keine Selbstverständlichkeit, es reicht nicht, einfach zu existieren, man muss das Leben intensivieren, im Rausch der Freiheit, im Taumel des Absoluten, in der Liebe, in der Schönheit. Im Alter von 27 Jahren schreibt Hegel, der nach einigen tristen Jahren in Bern inzwischen in Frankfurt lebt:

> Nur in der Liebe allein ist man eins mit dem Objekt, es beherrscht nicht und wird nicht beherrscht. [...] Jene Vereinigung kann man Vereinigung des Subjekts und Objekts, der Freiheit und Natur, des Wirklichen und Möglichen nennen. [...] Wahre Vereinigung, eigentliche Liebe findet nur unter Lebendigen statt, die an Macht sich gleich und also durchaus füreinander Lebendige, von keiner Seite gegeneinander Tote sind.[13]

Mit der Stilisierung des Lebens zu einer ästhetischen Erfahrung geht eine Abwertung der Maschine und des Mechanischen einher. Die Maschine ist nun alles, was das Leben nicht ist: stumpfe Wiederholung ohne Kreativität, brutale Vernichtung der Individualität zugunsten der Allgemeinheit, kalte Gefühllosigkeit ohne Transzendenz, bösartige Vernunft ohne Erbarmen.

Entfremdung

Für Wissenschaftler ist das Leben ein Objekt ihrer Wissenschaft, ein Untersuchungsgegenstand, der vermessen, dessen Gesetzmäßigkeiten mathematisch ausgedrückt und der geometrisch rekonstruiert werden kann. Mit dem gelebten Leben hat das alles nichts zu tun, im Gegenteil, die wissenschaftliche Objektivität verlangt, dass der Wissenschaftler sein Leben hintanstellt, er lebt, in der Sprache der drei Tübinger, *entzweit*. Hier Wissenschaft – da Leben. Um die Entzweiung – oder Entfremdung, wie sie später hieß – drehte sich das Denken der drei jungen Wilden und ihrer ganzen Generation.

Was wird da eigentlich entzweit? Die Wissenschaft strebt, wie wir gesehen haben, nach allgemeingültigen Aussagen; die Moral, die Kant hinterlassen hat, gründet auf einem einzigen, an Allgemeinheit kaum zu überbietenden Grundsatz, dem kategorischen Imperativ; der Staat mit seiner wachsenden Bürokratie behandelt jeden vollkommen gleich und verlangt von allen dasselbe, die allmählich entstehenden Fabriken verwandeln den individuellen Arbeiter in einen Maschinenteil – heute würden wir sagen: in einen Roboter. Die unglückliche Vermählung des eben erst entstehenden industriellen Kapitalismus mit Kants Philosophie des Allgemeinen führte dazu, dass unterschiedliche Leben, Neigungen, Begabungen oder Schwächen keine Rolle mehr spielten und keine Rolle mehr spielen durften.

Die Gleichbehandlung aller war für das reibungslose Funktionieren des Staates, für eine gerechte Gesellschaft und die Objektivierung der Welt für den Fortschritt der Wissenschaft unerlässlich, aber die vollkommene Ausstreichung des Individuums, die Bevorzugung des Allgemeinen zu Ungunsten des Individuellen wird sich auf Dauer rächen, das hat die Französische Revolution eindrücklich bewiesen.

Hegel schreibt etwa zehn Jahre später, die absolute Freiheit, die die Französische Revolution versprochen habe, sei

die ganz unvermittelte reine Negation; und zwar die *Negation des Einzelnen* als Seienden in dem Allgemeinen. Das einzige Werk und Tat der allgemeinen Freiheit ist daher der Tod, er ist also der kälteste, platteste Tod, ohne mehr Bedeutung, als das Durchhauen eines Kohlhaupts oder ein Schluck Wassers.[14]

Die absolute Freiheit negiere individuelle Unterschiede, meint Hegel, und wo Individuen keine Rolle mehr spielen, tötet es sich leicht. Wie recht Hegel doch behalten hat!

Die Ästhetisierung des Lebens war auch eine Folge der Enttäuschung über die Französische Revolution, die die Ideale von Freiheit, Gleichheit und Brüderlichkeit innerhalb kürzester Zeit in eine blutige Schreckensherrschaft pervertiert hat. Tausende Menschen wanderten aufs Schafott, darunter nicht nur die Vertreter der alten Macht, sondern auch die Revolutionäre, die eine andere Meinung vertraten als die, die gerade obenauf waren.

Viele Deutsche, die die Revolution zuvor enthusiastisch begrüßt hatten, wandten sich voll Grauen von ihr ab, so auch der junge Militärarzt Friedrich Schiller. Mit seinem Drama *Die Räuber* war er 1782 noch zur gefeierten Stimme des revolutionären Aufbruchs in Deutschland geworden, doch der postrevolutionäre *terreur* zwang ihn zum Umdenken. Das Resultat dieses Umdenkens erschien 1795 unter dem Titel *Über die ästhetische Erziehung des Menschen*, eine Schrift, die auch eine scharfe Abrechnung mit Kant war. Dieser habe mit seinem kategorischen Imperativ, so Schiller, die emotionale Seite des Menschen vernachlässigt, das Aufgeben individueller, »pathologischer« Neigungen führe nicht zur Freiheit, sondern zur brutalen Herrschaft des Mobs.

Man muss die Menschen deshalb zuerst zur Freiheit *erziehen*, allerdings nicht mit Vorschriften, sondern durch Schönheit. Das Analogon zur ästhetischen Erfahrung der Schönheit ist auf der Ebene der Tätigkeit das Spiel. »Der Mensch spielt nur, wo er in voller Bedeutung des Wortes Mensch ist, und er ist nur da ganz Mensch, wo er spielt«,[15] schreibt Schiller und meint damit bestimmt nicht das Spiel mit einem ferngesteuerten Auto. Vielmehr geht es auch ihm um die Entzweiung. Die Kluft zwischen dem Individuellen und dem Allgemeinen kann nie ganz geschlossen werden, aber die Fantasie kann mit ihr spielen und sie produktiv machen. Gerade im Spiel mit den Widersprüchen kann sich der Mensch verwirklichen.

In scharfem Gegensatz zur Selbstverwirklichung im Spiel stehen mechanische Tätigkeiten, die aus stumpfen, sinnentleerten Wiederholungen bestehen und den Menschen einem ihm *fremden* Zweck unterwerfen. Die Maschine ist damit zwar ein Modell des Lebens geblieben, aber im Gegensatz zu früher ein Modell des *falschen* Lebens oder gar des zum Stillstand gekommenen Lebens. Nicht zuletzt die Tötungsmaschine des Dr. Guillotin, die ein schnelles, sauberes und effizientes Morden unter dem Vorwand der Humanität garantierte, trug dazu bei, dass die Maschine mit dem Tod identifiziert wurde.

Die ästhetische Erfahrung des Wunderbaren, Geheimnisvollen und Spektakulären, die Maschinen jahrhundertelang vermitteln konnten, ging verloren. Die Maschine war bestenfalls nützlich, schlimmstenfalls zerstörerisch. Es ist wichtig zu betonen, dass der Seitenwechsel der Maschine schon *vor* der Industrialisierung erfolgte, also keine Folge der Industrialisierung war. Wieder einmal liegt das passende Narrativ schon vor der technologischen Entwicklung bereit.

Der Gegensatz von mechanisch-maschineller Tätigkeit und wirklichem Leben wird zu einem zentralen Mythos der Romantik. Leben ist Lieben, Spielen, Träumen, Fühlen, ist Flucht in die Vergangenheit und auch das Eintauchen in die dunkle Seite der Seele. Leben ist aber auch Betonung der Einzigartigkeit des Individuums und das Recht, diese Einzigartigkeit auch zu verwirklichen. Wiederholung, Gewöhnung und Unterwerfung unter einen fremden Zweck sind die Merkmale der Entfremdung und des Todes geworden. Alles also, was eine Maschine ausmacht.

Die realen Automaten büßten in dieser Zeit ihre gesellschaftliche Bedeutung als Gegenstand der öffentlichen Debatte ein, diese Funktion übernahmen Anfang des 19. Jahrhunderts, neben der Elektrizität und dem Magnetismus, die nützlichen Maschinen, die Dampfmaschine und die Dampfmaschine auf Rädern, die Lokomotive. Dennoch endete die Geschichte der Unterhaltungsautomaten nicht mit Vaucanson oder Jaquet-Droz, sie nisteten sich nun einfach zwischen den Buchdeckeln ein. In dem Maße, in dem wirkliche Automaten an Bedeutung verloren, wurden sie in der Literatur wichtiger – in der Gattung der Schauergeschichten. Der bekanntesten romantischen Automatenerzählung, *Der Sandmann* von E. T. A. Hoffmann, sind wir schon im Kapitel über Diener und Doppelgänger begegnet. Der Automat sei darin als Doppelgänger zu verstehen, meint Freud. Dieser Doppelgänger sei »aus einer Versicherung des Fortlebens zum unheimlichen Vorboten des Todes« geworden.[16]

Ich bin doch keine Maschine!

Der Tod beschäftigte Freud im Jahr 1919, als er diesen Text schrieb, ohne Zweifel stark. Der Erste Weltkrieg war eben zu Ende gegangen, der unheimliche Blutzoll war jetzt erst sichtbar geworden, Europa war im Griff der Spanischen Grippe, die einige Monate später Freuds Lieblingstochter Sophie nehmen würde, und ein Jahr zuvor, im Jahr 1918, hätte Freud selbst wegen seiner abergläubischen Überzeugung, mit 62 Jahren nicht mehr zu leben, sterben sollen. Die intensive Beschäftigung mit dem Tod, die in der Einführung des Konzepts des Todestriebes mündete, lässt Freud möglicherweise übersehen, dass der Zusammenhang zwischen Tod und Automat nicht archetypisch in der Psyche des Menschen verankert ist, sondern dass Maschinen erst gegen Ende des 18. Jahrhunderts von Modellen des Lebens zu Sinnbildern des Todes mutierten.

Die Nähe zum Tod haben die Wörter *Maschine*, *Mechanik*, *Automat* oder *Roboter*, einschließlich ihrer Adjektive, bis heute beibehalten; sie stehen für die Leblosigkeit, die sich mitten im Lebendigen einnistet. So singt der Berliner Singer-Songwriter Tim Bendzko in »Keine Maschine«:

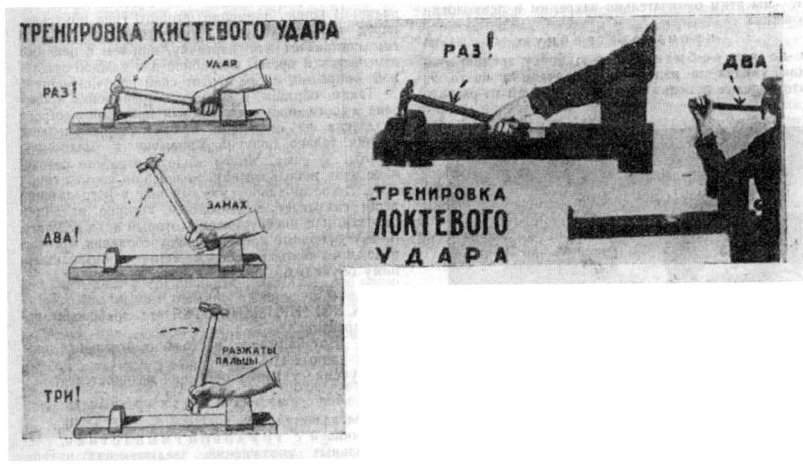

Trainingsgerät zur Optimierung des sowjetischen Arbeiters, konstruiert von Alexeï Gastev.

Ich bin doch keine Maschine!
Ich bin ein Mensch aus Fleisch und Blut
Und ich will leben, bis zum letzten Atemzug
Ich bin ein Mensch mit all meinen Fehlern
Meiner Wut und der Euphorie
Bin keine Maschine
Ich leb' von Luft und Fantasie

Die Maschine funktioniert perfekt, doch gerade das macht sie unmenschlich und leblos. Ein Mensch, der wie eine Maschine funktioniert, macht vielleicht keine Fehler, aber er hat auch keine Emotionen, er ist kalt und gefühllos. Das kann manchmal positive Seiten haben, wenn Roger Federer beispielsweise *wie eine Maschine* Tennis spielt. Da nötigt die Perfektion Respekt ab, ein wenig unheimlich bleibt sie dennoch, denn sie bewirkt, wie der französische Tennisspieler Gilles Simon in seinem Buch

Ce sport qui rend fou behauptet, dass sich alle jungen Spieler an seinem perfekten Tennis orientierten und deshalb keinen eigenen Stil entwickelten.[17]

Für den Zusammenhang zwischen technischer Perfektion und Gefühllosigkeit verwendet auch Goethe in *Wilhelm Meisters Lehrjahre* die Metapher des Automaten:

> Die meisten Schauspieler standen an ihrem Platze; alle hatten genug zu tun, und alle taten gern, was zu tun war. Ihre persönlichen Verhältnisse waren leidlich, und jedes schien in seiner Kunst viel zu versprechen, weil jedes die ersten Schritte mit Feuer und Munterkeit tat. Bald aber entdeckte sich, daß ein Teil doch nur Automaten waren, die nur das erreichen konnten, wohin man ohne Gefühl gelangen kann, und bald mischten sich die Leidenschaften dazwischen, die gewöhnlich jeder guten Einrichtung im Wege stehen und alles so leicht auseinanderzerren, was vernünftige und wohldenkende Menschen zusammenzuhalten wünschen. [...]
>
> Aber bei ihrer Neigung war ihnen das Mittelmäßige nicht unerträglich, und der herrliche Genuß, mit dem sie das Gute vor und nach kosteten, war über allen Ausdruck. Das Mechanische machte ihnen Freude, das Geistige entzückte sie, und ihre Neigung war so groß, daß auch eine zerstückelte Probe sie in eine Art von Illusion versetzte.[18]

Merkwürdigerweise wird die kalte Perfektion hier zum Zeichen der Mittelmäßigkeit. Novalis nimmt das auf, er nennt all die mittelmäßigen Philister, die sich am Gewohnten und Gewöhnlichen festhalten, ja sich sogar daran delektieren können, Automaten ohne Gefühl und Leidenschaft, die nur an einer guten Einrichtung des Lebens interessiert sind, daran, dass sich alles mechanisch wiederholt und dass alles berechenbar bleibt.[19] Bloß keine Leidenschaften, keine Überraschungen und keine

Risiken! Maschine, Automat und Mechanismus standen Anfang des 19. Jahrhunderts für alles, was dem wirklichen, dem intensiv gelebten, dem einmaligen Leben (des Künstlers, des Genies, des Helden) entgegensteht. Sie wurden zu Beschreibungen des nicht gelebten Lebens des Kleinbürgers.

Standardisierung: die Mittelmäßigkeit der Perfektion

Die Perfektion wird zum Zeichen der Mittelmäßigkeit, weil sie keine Individualität zulässt.

Zwei Maschinen desselben Typs, die perfekt funktionieren, lassen sich nicht mehr unterscheiden, beide erfüllen die Norm und erreichen die vorgegebenen Standardwerte. Bei Maschinen weisen Unterschiede immer auf Mängel hin.

Das 1948 erstmals erschienene Buch *Die Herrschaft der Mechanisierung* des Schweizer Kunsthistorikers Sigfried Giedion beschreibt die durch die Mechanisierung erzwungene Standardisierung auf fast tausend Seiten äußerst detailreich.

Giedion legt dar, wie der Einsatz von Technik die Güterproduktion im Lauf der Jahrhunderte um ein Vielfaches steigerte, die Ernährung sicherte und letzten Endes sogar die Abschaffung der Sklaverei ermöglichte.[20] Die Mechanisierung der Arbeit forderte aber ihren Tribut, denn sie war nur unter der Bedingung der Standardisierung möglich, genauer einer doppelten Standardisierung: Zum einen wurden die Produkte standardisiert, jedes Werkstück, das eine Maschine produziert, sieht gleich aus, und je präziser die Maschine arbeitet, desto ausgeprägter ist die Ähnlichkeit. Darüber hinaus gleichen sich auch Produkte aus verschiedenen Produktionslinien immer mehr, weil in allen Fabriken dieselben Maschinen zum Einsatz kommen. Die Standardisierung der Maschinen und der Produkte hat noch einen anderen Grund. Die Optimierung ihrer Eigenschaften führt zu einer Konvergenz, die sich heute in der Autoindustrie bemerkbar macht. Um Treibstoff einzusparen, sollten Automobile möglichst gute aerodynamische Eigenschaften aufweisen, was dazu führt, dass alle Wagen auf der Straße eine ähnliche Form haben und man sie kaum mehr unterscheiden kann.

Bedeutsamer noch ist die Standardisierung auf der Seite der Arbeiter. Maschinen können meist nur einzelne Produktionsschritte ausführen, die Produktion muss deswegen aufgespalten und das Produkt erst am Ende zusammengesetzt werden. Aus diesem Grund muss auch der Arbeiter, der an diesen Maschinen arbeitet, immer dieselbe Bewegung wiederholen, die er allerdings schnell und fehlerlos, also perfekt beherrscht. In den Anfangsjahren der Sowjetunion wurden im Zentralen Institut für Arbeit in Moskau Methoden zur permanenten Einübung, Kontrolle und Messung der Bewegungen der Arbeiter erfunden und entsprechende Instrumente zur Bewegungsschulung entwickelt. Die Arme des Arbeiters wurden in einer Maschine festgezurrt, dass sie nur noch eine Bewegung ausführen konnten. Diese Apparate hatten zum Teil eine auffallende Ähnlichkeit mit heutigen Fitnessgeräten.[21] Der Taylorismus war offenbar nicht auf den Kapitalismus beschränkt.

Vervollkommnung zwischen Aufstieg, Niedergang und Wiederaufstieg

Bis weit ins 18. Jahrhundert wurde die Standardisierung der Produktion in den Manufakturen durchaus positiv gesehen. Sie ermöglicht endlich jene *Vervollkommnung*, nach der die Menschheit seit jeher strebt. So schreibt der Staatsmann und Ökonom Anne Robert Jacques Turgot angesichts der Konzentration der Produktion in Manufakturen: »Die Menschheit überlebt unverändert alle Umwälzungen, wie das Wasser des Meeres die Stürme, und nähert sich kontinuierlich der Vollkommenheit.«[22]

Offenbar ahnte der Politiker Turgot, dass die Mechanisierung der Produktion eine ungeheure Umwälzung bedeuten würde, aber angesichts der möglichen Vervollkommnung des Menschen war das kein Hinderungsgrund.

Das Ideal der Vervollkommnung (Rousseaus *perfectibilité*) beherrschte das Jahrhundert der Aufklärung. Vervollkommnung bedeutete Fortschritt, und Fortschritt bedeutete Vervollkommnung. Die beiden Begriffe, die sich gegenseitig definierten, umfassten moralische, politische und ökonomische Verbesserungen: mehr Freiheit, mehr Gerechtigkeit, mehr Wohlstand.

Fortschritt ist andererseits nur durch Normierung und Normalisierung zu erreichen, das gilt für das Verhalten jedes Einzelnen, für das Staatswesen und für die Produktion. Eine erstaunliche Rolle in der Standardisierung der Produktion spielte unser Held des aufgeklärten Automaten, Jacques de Vaucanson. Nachdem das Interesse an seinen Automaten abgeflaut und er das Angebot von Kardinal Fleury, die Seidenmanufakturen Frankreichs zu mechanisieren, angenommen hatte, stürzte er sich mit demselben Einfallsreichtum und derselben Verbissenheit in die Arbeit. Der erste Schritt war nicht etwa die Konstruktion eines mechanischen Webstuhls, sondern die Gründung einer Fabrik – später noch einer zweiten. Vaucanson war der Überzeugung, dass die Automatisierung der Seidenproduktion nur durch Arbeitsteilung zwischen Mensch und Maschine gelingen könne. Damit Menschen und Maschinen die einzelnen Fertigungsschritte aufteilen und nacheinander ausführen könnten, müssten sie aber am selben Ort, in der Manufaktur, konzentriert sein. Und damit die Menschen mit dem Tempo der Maschinen mithalten könnten, müssten auch ihre Bewegungen standardisiert werden.

Damals störte die Standardisierung des Menschen offenbar niemanden, denn nur wenn der Mensch so zuverlässig und unermüdlich wie ein Automat arbeitet, ist der Fortschritt garantiert.

Einzig Jean-Jacques Rousseau sah die *perfectibilité* kritisch. Die Fähigkeit, sich zu vervollkommnen, unterscheide den Menschen zwar vom Tier, schreibt Rousseau, doch gleichzeitig ist sie »die Quelle allen Unglücks des Menschen«[23], weil sie ihn beständig in Konkurrenzsituationen treibt.

Zwei große Versprechen trieben die Aufklärung an: ein Leben in Freiheit, Gerechtigkeit und Wohlfahrt für alle und die Möglichkeit zur Selbstverwirklichung für jedes einzelne Individuum. Doch je länger die Aufklärung dauerte, desto deutlicher wurde, dass sich beide Verheißungen widersprechen. Der gesellschaftliche Fortschritt verlangte auch im Staat nach standarisierten Prozessen, persönliche Neigungen und individuelle Träume störten mechanische Abläufe nur. Je mehr Lebensbereiche standardisiert wurden, desto deutlicher wurde, dass das Individuelle, Besondere und Lebendige dem Fortschritt im Weg stand.

Um die gegenläufigen Tendenzen Fortschritt und Selbstverwirklichung unter einen Hut zu bringen, wurden Synchronisierungsprozesse nötig, wie zum Beispiel die Erziehung. Rousseaus *Émile* ist dafür exemplarisch: Die Menschen müssen durch Erziehung zur Überzeugung gebracht werden, dass ihre persönlichen Neigungen und die Interessen der Allgemeinheit im Grunde identisch sind, denn beide entstammen der Natur. Nur die Verführungen der Zivilisation haben einen Keil zwischen das Individuelle und das Allgemeine getrieben. Die Losung *Zurück zur Natur* zielt also darauf ab, den Widerspruch zwischen Gesellschaft und Einzelnem zu beseitigen. Für den Fortschritt, für eine gerechte und freie Gesellschaft muss der Mensch zugerichtet werden: Der neue Mensch muss perfekt und vollkommen berechenbar sein, präzise und unermüdlich immer dieselben Bewegungen vollführen und keine störenden persönlichen Neigungen haben.[24] Rousseaus Erziehungsprogramm und die sowjetischen Disziplinierungsapparaturen liegen auf derselben

Linie. Ihr Ziel war es, neben der Schulung der Bewegung auch die richtige Einstellung zu vermitteln. Der Arbeiter sollte seinen Körper ganz in den Dienst der Revolution stellen und stellen *wollen*, so wie der Rousseau'sche Bürger seinen Willen in den Dienst des Staates stellen soll.

Das Modell des neuen Menschen war der Automat.

Dieses Modell wurde allerdings Ende des 18. Jahrhunderts neu bewertet. Der fortschrittsgläubige Verzicht auf Individualität widersprach der Ästhetisierung des Lebens radikal, die Kant aus systematischen und wissenschaftstheoretischen Überlegungen vollzogen hatte. Wenn das Leben ein Kunstwerk ist, muss es einzigartig sein, es muss gestaltet werden und es muss intensiv sein – nicht perfekt. Der Mensch ist *nur in der Entfremdung* ein perfekter Automat, stumpfsinnige Wiederholung derselben Bewegung widersprechen dem Versprechen der Selbstverwirklichung. Genau das bedeutet das in jener Zeit häufig verwendete Adjektiv seelenlos. »Du seelenloser Automat«, beschimpft Nathanael seine Verlobte Clara, als sie seine Gedichte nicht gebührend würdigt.[25]

Die romantische Gleichung »Selbstverwirklichung gleich Leben, Mechanisierung gleich Tod« lässt sich, durch die Realität der Industrialisierung befördert, durch das ganze 19. Jahrhundert hindurch verfolgen, und sie gilt in gewisser Weise noch heute.

Allerdings erfährt diese Gleichung in den romantischen Schauergeschichten eine weitere merkwürdige Umwertung. Wir haben schon bei Kleist die Selbstmechanisierung und die Selbstaufgabe als Weg zur absoluten Erkenntnis kennengelernt. Sich selbst zur willens- und ichlosen Maschine zu erniedrigen, erhöht das Subjekt zugleich. Gewisse Romantiker bis hin zu dem französischen Neoromantiker Georges Bataille steigern diese Idee noch, sie waren vom Tod fasziniert, weil er die höchste Form der Selbstaufgabe und damit den radikalsten Weg zum Absoluten darstellt.

Nach dem Tod seiner geliebten Sophie zum Beispiel entwickelt Novalis eine unüberwindbare Todessehnsucht, nicht etwa um seiner Trauer ein Ende zu setzten, sondern weil der Tod ihn wie ein Blatt in eine »andere Welt« hinüberweht, wo er »des Morgenrots« harrt, »das ihn zum frischen Leben in der wirklichen Welt ermuntert«.[26] Die Todessehnsucht ist in Wirklichkeit das Verlangen nach einem gesteigerten Leben, stellt Rüdiger Safranski zu Recht fest.

Die romantische Obsession mit Automaten, der wir nun begegnen werden, lässt sich nur vor diesem Hintergrund verstehen. Tod und Automat erfahren in der Romantik dieselbe Ambivalenz. Die Haltung ihnen gegenüber oszilliert zwischen der Abscheu vor der seelenlosen Perfektion und der Faszination für die andere Seite, wo die unbekannte Dunkelheit das Absolute verspricht.

Die Wärmekraftmaschine

in dem eine neue Art Maschine die Szene betritt, die nicht nur ein anderes Modell des Lebens, sondern auch eine völlig neue Sicht auf die Natur hervorbringt.

Die scharfe Entgegensetzung von Maschine und Leben dauerte nicht lange an. Bald löste eine Maschine mit einem völlig neuen Arbeitsprinzip die gute alte mechanische Uhr als Modell des Lebens ab, die Wärmekraftmaschine. Diese holt die Kraft, die sie benötigt, nicht mehr von außen, sondern produziert sie aus Wärme gleich selbst.

Schon in der Antike galt die Wärme als besonders rätselhafte und deshalb göttliche Qualität. Warmblütler weisen eine höhere Körpertemperatur als die Umgebungstemperatur auf, und sie sind zudem in der Lage, diese erstaunlich konstant zu halten. Doch sobald das Leben aus dem Körper weicht, gleicht sich dessen Temperatur der Umgebungstemperatur an. Die Körperwärme war deswegen der Schlüssel für das Verständnis des Lebens. Weil mit dem Tod auch die Seele dem Körper entweicht, müssen Seele und Körperwärme etwas miteinander zu tun haben. Schon Platon nimmt im *Timaios* eine untergründige Verbindung zwischen der Körperwärme und der Seele an:

> Aber gegen das Klopfen des Herzens, bei Erwartung schrecklicher Ereignisse, und gegen das Erwachen des Zornes ersannen sie, da sie voraus erkannten, jedes solche Anschwellen der Leidenschaft werde eine Wirkung des Feuers sein, ein Hilfsmittel, indem sie das Geflecht der Lunge einpflanzten, welche erstens blutlos und weich, ferner aber auch, wie ein Schwamm, mit Öffnungen durchzogen ist, damit sie, den Atem und den Trank in sich aufnehmend, die Glut durch Abkühlung milder und erträglicher mache.[1]

Die Leidenschaften erhitzen das Blut und treiben die Zirkulation an. Die Atmung hingegen hat die Funktion, den erhitzten Organismus wieder abzukühlen. Deshalb atmen wir nicht nur bei körperlicher Anstrengung und bei Fieber schneller, sondern auch, wenn die Leidenschaften überzukochen drohen.

Das Verhältnis von Wärme und Kraft wird im Streit zwischen den Mechanisten und den Vitalisten wieder ein Thema. Wer die Frage beantworten konnte, weshalb Warmblütler eine höhere Körpertemperatur aufweisen als ihre Umgebung, würde den Streit für sich entscheiden: Wäre es bloß die Reibungswärme, dann wäre der Körper eine Maschine, und die Mechanisten würden recht behalten; wäre sie aber auf eine okkulte Lebenskraft zurückzuführen, hätten die Vitalisten gesiegt.

Descartes bietet einen absonderlichen Vorschlag für das alte Problem an, in welchem Verhältnis Wärme, Kraft und Leben zueinander stehen: In der Herzkammer brennt demnach ein Feuer, das das Blut so ausdehnt, dass es explosionsartig in die Gefäße getrieben wird. Das Herz ist also ein Explosionsmotor.

Für William Harvey, den Entdecker des Blutkreislaufs, ist das Herz eine schlichte Pumpe. Seine Leistung kann es nur erbringen, weil das Blut Wärme enthält. »Die Hitze des Blutes von Tieren während ihrer Lebenszeit ist offensichtlich kein Feuer, noch stammt sie von einem Feuer.« Das Blut selbst enthält das *calidum innatum*, die eingeborene Wärme, und es »gibt keinen Grund für eine Suche nach Geistern, die dem Blut fremd und von ihm unterschieden sind«.[2]

Die Herkunft der Körperwärme ist auch deshalb brisant, weil sie die Frage nach dem Ursprung der Energie stellt, die der Körper zum Leben braucht. Stammt sie von außen, zum Beispiel von Gott, und wird dem Körper bloß zugeführt, wie Descartes glaubt, oder ist sie chemischen oder biologischen Ursprungs, dann produziert der Körper sie selbst. Für Harvey, der einen Zusammenhang zwischen Wärme und Kraft ahnt, stammt die Energie, die der Körper benötigt, aus Eigenproduktion, für Descartes stammt sie von Gott selbst.

In der Frage nach dem Ursprung der Wärme liegt große Sprengkraft, denn sie entscheidet über die Autonomie des Menschen. Selbstbewegung, Selbststeuerung und Selbstorganisation sind mittlerweile abgehandelt, aber die Frage, woher die Energie kommt, die das Leben antreibt, ist noch ungeklärt. In der mechanistischen Welt Descartes' produziert und liefert Gott die Energie, für Harvey ist jeder Körper ein kleines Kraftwerk. Wenn Harvey recht behalten sollte, ist der Mensch eine autonome Maschine und Gott hat kaum noch eine Funktion in der Welt.

Zwei vage Vorstellungen kursierten damals über die Natur der Wärme: Eine Theorie, die noch aus der Antike stammt, besagt, sie sei auf Molekülbewegungen zurückzuführen, nach der anderen wurde bei der Verbrennung ein Wärmestoff freigesetzt. Der vitalistische Chemiker Stahl nannte seinen Wärmestoff *Phlogiston* und stellte sich darunter einen außerordentlich dünnflüssigen und flüchtigen Stoff vor, der nicht wahrgenommen werden konnte. Das feinstoffliche *Phlogiston* ist eine der Ausformungen der *vis viva*, der Lebenskraft, die den Körper durchströmt und ihm Leben spendet. Sie ist die Seele des Menschen, weder materiell noch immateriell, sondern von eigener feinstofflich-intermediärer Natur – und damit der Mathematik nicht zugänglich.

Aber auch der etwa eine Generation später lebende mechanistische Chemiker Antoine Laurent de Lavoisier glaubte an einen Wärmestoff, den er aber *Caloricum* nannte. In seinen letzten Arbeiten über die Wärme, die er zusammen mit Pierre-Simon Laplace schrieb, verzichtete er allerdings auf eine Stellungnahme zur Natur der Wärme, und zwar weil er einsah, dass er das zentrale Problem, die Frage nach dem Zusammenhang von Wärme und Kraft, nicht lösen konnte. Er begnügte sich damit, eine physikalisch-mathematische Theorie der Wärme zu entwickeln, die ohne Seele auskam.

Tatsächlich erzielte Lavoisier im Verständnis der Wärme und der Körperwärme im Besonderen erhebliche Fortschritte. Mit raffinierten Experimenten gelang ihm der Nachweis, dass die Atmung nicht der Kühlung des Blutes dient, sondern ein langsamer Verbrennungsvorgang ist, der Wärme abgibt. Darüber hinaus bewies er die Umwandlung von Sauerstoff (freie Luft) in Kohlendioxid (fixe Luft), prägte den Begriff der Wärmekapazität, lernte die spezifische Wärme verschiedener Stoffe zu messen und zu berechnen und zwischen gebundener und freier Wärme zu unterscheiden.

Lavoisiers Erkenntnisse waren nah an einer vollständigen physikalischen Theorie der Wärme, doch das letzte, entscheidende Puzzlestück fehlte: Er verstand den Zusammenhang zwischen Kraft und Wärme noch nicht. Deshalb musste selbst er schweren Herzens auf den vitalistischen Begriff der »lebendigen Kraft« zurückgreifen:

Im Allgemeinen wird man die erste Hypothese [Wärmestoff] in die zweite [Molekülbewegung] überführen, wenn man in ihr die Wörter »freie Wärme, gebundene Wärme, freigewordene Wärme« verwandelt in die Wörter »lebendige Kraft, Verlust von lebendiger Kraft, Zunahme der lebendigen Kraft«.[3]

Wie Kraft aus Wärme gewonnen wird

Wenn in einem Kreuzworträtsel nach dem Erfinder der Dampfmaschine mit vier Buchstaben gefragt wird, ist WATT die korrekte Antwort. Doch hat James Watt die Dampfmaschine tatsächlich erfunden? Schließlich kennt schon die Antike dampfbetriebene Maschinen. Heron von Alexandria konstruierte beispielsweise eine tanzende Kugel, die durch Wasserdampf in die Höhe geworfen und dort auch gehalten wurde. In einer Konstruktion, die später für einen automatischen Bratenwender genutzt wurde, drehte der Wasserdampf die Kugel um die eigene Achse. Eine andere Figur von Heron brachte, auf einem Altar stehend, mittels Wasserdampf den Göttern ein Trankopfer dar. Archimedes, offenbar der praktischere Geist der beiden, soll gar eine Dampfkanone gebaut haben. Ob sie funktioniert hat, weiß man nicht, aber sie soll mindestens einen ungeheuren Lärm erzeugt haben. Ebenso wenig weiß man, ob die dampfbetriebenen Wasserspiele des schon erwähnten Salomon de Caus je über das Planungsstadium hinausgekommen sind.

Ende des 17. Jahrhunderts entwickelte Thomas Savery sogar eine nützliche Dampfmaschine, eine dampfbetriebene Pumpe, für die er am 25. Juli 1698 das Patent erhielt. Das anflutende Grubenwasser war für die größer werdenden Kohle- und Erzbergwerke zu einem kaum zu bewältigenden Problem geworden. Kleine Minen konnten noch manuell oder mit Pferden entwässert werden, aber in tiefen Gruben war das nicht mehr möglich. Oder man brauchte so viele Arbeiter dafür, dass sie nicht mehr rentabel betrieben werden konnten. »Des Bergmanns Freund« wäre für verzweifelte Grubenbesitzer Südenglands wohl die lang ersehnte Erlösung gewesen, wenn sie nicht dauernd explodiert wäre. Auch wenn sie einmal funktionierte, war sie so störungsanfällig und ineffizient, dass sie kaum zu gebrauchen war. Saverys Dampfmaschine arbeitete denkbar einfach: In einem Kessel wird Wasser erhitzt, der Wasserdampf pumpt dann das Grubenwasser aus einem Druckbehälter in eine Leitung. Daraufhin wird das Zugangsventil geschlossen, der Druckbehälter kühlt ab, der Dampf kondensiert und es entsteht ein Unterdruck, der das Rückschlagventil öffnet. Wasser wird nun aus der Grube gesogen, es fließt in den Druckbehälter, worauf sich das Zugangsventil wieder öffnet und der Zyklus von Neuem beginnt.

Saverys Pumpe hatte neben der Störanfälligkeit noch einen anderen gewaltigen Nachteil: Einen großen Teil der Kohle, die gefördert wurde, verbrauchte sie für das Heizen des Kessels. Die

Maschinen warteten, bis sich der Inhalt des Zylinders durch die kältere Außenluft wieder von selbst abkühlte und der Dampf kondensierte. Um im nächsten Zyklus wieder Dampf zu produzieren, musste zunächst wieder die Zylinderwandung aufgeheizt werden. Das verbrauchte so viel Kohle, dass für die Produktion von Dampf kaum mehr welche übrigblieb.

Das Malaise des miserablen Wirkungsgrades konnte Thomas Newcomen zumindest teilweise beheben. Seine Maschine, die etwa 1712 auf den Markt kam, nutzte eine Wassereinspritzung, um den Wasserdampf im Zylinder zu kühlen und damit kondensieren zu lassen. Dadurch entsteht im Zylinderraum ein Unterdruck, sodass der von außen auf den Kolben wirkende Luftdruck diesen wieder in den Zylinder schiebt. Die Einspritzung ermöglichte deutlich höhere Kolbentakte und damit einen erheblich gesteigerten Wirkungsgrad.

Um zu verstehen, weshalb James Watt dennoch als Erfinder der Dampfmaschine gelten darf, muss man zuerst das physikalische Prinzip aller Dampfmaschinen von Heron bis Watt vor Augen führen. Ein Gas dehnt sich aus, wenn es erhitzt wird – das Volumen nimmt proportional zur Temperatur zu –, und zieht sich bei Abkühlung zusammen. Bei Saverys und Newcomens Maschinen erzeugt die Kondensation des Wasserdampfes durch die Abkühlung im Zylinder ein Vakuum, sodass der Atmosphärendruck den Kolben hinunterdrückt. Das Vakuum räumt der Luft sozusagen den Widerstand aus dem Weg. Nicht der Dampf, sondern die Luft übt Kraft aus, korrekterweise müsste man deshalb von Atmosphärenmaschinen sprechen.

Erst die Watt'sche Dampfmaschine wird tatsächlich durch Dampfdruck betrieben, und das kam so: Irgendwann in den Jahren 1763 oder 1764 möchte Professor James Anderson seinen Studenten an der Universität Glasgow die Dampfmaschine von Thomas Newcomen erläutern. Doch das Modell, das er anfertigen ließ, will und will nicht funktionieren. Überzeugt, dass es einfach kaputt ist, bittet er den Mechaniker der Universität, James Watt, das Modell zu reparieren. Watt macht sich an die Arbeit, muss aber nach längerem Überlegen und Tüfteln feststellen, dass das Modell gar nicht funktionieren *kann.* Die Zylinderwandung kühlt bei jeder Kondensation so stark ab, dass die gesamte Heizkraft verbraucht wird, um die Wandung wieder zu erhitzen. Da bei großen Maschinen das Verhältnis von Oberfläche zu Volumen günstiger ist, fällt die Abkühlung weniger ins Gewicht. Watt sieht sich vor einem Dilemma: Einerseits soll der Zylinder möglichst heiß blieben, andererseits soll der Dampf möglichst schnell und vollständig abkühlen.

Der erlösende Geistesblitz kommt ihm auf einem Sonntagsspaziergang:

An einem schönen Sonntagnachmittag (Sabbath) ging ich vor dem Thor im Freien spazieren. Ich dachte an die Maschine und war noch nicht weit gegangen, da kam mir der Gedanke: Der Dampf ist ein elastischer Körper, der schnell in einen luftleeren Raum einfliessen würde. Wenn also ein luftentleertes Gefäss mit dem Cylinder in Verbindung gesetzt würde, so würde der Dampf in dieses einströmen und könnte in demselben kondensiert werden, o h n e d a s s d e r C y l i n d e r a b g e k ü h l t w ü r d e.[4]

Watt verlegt die Kondensation in ein eigenes, gekühltes Gefäß außerhalb des Kessels. Dadurch bleibt der Zylinder heiß und die Dampfmaschine verdreifacht ihre Leistung. Watts Kunstgriff hat einen Nebeneffekt, der für die weitere Entwicklung von weit größerer Bedeutung sein wird als die verbesserte Energieeffizienz. Weil die Kondensation nicht mehr im Zylinder stattfindet und dieser deshalb nicht mehr heruntergekühlt werden muss, kann er gegen die Atmosphäre dicht abgeschlossen werden. Watts Dampfmaschine war demnach, anders als seine

Vorläufer, ein geschlossenes System, weil sie beide Bewegungen des Kolbens zur Krafterzeugung nutzen konnte. Außer der Zufuhr von Wärme gibt es keine äußeren Einflüsse, das Verhalten des Wasserdampfs, ein beinahe ideales Gas, ist einzig und allein von Faktoren (Druck, Temperatur Volumen) innerhalb des Systems abhängig.

Was für eine Chance! Durch einen Zufall ist eine Maschine entstanden, die die Uhr als universales Weltmodell ablösen kann. Das neue Modell beschreibt nicht mehr das Verhalten von Einzelteilen, sondern von Massen. Die Welt besteht nun wie ein Gas aus unendlich vielen identischen Elementen. Natürlich verhalten sich nicht alle Individuen gleich, aber die Wahrscheinlichkeit sorgt dafür, dass sich die Abweichungen vom Mittelwert gegenseitig aufheben. Man kann nun beobachten, welche Muster diese vielen Elemente zusammen bilden und wie sich diese verändern. Diese von Grund auf neue Sicht der Wissenschaften veränderte die Hydrodynamik, die Chemie, die Biologie – und die Sozialwissenschaften. Es kamen Phänomene in den Blick, die vorher schlicht unsichtbar waren: Man sah Muster, und man sah, wie sie sich verändern, manchmal sogar schlagartig. Man konnte somit sogenannte indeterminierte Phasenübergänge beobachten. Und etwa zur gleichen Zeit, als der Mathematiker Pierre-Simon Laplace (1749–1827) verkündete, man könne jeden künftigen Zustand prognostizieren, wenn man die Anfangsbedingungen kenne, erfuhr man durch die Dampfmaschine, dass sich Veränderungen zum Teil nicht vorhersagen lassen, dass es also indeterminierte Prozesse gibt.

Dass die Welt nicht vollkommen kausal determiniert ist, wäre vor der Dampfmaschine nicht denkbar gewesen![5] Die wichtigste Neuerung, die die Dampfmaschine brachte, war aber, dass man endlich den Zusammenhang von Wärme und Kraft in einem geschlossenen System verstand. Das markiert den Beginn der Thermodynamik. Sie wird dem 19. Jahrhundert den

Rotationsdampfmaschine
von Boulton und Watt (1788).

Stempel aufdrücken, wie Michel Foucault zu Recht bemerkt:
»Das 19. Jahrhundert fand seine wesentlichen mythologischen
Ressourcen im Zweiten Thermodynamischen Hauptsatz.«[6]

Davon ahnt Watt noch nichts. Doch das ökonomische Potenzial seiner Erfindung erkennt er sofort. Er kündigt seine Stelle
und widmet sich fortan ausschließlich der Entwicklung eines
markttauglichen Prototyps. Zwar kann er schon 1769 sein erstes Patent anmelden, doch die weiteren Hürden sind unerwartet
hoch. Zum einen ist eine exakte Zylinderbohrung technisch noch
nicht möglich, zum anderen stehen keine geeigneten Schmier-
und Dichtmittel zur Verfügung. Watt und seine Mitarbeiter versuchen es mit Kork, Papier, Pappe, Leder und Hanfschnüren,
doch nichts dichtet den Kolben genügend ab.

Allmählich geht Watt das Geld aus, das ihm Joseph Black, ein Professor, den er aus dessen Glasgower Zeiten kannte, zur Verfügung gestellt hat. Sein nächster Investor, Dr. Roebuck, Besitzer von Kohlegruben und Erzminen, wird zahlungsunfähig und meldet Konkurs an. Watt muss sich also auf die Suche nach frischem Geld machen. Da bietet sich mit Matthew Boulton einer der reichsten Industriellen des Landes an, das Patent von Roebuck zu übernehmen und das nötige Geld vorzuschießen. Dass das Parlament nach langen Kämpfen 1775 auch noch einwilligt, das erste Patent um 25 Jahre zu verlängern, gibt Watt genügend Spielraum, um seine Maschine endlich zur Produktionsreife zu entwickeln. Und tatsächlich liefert die Firma Boulton & Watt am 8. März 1776 die erste funktionstüchtige Dampfmaschine an die Bloomfield Kohlengrube in Tipton, Staffordshire, aus.

Noch immer ist Watt nicht zufrieden, fieberhaft arbeitet er an der technischen Verbesserung der Maschine, ein Patent jagt das andere, bis er 1786 endlich eine Dampfmaschine konstruiert, die seinen Vorstellungen entspricht: eine doppelt wirkende Rotationsmaschine ohne Kraftverluste durch die Hubumkehr, die Kraft produziert, wenn der Kolben steigt *und* wenn er sinkt, und die sich durch einen Fliehkraftregler selbst steuert.

Der Beginn der Thermodynamik

Aus dem unbedeutenden Auftrag, ein Modell der Newcomen'schen Dampfmaschine herzustellen, entstand innerhalb von zwanzig Jahren eine Maschine, die nicht nur die Technologie, die Ökonomie und die Gesellschaft, sondern auch das Denken der Menschheit revolutionierte: eine Maschine, die Kraft nicht bloß umlenkt, sondern selbst *produziert*. Damit vertreibt der Mensch Gott aus seiner letzten verbleibenden Wirkstätte: Bis dahin war Gott der einzige Erzeuger von Kraft gewesen, nun zieht der Mensch nach. Christoph Bernoulli ist sich des blasphemischen Potenzials der Dampfmaschine bewusst, wenn er schreibt:

> [D]enn nun vermag der Mensch auch die Kraft sich selbst zu *schaffen*, wie und wo er sie zu seinen Zwecken bedarf. In der That wie groß und nützlich auch jene ist, die dem laufenden Wasser und dem Winde inne wohnt, nie freigiebig auch die Natur sie spendet, der Mensch fühlt tief seine Abhängigkeit von der Geberin [...].
>
> In der Dampfmaschine hingegen haben wir ein Mittel gefunden, [...], uns jede erforderliche Kraft selbst zu erzeugen [...].

Als der Spross der berühmten Basler Bernoulli-Dynastie 1824 diese Zeilen schreibt, sind die Dampfmaschinen noch weit von der Perfektion entfernt, die diese Euphorie rechtfertigen würde. Die Kessel halten dem Druck nicht stand, die Zylinder sind undicht, die Schweißnähte sind schludrig gearbeitet, die Bohrungen schief und die Wartung aufwendig. Viele Grubenbesitzer ziehen Newcomens Maschine der Watt'schen immer noch vor.

Die Euphorie entspringt offenbar weniger dem Nutzen der neuen Erfindung als der Ahnung, dass mit ihr das Tor in eine neue Welt aufgestoßen worden ist.

> Die große Schönheit der Erfindung liegt in der Eigenschaft der Dampfmaschine, sich selbst zu regulieren und alle ihre Bedürfnisse zu befriedigen. Es ist gesagt worden, dass nichts, was von Menschenhand gemacht wurde, dem Tierleben so nahe kommt.
>
> Die Wärme ist das Prinzip ihrer Bewegung; in ihren Röhren zirkuliert ein Kreislauf, wie der des Blutes in den Adern

der Tiere, mit Ventilen, die sich in angemessenen Zeitabständen öffnen und schließen; sie ernährt sich selbst, evakuiert die nutzlosen Teile ihrer Nahrung und zieht aus ihrer eigenen Arbeit alles, was für ihren eigenen Lebensunterhalt notwendig ist. [...] Die Dampfmaschine dürfen wir also mit Recht als die edelste Maschine betrachten, die je von Menschenhand erfunden wurde – der Stolz des Maschinisten, die Bewunderung des Philosophen.[7]

Die Watt'sche Dampfmaschine ist ein lebendiger Körper, doch im Gegensatz zu diesem ermüdet sie nicht. Und sie ist um einiges besser konstruiert als ihre Vorläufer, denn sie ist nicht ortsgebunden, sie ist nicht von unsicheren Energiequellen wie dem Wind abhängig und sie kann sich selbst steuern. Die perfekte Maschine.

Das mag Philosophen und Ingenieure entzücken, aber lässt sie sich auch verkaufen? Watt und Boulton wollten mit ihren Dampfmaschinen ja vor allem möglichst viel Geld verdienen. Grundsätzlich gab es zwar einen Markt für Wärmekraftmaschinen, aber nach den schlechten Erfahrungen mit früheren Modellen war die Skepsis bei den Investoren groß, die ungeheuren Entwicklungskosten konnten ohnehin nicht abgewälzt werden, und niemand wusste, welche Produktionssteigerung von der neuen Technologie zu erwarten war. Deshalb war es kaum möglich, einen Preis zu stellen. Aus der Not heraus entwickelte Boulton ein neuartiges Geschäftsmodell. Eine Art Leasingvertrag verpflichtete den Kunden, neben den Kosten für den Transport und den Aufbau der Maschine jährlich einen Drittel der Kohleersparnis an Boulton & Watt zu entrichten. Die Bergwerksbesitzer mussten die Maschine nicht kaufen, sondern während ihrer Laufzeit »nur« einen Drittel des Gewinns als Miete zahlen. Doch es war gar nicht so einfach, die Ersparnis durch die Dampfmaschine genau zu beziffern. Es genügte nicht, die Differenz zwischen der alten und der neuen Kohle-menge zu ermitteln, denn die Watt'sche Machine verbrauchte viel weniger Kohle und war dennoch etwa dreimal effizienter als die Newcomen'sche. Man musste also ausrechnen können, wie groß die Ersparnis pro erbrachte Leistung ist. Für die Leistung gab es seit den Zeiten Saverys nur ein sehr ungenaues Maß: die Leistung eines Pferdes bei der Entwässerung von Gruben, gemessen in Pferdestärken (PS). Doch von welchen Pferden war die Rede? Von müden oder frischen, von französischen oder irischen? Dieses Maß taugte nicht mehr, man brauchte dringend eine genau Messmethode.

Die Lösung fand John Southern, ein Ingenieur von Boulton & Watt: Ein mit dem Kolben verbundener Bleistift zeichnete auf einer drehenden Trommel ein Druck-Volumen-Diagramm auf, das Integral der Kurve ergab die Leistung der Dampfmaschine. Der Gewinn konnte nun auf Heller und Pfennig abgerechnet werden.

Wenige Jahre später fiel das Diagramm einem jungen Pariser Physiker namens Nicolas Léonard Sadi Carnot (1796–1832) in die Hände und dieser leitete daraus eine vollkommen neue Physik ab, die Thermodynamik. Wahrscheinlich hörte der kleine Nicolas schon am elterlichen Mittagstisch von der revolutionären Maschine, die jenseits des Kanals erfunden worden war, und auch von den Schwierigkeiten, sie kostengünstig einzusetzen. Sein Vater, Lazare Nicolas Marguerite Carnot, ein angesehener Politiker, Offizier und Wissenschaftler, war am Problem gescheitert, den Wirkungsgrad der Watt'schen Dampfmaschine zu verbessern. Sein Sohn machte es sich daraufhin zur Lebensaufgabe, das Werk seines Vaters zu vollenden. Das Resultat seiner Bemühungen erschien 1824 in der dreiundvierzigseitigen Schrift *Betrachtungen über die bewegende Kraft des Feuers und die zur Entwicklung dieser Kraft geeigneten Maschinen.* Das Ergebnis war so ernüchternd wie bahnbrechend: Sadi Carnot konnte beweisen, dass sich der Wirkungsgrad nicht steigern lässt.[8] Nachdem er die Bedeutung der Dampfmaschine für den ökonomischen und sozialen Fortschritt noch einmal unterstrichen hat, fährt er fort:

> Das Phänomen der Erzeugung von Bewegung durch Wärme ist nicht unter einem hinlänglich allgemeinen Gesichtspunkt betrachtet worden. Man hat es nur an Maschinen untersucht, deren Wirkungsweise ihm nicht die ganze Entwicklung gestattet hat, deren es fähig ist. An derartigen Maschinen zeigt sich das Phänomen sozusagen verstümmelt und unvollständig, so dass es schwierig wird, seine Grundlagen zu erkennen und seine Gesetze zu studieren. Um das Prinzip der Erzeugung von Bewegung durch Wärme in seiner ganzen Allgemeinheit zu betrachten, muss man es sich unabhängig von jedem Mechanismus und jedem besonderen Agens vorstellen; man muss Überlegungen durchführen, welche ihre Anwendung nicht nur auf die Dampfmaschine haben, sondern auf jede denkbare Wärmemaschine, welches auch der angewandte Stoff sei, und in welcher Art man auf ihn einwirkt.[9]

Carnots Ausgangspunkt ist derselbe, der Watt zur Erfindung des Kondensators geführt hatte: der schlechte Wirkungsgrad der Dampfmaschine. Doch Carnot will das Problem nicht durch technische Verbesserungen, sondern durch eine allgemeine Theorie lösen. Während sich Watt über Jahre hinweg Tag für Tag über die Maschine beugt und an ihr herumbastelt, löst sich Carnot von der konkreten Maschine, um ihre theoretischen Möglichkeiten auszuloten.

Seine Frage ist, ob die *gesamte* Wärme in Bewegung umgewandelt werden kann und die Umwandlung verlustfrei reversibel ist. Die Indikatordiagramme von Southern bringen Carnot auf die Spur: Die Krafterzeugung in der Dampfmaschine ist ein

Kreisprozess. Nach einer Reihe von Operationen, die Bewegung erzeugen, kehrt die Maschine in ihren ursprünglichen Zustand zurück, um einen neuen Zyklus beginnen zu können. Wenn die Umwandlung vollständig und vollständig reversibel wäre, müsste der Dampf am Ende des Zyklus' *ohne Zufuhr frischer Energie* dieselbe Temperatur wie am Anfang aufweisen und die Maschine könnte dieselbe Bewegung von Neuem erzeugen. Das wäre aber das *perpetuum mobile*. Tatsächlich verbraucht die Maschine einen Teil der Kraft dafür, in den ursprünglichen Zustand zurückzukehren. Anders gesagt: Die Wärme – Carnot nimmt noch immer einen Wärmestoff an – muss, um Kraft zu erzeugen, von einem wärmeren in ein kälteres Kompartiment fließen, so wie Wasser von einem höheren auf ein tieferes Niveau fallen muss. Wenn dasselbe Wasser nochmals Energie erzeugen soll, wie in den heutigen Pumpspeicherkraftwerken, so muss es erst auf das alte Niveau gepumpt werden, und das verbraucht natürlich Energie. So »verschwendet« auch die Wärmekraftmaschine einen Teil der Energie für die Aufrechterhaltung des Gradienten.

Carnot hat mit einfachen Überlegungen und ohne ein einziges Experiment den Zweiten Thermodynamischen Hauptsatz entdeckt – oder wie er später genannt wird: die Entropie. Trotz der falschen Annahme eines Wärmestoffes hat er damit den Anstoß für eine der größten Umwälzungen in der Geschichte der Wissenschaft gegeben. Deren revolutionäre Kernaussage lautet: In einem geschlossenen System – und die Dampfmaschine ist ja (fast) ein geschlossenes System – kann Wärme Bewegung und Bewegung Wärme erzeugen. Und das Verhältnis von Kraft und Wärme kann nun exakt berechnet werden. Was Kant noch wenige Jahre zuvor für *prinzipiell* unmöglich hielt, nämlich eine mathematische Formel für das Leben zu finden, haben Watt und Carnot zusammen geschafft, und zwar weil sie die beiden antagonistischen Grundannahmen über das Leben – Leben ist Bewegung, behaupteten die Mechanisten, Leben ist Wärme die Vitalisten – in einer Supertheorie vereinten: Leben ist die Umwandlung von Wärme in Bewegung. Und wegen des notwendig unwiederbringlichen Verlustes in den Umwandlungsprozessen ist nun auch der Zeitpfeil in der Physik angekommen. Carnot hat mathematisch bewiesen, was alle immer schon wussten: Es gibt unumkehrbare Prozesse, kein Leben verläuft vom Tod zur Geburt.

Die lebendige Kraft wird zur Energie

Das hatte weitreichende Folgen: Nicht nur der lebendige Körper wird als Wärmekraftmaschine identifiziert, der ganze Kosmos wird bald als geschlossenes System betrachtet, das aus unendlich vielen kleinen Wärmekraftmaschinen besteht, die in beständigem Austausch sind. Die Wärme, die eine Maschine aus Bewegung produziert, braucht eine andere Maschine, um Bewegung zu produzieren. Menschen und Maschinen sind Teil eines universellen Tauschsystems, mit einem einheitlichen Maß der Leistung (Arbeit pro Zeiteinheit), gemessen in Pferdestärken oder in Watt. Die Leistungen, die Dampfmaschinen, Wind, Wasser, Pferde oder Arbeiter verrichten, können nun nicht nur präzise berechnet, sondern auch miteinander verglichen werden. Und weil dank Watt physikalische Leistung darüber hinaus auch in Geldwert umgerechnet werden kann, ist es nun möglich, den Wert von Menschen mit dem Wert von Maschinen zu vergleichen. Eine Dampfmaschine entspricht etwa zwanzig Arbeitskräften. Vorher hatten nur Sklaven einen Geldwert, dieser wurde aber durch den Markt und nicht durch eine objektive Leistung festgelegt.

Das Tauschsystem, das von Watt und Boulton eingeführt wurde, um ihre Maschinen zu amortisieren, wird universell: Alles kann nun mit allem verrechnet werden. Wärme, Leistung, später auch Energie, Elektrizität, Magnetismus und Arbeit:

Das alles kann sowohl als physikalische Größe als auch als Geldäquivalent ausgedrückt werden. Geld wird damit zu einer physikalischen Größe und die Natur zu einem geschlossenen System, das keiner Zufuhr von außen mehr Bedarf. Im Wesentlichen besteht es aus *lebendiger Kraft*, die in mechanische Arbeit umgewandelt wird. Arbeit kann aber aus Bewegung, Wärme, Elektrizität und Magnetismus hergestellt – oder mit Geld eingekauft werden.

Die Thermodynamik verwandelt die Natur in eine universelle Tauschbörse, deren Grundlage die Messbarkeit all ihrer Teile ist. Mithilfe universeller Umrechnungskonstanten – Joules Wärmeäquivalent, die Boltzmann-Konstante, die Loschmidt-Konstante, die Avogadro-Zahl – kann alles durch alles ersetzt werden, die alten Unterschiede zwischen natürlich gezeugt und artifiziell hergestellt, zwischen menschlicher und maschineller Arbeit, zwischen Gott und der Dampfmaschine als Produzenten von Kraft spielen keine Rolle mehr.

Die genaue Berechnung des »Werts eines Menschen«, das heißt, seiner Arbeitsleistung, ermöglicht eine rationale Entscheidung, wie das verfügbare Kapital investiert werden soll. Menschen finden nur noch Verwendung, wenn sie billiger als Maschinen arbeiten oder wenn sie Arbeiten verrichten, zu denen die Maschinen (noch) nicht befähigt sind. Menschen sind kohlenstoffbasierte Maschinen, die zu den metallbasierten Maschinen in Konkurrenz treten. Später werden noch siliziumbasierte hinzukommen.

Das Leben ist von der Biologie in die Physik abgewandert, wo es, Arbeit geworden, genau vermessen und berechnet werden kann. Damit scheint die *vis viva* endgültig ausgespielt zu haben. Dass ein derart obskurer Begriff in der Welt der Wissenschaft keine Existenzberechtigung mehr hat, macht Du Bois Reymond mit aller Klarheit deutlich:

So dargestellt erscheint die Lehre von der Lebenskraft in der Tat als ein solches Gewebe der willkürlichsten Behauptungen, sie häuft auf ein Phantasiegebilde solche Summe unmöglicher Attribute und undenkbarer Tätigkeiten, daß es schwer fällt, sie ernst zu nehmen, und ihrer offenkundigen Abgeschmacktheit nicht einfach mit dem verdienten Spotte zu begegnen. Nun ist freilich richtig, daß sie in dieser vollen Blöße sich nicht mehr so leicht über die Straße wagt. Es sind zu ihrer Verhüllung allerlei Deckmäntelchen erfunden worden.[10]

Auch Helmholtz verkündet in seinen populären Vorträgen stolz, den Vitalismus endgültig besiegt zu haben. Eine gewisse Zeit lang wird *lebendige Kraft* als zentraler Begriff der neuen Theorie beibehalten, aber bald wird er ersetzt, um nicht mit der alten Lebenskraft verwechselt zu werden. Der neue Begriff lautet Energie.

Das Wort »Energie« geht auf das altgriechische *energeia* zurück, das etwa »lebendige Wirklichkeit und Wirksamkeit« bedeutet. In die Mechanik wurde das Wort erst 1807 von dem Physiker Thomas Young eingeführt. In der heutigen Bedeutung als Größe einer Wirkung, also als Übersetzung der lebendigen Kraft, setzte es sich erst in der zweiten Hälfte des 19. Jahrhunderts gegen die Lebenskraft durch.

Es ist hier nicht der Ort, die komplexe und kontroverse Geschichte des Energiebegriffs nachzuzeichnen,[11] für unsere Zwecke wollen wir uns an die Definition des amerikanischen Physikers und Nobelpreisträgers Richard Feynman halten:

Zweitens, die Energie hat eine große Nummer verschiedener Formen, und für jede gibt es eine Formel. Diese sind: Gravitationsenergie, kinetische Energie, Wärmeenergie, elastische Energie, elektrische Energie, chemische Energie, Strahlungsenergie, Nuklearenergie, Massenenergie. Wenn wir die

Formeln für jeden dieser Beiträge zusammenrechnen, ändert sich nichts, außer dass Energie ein- und ausgeht.[12]

Anders gesagt: Energie an sich gibt es nicht, sie kommt nur in unterschiedlichen Konkretisierungsformen vor.

Die Dampfmaschine verdankt ihren triumphalen Erfolg nicht allein ihrer Effizienz – diese war zu Anfang ohnehin recht bescheiden – oder der Tatsache, dass sie Westeuropa und die USA ins industrielle Zeitalter katapultierte, sondern dass sie ein völlig neues Bild der Natur hervorbrachte. Die Natur ist nun ein geschlossenes System, ob ihre einzelnen Elemente natürlich oder artifiziell sind, spielt letztlich keine Rolle, denn sie gehören demselben System an und haben darin dieselbe Funktion: Sie müssen mechanische Arbeit verrichten.

Die Thermodynamik hat das Leben aus der Ästhetisierung zurück auf den harten Boden der Wissenschaft geholt. Die neue Wissenschaft des Lebens betrachtet den Menschen nicht mehr als ein Individuum und das Leben nicht mehr als intensive ästhetische Erfahrung, der Mensch ist vielmehr eine der unzähligen seriell und parallel geschalteten Wärmekraftmaschinen, und das Leben ist die Leistung, die diese Wärmekraftmaschine produziert. Also Arbeit.

Die Arbeit und
die Dampfmaschine

*in dem die neue Welt geschildert wird, die durch
die Dampfmaschine, insbesondere durch den Ersten
Thermodynamischen Hauptsatz, entstanden ist und
die auf den Pfeilern Arbeit und Tausch ruht.*

Zur gleichen Zeit, als James Watt in seiner Werkstatt an der Universität Glasgow an der Verbesserung seiner Dampfmaschine tüftelt, verfasst einige Zimmer weiter ein Philosoph ein monumentales Werk, das den Titel *The Wealth of Nations* tragen sollte. »Was macht eine Nation reich?«, lautet die Frage, die Adam Smith darin zu beantworten sucht. Bislang hat als reich gegolten, wer viel Gold, Münzen oder Land besaß, doch seit der Einführung von Papiergeld ist dieses Dogma ins Wanken geraten. Adam Smith macht deshalb einen anderen Vorschlag: Der Wohlstand einer Nation bemisst sich nicht an der Menge des gehorteten Goldes, sondern an der Zirkulation der Güter. Nur zirkulierende Güter sind lebendiges Kapital, gehortetes Gold ist totes Kapital. Reich ist demnach eine Nation, in der viel getauscht wird, in der heutigen Sprache: die ein hohes Bruttosozialprodukt erzielt. Doch um den Wert der Waren zu ermitteln, die man tauschen, also verkaufen oder erwerben will, braucht es einen objektiven Maßstab – und dieser findet sich in der Arbeit. Der Wert einer Ware entspricht der Arbeitsleistung, die in ihre Produktion investiert wurde. Diese Werttheorie wird Karl Marx von Adam Smith übernehmen. Die Arbeit ist im ökonomischen Tauschsystem also jene objektive Größe, die den Wert einer Ware festlegt und damit den unbeschränkten Tausch der Waren ermöglicht. Wohl und Wohlstand einer Nation hängen demnach von ihrer gesamten Arbeitsleistung ab.

Die Arbeit ist zwar eine objektive, aber keine invariante Größe. Durch konsequente Arbeitsteilung können mit derselben Arbeitsleistung mehr Güter produziert werden. Die Arbeitsteilung steigert also den Wert der *gesamten* Produktion, ohne Steigerung der *einzelnen* Arbeitsleistung.

Der Wohlstand der Nationen, wie das Werk auf Deutsch heißt, beginnt folgerichtig so:

Die Arbeitsteilung dürfte die produktiven Kräfte der Arbeit mehr als alles andere fördern und verbessern. Das gleiche gilt wohl für die Geschicklichkeit, Sachkenntnis und Erfahrung, mit der sie überall eingesetzt oder verrichtet wird.[1]

Die Produktion von Stecknadeln besteht beispielsweise aus achtzehn Teilschritten. Ein einzelner Arbeiter wäre nach Smith in der Lage, täglich etwa zwanzig Stück herzustellen, in einer Manufaktur mit nur zehn Arbeitern könnten aber 48 000 Nadeln täglich hergestellt werden, auf jeden Arbeiter entfielen also 4800 Stück. Die Arbeitsteilung steigert die Produktivität demnach um das 240-Fache.

Allerdings hat die Arbeitsteilung zur Folge, dass der einzelne Arbeiter Stecknadeln im Überfluss besitzt, alles andere aber fehlt ihm. Er ist also gezwungen, Stecknadeln mit Leuten einzutauschen, die über jene Produkte verfügen, die er braucht. Die Arbeitsteilung ist zugleich der Beginn und die Folge des Tausches. Die Arbeit wird, nur wenige Meter voneinander entfernt und beinahe zur gleichen Zeit, als universaler Tauschwert in der Ökonomie und in der Physik festgesetzt.

Die Warenökonomie von Smith und Marx und die Maschinenökonomie von Boulton und Watt verschmelzen zu einer allgemeinen Ökonomie des (Um-)Tausches, zu einem universellen Äquivalenzsystem, in dem Kraft und Wert miteinander verrechnet werden können. Im Zentrum steht die Arbeit, sie ist erstens das einzige Tauschobjekt, das der Arbeiter anzubieten hat, zweitens der Motor, der Natur *und* Ökonomie in Bewegung hält und wachsen lässt, und drittens der Ort, an dem Wärme und Geld, Physik und Ökonomie sich theoretisch und praktisch treffen. Maschinenleistung kann in Arbeitsleistung und Arbeitsleistung in Maschinenleistung umgerechnet werden – und beides wiederum in Geldwert. Mensch und Maschine sind gleichwertige

Bewohner derselben Welt geworden, die selbst nichts anderes als eine große arbeitende Wärmekraftmaschine ist.[2]

Eine allgemeine Theorie des Tauschens

Diese neue, den Maschinen und Menschen gemeinsame Welt benötigt aber dringend eine allgemeine Theorie, die die ehemaligen Gegensätze – Kraft und Wärme, Mensch und Maschine, Leben und Mechanik – vereint. Und diese wird am 23. Juli 1847 vom Arzt und Physiker Hermann von Helmholtz in einem Vortrag unter dem Titel »Über die Erhaltung der Kraft« vor der Physikalischen Gesellschaft zu Berlin vorgestellt.

In Potsdam geboren, zeigt Helmholtz schon als Jugendlicher eine außergewöhnliche Begabung für Mathematik und Physik. Doch die Familie – der Vater ist ein schlecht bezahlter Philosophieprofessor – kann sich ein Physikstudium schlicht nicht leisten. Stattdessen wird Helmholtz Arzt, weil ihm die Berliner Militärakademie eine kostenlose Medizinausbildung anbietet. Allerdings muss er dafür den militärischen Drill über sich ergehen lassen, eine Erfahrung, die ihn zutiefst prägt und ihn zu einem radikalen Materialisten formt. Aller Idealismus wird ihm verhasst, seit er einen Staat erlebt hat, der sich als Verkörperung des Weltgeistes versteht und sich deswegen alles erlauben darf.

Mitstreiter im Kampf gegen jede Form von spekulativem Idealismus findet Helmholtz im Kreis der Schüler des Physiologen und bekennenden Vitalisten Johannes Müller. Mit Emil du Bois-Reymond und Ernst Wilhelm von Brücke, später Lehrer von Sigmund Freud in Wien, probt Helmholtz den Aufstand gegen die idealistischen Väter. Zusammen mit dem Physiker Gustav Magnus gründen sie 1845 die Physikalische Gesellschaft zu Berlin. Die Wahl des Namens ist programmatisch. Obschon alle drei Ärzte sind und sich vornehmlich für den menschlichen Körper interessieren, nennen sie sich nicht physiologische, sondern physikalische Gesellschaft: Das Leben wollen sie aufgrund physikalischer Prinzipien, ohne jede spekulative Schwärmerei erklären, auch ohne den Vitalismus ihres Lehrers Müller. »Brücke und ich haben uns geschworen, die Wahrheit geltend zu machen, dass im Organismus keine anderen Kräfte wirksam sind als die gemeinen physikalisch-chemischen«,[3] schreibt du Bois-Reymond an einen Jugendfreund.

Die Theorie, die Helmholtz im Juli 1847 vorträgt, scheint dieses Vorhaben zu verwirklichen: »Das endliche Ziel der theoretischen Naturwissenschaften ist also, die letzten unveränderlichen Ursachen der Vorgänge in der Natur aufzufinden«,[4] schreibt Helmholtz, und er findet diese letzte unveränderliche Ursache im »Gesetz der Erhaltung der Kraft«. Danach bleibt in einem geschlossenen System die Summe aller Kräfte konstant. Keine Kraft geht verloren, sie nimmt höchstens eine andere Gestalt an. Das war allerdings nicht vollkommen neu, Julius Robert Mayer, ein Arzt aus Heilbronn, hatte das Gesetz der Erhaltung der Kraft schon 1842 formuliert: »Von dieser Betrachtung wird man ganz einfach zu der besprochenen Gleichung von Fallkraft, Bewegung und Wärme geführt.«[5]

Die herausragende Leistung von Helmholtz bestand darin, den Gedanken, dass der Kosmos ein geschlossenes System sei, in welchem Energie laufend umgewandelt wird, bis ans Ende gedacht und mathematisch schlüssig bewiesen zu haben. Er hatte Gott als erste Quelle der Kraft gleichsam aus dem Universum gerechnet. Zudem wies er im zweiten Teil des erwähnten Vortrags nach, dass auch Elektrizität, Magnetismus und Elektromagnetismus in Wärme oder in Kraft umgewandelt werden können. Damit hat er das Gesetz der Krafterhaltung – heute als Erster Thermodynamischer Hauptsatz bekannt – tatsächlich als letzte Ursache der Naturvorgänge ausgewiesen.

Mit Brücke und du Bois-Reymond enthüllte er auch den untergründigen Zusammenhang von Industrialisierung und

Energieerhaltungssatz. Helmholtz hatte als Eskadron-Chirurg bei den Gardehusaren in Potsdam genügend freie Zeit, um sich ein Labor einzurichten, wo ihn seine Berliner Freunde oft besuchten, um der Messung der Arbeitskraft von Froschmuskeln beizuwohnen.[6] Jahre später schrieb du Bois-Reymond enthusiastisch an Helmholtz:

> Die Muskelfaser ist eine Arbeitsmaschine, aufgebaut aus eiweißartigem Material. Ähnlich wie eine Dampfmaschine aus Stahl, Eisen und Messing, etc. Wie nun in der Dampfmaschine zur Krafterzeugung Kohle verbrannt wurde, so wurde in der Muskelmaschine Fett oder Kohlenhydrat verbrannt.[7]

Die Dampfmaschine ist also nicht nur Metapher, sie ist Analogon des Menschen. Armand Imbert, ein Physiologe aus Montpellier, schrieb, es sei »eine faszinierende Idee, unseren Organismus als eine Maschine, die Arbeit produziert, zu denken, die gemäß einem allgemeinen Modell [von Maschinen] konstruiert ist«.[8]

Der Stoffwechsel als Thermodynamik des Körpers

Die Kontraktion des Muskels und der Hub des Kolbens gehorchen denselben thermodynamischen und mechanischen Gesetzen und sie sind in denselben Einheiten messbar. Um die Arbeit eines Muskels zu ermitteln, muss man lediglich die Strecke messen, die ein Gewicht anzuheben ein Muskel nach elektrischer Reizung in der Lage ist. Damit können Mensch und Maschine mathematisch genau vermessen, miteinander verglichen und miteinander verkoppelt werden, was für Tiere ebenso wichtig wie für Industrielle sei, wie der Muskelphysiologe Adolf Fick schrieb.

Wie Anson Rabinbach gezeigt hat, ist Mitte des 19. Jahrhunderts der menschliche Körper im Grunde ein Verbrennungsmotor und sein Leben ist Arbeit. Der Hauptunterschied zwischen Muskeln und Verbrennungsmotoren ist nur, dass Erstere viel schneller ermüden.

Die Umwandlung von Wärme in Kraft und umgekehrt erhielt bald einen Namen, sie hieß nun Stoffwechsel. Justus Liebig, der unumstrittene Doyen der deutschen Chemie, schrieb Mitte des 19. Jahrhunderts:

> Wir wissen, dass ein Stoffwechsel die Kraft in der Dampfmaschine erzeugt. Das Holz, die Kohlen verbrennen, sie wechseln ihre Eigenschaften. Durch einen Stoffwechsel in der galvanischen Säule, durch die Auflösung eines Metalls in einer Säure, entsteht elektrischer Strom; dieser wird zum Magneten, der eine Maschine treibt. Alles lässt uns vermuten, dass auch in dem tierischen Körper die mechanische Kraft, welche die willkürliche oder unwillkürliche Bewegung der Glieder bedingt, mit dem Stoffwechsel und namentlich im Muskelsystem in Verbindung steht; allein die Beziehung selbst ist uns noch gänzlich unbekannt.[9]

Dass Kraft im Muskel teilweise in Wärme umgewandelt wird, weiß jeder, der Sport treibt. Der umgekehrte Vorgang war aber noch weitgehend unerforscht: Man wusste nicht, wie Energie dem Muskel zugeführt und wie sie im Muskel zu Bewegung wird. Liebig war tatsächlich der Auffassung, der Muskel verbrauche seine eigene Substanz, er fresse sich gleichsam selbst auf. Selbst Helmholtz schien anfänglich dieser Meinung zuzuneigen, doch bald setzte sich auch bei ihm die Erkenntnis durch, dass Energie dem Körper durch *Nahrung* zugeführt wird.

Dass Energie als »chemische Spannung« gespeichert werden kann, war seit Anfang des 19. Jahrhunderts bekannt, doch

wie sie zu Bewegung wird, blieb im Unterschied zur Dampfmaschine, wo der Wechsel von Wärme in Bewegung offen-
kundig ist, noch lange rätselhaft. Dieses neue Forschungsge-
biet wurde unter dem Titel des Stoffwechsels verhandelt. Das
Zitat von Liebig zeigt, dass anfangs jede Umwandlung von
Energie in Bewegung als Stoffwechsel bezeichnet wurde. Später wurden nur noch die entsprechenden biologischen Vorgänge so benannt.

Um die Frage des Stoffwechsels zu klären, war eine Vielzahl
von Einzelschritten notwendig. Stark vereinfacht können drei
Phasen unterschieden werden. Zunächst mussten Energiemen-
gen gemessen werden können. Wie viel Energie genau die Koh-
lehydrate dem Körper beziehungsweise die Kohle der Dampfmaschine zuführt, fand erst der englische Bierbrauer James Prescott
Joule durch ein raffiniert angelegtes Experiment heraus. Er ver-
senkte ein Schaufelrad in einen Wasserbehälter und befestigte
daran ein genau definiertes Gewicht außerhalb des Behälters.
Mit einer Kurbel hob er das Gewicht so lange an, bis sich das
Wasser um ein Grad Fahrenheit erwärmt hatte. Damit konnte
er die Arbeit (Kraft mal Weg), die verrichtet werden muss, um
eine bestimmte Wärmemenge zu erzeugen, exakt berechnen.
Er ermittelte, dass ein Gewicht von 772,55 Pfund, das aus einer
Höhe von einem Fuß fällt, nötig ist, um ein Pfund Wasser um
ein Grad Fahrenheit zu erwärmen. Das ergibt auf heutige Einheiten umgerechnet 4,15 Joule pro Kalorie, was den heute gel-
tenden 4,1868 Joule pro Kalorie recht nahe kommt.

Joule war aus ganz praktischen Überlegungen auf dieses Problem gestoßen. Als Miteigentümer wollte er die Produktions-
leistung seiner Brauerei steigern, und er war verärgert darüber,
dass die Elektromotoren, die er zum Einsatz bringen wollte,
einen noch schlechteren Wirkungsgrad als die Dampfmaschine
hatten. Viel zu viel Energie verpuffte als Wärme, statt Arbeit
zu verrichten. Doch um die Leistung technisch zu verbessern,

musste er erst einmal genau wissen, wie viel Energie eigentlich als Wärme verloren geht.

Im zweiten Schritt übertrug Helmholtz sodann Joules Experimente auf lebendes Gewebe und maß, welches Gewicht ein Froschmuskel in einer bestimmten Zeit in die Höhe heben kann. Damit war die Leistung der Muskeln exakt berechenbar, und letztlich auch die menschlicher Muskeln.

In einem dritten Schritt verband der in Zürich lehrende Physiologe Adolf Fick die Erkenntnisse seiner beiden Vorgänger und zeigte, wie viel Energie nötig ist, um einen Muskel zu bewegen. Zugleich wies er nach, dass chemische Energie direkt in kinetische metabolisiert wird, ohne Umweg über die Wärme. Die bei Muskelarbeit entstehende Wärme ist also lediglich Abwärme und nicht ein Intermediärstadium zwischen chemischer Energie und Bewegungsenergie, wie man vor ihm angenommen hatte.

Der »Wert« eines Arbeiters konnte nun genau angegeben und mit dem von Tieren und Maschinen verglichen werden. Man brauchte nur seine Arbeitsleistung zu messen und davon die Energiekosten zu subtrahieren, die er verursacht. Das Modell hierzu war die Dampfmaschine, auf die sich alle drei, Joule, Helmholtz und Fick, in ihren Forschungen explizit bezogen.

Man begnügte sich allerdings nicht damit, die Leistung von artifiziellen und natürlichen Verbrennungsmotoren, den Muskeln, nur zu messen, man wollte ihre Effizienz auch steigern. Tatsächlich leitete das neue Wissen vom Stoffwechsel einen Boom der Ernährungsphysiologie ein, der die Diätetik des 18. Jahrhunderts auf eine wissenschaftliche Grundlage stellte. Gesunde Ernährung könne nicht nur die Muskelkraft optimieren, sie trage auch zur geistigen Verbesserung des Menschen bei, glaubte man. Bis heute hat sich an dieser Überzeugung nicht viel geändert.

Unvorstellbar grausame Folgen der totalen Quantifizierung zeigten sich in Nazideutschland, wo genau berechnet wurde, wie lange die nach Deutschland verschleppten Zwangsarbeiter mit welcher Kalorienzufuhr leben würden. Sie durften nicht zu schnell sterben, weil sonst zu viel Zeit mit der Einarbeitung neuer zur Arbeit Gezwungener verloren ging, aber auch nicht zu lang überleben, weil sonst die Vernichtung der »Untermenschen« ins Stocken geriet.

Im 19. Jahrhundert entsteht aufgrund der Dampfmaschine ein neues Bild der Natur, in deren Epizentrum die Umwandlung *lebendiger Kraft* oder *Energie* steht. Energie kann die unterschiedlichsten Formen annehmen, Wärme, Arbeit, chemische Spannung, ja sogar Geld, das Leben ist nichts als diese fortdauernde Zirkulation, die Stoffwechsel genannt wird. An dieser lebendigen Zirkulation nehmen Menschen und Maschinen gleichberechtigt teil.

Arbeit steht zu dieser in einem doppelten Verhältnis: Einerseits produziert der Stoffwechsel von Menschen und Maschinen Arbeit, Dampfmaschinen machen aus der Wärme, Menschen aus chemischer Spannung Bewegung, andererseits muss für die Umwandlungen Arbeit aufgewendet werden. Ob diese von Maschinen oder von Muskeln geleistet wird, ist unerheblich, letztlich sind sie austauschbar, was zählt ist einzig, wer billiger und effizienter produziert. Die Fabrik ist für dieses Leben des permanenten Stoffwechsels das optimale Milieu.

An der Dampfmaschine konnte erstmals die Umwandlung von Wärme beobachtet werden. Dadurch diente sie bald auch als Funktionsanalogon des Menschen und als neues Modell der Natur als arbeitende Maschine. Die Maschine war innerhalb dieser Natur dem Menschen gleichgestellt, beide waren im Grunde Wärmekraftmaschinen – die letztlich verbraucht werden konnten. Tatsächlich kann die Bedeutung von Helmholtz und der Thermodynamik für den Industriekapitalismus kaum überschätzt werden. Helmholtz, der Prophet der schönen neuen Welt, unterwirft das Leben endlich klaren Naturgesetzen, macht

es quantifizierbar und zeigt gleichzeitig, dass von einem naturwissenschaftlichen Standpunkt aus Leben nichts als Arbeit ist.

Entfremdung als Kritik
am naiven physikalischen Arbeitsbegriff

Auch Georg Friedrich Wilhelm Hegel singt das Hohelied der
Arbeit, das Selbstbewusstsein komme durch die Arbeit zu sich
selbst, schreibt er in der *Phänomenologie des Geistes*.[10] Was etwa
heißt, dass sich der Mensch verwirklicht, indem er die Natur
bearbeitet und beherrscht. Marx stimmt Hegel zu, dass Arbeit
in ihrer ursprünglichen Form Aneignung und Umwandlung der
Natur sei, um sie für die Bedürfnisse der Menschen zuzurichten.
Der Mensch stehe ursprünglich in unmittelbarem Austausch
mit der Natur und füge sich so in die universelle Zirkulation
und Umwandlung ein: Er wird so zu Natur und verwirklicht
sich selbst.

Marx' Bezug zur Thermodynamik und zum Stoffwechsel ist
aus Briefen an Engels verbürgt. Während einer Grippe soll er
die Abhandlung *Heat. A Mode of Motion* des englischen Ther-
modynamikers John Tyndall gelesen haben, die von Helmholtz
höchstpersönlich übersetzt worden war. Marx kannte sich in
der Thermodynamik aus und benutzte sie als Modell der nicht
entfremdeten Arbeit.

Doch unter den Bedingungen des Kapitalismus ist Arbeit
als Selbstverwirklichung, wie sie Hegel vorschwebte, unmöglich. Im Gegenteil erlaubt der Kapitalismus nur Arbeit, die den
Arbeiter einem ihm *fremden* Zweck unterwirft: Er verkauft
sein Leben an den Kapitalisten, um überleben zu können. Der
Tausch von Lebenszeit in Geld ist Ausdruck *entfremdeter* Arbeit,
die physikalistische Reduktion des Menschen auf seine Leistung – Arbeitszeit mal Muskelkraft – ist eine Verletzung der
Menschenwürde. Der physikalischen Gleichung Arbeit = Leben

muss eine historische Ungleichung entgegengesetzt werden: Leben ≠ Arbeit. In einem Vortrag vor Arbeitern im Köln erklärt sich Marx:

> Die Arbeit ist also eine Ware, die ihr Besitzer, der Lohnarbeiter, an das Kapital verkauft. Warum verkauft er sie? Um zu leben. Die Arbeit ist aber die eigene Lebenstätigkeit des Arbeiters, seine eigene Lebensäußerung. Und diese *Lebenstätigkeit* verkauft er an einen Dritten, um sich die nötigen *Lebensmittel* zu sichern. Seine Lebenstätigkeit ist für ihn also nur ein *Mittel*, um existieren zu können. Er arbeitet, um zu leben. Er rechnet die Arbeit nicht selbst in sein Leben ein, sie ist vielmehr ein Opfer seines Lebens. [...] Das Leben fängt da für ihn an, wo diese Tätigkeit aufhört, am Tisch, auf der Wirtshausbank, im Bett.[11]

Der Kapitalismus hat den Charakter der Arbeit fundamental verändert, weil sie selbst zur Ware wird, ja zum indifferenten Umrechnungsfaktor aller Waren. Weil »alle Waren nur bestimmte Maße festgeronnener Arbeitszeit« sind,[12] bestimmt die *Quantität* der Arbeit den Wert einer Ware, nicht die Qualität. »Der Tauschwert der Ware ist vorhanden als Materiatur derselben gleichförmigen Arbeitszeit.«[13] Marx hat seinen Adam Smith gelesen: Arbeit ist die Lebenszeit, die der Arbeiter verkaufen muss, weil er nichts anderes besitzt.

Angesichts der Zustände in den Fabriken wäre es ein Hohn gewesen, Arbeit als Selbstverwirklichung zu bezeichnen. Die Dampfmaschine ermöglichte zwar die industrielle Revolution, doch der Preis dafür war hoch. Die alte technische Grunderzählung des Westens von der Maschine, die sich von ihrem Dasein als Dienerin befreit und sich gegen ihren Schöpfer wendet, ist in gewisser Weise Realität geworden. In den Fabriken haben die Maschinen tatsächlich die Macht übernommen, sie herrschen über die Körper der Arbeiter, sie beherrschen ihre Bewegungen, verfügen über ihre Zeit und prägen ihr Denken.

Arbeitszeiten von vierzehn Stunden und mehr waren die Regel, Kinderarbeit selbstverständlich. Die Gesundheit der Arbeiter wurde in kürzester Zeit ruiniert und trotzdem konnten sie sich vom Lohn ihrer Arbeit kaum ernähren. Die traditionellen handwerklichen Strukturen wurden durch die billige Massenware zerstört, was die Menschen in die großen Städte trieb – und die Löhne drückte. Die Armut war unermesslich, wie die Beschreibung des Zustands von Bethnal-Green, einer Arbeitergemeinde im Osten Londons, durch den ansässigen Pfarrer im Jahr 1840 eindrücklich zeigt:

Sie enthält 1400 Häuser, die von 2795 Familien oder ungefähr 12 000 Personen bewohnt werden. Der Raum, auf dem diese große Bevölkerung wohnt, ist weniger als 1200 Fuß im Quadrat, und bei solch einer Zusammendrängung ist es nichts Ungewöhnliches, dass ein Mann, seine Frau, vier bis fünf Kinder und zuweilen noch Großvater und Grossmutter in einem einzigen Zimmer von zehn bis zwölf Fuß im Quadrat gefunden werden, worin sie arbeiten essen und schlafen. Ich glaube, dass, ehe der Bischof von London die öffentliche Aufmerksamkeit auf diese so höchst arme Pfarre hinlenkte, man da am Westende der Stadt ebenso wenig von ihr wusste wie von den Wilden Australiens oder der Südsee-Inseln. Und wenn wir uns einmal mit den Leiden dieser Unglücklichen durch eigene Anschauung bekannt machen, wenn wir sie bei einem kargen Mahle belauschen und sie von ihrer Krankheit oder Arbeitslosigkeit gebeugt sehen, so werden wir eine solche Masse von Hülflosigkeit und Elend finden, dass eine Nation wie die unsrige über die Möglichkeit derselben sich zu schämen hat.[14]

Selbst denen, die Arbeit hatten, ging es kaum besser. Lärm, Schmutz und Hitze in den Fabrikhallen waren schier unerträglich. Damit die Maschinen pausenlos arbeiten konnten, mussten die Arbeiter pünktlich zu ihrer Schicht erscheinen und den ganzen Tag stumpfsinnig und pausenlos dieselben Handgriffe wiederholen.

Die Verhältnisse hatten sich umgekehrt: Die Maschinen hatten sich dank der (scheinbar) unerschöpflichen Energiereserven von ihrer Existenz als bloße Hilfsmittel emanzipiert. Sie diktierten fortan die Lebensbedingungen der Menschen und degradierten sie zu bloßen Extensionen der Maschinen, die gerade noch jene Arbeitsschritte vollziehen durften, zu denen die Maschinen (noch) nicht in der Lage waren oder die sie nicht billig genug leisten konnten. Im Grunde wurden die Arbeiter auf ihre Muskeln reduziert, deren Arbeitskraft gnadenlos ausgebeutet wurde. Maschine und Muskel bildeten die kleinste Einheit der industriellen Revolution, der Rest des Körpers war nur eine Fabrik zur Erhaltung des Muskels und zur Reproduktion weiterer Muskelkraft. Lazare Carnot, der Vater von Sadi Carnot, hatte noch Ende des 18. Jahrhunderts die Maschine als intermediären Körper definiert, der Bewegungen zwischen lebendigen Körpern vermittle.[15] Doch durch die Industrialisierung vermittelt der menschliche Muskel nun Bewegungen zwischen Maschinen. Und die nötige Energie liefert er gleich noch dazu.

Gegen diese Herabsetzung des Menschen zur Maschine erscheint im Jahre 1848 in Liverpool ein flammender Aufruf, der zur revolutionären Verbesserung der menschenunwürdigen Situation der Arbeiter aufrief: *Das kommunistische Manifest* von Karl Marx und Friedrich Engels. Dass der Arbeiter, so der Tenor, zu einem Reservoir potenzieller Energie beziehungsweise zu einem Maschinenteil degradiert worden sei, sei nicht naturgegeben, sondern ein Skandal, ein Skandal, der den Namen *Entfremdung* trage:

Die Arbeit der Proletarier hat durch die Ausdehnung der Maschinerie und die Teilung der Arbeit allen selbständigen Charakter und damit allen Reiz für die Arbeiter verloren. Er wird ein bloßes Zubehör der Maschine, von dem nur der einfachste, eintönigste, am leichtesten erlernbare Handgriff verlangt wird. Die Kosten, die der Arbeiter verursacht, beschränken sich daher fast nur auf die Lebensmittel, die er zu seinem Unterhalt und zur Fortpflanzung seiner Rasse bedarf. Der Preis einer Ware, also auch der Arbeit, ist aber gleich ihren Produktionskosten. In demselben Maße, in dem die Widerwärtigkeit der Arbeit wächst, nimmt daher der Lohn ab. Noch mehr, in demselben Maße, wie Maschinerie und Teilung der Arbeit zunehmen, in demselben Maße nimmt auch die Masse der Arbeit zu, sei es durch Vermehrung der Arbeitsstunden, sei es durch Vermehrung der in einer gegebenen Zeit geforderten Arbeit, beschleunigten Lauf der Maschinen usw.[16]

Trotz allem gibt Marx die Utopie einer anderen Art von Arbeit, einer nicht entfremdeten und selbstbestimmten Arbeit nicht auf. Es gibt zwar einzelne Stellen, an denen er von einer Gesellschaft träumt, in der die Maschinen den Menschen alle Arbeit abnehmen, aber im Grunde hält er Hegel die Treue: Arbeit gehört zum Wesen des Menschen und bleibt der Königsweg zur Selbstverwirklichung.

Die Arbeit ist zunächst ein Prozeß zwischen Mensch und Natur, ein Prozeß, worin der Mensch seinen Stoffwechsel mit der Natur durch seine eigne Tat vermittelt, regelt und kontrolliert. Er tritt dem Naturstoff selbst als eine Naturmacht gegenüber. Die seiner Leiblichkeit angehörigen Naturkräfte, Arme und Beine, Kopf und Hand, setzt er in Bewegung, um sich den Naturstoff in einer für sein eignes Leben brauchbaren Form anzueignen. Indem er durch diese Bewegung auf die Natur außer ihm wirkt und sie verändert, verändert er zugleich seine eigne Natur. Er entwickelt die in ihr schlummernden Potenzen und unterwirft das Spiel ihrer Kräfte seiner eignen Botmäßigkeit.[17]

Eine der produktiven Spannungen in Marx' Denken besteht darin, dass die Dampfmaschine, die für die Unterdrückung und Herabsetzung der Arbeiter und für die entfremdete Arbeit mitverantwortlich ist, zugleich das Modell für die Utopie einer nicht entfremdeten Arbeit abgibt.

Die Idee der Entfremdung entnahm Marx wahrscheinlich eher Schelling als Hegel. Sie hieß damals noch *Entzweiung* und war als metaphysisches, nicht als sozialphilosophisches Konzept gedacht. Entfremdung avancierte allerdings schnell zum Leitbegriff des Widerstandes gegen die Allianz von Kapitalismus und Naturwissenschaft, die im Namen der Wissenschaft und des Profits Leben zerstört.

Friedrich Wilhelm Schelling, dem jüngsten Mitglied des Tübinger Dreigespanns, war die von Descartes eingeführte und von Kant bestätigte Trennung von Subjekt und Objekt so inakzeptabel wie unerträglich, weil sie einen unüberbrückbaren Graben – Entzweiung – von Mensch und Welt, von inneren Vorstellungen und äußerer Wirklichkeit postuliert. Die Forderung nach einem freien, selbstbestimmten und intensiven Leben ist mit der Idee unvereinbar, der Geist sei wie der Dschinn in Aladins Lampe ein- und von der Welt ausgeschlossen. Welt und Vorstellungen stimmen überein, sie bilden eine Einheit, sonst wäre die Idee, der menschliche Geist könne die Welt formen und gestalten, hinfällig. Die Weltseele, der gemeinsame Urgrund, aus dem Differenzen überhaupt hervorgehen können, sei dem Blick entschwunden, die Menschheit im Zustand der Entzweiung gefangen. Schuld daran seien nicht zuletzt die mechanistischen Naturwissenschaften, die unzulässig vereinfachen und nur Kausalverhältnisse und Funktionalitäten kennen würden. Dies führe dazu, dass sie Kräfte wie Elektrizität oder Magnetismus immer nur unter dem Aspekt der Spaltung in positiv oder negativ verstehen und nicht sehen, dass das nur Pole einer einheitlichen, vereinigenden und dynamischen Kraft seien. Gegen die kausal-mechanistische Wissenschaft setzt Schelling, wie Diderot, auf die Organisation:

> Denn dass in einer Organisation absolute Individualität ist, dass ihre Teile nur durch das Ganze, nicht durch Zusammensetzung, sondern durch Wechselwirkung der Teile möglich ist, ist ein *Urteil* [...]; und nur durch und in dieser Beziehung erst entsteht und wird alle Zweckmäßigkeit und Zusammenstimmung zum Ganzen.[18]

Zweckmäßig ist ein Gefüge, dessen Teile so zusammengesetzt sind, dass die Bewegungen eine Funktion erfüllen. Ein solches Gefüge kann durch die Mechanik ausreichend beschrieben werden. Damit aber ein Gefüge nicht nur *zweckmäßig*, sondern auch *organisiert* oder *organisch* und damit lebendig ist, müssen zwei zusätzliche Bedingungen erfüllt sein. Es muss sich erstens durch Wechselwirkungen *selbst zusammensetzen* und zweitens dürfen die Einzelteile ihre Individualität durch die Zusammensetzung nicht einbüßen, das heißt, sie müssen in sich selbst auch organisiert sein.

Eine solche nicht mechanische Wissenschaft des organischen Lebens würde folgendermaßen aussehen:

> Fassen wir endlich die Natur in Ein Ganzes zusammen, so stehen einander gegenüber Mechanismus, d. h. eine abwärts laufende Reihe von Ursachen und Wirkungen, und Zweckmässigkeit, d. h. Unabhängigkeit vom Mechanismus, Gleichzeitigkeit

von Ursachen und Wirkungen. Indem wir auch diese beiden Extreme noch vereinigen, entsteht in uns die Idee von einer Zweckmässigkeit des Ganzen, die Natur wird eine Kreislinie, die in sich selbst zurückläuft, ein in sich selbst beschlossenes System. Die Reihe von Ursachen und Wirkungen hört völlig auf und es entsteht eine wechselseitige Verknüpfung von Mittel und Zweck.[19]

Das ist doch einigermaßen verblüffend: Schelling beschreibt hier nichts anderes als den Carnot'schen Kreisprozess in einem geschlossenen System – siebenundzwanzig Jahre vor Carnot.

Es zeigt sich wieder, dass sich in der ersten Hälfte des 19. Jahrhunderts die Philosophie, die politische Ökonomie, die Soziologie, die Naturwissenschaften, die Technik und die Medizin aus den gleichen Begrifflichkeiten und Konzepten entwickelten, die mindestens teilweise der Dampfmaschine entstammten.

Der Mythos der Dampfmaschine beherrscht das 19. Jahrhundert: Die Welt ist ein geschlossenes System, in dem Umwandlungen von Energie stattfinden. Dieser Mythos lässt sich, folgt man Marx, auf zwei Arten auslegen. Unter den Bedingungen des Kapitalismus führt das Modell zur Negation des Lebens, weil der Arbeiter seine Muskelkraft und seine Lebenszeit als Tauschobjekt zur Verfügung stellen muss. In der kommunistischen Utopie ist es das Modell eines nicht entfremdeten Lebens, in dem der Mensch mit der Natur in unmittelbarem Austausch steht und mit ihr nicht mehr entzweit ist.

Eine Welt, in der entlang der Äquivalenz von Geld, Wärme und Arbeit alles mit allem getauscht, alles in alles verwandelt werden kann, in der spezifische Qualitäten ebenso wenig eine Rolle spielen wie einzelne Individuen, ist eine tote, menschenfeindliche Welt. Eine Welt aber, in der der Mensch sich mit der Natur verstoffwechselt, ermöglicht eine lebendige, nicht-entfremdete Arbeit.

In der Dystopie *Brave New World* sind Bernard Marx und Helmholtz Watson befreundete systemkritische Wissenschaftler. Wissenschaftler, die sich über die Welt erschrecken, die sie selbst miterschaffen haben, Marx und Helmholtz zu nennen, ist eine feine literarische Ironie von Aldous Huxley.[20] Tatsächlich haben Marx und Helmholtz trotz ihrer diametral entgegengesetzten Wertung eine recht ähnliche Vorstellung von der Welt, die ihrer beider Ansicht nach vom Ersten Thermodynamischen Hauptsatz, dem Energieerhaltungssatz, geprägt ist und die sich in einem dynamischen Gleichgewicht befindet.

Alles würde schön zusammenpassen, wenn da nicht die Entropie wäre. Wir erinnern uns: Bei der Umwandlung von Wärme in Kraft geht immer Energie verloren, es ist unmöglich, alle Wärme für die Bewegung zu brauchen. Auf den ersten Blick scheint das dem Energieerhaltungssatz zu widersprechen: Wie kann Energie zugleich verloren gehen und erhalten bleiben? Für einen Physiker ist das keine Schwierigkeit, denn Energie geht nicht wirklich verloren, sondern sie nimmt nur eine Form an, die nicht mehr verwertbar ist. Die Moleküle gehen bei der Energiegewinnung von einem Zustand höherer in einen Zustand tieferer Ordnung über. Dieser Prozess ist ohne Zufuhr externer Energie nicht umkehrbar. Die Konsequenz davon ist, dass am Ende der Tage alle Energie in einer nicht verwertbaren Form vorliegt, das heißt, die Moleküle sind homogen verteilt, sodass es keinen Zustand tieferer Ordnung mehr gibt. Das Universum stirbt den Kältetod (oder wie er unverständlicherweise manchmal auch genannt wird: den Wärmetod). Kurz gesagt: Der Kosmos nähert sich jeden Tag ein wenig mehr dem Untergang an.[21]

Während der Erste Thermodynamische Hauptsatz zu einer Vorstellung des Lebens als dynamisches Gleichgewicht führte, wurde durch den Zweiten Thermodynamischen Hauptsatz der

Tod beziehungsweise die Unumkehrbarkeit in den Naturwissenschaften thematisch. Dass das für die Kulturpessimisten, Endzeitpropheten und Untergangssekten, die es in der zweiten Hälfte des 19. Jahrhunderts zuhauf gab, ein gefundenes Fressen war, liegt auf der Hand.

Diese predigten nicht nur den Untergang des Abendlandes, sie beschworen auch den Weltuntergang, alles sorgfältig wissenschaftlich untermauert. Das Leben steuere schnurstracks auf den Tod zu, oder wie es der Physiker Erwin Schrödinger formulierte: Leben ist Negentropie.[22] Darüber, dass die Wissenschaftler von Jahrmillionen oder sogar von Jahrmilliarden und nicht wie sie von wenigen Jahrzehnten sprachen, sahen sie großzügig hinweg.

Es ist unmöglich, die geistesgeschichtlichen Umwälzungen, die die Dampfmaschine und die Thermodynamik auf den Weg gebracht haben, auch nur annähernd vollständig zu beschreiben. Stattdessen konzentrieren wir uns auf die neue wissenschaftliche Auffassung des Lebens, nachdem endgültig klar geworden war, dass die Mechanik dem Leben nicht beikommt. In dieser neuen Sichtweise wird die Welt von Menschen und Maschinen gemeinsam, beinahe gleichberechtigt bewohnt. Nur *zusammen* bilden sie das funktionierende Tauschsystem, das Leben heißt. Dieses *zusammen* von Mensch und Maschine wird beim Blick auf den Computer, auf die Maschine unserer Zeit, entscheidend werden.

Die Gottesmaschine

in dem die Geschichte der symbolischen Maschinen, die das Denken mechanisieren sollten, aufgerollt wird und die erste reale Maschine vorgestellt wird, die das gekonnt hätte, und in dem gezeigt wird, wie denkende Maschinen nicht nur eine neue Mathematik, sondern ein neues Denken erfordern – und wie dadurch das Spiel zum neuen Paradigma des Mensch-Maschinen-Verhältnisses wurde, das die Spiegelung ersetzte.

Von der Fantasie,
ein universales Gehirn zu konstruieren

Das Gespräch der beiden Herren, die sich im Jahr 1943 regelmäßig zur Teestunde in der Cafeteria der Bell Laboratories trafen, verlief eher stockend. Der schlaksige Amerikaner wäre für Smalltalk durchaus offen gewesen, er interessierte sich für vieles, etwa für Jazz, Einradfahren, Jonglieren und Maschinen, die Gedanken lesen können, aber sein Gegenüber, der Engländer, war verschlossen und menschenscheu, er bezeichnete sich selbst gern als Einsiedler. Über ihre Forschung durften sie nicht sprechen. Obwohl beide an Problemen der Verschlüsselung arbeiteten, war es ihnen untersagt, außerhalb der eigenen Abteilung etwas davon verlauten zu lassen. Also verfielen sie auf ein Gedankenspiel: Werden Computer bald über Bewusstsein verfügen und in der Lage sein, wie Menschen zu denken, und wenn ja, wie ließe sich das überprüfen? Er wolle nicht ein geniales Gehirn bauen, rief Alan Turing, der Engländer, in einem seiner seltenen emotionalen Momente durch die Cafeteria, sondern ein ganz normales Gehirn, eines wie das des Präsidenten von AT & T, der Gesellschaft, die die Bell Laboratories damals besaß.

Beide gehörten zu den klügsten Köpfen ihrer Zeit. Der Amerikaner Claude Shannon war eben daran, anhand des Verschlüsselungsproblems eine mathematisch fundierte Informationstheorie zu erarbeiten, und Turing hatte kürzlich den Code der deutschen Chiffriermaschine *Enigma* geknackt und damit den Kriegsverlauf entscheidend beeinflusst.[1]

Turing hatte bereits eine »Denk-Maschine« gebaut, allerdings nur in seinem Kopf. Sie bestand aus einem Programm- und Datenspeicher, einem Schreib- und Lesekopf und einem unendlich langen Papierstreifen. Auch diese Maschine sollte zur Lösung der Frage beitragen, ob Maschinen denken können. Allerdings formulierte Turing das Problem 1936, als der Artikel

On Computable Numbers, with an Application to the Entscheidungsproblem entstand, noch vorsichtiger: Können alle Zahlen berechnet werden?[2] Dahinter verbarg sich die Frage, ob Maschinen Entscheidungen treffen können, was nach Turings Ansicht bedeuten würde, dass sie denken.

Turing bewies nun mit einer virtuellen Maschine, die als »Universelle Turingmaschine« bekannt wurde, dass das nicht möglich sei. Er reagierte damit auf das Entscheidungsproblem des Göttinger Mathematikers David Hilbert. Dieser wollte wissen, ob die Mathematik *vollständig* sein könnte – das heißt alle mathematischen Probleme mittels eines festen Verfahrens, also ohne menschliche Intuition oder genialen Einfall, lösbar wären. Denn das würde bedeuten, dass sie auch von einer Maschine gelöst werden könnten. Turing entwarf in Gedanken eine solche Maschine und bewies mit ihr, dass selbst seine unendliche Maschine, eine mit einem unendlich langen Papierstreifen, nicht alle Zahlen berechnen könnte. Das versetzte Hilberts Programm einen schweren Schlag, endgültig versenkt wurde es dann durch Kurt Gödel, doch das ist eine andere Geschichte.

Die mathematischen Details dieser Auseinandersetzung um die Vollständigkeit der Mathematik würden hier ausufern, sie tun aber auch nichts zur Sache. Es geht nur darum, wie eng die Entwicklung des Computers an die Frage der anthropologischen Differenz geknüpft war. Wofür Computer auch immer gebaut wurden – um die Flugabwehr zu optimieren, eine Atombombe zu bauen, das Wetter vorherzusagen oder an der Börse zu spekulieren –, die Frage, was der Mensch ist, spielte dabei von Anfang an eine Rolle.[3] Genau genommen stand sogar noch mehr auf dem Spiel. Turing suchte nicht, wie er damals in der Cafeteria angekündigt hatte, irgendeine Denkmaschine, er wollte eine *perfekte* Maschine bauen, die *alles* berechnen und die *alle* Probleme lösen kann.

Turing suchte nach einer Gottesmaschine.

Er war inzwischen nach England zurückgekehrt, doch die Frage, ob eine Maschine wie ein Mensch denken und ob Computer dereinst ein Bewusstsein entwickeln würden, ließ ihn nicht mehr los. Später wurde ihm wegen seiner Homosexualität der Prozess gemacht und er wurde zur chemischen Kastration gezwungen, worauf sich Alan Turing, einer der bedeutendsten Wissenschaftler des 20. Jahrhunderts, das Leben nahm.

Zu Lebzeiten noch schlug er einen Test vor, der, in Turings vorsichtiger Formulierung, herausfinden soll, ob ein Mensch entscheiden kann, ob er mit einem anderen Menschen oder mit einer Maschine kommuniziert. Dieser Test wurde als Turing-Test bekannt, er selbst nannte ihn aber *imitation game*, weil es darum ging, ob ein Computer einen Menschen täuschend ähnlich nachahmen kann.[4]

Turing änderte die Versuchsanordnung einige Male, aber das Prinzip blieb gleich: Proband A sitzt einem Menschen B und einer Maschine C hinter einem Vorhang gegenüber. A darf B und C schriftlich so viele Fragen stellen, wie er will, aber am Ende muss er bestimmen, wer von beiden der Mensch und wer die Maschine ist. Selbstverständlich dürfen B und C lügen.

Keine Frage, der Computer war zunächst als nützliche Maschine gedacht – sofern man den Krieg als etwas Nützliches betrachtet –, doch die bis heute andauernde Obsession mit der Frage, ob eine Maschine Bewusstsein haben und denken kann, lässt vermuten, dass es um mehr geht. Unser Selbstverständnis scheint an dieser seltsamen Frage zu hängen, was uns *wesensmäßig* von der Maschine unterscheidet, sonst könnte man getrost meinen, auch wenn der Computer ein Bewusstsein hat und denken kann, kann er doch keinen Waldspaziergang unternehmen, Sex genießen oder eine perfekte Tomatensauce zubereiten – und das alles an einem einzigen Sonntag.

Der Film *Blade Runner* von Ridley Scott (1982) gibt einen Hinweis, worum es im Turing-Test geht. Eine Abwandlung dieses

Die Turing-Welchman-Bombe, ein Computer, den Turing in Bletchley Park eigens zur Dechiffrierung der deutschen Verschlüsselungsmaschine Enigma konstruierte.

Tests tritt im Film als Voight-Kampff-Test auf. Mit einer Spaltlampe, wie sie Augenärzte benutzen, prüft ein Polizeibeamter, der Androide aufspüren muss, die sich illegal auf der Erde aufhalten – ein Blade-Runner –, die Pupillenreaktion der Probanden bei belastenden Fragen. Im Gegensatz zu Menschen soll laut Lehrmeinung eine Maschine keine emotionale Reaktion zeigen. Doch schon der erste Test läuft aus dem Ruder. Als der Versuchsleiter den Androiden nach seiner Mutter fragt, wird dieser so wütend, dass er den Experimentator erschießt.

In dieser düsteren Dystopie geht es im Grunde auch um die Frage, wie man Maschinen von Menschen unterscheiden kann. Als sei er ein langgezogener Turing-Test, spielt der Film ein mögliches Unterscheidungsmerkmal nach dem anderen durch. Emotionen sind, wie wir gesehen haben, kein gutes Unterscheidungskriterium. Ist es also die Intelligenz, die Liebe, die Seele (durch Augen symbolisiert), sind es die Erinnerungen? Der Schlussmonolog des Androiden Roy Batty (Rutger Hauer) gibt dann die verstörende Antwort: Wahrhaft menschlich ist das Bewusstsein der eigenen Endlichkeit – und dieses erlangt im Film nur die Maschine, während sich der Mensch dieser Einsicht konsequent verschließt.

Blade Runner trifft den Kern der Problematik des *imitation game*: Wer imitiert eigentlich wen? Turing wollte nur untersuchen, ob Computer Menschen beziehungsweise menschliches Bewusstsein imitieren können. Dass die Versuchsperson auch dadurch getäuscht werden könnte, dass sich hinter dem Vorhang *der Mensch wie ein Computer verhält*, kommt ihm zumindest in der ersten Version nicht in den Sinn. Dabei wäre das doch eine legitime, wenn nicht sogar brennendere Fragestellung: Können Menschen wie Computer denken? Oder denken wir gar bereits wie Computer? Und was würde das heißen? Kehren wir also den Turing-Test in Gedanken um und fragen, ob Menschen Computer so imitieren können, dass sie sich nicht mehr unterscheiden lassen.

Reine Kopfgeburten: die Geschichte der symbolischen Maschinen

Doch zunächst müssen wir dazu die Frage klären, wie Maschinen denken. Die Idee, das Denken einer Maschine zu überlassen, ist viel älter als Turing und Shannon, und Turing war auch nicht der Erste, der eine Maschine im Kopf baute, oder etwas eleganter ausgedrückt: der eine symbolische Maschine konstruierte.

Schon etwa siebenhundert Jahre vor ihm unternahm der katalanische Edelmann Ramon Llull (um 1232–1316) einen Versuch, eine Denkmaschine zu bauen, erstaunlicherweise aus ähnlichen Beweggründen wie Turing: Er wollte eine Maschine konstruieren, die universale Wahrheiten produziert, die nicht vom endlichen Verstand des Menschen abhängen.

Nach einer schweren Liebesenttäuschung hatte sich der Lebemann in den Bergen zurückgezogen, um sein Leben fortan ganz Jesus Christus zu widmen. Visionen des Gekreuzigten offenbarten ihm bald seine persönliche Mission: Er hatte den Ungläubigen das Evangelium zu verkünden! Doch er wusste nicht so recht wie, denn er sah keinen Grund, weshalb die Ungläubigen dem Evangelium folgen sollten, wo sie doch über eine eigene reiche Tradition verfügten. Ihm war klar, dass die frohe Botschaft allein niemanden überzeugt. Er brauchte kulturunabhängige, universelle und objektiv wahre Argumente, mit anderen Worten: Er brauchte eine Denkmaschine nach dem Vorbild einer Rechenmaschine oder eines Abakus, weil nur Maschinen absolut zuverlässig, objektiv und universell sind – und so spektakulär, dass sie jeden überzeugen können.

Er machte sich also daran, eine Maschine zu bauen, die selbstständig Begriffe nach bestimmten Regeln verknüpft, sodass am Ende objektiv wahre Aussagen entstehen, genau wie Rechenmaschinen selbstständig Zahlen nach bestimmten Regeln verknüpfen. Seine Maschine blieb nicht vollständig virtuell. In gewissen Ausgaben seines erst 1306 abgeschlossenen Hauptwerkes *Ars generalis ultima* – kurz *Ars magna* genannt – findet sich ein Hilfsmittel, das etwa wie eine Parkscheibe aussieht und aus vielen, um ein Zentrum drehbaren Scheiben besteht. Jede dieser Scheiben ist in Kompartimente aufgeteilt, die entweder Wörter unterschiedlicher Kategorien enthalten oder Buchstaben, die diese repräsentieren. Kategorien sind zum Beispiel die Manifestationen Gottes, logische Operationen, Qualitäten, Relationen, geschaffene Dinge et cetera. Durch das Drehen der

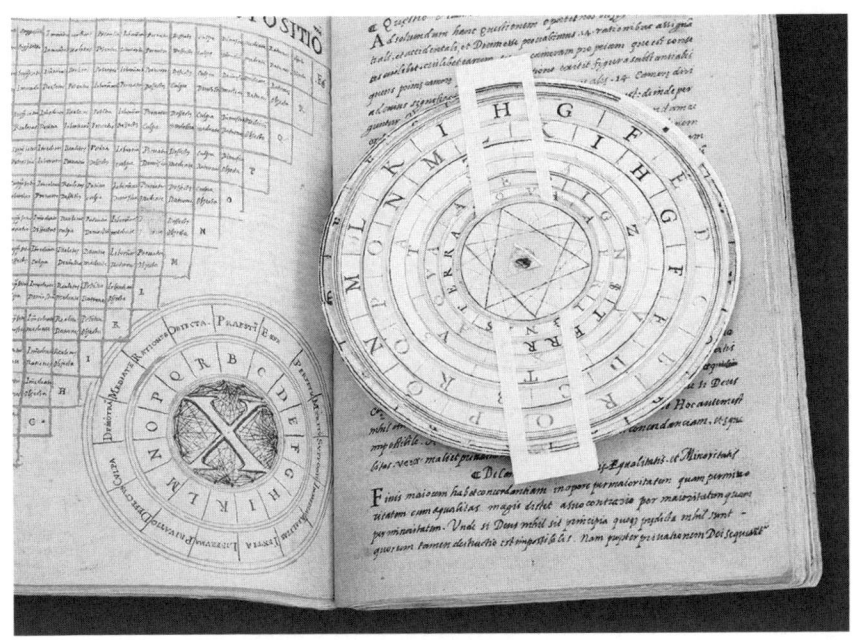

Ramon Llulls Wahrheitsmaschine
Ars Magna (ca. 1305).

konzentrischen Scheiben ergeben sich Verknüpfungen, die nach Llulls Vorstellung neue, objektiv wahre Sätze generieren. Ramon Llull konstruierte somit die erste logische Maschine, die, im Unterschied zu Rechenmaschinen, keine Zahl, sondern einen wahren Satz ausspuckte. Zur Verbreitung des Christentums allerdings taugte sie offenbar wenig, starb er doch im Alter von 83 Jahren an den Folgen der Schläge, die er sich einfing, als er in Nordafrika den dort Lebenden seine maschinenproduzierten Wahrheiten vorgeführt hatte.

Ramon Llulls Maschine muss, was die produzierten »Wahrheiten« betrifft, auf eine Stufe mit obskuren magischen Praktiken oder mit der kabbalistischen Zahlenmystik gestellt werden, von der er auch beeinflusst war. Doch das Verdienst, erstmals überhaupt die Möglichkeit erwogen zu haben, dass eine Maschine

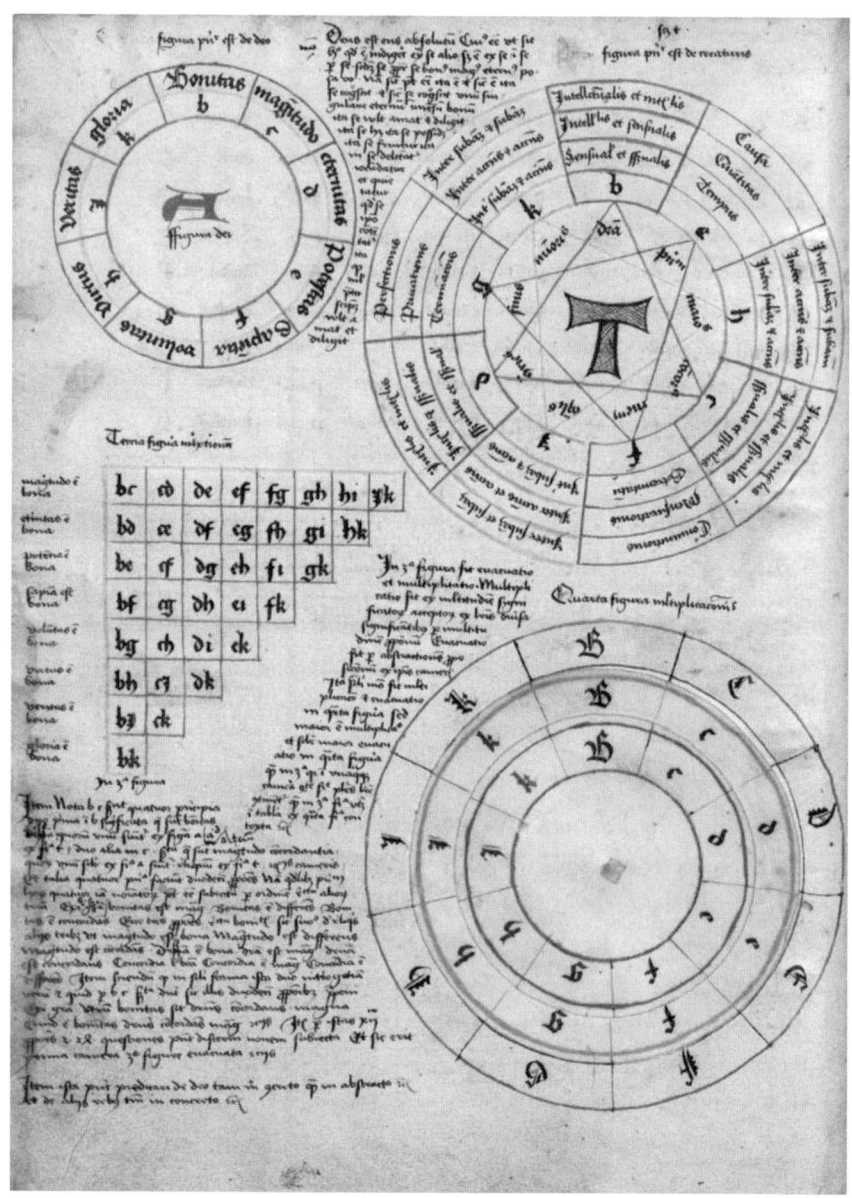

Die vier Figuren der »Ars brevis«.

denken könnte, kann ihm nichthoch genug angerechnet werden. Technisch hat Llulls Maschine mit dem heutigen Computer wenig gemein, außer dass sie sich auch der Bool'schen Logik bedient, aber davon später mehr.

Obwohl sie wahrscheinlich keinen einzigen Ungläubigen zu überzeugen vermochte, legte die Llull'sche Maschine immerhin die Fantasien frei, die auch die Triebkraft der Konstruktion künftiger Denkmaschinen waren. Die Tatsache, dass der Computer riesige Datenmengen schnell und zuverlässig bearbeiten kann, ist nur die praktische Seite der Medaille. Universalität, Objektivität und Perfektion zu finden, sind für Llull und Turing mindestens ebenso wichtig, und sie sind überzeugt, dass diese nur durch mechanisiertes Denken erreicht werden können, denn nur Maschinen garantieren Unabhängigkeit von Emotionen, Machtverhältnissen und individuellen Neigungen. Wenn heute über Zugangstests für Gymnasien oder Universitäten, teils auch auf dem Jobmarkt, diskutiert wird, die auf computergestützten Intelligenztests basieren, dann zeigt das, dass der Traum eines mechanisch-universellen, objektiven und durch keine partikularen Interessen vergifteten Denkens auch knapp 800 Jahre nach Llull noch nicht ausgeträumt ist.

Kombinatorik, das neue, für Maschinen geeignete Denken

Auch Gottfried Wilhelm Leibniz, dem wir schon in Zusammenhang mit dem Plan der ultimativen Wunderkammer begegnet sind, trieb das Projekt einer virtuellen Denkmaschine voran. In seiner frühen Schrift *Dissertatio de arte combinatoria* erweitert er Llulls Idee der Kombinatorik: Denken heißt, alles mit allem nach Regeln zu kombinieren.

Leibniz war kein begnadeter Mechaniker. Von den fünf Versionen der Rechenmaschine, die er konstruierte, funktionierte keine einzige, die Uhr mit zwei Unruhen ebenso wenig. Und seine geniale Idee, in den Bergwerken die Windkraft zu nutzen, scheiterte daran, dass er vergessen hatte zu berücksichtigen, dass nicht immer ein Wind weht. Doch die Ideen hinter diesen Erfindungen waren bahnbrechend. Seine Kombinatorik, die später von George Boole formalisiert wurde, war für die Entwicklung des Computers unabdingbar.

Leibniz' virtuelle Maschine sollte eine Sprache erschaffen, die durch Kombination wahre Sätze hervorbringen kann; diese könnte nicht nur jeden bestehenden Sachverhalt ausdrücken, sondern auch neue produzieren – sie wäre eine *ars inveniendi*, eine Erfindungstechnik.[5] Die gewöhnlichen Sprachen würden nicht taugen, um die Vernunft angemessen auszudrücken, meinte Leibniz. Allein schon die Vielzahl der Sprachen beweise, dass sie der einzigen Vernunft nicht gerecht werden könnten. Wie schön wäre da eine Erkenntnis, an der kein falscher Sprachgebrauch klebt, eine Sprache also, die einer universalen und einheitlichen Wissenschaft wirklich angemessen wäre und deren Worte einfach, klar und systematisch geordnet wären.

Wie Leibniz genau vorgehen wollte, um dieses Ziel zu erreichen, ist aus seinen knappen Notizen schwierig zu rekonstruieren. Doch so viel lässt sich sagen: Er wollte das gesamte bekannte Wissen in einfache Ideen zerlegen, diesen Zahlen zuordnen und diese dann miteinander kombinieren beziehungsweise mit ihnen rechnen.

Leibniz war mit seinen Versuchen nicht zufrieden – zu Recht, denn sie alle stellten sich als Sackgassen heraus. Dass 1790 die *Ars combinatoria* ohne sein Wissen neu aufgelegt wurde, ärgerte ihn, er hätte sie lieber in der Versenkung verschwinden lassen. Es ist schwer zu beurteilen, woran Leibniz letzten Endes gescheitert ist. Einige werden sagen, dass jeder Versuch, eine Idealsprache zu konstruieren, scheitern muss. Dagegen könnte man einwenden, dass Programmiersprachen den Anforderungen, die Leibniz an eine Universalsprache stellte, weitgehend erfüllen. Alle Elemente, die für die Erfindung einer formalen Universalsprache notwendig gewesen wären, waren jedenfalls schon vorhanden, er hatte sie alle selbst erfunden: die binäre Logik, die Infinitesimalrechnung als ein algorithmisches Verfahren und eine konkrete Rechenmaschine, die eine Vorstellung davon vermittelt, wie die mechanischen Probleme angegangen werden könnten. Daran, dass es noch keine Elektrizität gab, kann es nicht gelegen haben, denn auch die Rechenmaschine von Charles Babbage funktionierte rein mechanisch.

Womöglich ist Leibniz daran gescheitert, dass er nicht erkannte, dass eine universale Idealsprache bereits existierte: die Mathematik. Er hätte bloß die Mathematik der Zahlen und die Logik der Sprache miteinander verbinden müssen.

Erst die Verbindung von Sprache und Mathematik ermöglicht mechanisiertes Denken und letztlich den Computer

Diesen letzten und entscheidenden Schritt vollzog George Boole (1815–1864) sechshundert Jahre nach Llull und zweihundert nach Leibniz: Er verband Sprache mit Mathematik, Logik mit Algebra. Boole war ein englischer Autodidakt, der außer der Volksschule keine formale Bildung genossen hatte. Einiges brachte ihm sein Vater bei, ein Schuhmacher, anderes, vor allem Latein, ein befreundeter Buchhändler. Den Rest erarbeitete er sich selbst, und das war nicht wenig, brachte er es doch zum Professor für Mathematik am Queen's College in Cork, Irland. Er starb an einer Lungenentzündung, nachdem er, vom Regen völlig durchnässt, eine Vorlesung abgehalten hatte und dann zu Hause von seiner der Homöopathie zugeneigten Gattin mit kaltem Wasser übergossen wurde – sie wollte Gleiches mit Gleichem heilen. Dieser Tod wirft einen leichten Schatten auf sein Lebensprojekt, das Denken mathematischer Strenge zu unterwerfen.

Doch genau darum ging es ihm, um eine *Untersuchung der Gesetze des Denkens*, wie sein bahnbrechendes Werk auf Deutsch heißt.[6] Er war von der aristotelischen Logik so begeistert, dass er den Entschluss fasste, die darin beschriebenen Gesetze des Denkens in eine mathematische Form zu bringen: »Auch jene universellen Denkgesetze, die die Grundlage allen Denkens sind, [sind], was auch immer sie in ihrem Wesen sein mögen, zumindest in ihrer Form mathematisch.«[7]

Er ging dabei von folgender Überlegung aus: So wie sich alle Zahlen im Grunde mit nur zwei Operationen miteinander verknüpfen lassen – Addition und Multiplikation –, müssten sich auch Sätze durch wenige logische Operationen verknüpfen lassen.[8] Doch anders als in der Algebra gibt es in der Logik nur zwei mögliche Ergebnisse: wahr oder falsch. Wahr kann dem Wert eins, falsch dem Wert null zugeordnet werden. Durch die logischen Operatoren, die wir heute noch bei Suchmaschinen anwenden, UND [Λ], ODER (V), NICHT (¬), können alle Behauptungssätze, alle Sätze also, die überhaupt wahrheitsfähig sind, miteinander verknüpft und auf ihre Wahrheit hin geprüft werden.

Damit war Boole die Verbindung von Algebra und Logik geglückt: Alle Verknüpfungen von Aussagen lassen sich nun so formalisieren, dass eine Maschine ihren Wahrheitsgehalt prüfen kann. Boole baute keine eigene Denkmaschine, aber seine logische Algebra wurde zur Grundlage aller späteren Denkmaschinen. 1950 konstruierte Claude Shannon eine elektrische Maus und nannte sie Theseus, weil sie wie der antike Theseus selbstständig durch ein Labyrinth navigieren konnte. Nicht nur das, sie konnte sich an einen Weg erinnern, den sie einmal gelernt hatte, und sie konnte umlernen, wenn sich das Labyrinth veränderte. Natürlich war die Maus viel zu klein, um einen damaligen

Computer darin unterzubringen. Tatsächlich befand sich die Maschine unter dem Boden des Labyrinths, Shannon hatte sie zu Hause aus ein paar alten Telefonrelais zusammengebastelt, und zwar nach der Boole'schen Logik. Damit brachte Shannon ein altes Herzensprojekt zu Ende. Bevor er in den Bell Laboratories arbeitete, hatte Shannon 1938 am Massachusetts Institute of Technology (MIT) mit einer Magisterarbeit unter dem Titel *A Symbolic Analysis of Relay and Switching Circuits* (Eine symbolische Analyse von Relais- und Schaltkreisen) abgeschlossen, wo er theoretisch bewies, dass sich die Boole'sche Logik auf elektronische Schaltungen anwenden lässt. Die Arbeit wurde später als die vielleicht wichtigste Magisterarbeit des Jahrhunderts bezeichnet. Mit Theseus konnte er das auch noch praktisch beweisen und dazu einem Laienpublikum vorführen.

Von der Mathematik des Beweisens zur Mathematik des Rechnens

Durch die epochale Leistung Booles konnte die Idee einer von der Mathematik unabhängigen Universalsprache begraben werden. Inzwischen war auch Philosophen wie Gottlob Frege, Bertrand Russel und dem jungen Wittgenstein klar geworden, dass die Mathematik die Basis der formalen Logik bilden muss. Damit war allerdings auch klar, dass das ein neues Verständnis von Mathematik bedingt. Um es zu mechanisieren, muss man, wie Leibniz und Llull, Denken als *ars combinatoria*, als Kunst des Verknüpfens verstehen und nicht, wie üblich, als Kunst des Beweisens. Es geht um Relationen zwischen Zahlen oder Begriffen und Sätzen, es geht also um Prozesse und nicht um Definitionen.

Das heißt, die Mathematik muss als Sammlung von Verfahrens- und Transformationsregeln verstanden werden und nicht wie bisher in der europäischen Tradition seit Pythagoras (570–510 v. Chr.) als die allgemeinste und damit höchste aller

Erkenntnisformen, die immer, überall und für alle wahr sei und sich demzufolge ganz in den Dienst der Erkenntnis der letzten Dinge zu stellen habe und nicht für profane Rechnungen missbraucht werden dürfe.[9]

Diese idealisierte Vorstellung der Mathematik lebt bis heute fort. Noch heute lernen alle Studierenden der Mathematik im ersten Semester, dass der schöne Beweis die höchste Form der Mathematik sei. Darüber machen sich die Studierenden der Informatik im nächsten Gebäude allerdings lustig, denn für sie gilt es, möglichst schnelle und brauchbare Rechenverfahren zu entwickeln. Es braucht gute Algorithmen.

Aber was ist eigentlich ein Algorithmus? Ein einfacher Algorithmus ist zunächst nichts anderes als eine Transformationsregel: $x = y^2$ ist ein Algorithmus, der die Anweisung erteilt, jedem y einen Wert x der Größe y mal y zuzuordnen. Man kann das grafisch als eine Parabel mit dem Scheitelpunkt (0/0) oder als Liste darstellen: 0/0, 1/1, 2/4, 3/9, 4/16 und so weiter.

Für gewöhnlich nennt man eine solche einfache Regel nicht Algorithmus, sondern Funktion. Von Algorithmen im engeren Sinn spricht man erst, wenn Funktionen seriell geschaltet werden, das heißt, wenn das Resultat der Funktion a zum Ausgangswert der Funktion b wird und wenn Verzweigungen und Schleifen vorkommen. An einer Verzweigung legt eine Bedingung fest, welche Funktion als Nächstes berechnet wird, das heißt, welchen Weg der Algorithmus nehmen soll. Eine Anweisung kann zum Beispiel lauten: Wenn das Resultat der Berechnung $m \geq x$ ist, berechne Funktion n, wenn $m < x$, berechne Funktion p. Wenn die Bedingung festlegt, dass das Resultat einer Funktion wieder in dieselbe Funktion eingespeist wird, spricht man von einer Schleife.

An einer Verzweigung wird also eine *Entscheidung* getroffen, nicht eine Entscheidung aufgrund eines allgemeinen Prinzips allerdings, sondern nur aufgrund des letzten Resultats.

Man könnte sagen, ein Algorithmus ist eine Serie von Entscheidungen.

Diese Art des Rechnens wurde wahrscheinlich von den Großgrundbesitzern Keralas »erfunden«.[10] Um die riesigen Ländereien in dieser Monsunregion zu verwalten, waren astronomische Berechnungen unerlässlich, aber auch Verwaltung und Vermessung waren auf brauchbare und einfach handhabbare Rechenverfahren angewiesen. Die *Aryabhatiya*, der wohl wichtigste Text der indischen Mathematik, vergleichbar mit Euklids *Elementen*, stammt etwa aus dem 5. nachchristlichen Jahrhundert und enthält 121 geometrische und algebraische Rechenverfahren, die allesamt Anwendung in der Astronomie, in der Verwaltung oder in der Vermessung fanden. Erstaunlich für Leser, die mit der europäischen Tradition vertraut sind, ist, dass sich im ganzen Text kein einziger Beweis findet. Bemerkenswert ist auch, dass sich diese Rechenverfahren häufig mit Annäherungen begnügten, die für den alltäglichen Gebrauch ausreichten.

Muḥammad ibn Mūsā al-Khwārizmī, ein persischer Gelehrter, der im 9. Jahrhundert in Bagdad lebte und seinen Lebensunterhalt als Chefbibliothekar verdiente, beschloss, die indische Mathematik der arabischen Welt zugänglich zu machen, und verfasste ein Kompendium dazu, das *Al-jabr*, das, zu Algebra geworden, auch in Europa Verbreitung fand. Al-Khwārizmīs für ungeübte Zungen kaum aussprechbarer Name wurde im Zuge der Übersetzung zu Algorithmus verballhornt.

Nun war in Europa eine zweite Mathematik in Umlauf, die sich im Unterschied zur traditionellen griechischen Mathematik kaum für Beweise, sondern lediglich für taugliche Rechenverfahren interessierte. Diese Verfahren, zu denen auch das Infinitesimalkalkül gehörte, bestanden in der Regel aus einer *Serie von Berechnungen* – und waren deshalb, im Gegensatz zur Beweismathematik, *mechanisierbar*.

Was algorithmisches Denken bedeutet, kann man besser als Leibniz nicht ausdrücken: »Aus dem Gesagten ergibt sich, dass die natürlichen Veränderungen [...] aus einem inneren Prinzip erfolgen.«[11] Das heißt, *Entscheidungen* werden aus inneren Gründen und nicht aufgrund äußerer Prinzipien getroffen. Man stelle sich zwei Wanderer im Gebirge vor: Der ungeübte orientiert sich an der offiziellen, allgemein zugänglichen Karte. Er verirrt sich dabei leicht, denn die Karte bildet nur eine allgemeine und statische Situation, nicht aber die momentanen Bedingungen ab. Der Routinier verlässt sich hingegen niemals *nur* auf die Karte, er bezieht in die Entscheidung, wie er die Wanderung fortsetzen will, die Wegmarkierungen mit ein, das Gelände, das Wetter, seine Ausrüstung, seinen Trainingsstand und die Zeit, die ihm bis zur Dämmerung noch bleibt. All diese Daten, die ihm momentan zur Verfügung stehen, ergeben ein Muster, das ihm eine klare Prognose erlaubt. »Dunkle Wolken«, »müde«, »steiles Gelände«, »vier Uhr nachmittags« ergeben eine andere Fortsetzung als: »strahlender Himmel«, »gut trainiert«, »flaches Gelände«, »zehn Uhr morgens«. Serielles Denken ermittelt Zukunft aus der Vergangenheit, die Maschine hat also die Fähigkeit zur Antizipation.[12]

Ein Computer muss demnach wie unser Wanderer Entscheidungen fällen können. Es reicht nicht, wenn das Programm einen Befehl an den anderen reiht. Erst bedingte Anweisungen (wenn Regen, dann Reise mit Bahn, sonst Wanderung) nähern den Computer jener Metamaschine an, nach der Turing gesucht hatte, eine Maschine also, die *jede* andere Maschine steuern kann.

Die Intelligenz und die erste Maschine,
die hätte mechanisch denken können

Keine der Denkmaschinen, die wir bislang kennengelernt haben, war dazu in der Lage, sie waren nur so klug wie Friseure. Das ist keineswegs eine Herabsetzung des Berufstandes, sondern eine historische Tatsache.[13] Denn nach der Französischen Revolution hatten die meisten Barbiere ihr Auskommen verloren. Die komplexen Frisuren und Perücken des *ancien régime* waren nicht bloß aus der Mode gekommen, wer sich weiterhin darin gefiel, lief Gefahr, weit mehr als nur sein Haar zu verlieren. Der Niedergang aristokratischer Frisuren fiel in die Zeit des Aufstiegs von Zahlentafeln. Wegen des durch die Revolution eingeführten Dezimalsystems mussten die Logarithmentafeln, die astronomischen Tafeln für die Schifffahrt und Lebenserwartungen für Versicherungen neu berechnet und tabellarisch aufgelistet werden.

Nach der Lektüre des berühmten Kapitels über die Arbeitsteilung in Adam Smiths *The Wealth of Nations* hatte der Direktor des Pariser Katasteramtes, Gaspard de Prony (1755–1839), einen Geistesblitz. Weshalb sollten die arbeitslosen Friseure die nötigen Berechnungen nicht auch in Arbeitsteilung anstellen, so wie die Arbeiter in Smiths Buch Stecknadeln in Arbeitsteilung herstellen? Schließlich kann jeder diese Arbeit der Berechnungen ebenso gut wie ein Mathematiker ausführen, wenn er in einem Team arbeitet und nur einen einzigen Rechenschritt lernen muss. In der Tat begann de Prony, Barbiere für sein Büro zu rekrutieren – und nannte sie, weil sie den lieben langen Tag nichts taten als zu rechnen, *computer*.

Dennoch schlichen sich Fehler ein, viel zu viele, wie der englische Mathematiker Charles Babbage fand.[14] Was Barbiere können, müssten Maschinen schneller und fehlerloser schaffen, dachte er sich und beschloss, eine Rechenmaschine zu bauen,

Charles Babbage, *Difference Engine* Nr. 1 (1824–1832).

die Tabellen ausfüllen kann. In den folgenden Jahren investierte er seine Zeit, seine Energie und Unsummen seines und fremden Geldes in die Entwicklung der *difference engine*. Warum sie nie funktionierte, ist umstritten. Waren die Feinmechaniker, die ihm zur Verfügung standen, nicht gut genug? Ging ihm das Geld aus? Machte der Zwist mit seinem Chefmechaniker Joseph Clement eine Fortsetzung unmöglich? Verdarb er es sich wegen seines aufbrausenden Charakters mit seinen Gönnern? Oder verlor er ganz einfach das Interesse, als ihm die Idee mit der *analytical engine* kam?

Wie auch immer, die Differenzmaschine hätte, wenn sie mal funktioniert hätte, nur diese eine Aufgabe lösen können, für die sie gebaut wurde: Tabellen ausfüllen. Die *analytical engine* hingegen sollte sich wie ein Chamäleon – oder besser: wie der menschliche Geist – an die jeweilige Aufgabe anpassen können. Das hieß aber, sie hätte programmierbar sein müssen. Dabei dachte Babbage an Lochkarten, die er vom Jacquard-Webstuhl kannte. Schließlich war der Unterschied gering: Statt Stoffmuster zu weben, galt es jetzt, geistige Muster abzuarbeiten.

Doch die *analytical engine* blieb ein unvollendetes Projekt. Schon die erste Rechenmaschine hatte solche Unsummen verschlungen, dass sich für die viel teurere, programmierbare Maschine keine Geldgeber mehr fanden, zumal Babbage wenig Neigung zeigte, sich bei potenziellen Gönnern einzuschmeicheln. Die Pläne, die noch erhalten sind, wurden nicht einmal von ihm selbst angefertigt, sondern, nach Babbages Berichten, vom italienischen Mathematiker Federico Luigi Menabrea, bevor dieser Ministerpräsident des Piemont wurde.

Was jedoch wollte Babbage mit seinen Maschinen? Die Differenzmaschine rechtfertigte sich noch durch den praktischen Nutzen, selbstständig Tabellen ausfüllen zu können, aber für seine *analytical engine* wollte Babbage zunächst kein praktischer Nutzen einfallen – außer, dass sie vielleicht Schach spielen lernen könnte. Mit der *analytical engine* wollte er höher hinaus: Wie die Dampfmaschine die *Arbeit* vom Menschen löste und sie verselbstständigte, sollte die *analytical engine* die *Intelligenz* zu einer selbstständigen, vom Menschen getrennten, messbaren Größe machen.

Die Verkettung von Schritten war nicht nur das neue mathematische Prinzip, es war zu Babbages Zeiten auch das Prinzip der aufkommenden Industrialisierung. In der vorindustriellen Zeit wurde, laut Marx, Wert durch den Handwerker generiert, der mit *seinem* Werkzeug ein Werkstück fertigte. Die Fabrik trennte das Werkzeug vom Menschen. Die Maschine gehörte nicht mehr demjenigen, der sie bediente, sondern demjenigen, der sie bezahlt hatte. Und die Produktion eines Werkstücks lag nicht mehr in den Händen eines einzelnen Handwerkers, sondern in den Händen verschiedener Akteure einer Produktionskette – Maschinen oder Menschen. Die Arbeitsteilung hatte nun auch die Maschine erfasst und den Menschen zum Werkzeug degradiert, das auf der gleichen Stufe wie die Maschinen stand. Jene Schritte, die viel Kraft und wenig Intelligenz erforderten, wurden von Maschinen, die anderen von Menschen ausgeführt.

Babbage geht einen Schritt weiter – mit enormen Auswirkungen: Auch als Adam Smiths Modell der Arbeitsteilung auf die Maschine ausgeweitet wurde, war nur die körperliche Seite der Produktion im Blick, die Kraft und die Energie, die sie kostete. Babbage sieht nun durch seine *analytical engine* die Möglichkeit, auch den geistigen Teil der Arbeit – Planung, Steuerung, Kontrolle et cetera – in die Arbeitsteilung einzubeziehen. Dazu trennt er nicht nur, wie Marx, Werkzeug und Mensch, sondern er trennt auch Intelligenz und Mensch.[15] Intelligenz ist keine menschliche Eigenschaft mehr, sondern sie wird in einer Maschine isoliert und dadurch zu einer messbaren ökonomischen Größe wie Kraft und Energie. In der Laudatio für Babbage zum Preis der Londoner Astronomical Society heißt es:

In anderen Fällen haben mechanische Vorrichtungen einfachere Werkzeuge oder körperliche Arbeit durch Maschinen ersetzt. [...] Aber die Erfindung, für die ich Werbung mache, [...] ersetzt mechanische Leistung durch einen intellektuellen

Prozess. Die Erfindung von Herrn Babbage ersetzt den Computer durch eine Maschine.[16]

Mit Computer war selbstverständlich ein Mensch gemeint. Intelligenz können nun Menschen und Maschinen besitzen. Dadurch kann genau berechnet werden, ob Maschinen oder Menschen kostengünstiger sind:

> Der Chef der Fabrik (*master manufacturer*) kann, indem er die auszuführende Arbeit in verschiedene Prozesse aufteilt, von denen jeder einen anderen Grad an Geschicklichkeit oder Kraft erfordert, genau die Menge von beidem erwerben, die für jeden Prozess notwendig ist; während, wenn die gesamte Arbeit von einem einzigen Handwerker ausgeführt wird, diese Person genügend Geschicklichkeit besitzen muss, um die schwierigsten, und genügend Kraft, um die arbeitsintensivsten der Operationen auszuführen, in die die Kunst unterteilt ist.[17]

Bis zu diesem Zeitpunkt war Intelligenz eine Eigenschaft des Menschen. Nicht irgendeine beliebige Eigenschaft, sondern *die* Eigenschaft, die ihn als Menschen auszeichnet. Sobald auch Maschinen mit Intelligenz ausgestattet sind, gibt es keinen grundsätzlichen Unterschied zwischen Mensch und Maschine mehr; beides sind ebenbürtige Glieder derselben Produktionskette. Maschinen sind oft sogar im Vorteil, weil, wie Babbage schreibt, sie nicht nur schneller und zuverlässiger, sondern auch aufmerksamer, fleißiger und ehrlicher als Menschen sind.

Babbages Traum einer perfekten Ökonomie war für Karl Marx, der Babbage eifrig studierte, freilich der Albtraum des Kapitalismus. In den Diskussionen 1856 mit Arbeitern um die Mechanisierung der Arbeit ruft er ihnen zu, dass »all unsere Erfindungen und Fortschritte dazu zu führen scheinen, materielle Kräfte mit intellektuellem Leben zu verbinden und menschliches Leben

Number of Operation	Nature of Operation	Variables acted upon	Variables receiving results	Indication of change in the value on any Variable	Statement of Results	Data				
						$^1V_1$ ○ 0 0 1 [1]	$^1V_2$ ○ 0 0 2 [2]	$^1V_3$ ○ 0 0 4 [n]	$^0V_4$ ○ 0 0 0 □	$^0V_5$ ○ 0 0 0 □
1	×	$^1V_2 \times {}^1V_3$	$^1V_4, {}^1V_5, {}^1V_6$	$\left\{\begin{array}{l}^1V_2={}^1V_2\\{}^1V_3={}^1V_3\end{array}\right\}$	$= 2n$	...	2	n	$2n$	$2n$
2	−	$^1V_4 - {}^1V_1$	$^2V_4$	$\left\{\begin{array}{l}^1V_4={}^2V_4\\{}^1V_1={}^1V_1\end{array}\right\}$	$= 2n-1$	1	...	...	$2n-1$	
3	+	$^1V_5 + {}^1V_1$	$^2V_5$	$\left\{\begin{array}{l}^1V_5={}^2V_5\\{}^1V_1={}^1V_1\end{array}\right\}$	$= 2n+1$	1	...	...	...	$2n+$
4	÷	$^2V_5 \div {}^2V_4$	$^1V_{11}$	$\left\{\begin{array}{l}^2V_5={}^0V_5\\{}^2V_4={}^0V_4\end{array}\right\}$	$= \dfrac{2n-1}{2n+1}$	...	...	...	0	0
5	÷	$^1V_{11} \div {}^1V_2$	$^2V_{11}$	$\left\{\begin{array}{l}^1V_{11}={}^2V_{11}\\{}^1V_2={}^1V_2\end{array}\right\}$	$= \dfrac{1}{2}\cdot\dfrac{2n-1}{2n+1}$ ...	...	2	...	...	
6	−	$^0V_{13} - {}^2V_{11}$	$^1V_{13}$	$\left\{\begin{array}{l}^2V_{11}={}^0V_{11}\\{}^0V_{13}={}^1V_{13}\end{array}\right\}$	$= -\dfrac{1}{2}\cdot\dfrac{2n-1}{2n+1} = A_0$	...	...	...	...	
7	−	$^1V_3 - {}^1V_1$	$^1V_{10}$	$\left\{\begin{array}{l}^1V_3={}^1V_3\\{}^1V_1={}^1V_1\end{array}\right\}$	$= n-1\,(=3)$	1	...	n	...	
8	+	$^1V_2 + {}^0V_7$	$^1V_7$	$\left\{\begin{array}{l}^1V_2={}^1V_2\\{}^0V_7={}^0V_7\end{array}\right\}$	$= 2+0 = 2$	...	2	...	...	
9	÷	$^1V_6 \div {}^1V_7$	$^3V_{11}$	$\left\{\begin{array}{l}^1V_6={}^1V_6\\{}^0V_{11}={}^3V_{11}\end{array}\right\}$	$= \dfrac{2n}{2} = A_1$	...	...	...	...	
10	×	$^1V_{21} \times {}^3V_{11}$	$^1V_{12}$	$\left\{\begin{array}{l}^1V_{21}={}^1V_{21}\\{}^3V_{11}={}^3V_{11}\end{array}\right\}$	$= B_1 \cdot \dfrac{2n}{2} = B_1 A_1$	...	...	...	...	
11	+	$^1V_{12} + {}^1V_{13}$	$^2V_{13}$	$\left\{\begin{array}{l}^1V_{12}={}^0V_{12}\\{}^1V_{13}={}^2V_{13}\end{array}\right\}$	$= -\dfrac{1}{2}\dfrac{2n-1}{2n+1} + B_1 \cdot \dfrac{2n}{2}$ ...	...	...	...	...	
12	−	$^1V_{10} - {}^1V_1$	$^2V_{10}$	$\left\{\begin{array}{l}^1V_{10}={}^2V_{10}\\{}^1V_1={}^1V_1\end{array}\right\}$	$= n-2\,(=2)$	1	...	...	...	
13	−	$^1V_6 - {}^1V_1$	$^2V_6$	$\left\{\begin{array}{l}^1V_6={}^2V_6\\{}^1V_1={}^1V_1\end{array}\right\}$	$= 2n-1$	1	...	...	...	
14	+	$^1V_1 + {}^1V_7$	$^2V_7$	$\left\{\begin{array}{l}^1V_1={}^1V_1\\{}^1V_7={}^2V_7\end{array}\right\}$	$= 2+1 = 3$	1	...	...	...	
15	÷	$^2V_6 \div {}^2V_7$	$^1V_8$	$\left\{\begin{array}{l}^2V_6={}^2V_6\\{}^2V_7={}^2V_7\end{array}\right\}$	$= \dfrac{2n-1}{3}$	...	...	...	...	
16	×	$^1V_8 \times {}^3V_{11}$	$^4V_{11}$	$\left\{\begin{array}{l}^1V_8={}^0V_8\\{}^3V_{11}={}^4V_{11}\end{array}\right\}$	$= \dfrac{2n}{2}\cdot\dfrac{2n-1}{3}$	...	...	...	...	
17	−	$^2V_6 - {}^1V_1$	$^3V_6$	$\left\{\begin{array}{l}^2V_6={}^3V_6\\{}^1V_1={}^1V_1\end{array}\right\}$	$= 2n-2$	1	...	...	...	
18	+	$^1V_1 + {}^2V_7$	$^3V_7$	$\left\{\begin{array}{l}^2V_7={}^3V_7\\{}^1V_1={}^1V_1\end{array}\right\}$	$= 3+1 = 4$	1	...	...	...	
19	÷	$^3V_6 \div {}^3V_7$	$^1V_9$	$\left\{\begin{array}{l}^3V_6={}^3V_6\\{}^3V_7={}^3V_7\end{array}\right\}$	$= \dfrac{2n-2}{4}$	...	...	...	...	
20	×	$^1V_9 \times {}^4V_{11}$	$^5V_{11}$	$\left\{\begin{array}{l}^1V_9={}^0V_9\\{}^4V_{11}={}^5V_{11}\end{array}\right\}$	$= \dfrac{2n}{2}\cdot\dfrac{2n-1}{3}\cdot\dfrac{2n-2}{4} = A_3$	...	...	...	...	
21	×	$^1V_{22} \times {}^5V_{11}$	$^0V_{12}$	$\left\{\begin{array}{l}^1V_{22}={}^1V_{22}\\{}^0V_{12}={}^0V_{12}\end{array}\right\}$	$= B_3 \dfrac{2n}{2}\cdot\dfrac{2n-1}{3}\cdot\dfrac{2n-2}{3} = B_3 A_3$	...	.	.	...	
22	+	$^2V_{12} + {}^2V_{13}$	$^3V_{13}$	$\left\{\begin{array}{l}^2V_{12}={}^0V_{12}\\{}^2V_{13}={}^3V_{13}\end{array}\right\}$	$= A_0 + B_1 A_1 + B_3 A_3$	...	...	...	...	
23	−	$^2V_{10} - {}^1V_1$	$^3V_{10}$	$\left\{\begin{array}{l}^2V_{10}={}^3V_{10}\\{}^1V_1={}^1V_1\end{array}\right\}$	$= n-3\,(=1)$	1	...	...	...	

Here follows a

| 24 | + | $^4V_{13} + {}^0V_{24}$ | $^1V_{24}$ | $\left\{\begin{array}{l}^4V_{13}={}^0V_{13}\\{}^0V_{24}={}^1V_{24}\end{array}\right\}$ | $= B_7$ .... | ... | ... | ... | ... | |
| 25 | + | $^1V_1 + {}^1V_3$ | $^1V_3$ | $\left\{\begin{array}{l}^1V_1={}^1V_1\\{}^1V_3={}^1V_3\\{}^1V_3={}^1V_3\\{}^5V_6={}^0V_6 \text{ by a Variable-card.}\\{}^5V_7={}^0V_7 \text{ by a Variable card.}\end{array}\right.$ | $= n+1 = 4+1 = 5$ .... | 1 | ... | $n+1$ | ... | |

Die von Ada Lovelace entwickelte Tabelle für die Berechnung der Bernoulli-Zahlen.

	Working Variables.					Result Variables.			
	$^0V_9$	$^0V_{10}$	$^0V_{11}$	$^0V_{12}$	$^0V_{13}$	$^1V_{21}$ B_1 in a decimal fraction.	$^1V_{22}$ B_3 in a decimal fraction.	$^1V_{23}$ B_5 in a decimal fraction.	$^0V_{24}$...
	○ 0 0 0 0	○ 0 0 0 0	○ 0 0 0 0	○ 0 0 0 0	○ 0 0 0 0	○ B_1	○ B_2	○ B_5	0 0 0 0 B_7

	$^0V_9$	$^0V_{10}$	$^0V_{11}$	$^0V_{12}$	$^0V_{13}$	$^1V_{21}$	$^1V_{22}$	$^1V_{23}$	$^0V_{24}$
	...	...	$\dfrac{2n-1}{2n+1}$						
	...	...	$\dfrac{1}{2}\cdot\dfrac{2n-1}{2n+1}$						
	...	...	0	....	$-\dfrac{1}{2}\cdot\dfrac{2n-1}{2n+1}=A_0$				
	...	$n-1$							
	...	...	$\dfrac{2n}{2}=A_1$						
	...	...	$\dfrac{2n}{2}=A_1$	$B_1\cdot\dfrac{2n}{2}=B_1A_1$	....	B_1			
	...	...	....	0	$\left\{-\dfrac{1}{2}\cdot\dfrac{2n-1}{2n+1}+B_1\cdot\dfrac{2n}{2}\right\}$				
	...	$n-2$							
$\begin{matrix}-1\\3\\\\0\end{matrix}$	...	...	$\dfrac{2n}{2}\cdot\dfrac{2n-1}{3}$						
	$\dfrac{2n-2}{4}$	...	$\left\{\dfrac{2n}{2}\cdot\dfrac{2n-1}{3}\cdot\dfrac{2n-2}{3}\\ =A_3\right\}$						
	0								
	...	...	0	B_3A_3	....	......	B_3		
	...	...	....	0	$\left\{A_3+B_1A_1+B_3A_3\right\}$				
	...	$n-3$							

ns thirteen to twenty-three.

...	...	...	....	....	....	......	......	......	B_7

zu einer materiellen Kraft zu verdummen«,[18] und ein Jahr später notiert er, dass »die Maschine, die an Stelle des Arbeiters Geschick und Kraft besitzt, selbst der Virtuose ist, mit einer eigenen Seele, die durch die mechanischen Gesetze wirken«.[19] Marx sah eine schleichende Umkehr voraus: Der Mensch wird zur Maschine, die Maschine wird beseelt.

Babbages Maschinenökonomie dreht sich um den Begriff der Intelligenz oder besser der *intelligence*. Laut dem *Oxford Dictionary* hat *intelligence* zwei unterschiedliche Bedeutungen. Erstens bezeichnet es das, was die Central Intelligence Agency (CIA) tut, nämlich das Sammeln von (geheimen) Daten zum Zweck der Überwachung und Kontrolle, und zweitens die Fähigkeit, logisch zu denken. Beide Definitionen zusammengenommen ist Intelligenz die Fähigkeit, aufgrund gesammelter Daten die richtigen Entscheidungen zu treffen. Babbage definiert den menschlichen Geist auf maschinenkompatible Weise: Er verarbeitet Informationen, trifft aufgrund dieser Informationen Entscheidungen und überwacht den Produktionsprozess.

Eine *analytical engine* sollte eine Maschine werden, schreibt er, die aufgrund von Erinnerungen (*memory*) Prognosen (*forecast*) erstellen und aufgrund dieser Prognosen handeln kann. Claude Shannons Maus Theseus war die erste Maschine, die das tatsächlich konnte.

Das Spiel löst die Spiegelung als Maschinenparadigma ab

Babbages mathematische Fähigkeiten reichten nicht ganz aus, um eine *analytical engine* zu programmieren. Doch dafür stand ihm Ada Lady Lovelace zur Verfügung. Der 42-jährige Babbage lernte Augusta Ada Byron an einem Gesellschaftsanlass kennen, da war sie gerade mal siebzehn Jahre alt.[20] Babbage war von der Geistesschärfe und den mathematischen Kenntnissen der Tochter von Lord Byron derart beeindruckt, dass er fortan Kontakt zur Familie hielt. Eines Tages erhielt er eine von ihr angefertigte Übersetzung des französischsprachigen Artikels von Menabrea über die *analytical engine*. Babbage schrieb ihr zurück, ob sie nicht lieber selbst einen Artikel schreiben wolle, statt andere zu übersetzen. Das getraute sich Ada denn doch nicht, sie durfte als Frau ja nicht einmal die Bibliothek der Royal Society betreten, die ihr später eine Büste gewidmet hat.

Immerhin versah sie die Übersetzung mit ihren Kommentaren, und aus diesen Kommentaren, die von Babbage wiederum kommentiert wurden, gewinnt man den Eindruck, dass Ada Lady Lovelace, wie sie nach ihrer Heirat hieß, besser als Babbage selbst die Bedeutung dieses nie gebauten Werkes verstand. Sie schreibt:

> Die Analysemaschine enthält zwei hauptsächliche Arten von Karten: erstens die Operationskarten, mit deren Hilfe die Teile der Maschine so angeordnet werden, dass sie jede beliebige bestimmte Folge von Operationen wie Additionen, Subtraktionen, Multiplikationen und Divisionen ausführen können; zweitens die Karten der Variablen, die der Maschine die Spalten angeben, auf denen die Ergebnisse dargestellt werden sollen. Wenn die Karten in Bewegung gesetzt werden, ordnen die Karten nacheinander die verschiedenen Teile der Maschine entsprechend der Art der durchzuführenden Prozesse an, und die Maschine führt diese Prozesse gleichzeitig mithilfe der verschiedenen Teile des Mechanismus aus, aus denen sie besteht.[21]

Es gibt Karten, die Operationen ausführen, und andere, die Entscheidungen über Operationen fällen. Damit hat Lady Lovelace das Computerprogramm erfunden – mitsamt Schleifen und bedingten Verzweigungen. Durch die Programmierbarkeit eröffneten sich der *analytical engine* unendlich viele Möglichkeiten,

sie könnte *jede* Aufgabe erfüllen, die sich in Einzelschritte auf-
lösen lässt. Babbage wollte allerdings nichts Besseres und nichts
Nützlicheres einfallen als ein kindliches Spiel: »Ich stelle mir
vor, dass die Maschine aus den Figuren zweier Kinder bestehen
könnte, die gegeneinander spielen, begleitet von einem Lamm
und einem Hahn. Das Kind, das das Spiel gewinnt, klatscht in
die Hände, während der Hahn kräht, woraufhin das geschla-
gene Kind weint und seine Hände ringt, während das Lamm
zu blöken beginnt.«[22]

Bemerkenswert ist, dass Babbage sich das Spektakel seiner
künftigen Maschine nicht so fantasiert, dass sie einmal gegen
ein Kind spielen werde, sondern dass zwei Maschinenkinder
gegeneinander spielen. Auf den ersten Blick erscheint das viel
weniger spektakulär als eine Maschine, die gegen einen Menschen spielt. Doch ihm ging es darum, eine Welt vorzustellen,
innerhalb derer der Mensch und die Maschine zusammenleben.
Deshalb ist es für ihn gleichgültig, ob zwei Maschinen gegeneinander spielen oder ein Mensch gegen eine Maschine spielt.

Spektakulär ist also nicht mehr die Maschine als (Zerr-)Spie-
gel des Menschen, sondern das durch gegenseitige Anpassung
entstandene Ensemble Mensch-Maschine. Tatsächlich wurden
in vielen Ausstellungen Dampfmaschinen und andere Indus-
triemaschinen zusammen mit den Menschen an der Arbeit vorgeführt. Auch im Rahmen der Weltausstellungen wurden ganze
Fabrikhallen ausgestellt.

Hinter den technischen und ökonomischen Interessen von
Charles Babbage verbargen sich metaphysische und religiöse
Neigungen. Babbage ging es nie nur um effiziente Produktion,
sondern immer auch um das Geheimnis der Schöpfung. Schon
in Cambridge gründete er den Ghost Club, der der naturwissenschaftlichen Erforschung übersinnlicher Phänomene, insbesondere solcher der Heiligen Schrift, gewidmet war. Der zweite Club,
den er gründete, der Extractors Club, hatte den einzigen Zweck,

seine Mitglieder aus dem Irrenhaus zu befreien, sollte einer von ihnen einmal eingesperrt werden, was angesichts der Tatsache nicht völlig ausgeschlossen erscheint, dass er einmal erforschen wollte, wie es sich anfühlt, gebacken zu werden. Glücklicherweise brach er das Experiment frühzeitig ab. Als Jugendlicher hatte Babbage zudem eine Maschine entwickelt, mit deren Hilfe er wie einst Jesus Christus über Wasser gehen können würde. So traf es ihn hart, als er von religiöser Seite unter Beschuss geriet.

Im Jahr 1837 musste sich Babbage im sogenannten *Ninth Bridgewater Treatise* gegen den Vorwurf eines Pfarrers namens William Whewell verteidigen, »mechanische Philosophen« könnten nichts zu einer christlichen Vorstellung Gottes beitragen. Im Gegenteil, konterte Babbage, er habe die für seine Zeit angemessene christliche Gottesvorstellung entwickelt. Gott sei ein Wesen, das aufgrund aller ihm zur Verfügung stehenden Informationen (*memory*) perfekte Entscheidungen trifft und dadurch die Zukunft determiniert (*forecast*). Im Grunde unterscheidet sich Gott kaum von seiner *analytical engine*.[23]

Diese recht bizarre Antwort offenbart nicht nur Babbages Größenfantasien, sondern auch seine implizite Metaphysik: Gott ist eine Extrapolation des Menschen, ein Wesen, das wie Menschen, aber perfekt denkt. Seine Maschine könne entsprechend nicht nur den menschlichen Geist *imitieren*, sie könne ihn auch so *perfektionieren*, dass er sich Gott annähert.

Babbage bemerkte dabei nicht, dass er nicht nur Gott, sondern auch den Menschen implizit als Wesen konstruiert, das aufgrund von Informationen die Zukunft antizipiert und daraufhin Entscheidungen trifft, ein Wesen also, das seiner Maschine gleicht. Babbage baut also nicht eine Maschine, die den Menschen imitiert, wie er meinte, sondern einen Menschen, der eine Maschine imitiert.

Seither geht es im Mensch-Maschinen-Verhältnis nicht mehr darum, wie sich der Mensch in der Maschine spiegelt, sondern wie sie miteinander kommunizieren. Damit die Kommunikation störungsfrei abläuft, muss sich der Mensch an die Maschine anpassen, indem er, wie bei einem Brettspiel, sich an ein Set von Regeln hält, die alle möglichen Züge festlegen, sodass die Maschine den Menschen »versteht« und auf ihn mit einem entsprechenden Zug reagieren kann. Und wie in einem Brett- oder Kartenspiel sind die Spieler dann erfolgreich, wenn sie in der Lage sind, aufgrund von Informationen über die letzten Spielzüge die nächsten zu antizipieren und die richtigen Entscheidungen zu treffen. Wer das kann, ist nach Babbage intelligent – ob Mensch oder Maschine ist gleichgültig. Dass in Babbages Maschinenfantasie Kinder miteinander spielen, ist also kein Zufall: Trotzdem löst das Spiel die Spiegelung als Modell des Mensch-Maschinen-Verhältnisses weitgehend ab.

Die Erfindung der Kybernetik

Zunächst war das Denken in Spielzügen nur einigen wenigen Fachleuten vorbehalten und diese arbeiteten allesamt für das US-amerikanische Militär. So auch Norbert Wiener, der mithilfe der Kybernetik ins Innere des feindlichen Piloten blicken konnte, um so dessen Reaktion zu berechnen. Diese Berechnung erfolgt mittels rekursiver Serien: Das Resultat einer Berechnung fließt zusammen mit der Reaktion des Piloten als Ausgangswert in die nächste Berechnung ein – bis das Flugzeug getroffen abstürzt.

Babbage hat posthum recht bekommen: Eine Maschine sieht die Zukunft besser voraus, als der Mensch je dazu in der Lage war. Sie kann aufgrund von Informationen (*memory*) die Zukunft berechnen (*forecast*).

Das US-Militär wollte Wieners Idee nicht nur in der Flugabwehr verwenden, sondern sie sogleich zur Grundlage einer neuen, umfassenderen Strategie machen. Mit ihrer Hilfe sollte die militärische Befehlskette, bestehend aus den drei großen C,

Communication, Command, Control, automatisiert werden. Das ging später so weit, dass selbst der Abschuss der Atombombe von einem Algorithmus berechnet werden sollte.

Was Wiener anhand der Flugabwehr erarbeitet hatte, nahm er als Ansatzpunkt, um die gesamte Wirklichkeit als Informationsfluss zu interpretieren, der zu einem homöostatischen Zustand tendiert, der mittels Feedbackmechanismen erreicht und erhalten werden kann. Daraus entwickelte sich ein ganzer Wissenschaftszweig, die Kybernetik, die Wissenschaft der Steuerung. Die Kybernetik sieht alles aus dem Blickwinkel des Regelkreises: Ein System soll eine Aufgabe erfüllen. Wenn es vom Ziel abzuweichen droht, reguliert es sich aufgrund eines Feedbacks so, dass es wieder auf Kurs kommt. Eine Heizung soll beispielsweise einen Raum auf achtzehn Grad Celsius erwärmen, die sogenannte Stellgröße. Bekommt das Steuerungsmodul von einem Sensor die Information geliefert, dass die Raumtemperatur jetzt einundzwanzig Grad Celsius beträgt, fährt es die Heizung so lange herunter, bis die Stellgröße wieder erreicht ist.

Wiener realisierte damit Babbages Traum, das Universum als Spiel zu verstehen, in dem Zug um Zug gespielt wird und in dem es keinen Unterschied macht, ob eine Maschine oder ein Mensch spielt. Bei Babbage macht ein Akteur einen Spielzug, der den Kontrahenten zu einem Gegenzug zwingt, bei Wiener sendet ein Akteur eine Information, die den Empfänger zu einer Aktion bewegt. Genauer: die den Empfänger zu einer *Entscheidung* zwingt.

Was für Babbage die Intelligenz, war für Wiener die Information. Ein Konzept, das Mensch und Maschine zu ebenbürtigen Bewohnern derselben Welt macht. Informationen können sowohl materieller wie auch geistiger Natur sein, ebenso können die Entscheidungen von Menschen oder Maschinen getroffen werden. Der Dampfmaschine ist es egal, ob Humphrey Potter oder der Fliehkraftregler die Entscheidung trifft, das Ventil zu öffnen, um den Druck im Kessel zu senken. In Wieners Welt der Kybernetik wird zwischen Körper und Geist, zwischen Menschen und Maschinen nicht mehr unterschieden.

Es ist hier nicht der Ort, in die Kybernetik oder in die Informationstheorie einzuführen, stattdessen geht es darum, zu zeigen, wie die Erfordernisse einer Maschine, des Computers, ein neues Bild des Denkens hervorbrachten, ein Denken, das sich vollständig um *Entscheidungen* dreht. Denken heißt, aufgrund von Informationen zwischen Möglichkeiten zu entscheiden. Menschen müssen sich dieser Form des Denkens anpassen, wenn sie mit Maschinen interagieren wollen.

Einer der Ersten, die dies erkannten, war Vannevar Bush. Bush war zeitweise einer der mächtigsten Männer der Vereinigten Staaten, weil er die gesamte militärische Forschung auf dem Gebiet des Computers leitete und koordinierte.

Nach dem Ende des Zweiten Weltkriegs, als viele beim US-Militär beschäftigte Naturwissenschaftler, Mathematiker, Physiker und Biologen arbeitslos wurden, schrieb Bush in der Zeitschrift *The Atlantic Monthly* einen programmatischen Artikel unter dem Titel »As We May Think«. Es geht darin um die Richtung, die die Forschung in Zukunft einschlagen soll.

Bush sieht in der Verwaltung der enormen Menge an Wissen, das sich gerade in Kriegszeiten angehäuft hat, die größte Herausforderung der Wissenschaft. Kein Mensch könne dieses Wissen mehr überblicken, schreibt er, es brauche dazu Maschinen:

Es handelt sich hier um eine viel größere Angelegenheit als nur um die Extraktion von Daten für die Zwecke der wissenschaftlichen Forschung; es geht um den gesamten Prozess, bei dem der Mensch von seinem Erbe an erworbenem Wissen profitiert. Die wichtigste Nutzungshandlung ist die Selektion, und hier sind wir tatsächlich stehen geblieben.[24]

Die wichtigste Aufgabe der Wissenschaft sei die Selektion von Wissen, und diese Aufgabe könne nur der Computer übernehmen, er *entscheide* anstelle des überforderten Wissenschaftlers, was wichtig ist und was nicht.

Claude Shannon, der Vater der Informationstheorie, sieht das ähnlich:

> Das Grundproblem der Kommunikation besteht darin, eine an einem Punkt ausgewählte Nachricht an einem anderen Punkt entweder exakt oder annähernd wiederzugeben. Häufig haben die Nachrichten eine Bedeutung, d. h. sie beziehen sich auf bestimmte physikalische oder konzeptionelle Entitäten oder sind mit diesen korreliert. Diese semantischen Aspekte der Kommunikation sind für das technische Problem irrelevant. Der wesentliche Aspekt ist, dass die eigentliche Nachricht eine aus einer Menge möglicher Nachrichten ausgewählte ist. Das System muss so entworfen werden, dass es für jede mögliche Auswahl funktioniert, nicht nur für diejenige, die tatsächlich gewählt wird, da diese zum Zeitpunkt des Entwurfs unbekannt ist.[25]

Kommunikation hat, wenn sie computerkompatibel sein soll, nichts mehr mit Bedeutungen zu tun, sie ist ein Spiel zwischen Mensch und Maschine, ein Spiel mit Spielzügen nach festgelegten Regeln.

Bis zur Erfindung des Personal Computers durch die Firma Apple im Jahr 1976 war dieses Bild des Denkens als Spiel eine Sache weniger Wissenschaftler. Inzwischen scheint es aber jeden Einzelnen erfasst zu haben. Das Computerspiel ist zum Paradigma dieses neuen Denkens geworden, weil es Mensch und Maschine in besonderer Weise miteinander verschränkt.

Die meisten Computer treffen ihre Entscheidungen aufgrund der im Programm festgelegten Bedingungen selbstständig. Es gibt aber Programme, die an einigen Verzweigungen die Entscheidung über den weiteren Verlauf dem Benutzer überlassen.

Ein Computerspiel ist ein Algorithmus, der an einigen Verzweigungen dem Benutzer mehrere Optionen zur Verfügung stellt. Allerdings sind nicht alle Optionen gleichwertig. Wie in einem barocken Gartenlabyrinth führt (meist) nur ein Weg zum Ziel, die anderen enden in Sackgassen. Um erfolgreich zu sein, muss der Spieler nicht nur seine Fingerfertigkeit üben, er muss vor allem die besten Wege erkennen, die ihn zum Ziel führen.[26]

Um erfolgreich zu sein, muss der Spieler sein Denken an das Programm anpassen. Nur wenn er sich der Logik der Software anschmiegt, kann er innerhalb von Sekundenbruchteilen die richtige Entscheidung fällen. Im Idealfall kann der Außenstehende nicht mehr beurteilen, ob ein Mensch oder die Maschine selbst das Spiel spielt: Der Turing-Test wäre dann bestanden, nicht weil sich der Computer in den Menschen, sondern der Mensch sich in den Computer einfühlen kann.

So wie Fahrrad und Radfahrer sich zu einem gemeinsamen System verbinden, verschmelzen auch Spieler und Computer zu einem einzigen System. Die Kunst der Spieler besteht darin, Teil des Programms zu werden, das heißt, die nächsten Züge so auszuführen, wie es ein entsprechendes Programm ausführen würde. Verlangt wird also Empathie mit der Maschine.

Der erfolgreiche Gamer denkt in Algorithmen: Die Entscheidung über den nächsten Spielzug hängt einzig und allein von der momentanen Situation ab, mögliche Lösungen spielt er mit einer Wenn-dann-Struktur durch.

Anpassung oder Unterwerfung?

Die Anpassung des Menschen an die Maschine beginnt nicht erst mit dem Computer. Schon Marx stellte fest, dass der Arbeiter in der Fabrik seinen Körper vollständig an die Maschine anpasst, um die Fabrik in Gang zu halten. Er übernimmt Arbeitsschritte, zu denen die Maschine selbst (noch) nicht in der Lage ist. Charlie Chaplins *Modern Times* von 1936 zeigt, was geschieht, wenn die Anpassung misslingt: Der Arbeiter kommt buchstäblich unter die Räder.

Folgt man Marx, stellt der Arbeiter nur seine Körperkraft und seine Lebenszeit zur Verfügung, sein Bewusstsein bleibt davon jedoch unangetastet. Sogar darüber hinaus, der Widerspruch, dass er sein Leben verkaufen muss, um zu leben, schärft sein Bewusstsein für die Notwendigkeit der Revolution. Je stärker er seinen Körper anpassen muss, desto unangepasster wird sein Geist. Erst später brachte Georg Lukács die Möglichkeit eines falschen Bewusstseins ins Spiel, eines Bewusstseins also, das sich nicht mehr wehrt, sondern sich anpasst und von seiner Anpassung selbst nichts mehr weiß.[27]

Diese Anpassung ist von einer anderen Art als die der gegenseitigen Anpassung von Computer und menschlichem Geist oder von Fahrrad und Radfahrer, die wir vorher beschrieben haben. In der Fabrik stellt der Arbeiter seine Entscheidungen vollständig in den Dienst der Maschine, sie sind von der Funktion der Maschine erzwungen und damit Ausdruck der Entfremdung des Arbeiters, Zeichen seiner Unterwerfung. Auch die Entscheidungen des Gamers an das Programm entspringen zwar nicht einem vollkommen freien Willen, er kann nur einen Weg wählen, der als Subroutine im Programm vorkommt, aber sie folgen der Logik des wechselseitigen Austausches und nicht der Subordination.[28] Der Gamer reagiert auf das Programm, das Programm reagiert auf den Gamer. Je besser sie sich aufeinander einstellen, desto erfolgreicher verläuft das Spiel. Anpassung muss also nicht immer Unterwerfung und »falsches Bewusstsein« sein, es kann auch als lebendiger Austausch mit dem umgebenden Milieu verstanden werden. Ob etwas Austausch mit dem Milieu oder Unterwerfung unter eine fremde Macht ist, hängt von den realen Machtverhältnissen, nicht von der Technologie ab – auch in der heutigen, weitgehend digitalisierten Industrie.

Prognosemaschinen

Die herausragende Eigenschaft des programmierbaren Computers ist nach Babbage seine Fähigkeit, den nächsten Spielzug *vorauszusagen*. Und tatsächlich ist heute das Hauptgeschäft der Computer und ihrer Algorithmen, die Wünsche des Menschen zu berechnen.

Die mathematischen Grundlagen dafür hat der ungarisch-amerikanische Wissenschaftler John von Neumann bereitgestellt. Auch er stand übrigens im Dienst des US-amerikanischen Militärs.

Schon in jungen Jahren hatte er sich mit der Quantenphysik auseinandergesetzt und wurde dabei mit einem Problem vertraut, das ihn sein Leben lang begleiten sollte: Wie betreibt man Mathematik unter den Bedingungen der Ungewissheit? Das ist nicht nur das große Problem der Quantenmechanik, sondern auch der Sozialwissenschaften. Natürlich gibt es dafür statistische Verfahren, aber diese versuchen mithilfe des Gesetzes der großen Zahl die Ungewissheit zu minimieren, John von Neumann hingegen will mit der Ungewissheit rechnen. Dabei geht er von einer ebenso simplen wie einleuchtenden Annahme aus: Menschen handeln aufgrund der Erwartungen an das Handeln anderer. Die Haken, die unser feindlicher Pilot schlägt, sind das Ergebnis seiner Erwartungen an das Verhalten des Flak-Schützen, und dieser wiederum zielt dorthin, wohin er erwartet, dass der Pilot fliegen wird.

Damit ist das Innere des Gegenübers erstmals nicht nur semantisch erfahrbar, es wird zu einem mathematischen Problem. Von Neumann gelingt es, die diskursive Rationalität des Sozialen mit der mathematischen Rationalität der Maschine zu verbinden. Er begreift sehr schnell die Möglichkeiten, die sich daraus im Feld der Ökonomie ergeben: dass das Marktverhalten des Einzelnen nicht nur von seinem eigenen Grenznutzen bestimmt wird, wie das die bis dahin geltende Ökonomie der Lausanner Schule von Léon Walras behauptete, sondern in viel stärkerem Maße davon, welches Verhalten der Einzelne vom anderen, von seinen Mitbewerbern erwartet. Ich kaufe eine Nestlé-Aktie, weil ich auf einen steigenden Kurs spekuliere. Ich spekuliere aber nicht auf einen steigenden Kurs, weil ich der Überzeugung bin, dass die Firma Gewinne erzielt, sondern weil ich annehme, dass alle anderen denken, dass es der Firma gut geht, sie deshalb Aktien kaufen und der Kurs steigen wird. Doch genauso spekulieren die anderen auch auf das Begehren der wieder anderen.

Was ich will, kann also nicht unabhängig davon sein, was der andere will – und was dieser will, ist wiederum abhängig von ganz vielen weiteren Mitspielern. Man kann das Begehren nicht bloß als inneres Geschehen deuten, sondern als Verkettung von Begehren. Wenn das Begehren regelhaften Abläufen folgt, davon war von Neumann überzeugt, muss es dafür auch eine mathematische Lösung geben. Daraufhin erfand er zusammen mit Oskar Morgenstern die Spieltheorie.[29]

Die Pointe der Spieltheorie besteht darin, dass die Mitspieler in einem System beim *ersten Mal* aus Unsicherheit eine suboptimale Entscheidung fällen. Beim nächsten Mal haben sie aber, wie Shannons Theseus, daraus gelernt und wissen nun, was der andere will. So sind sie nun in der Lage, eine optimale Entscheidung zu finden. Hier wird also keine stumpfe mechanische Wiederholung konstruiert, sondern das Resultat der ersten Situation fließt als *Feedback* in die Berechnungen der zweiten ein: Ein Algorithmus ist entstanden, der in der Lage ist, Erwartungen an das Verhalten anderer zu berechnen, indem er das Verhalten des einen mit den Erwartungen an das Verhalten anderer verrechnet. Soziales Verhalten ist nun berechenbar geworden, und zwar nicht bloß als statistischer Durchschnitt, sondern als serielle Erwartungskonstellationen *des Einzelnen.*

Der Erfolg der Spieltheorie war ungeheuer, zunächst vor allem im militärischen Bereich, wo Computer zur Verfügung standen, die in der Lage waren, solche Berechnungen viel schneller als der menschliche Geist durchzuführen.

Die RAND Corporation, der Thinktank der US-amerikanischen Armee, war nun nicht nur in der Lage, Flugabwehrraketen mithilfe der Spieltheorie zu programmieren, sie konnte darüber hinaus das Verhalten der Sowjets im Kalten Krieg vorausberechnen. Nicht nur Entscheidungen über das Verhalten von Torpedos und Flugabwehrraketen wurden nun dem Computer überlassen, sondern auch Entscheidungen wie die eines allfälligen Abwurfs der Atombombe. Zumindest war das geplant.

Der Krieg war endgültig Spiel geworden. Es folgte bald die Ökonomie.

Als in den Neunzigerjahren des letzten Jahrhunderts der Kalte Krieg zu Ende ging, wurde eine ganze Reihe von Physikern und Mathematikern arbeitslos. Sie mussten sich neue Betätigungsfelder suchen. Auf dem amerikanischen Physiker-Kongress von 1996 schlug deshalb dessen Präsident Georg Pimbley vor, sie sollten versuchen, an der Wallstreet ihr Wissen den großen Finanzinstituten zur Verfügung zu stellen. Und tatsächlich gründeten etwa die Lehman Brothers eine Abteilung für Physiker und Mathematiker, in der die Algorithmen der Spieltheorie nun auf den Finanzmarkt angewendet wurden.

Das veränderte den Finanzmarkt von Grund auf: Entscheidungen über Kauf und Verkauf von Aktien wurden nun nicht mehr auf Basis von objektiven Daten über eine Firma getroffen, sondern aufgrund der Berechnungen von Erwartungen, Hoffnungen und Ängsten der Marktteilnehmer. In der Black-Scholes-Gleichung wurde das Begehren der Marktteilnehmer zur Berechnungsgrundlage. Die Black-Scholes-Gleichung ist ein mathematisches Modell, mit dem Finanzoptionen berechnet werden können. Es wurde von Fischer Black, Myron Scholes und Robert Merton 1973 entwickelt, die dafür 1997 den Nobelpreis für Wirtschaftswissenschaften erhielten.

Maschinen waren nun in der Lage, in Sekundenschnelle die Wünsche der Menschen zu berechnen. Und weil es im Finanzgeschäft oft um Sekunden geht, wurden den Maschinen auch die Kaufentscheidungen überlassen. Der Geist ist endgültig Maschine geworden. Doch damit nicht genug, kein großer Player am Markt kann es sich mehr leisten, auf Computer zu verzichten. So veränderte sich die Zusammensetzung des Marktes: Die Spieler sind nun nicht mehr hauptsächlich Menschen, sondern *auch* Maschinen. Im Grunde berechnen die Algorithmen nicht mehr menschliches Begehren, sondern die in Algorithmen gegossenen Begehren anderer Maschinen. Maschinen berechnen andere Maschinen, wie bei Babbage: ein Spiel zwischen Maschinen.

Dass Maschinen menschliches Denken beziehungsweise menschliche Entscheidungen vorausberechnen können – wie gut, sei dahingestellt –, hat sicherlich auch damit zu tun, dass sich unser Denken in den letzten Jahrzehnten unmerklich dem algorithmischen Denken angepasst hat.

Wir haben gelernt, wie Maschinen zu denken. Das scheint mir nicht weniger spektakulär als ein Tempeltor zu sein, das sich wie von Zauberhand öffnet.

Anmerkungen

Einleitung

1 Garry Kasparov, *Deep Thinking. Where Machine Intelligence Ends and Human Creativity Begins*, New York 2017.

2 Jennifer Ellen Robertson, *Robo sapiens japanicus. Robots, Gender, Family, and the Japanese Nation*, Oakland, Cal. 2018.

3 Diese Bemerkung findet sich nicht in der veröffentlichten Fallgeschichte, sondern in: Sigmund Freud, *Originalnotizen zum Rattenmann* [1955], in: ders., *Gesammelte Werke (GW) Ergänzungsband*, hg. von Angela Richards, Frankfurt/M. 1999, S. 509–569, hier: S. 519.

4 Freud, *Die Verdrängung* [1915], GW X, S. 248–264, S. 254–258.

5 Michel Foucault, *Die Ordnung der Dinge. Eine Archäologie der Humanwissenschaften*, Frankfurt/M. 2012, S. 23.

6 Freud, *Aus der Geschichte einer infantilen Neurose* [1918], GW XII, S. 155.

7 Freud, *Das Unbewußte* [1915], GW X, S. 272 f.

8 Sheila Jasanoff, Sang-Hyun Kim (Hg.), *Dreamscapes of Modernity. Sociotechnical Imaginaries and the Fabrication of Power*, Chicago, London 2015.

9 Siehe Lemma »affizieren« in: *Der Duden*, {https://www.duden.de/rechtschreibung/affizieren}, letzter Zugriff 22.09.2021.

10 Walter Benjamin, *Ursprung des deutschen Trauerspiels*, Frankfurt/M. 1978, S. 16 f.

11 Baruch de Spinoza, *Die Ethik*, Stuttgart 1977, Buch III, Def. 13.

12 Gilles Deleuze, Félix Guattari, *Tausend Plateaus* [1980], Berlin 1997, S. 111–148.

13 Das Buch *Die Existenzweisen technischer Objekte* von Gilbert Simondon handelt hauptsächlich von solchen technischen Entwicklungstendenzen. Vgl. Gilbert Simondon, *Die Existenzweisen technischer Objekte*, Zürich 2012.

14 So jedenfalls erinnert sich Eugene Cernan, der die Apollo-17-Mission anführte, in: Eugene Cernan, *The Last Man on the Moon*, Wallingford 2016.

403

15 Marshall McLuhan, *Das Medium ist die Massage. Ein Inventar medialer Effekte*, Stuttgart 2016.

16 Johannes Kepler, *Der Traum, oder: Mond-Astronomie*, Berlin 2021.

17 Jules Verne, *Von der Erde zum Mond*, Frankfurt/M. 1997.

18 Tom Wolfe, *Radical Chic und Mau Mau bei der Wohlfahrtsbehörde*, Berlin 2001.

19 Herbert Marcuse, *Der eindimensionale Mensch. Studien zur Ideologie der fortgeschrittenen Industriegesellschaft*, München 1998, S. 35.

20 Michel Foucault, *Überwachen und Strafen. Die Geburt des Gefängnisses*, Frankfurt/M. 1994.

21 Michel Foucault, *Was ist Kritik?*, Berlin 1992, S. 12.

22 Platon, *Phaidros*, in: ders. *Sämtliche Werke*, Bd. 2, Reinbek bei Hamburg 1994, 275a.

23 Manfred Spitzer, {https://www.wochenblatt.de/archiv/gehirnforscher-nutzung-digitaler-medien-verdummt-45203}, letzter Aufruf 06.01.2022.

24 Ernst Kapp, *Grundlinien einer Philosophie der Technik. Zur Entstehungsgeschichte der Kultur aus neuen Gesichtspunkten* [1877], Hamburg 2015.

25 Bernard Williams, *Wahrheit und Wahrhaftigkeit*, Berlin 2013, S. 38.

26 George Kubler, *The Shape of the Time. Remarks on the History of Things*, New Haven 1962.

Nützliche und spektakuläre Maschinen

1 Sandro Benini, »Minderjährige sollten kein Smartphone haben«, in: *Tages-Anzeiger* (14.01.2021), {https://www.tagesanzeiger.ch/minderjaehrigen-sollte-man-das-smartphone-verbieten-913599951082}, letzter Aufruf 03.01.2022.

2 »Machina est continens e materia coniunctio maximas ad onerum motus habens virtutes. Ea movetur ex arte circulorum rotundibus, quam Graeci *cyclicen cinesin* appellant«, Marcus Vitruvius Pollio, *De architectura. Libri decem*, Burlington 2013, S. 204 (Übersetzung hier und im Folgenden, wenn nicht anders angegeben, der Autor).

3 Freud, *Der Witz und seine Beziehung zum Unbewußten* [1905], GW VI, S. 151.

4 Pseudo-Aristoteles, *Quaestiones mechanicae*, zit. nach Jan Lazard-zig, »Die Maschine als Spektakel«, in: Helmar Schramm (Hg.), *Instrumente in Kunst und Wissenschaft. Zur Architektonik kultureller Grenzen im 17. Jahrhundert*, Berlin, New York 2006, S. 167–193, hier S. 171.

5 Immanuel Kant, *Kritik der Urteilskraft*, Hamburg 1990 [1790], S. 157 f., § 44 AA178.

6 Ebd., S. 66, § 15 AA44.

7 Ebd., Einleitung XLV.

8 Ebd., S. 89, AA78.

9 Ebd., S. 87 f., AA75–76.

10 Gilles Deleuze, Félix Guattari, *Anti-Ödipus*, Frankfurt/M. 1977, S. 7.

11 Freud, *Totem und Tabu* [1912], GW IX, S. 93–121.

12 Erich H. Gombrich, *Die Geschichte der Kunst*, Gütersloh 1977, S. 28–39.

13 Ernst Cassirer, »Form und Technik« [1930], in: ders., *Gesammelte Werke*, Bd. XVII, Hamburg 2009, S. 139–183.

14 Bertrand Gille, *Ingenieure der Renaissance*, Wien, Düsseldorf 1968, S. 174.

15 Ebd., S. 176.

16 Giorgio Vasari, *Das Leben des Lionardo da Vinci, Raffael von Urbino und Michelangelo Buonarotti*, Stuttgart 1996, S. 24.

17 Salomon de Caus, *Von gewaltsamen Bewegungen. Beschreibung etlicher, so wol nützlichen alß lustigen Machiner*, o. O. [1615]. {https://digi.ub.uni-heidelberg.de/diglit/caus1615gaa}, letzter Zugriff 27.10.2021.

18 Im Original: »This intensive life of this machine is the cause of autodestruction.« {https://www.tinguely.ch/en/tinguely-collection-coservation/tinguely-biographie.html}, letzter Aufruf 25.10.2021.

19 Byung-Chul Han, *Vom Verschwinden der Rituale. Eine Topologie der Gegenwart*, Berlin 2018.

Wunderautomaten

1 Benoît de Sainte-Maure, *Le Roman de Troie*, o. O. 1165, zit. nach. Lorraine Daston, Katharine Park, *Wunder und die Ordnung der Natur. 1150–1750*, Frankfurt/M. 2002, S. 104.

2 Jessica Riskin, *The Restless Clock. A History of the Centuries-Long Argument over What Makes Living Things Tick*, Chicago 2016, S. 11.

3 Mathias Herweg, *Herzog Ernst*, Mittelhochdeutsch/Neuhochdeutsch: in der Fassung B mit den Fragmenten der Fassungen A, B und Kl., Ditzingen 2019.

4 Nils Röller, *Magnetismus. Eine Geschichte der Orientierung*, München 2010, S. 52–68.

5 Pier della Vigna (1190–1249), zit. nach Röller, *Magnetismus*, S. 53.

6 Marsilio Ficino, *Über die Liebe oder Platons Gastmahl*, Hamburg 1984, S. 185; Friedrich Wilhelm Joseph Schelling, *Ideen zu einer Philosophie der Natur*, Berlin 2012, S. 131–138.

7 Daston, Park, *Wunder und die Ordnung der Natur*, S. 141–144.

8 Heinz-Dieter Kittsteiner, *Die Entstehung des modernen Gewissens*, Frankfurt/M. 2000, S. 39–48.

9 Giambattista Vico, *Die neue Wissenschaft über die gemeinschaftliche Natur der Völker (Scienza nuova)*, Berlin 2000.

10 Ebd., § 192.

11 Ebd., § 376.

12 Hans Blumenberg, *Arbeit am Mythos*, Frankfurt/M. 2011, S. 50.

13 Vico, *Die neue Wissenschaft*, § 387.

14 Siehe Heinrich Lysius, *Dissertatio Theologica, Argumentum Exhibens Jubilæo Quod Instat Lutherano Accommodatum, De Miraculorum Defectu, B. Luthero Male Exprobato / Quam ... Praeside ... Dn. Henrico Lysio, S. Theol. Doct. & Prof. ... Publico Eruditorum Examini Subjicit Christophorus Langhansen, Mathem. P. P. Extraord. in Auditorio Maximo Anno 1717. d. 22. Octobris*, {https://digitale.bibliothek.uni-halle.de/vd18/content/titleinfo/3887681}, letzter Aufruf 15.11.2021.

15 Zitiert wird hier und im Folgenden nach der Lutherbibel 1912.

16 Platon, *Thäeitetos*, 155d.

17 Aristoteles, *Metaphysik*, Berlin 2019, I 983a.

18 Martin Heidegger, *Sein und Zeit*, in: ders. *Gesamtausgabe* Bd. 2, Frankfurt/M. 1977, § 40, S. 251.

19 Aristoteles, *Poetik*, München 2010, Cap. VI, S. 30.

20 Alexander Gottlieb Baumgarten, *Ästhetik. Lateinisch-deutsch*, Hamburg 2007.

21 Freud, *Der Witz und seine Beziehung zum Unbewussten*, GW VI, S. 151.

22 Kant, *Kritik der Urteilskraft*, S. 89, AA78.

23 Hippolytus von Rom, *Widerlegung aller Häresien*, München 1922, S. 5 f.

24 Thomas von Aquin, *Summa Theologica*, vollständige, ungekürzte deutsch-lateinische Ausgabe, Graz 1977, Vol. 49 3a 7–15.

25 Aurelius Augustinus, *Bekenntnisse*, Frankfurt/M., Leipzig 2004, S. 123–146.

26 Ebd., S. 154 f.

27 Für Blumenberg besteht der größte Unterschied von Mittelalter und Neuzeit in der Bewertung der Neugier. Vgl. Hans Blumenberg, *Die Legitimität der Neuzeit*, Frankfurt/M. 2012, 261–528.

28 »Und allerlei Bäume auf dem Felde waren noch nicht auf Erden, und allerlei Kraut auf dem Felde war noch nicht gewachsen; denn Gott der HERR hatte noch nicht regnen lassen auf Erden, und es war kein Mensch, der das Land bebaute« (1. Mose 2,5).

29 Ludwig Feuerbach, *Das Wesen des Christentums*, Stuttgart 1986 [1841].

30 Alexander Neckam, *De naturis rerum*, 1863, zit. nach Daston, Park, *Wunder und die Ordnung der Natur*, S. 107.

31 Philip M. Palmer, Robert P. More, *The Sources of the Faust Tradition. From Simon Magus to Lessing*, New York 1936, S. 99 (Übersetzung d. A.)

32 Klaus Krüger, *Politik der Evidenz. Öffentliche Bilder als Bilder der Öffentlichkeit im Trecento*, Göttingen 2015, S. 58–63.

33 Michael Marti, »Ein paar Tech-Boys wollten Frauen vergleichen«, in: *SonntagsZeitung*, 17.02.2020, {https://www.tagesanzeiger.ch/sonntagszeitung/ein-paar-techboys-wollten-dieattraktivitaet-von-frauen-vergleichen/story/31104539}, letzter Zugriff 27.09.2021.

34 Bernard Stiegler, *Der Fehler des Epimetheus*, Zürich 2009.

35 André Leroi-Gourhan, *Hand und Wort. Die Evolution von Technik, Sprache und Kunst*, Frankfurt/M. 1980, S. 387 f.

36 Inga Michler, »Künstliche Intelligenz macht den Deutschen Angst«, in: *Die Welt*, 15.10.2017, {https://www.welt.de/wirtschaft/

article169640579/Kuenstliche-Intelligenz-macht-den-Deutschen-Angst.html}, letzter Zugriff 26.09.2021.

37 René Descartes, *Meditationes de prima philosophia*, Hamburg 2009 [1641], S. 39.

38 Francis Bacon, *Neues Organon*, Hamburg 1999, Teilband 1, § 38, S. 99.

39 Charles Taylor, *Quellen des Selbst. Die Entstehung der neuzeitlichen Identität*, Frankfurt/M. 2016, S. 117.

40 Dieses Zitat entnahm John Lennon wiederum einem *Readers Digest*-Magazin von 1957, ursprünglicher Autor war Allen Saunders.

41 Vico, *Die neue Wissenschaft*, § 712.

42 Ebd., § 729.

43 Augustinus, *Bekenntnisse*, S. 104.

Magie und Maschine

1 Herweg, *Herzog Ernst*.

2 Cassirer, *Form und Technik*, S. 136.

3 Freud, *Neue Folge der Vorlesungen zur Einführung in die Psychoanalyse* [1933], GW XV, S. 185.

4 Freud, *Totem und Tabu*, GW IX, S. 93–121.

5 Max Weber, »Wissenschaft als Beruf« [1919] in: ders., *Schriften 1894–1922*, Stuttgart 2002, S. 474–511.

6 Simondon, *Die Existenzweise technischer Objekte*, S. 143–147.

7 Ebd., S. 154.

8 Martin Heidegger, »Die Frage nach der Technik« [1953], in: ders. *Gesamtausgabe*, Bd. 7, S. 5–37; Max Horkheimer, Theodor W. Adorno, *Dialektik der Aufklärung. Philosophische Fragmente*, Frankfurt/M. 1969.

9 Johann Wolfgang von Goethe, *Faust I. Reclam XL – Text und Kontext*, Ditzingen 2014, S. 13.

10 Anthony Grafton, »Der Magus und seine Geschichte(n)«, in: Anthony Grafton, Moshe Idel (Hg.), *Der Magus. Seine Ursprünge und seine Geschichte in verschiedenen Kulturen*, Berlin 2001, S. 1–26, hier: S. 23.

11 Klaus Herrmann (Hg.), *Sefer Jezira – Das Buch der Schöpfung*, Berlin 2008.

12 Klaus Völker, »Nachwort«, in: ders. (Hg.), *Künstliche Menschen. Dichtungen und Dokumente über Golems, Homunculi, Androiden und liebende Statuen*, München 1971, 435–436.

13 Im Film *Golem* von Paul Wegener und Carl Boese aus dem Jahre 1920 – dem ersten Horrorfilm der Filmgeschichte – klebt der Rabbi das Wort *AEmeth* (Wahrheit) auf die Stirn des Monsters.

14 Siehe etwa E. T. A. Hoffmann: »Die Automate«, in: Wulf Sege-brecht (Hg.), *E. T. A. Hoffmann: Die Serapions-Brüder*, Berlin 2016, S. 282–305.

15 Norbert Wiener, *God & Golem, Inc. A Comment on Certain Points where Cybernetics Impinges on Religion*, Cambridge 1964.

16 Ironischerweise tauchte der Name Minskys im Zusammenhang mit dem Jeffrey-Epstein-Skandal auf. Offenbar ist es nicht so einfach, auf den Körper zu verzichten.

17 Heinrich von Kleist, *Über das Marionettentheater*, Stuttgart 2013, S. 9 (Hervorhebung d. A.).

18 Ebd., S. 10.

19 Ebd., S. 12.

20 Ebd., S. 17.

21 Max Frisch, *Tagebuch. 1946–1949*, Frankfurt/M. 1983, S. 138.

22 Freud, *Jenseits des Lustprinzips*, GW XIII, S. 1–69.

23 Paracelsus, *Labyrinthus Medicorum Errantium*, in: ders., *Werke* II, Basel 2010.

24 Marsilio Ficino, *Über die Liebe oder Platons Gastmahl*, Hamburg 1984, S. 243–245.

25 Ebd., S. 9.

26 Wolf-Dieter Müller-Jahnke, »Agrippa von Nettesheims ›de occulta philosophia‹ ein ›magisches System‹«, in: *studia leibnitiana*, Sonder-heft 7 (1978), S. 19–29.

27 bT Sanhedrin 68a (Babylonischer Talmud, Traktat Sanhedrin, Fol. 68a) (Übersetzung d. A.).

28 Pseudodemokrit (Syrien, 1. Jh. n. Chr.), zit. nach Karl-Heinz Göt-tert, *Magie. Zur Geschichte des Streits um die magischen Künste unter Philosophen, Theologen, Medizinern, Juristen und Naturwissenschaft-lern von der Antike bis zur Aufklärung*, Zürich 2001, S. 102.

29 Zur Technologiekritik vgl. Kathrin Passig, *Standardsituationen der Technologiekritik*, Berlin 2013.

30 Blumenberg, *Arbeit am Mythos*, S. 9–39.

31 In der ursprünglichen Bedeutung ist ein Mythos lediglich eine Erzählung. Unter *Mythos der Technik* ist also das Narrativ zu verstehen, mit dem eine bestimmte Kultur die Technik zu verstehen versucht.

32 Francisco de Goya nannte sein 43. Capricho »El sueño de la razón produce monstruos.« (Der Schlaf der Vernuft bringt Monster hervor.)

33 Denis Diderot, Jean-Baptiste le Rond d'Alembert, »Chimère«, in: dies. (Hg.), *Encyclopédie ou Dictionnaire raisonné des Sciences, des Arts et des Métiers* 3, Paris 1966, in etwa: »Chimären sind Monster aus der Fabel, die gemäß den Dichtern den Kopf und den Hals eines Löwen hatten, den Körper einer Ziege, den Schwanz eines Drachens und die Flammenwirbel und Feuer spien.« (Übersetzung d. A.).

34 {http://www.medienkunstnetz.de/themen/cyborg_bodies/mythische-koerper_I/}, letzter Aufruf 11.6.2019.

Natur überlisten –
Leben erschaffen

1 Guidobaldo del Monte, *Mechanicorum Liber*, Pesaro 1577, Vorwort (Übersetzung und Hervorhebung d. A.).

2 Bernardini Bardi, *In mechanica Aristotelis problemata exercitationes: adiecta succincta narratione de autoris vita & scriptis*, Mainz 1621, 874a (Übersetzung d. A.).

3 Ebd., 874a 20.

4 Bardi, *In mechanica Aristotelis*, Praefatio (Übersetzung d. A.).

5 Aristoteles, *Physik*, in: ders., *Philosophische Schriften* 6, Hamburg 1995, I 6.

6 Ebd., II 1.

7 Ebd., V 1 & 6.

8 Ebd., II Kap. 1, 193b.

9 Homer, *Odyssee*, Berlin 2014, S. 323–346.

10 Homer, *Ilias*, Berlin 2014, Kap. 5, S. 749.

11 Aristoteles, *Physik*, 6 II 197b.

12 Kognitionen umfassen Wissen, Affekte und Wahrnehmung. Vgl. Leon Festinger, *Theorie der Kognitiven Dissonanz*, Bern 1978, S. 17.

13 Wolfgang Düsing (Hg.), *Friedrich Schiller, Über die ästhetische Erziehung des Menschen in einer Reihe von Briefen* [1795], München 1981, S. 58 (15. Brief).

14 Schiller, *Über die ästhetische Erziehung des Menschen*, S. 36 (9. Brief).

15 Donald W. Winnicott, *Vom Spiel zur Kreativität*, Stuttgart 2012.

16 Elena Ferrante, *Meine geniale Freundin*, Berlin 2016, S. 26.

17 Im Original: *Apiaria universae philosophiae mathematicae in quibus paradoxa et nova pleraque machinamenta exhibentur.*

18 »At that moment of trying to box the unboxable your worldview breaks up. The boxes are gone. And what's left? Simply what was always there. Your natural state of mind. That's the moment of astonishment.« – Paul Harris, zit. nach Derren Brown, *Absolut Magic*, Humble 2003, S. 49 (Übersetzung d. A.).

19 Friedrich Nietzsche, *Die fröhliche Wissenschaft* [1882], in: ders. *Kritische Studienausgabe* (KSA) Bd. 3, hg. von Giorgio Colli und Mazzino Montanari, München 1999, Vorrede § 4, S. 352.

20 Nietzsche, *Über Wahrheit und Lüge im aussermoralischen Sinne* [1873], KSA 1, S. 886.

21 Obwohl mir ein Mobiltelefon genauso unverständlich ist wie ein Roboter, der den Czardas tanzt, hat es aus zwei Gründen nicht dieselbe Wirkung: Erstens hat es einen Nutzen, ich schaue im Gebrauch gleichsam durch das Handy hindurch, und zweitens flacht die Intensität durch Gewöhnung ab.

22 Berichterstattungskommission des Deutschen Zollverein, *Amtlicher Bericht über die Industrie-Ausstellung aller Völker zu London im Jahre 1851*, Berlin 1852.

23 Zit. nach Winfried Kretschmer, *Geschichte der Weltausstellungen*, Frankfurt/M. 1999, S. 40.

24 Friedrich Engels, *Lage der arbeitenden Klasse in England*, Leipzig 1848, S. 139.

25 Karl Marx, Friedrich Engels, »Die grossen Männer des Exils«, in: dies., *Marx-Engels-Werke* (MEW) 8, Berlin 1960, S. 233–335, hier: S. 312.

26 Aus Marx' berühmtem *Maschinenfragment*, MEW 42, Berlin 1983, S. 590–605, hier: S. 604.

27 Novalis, *Blüthenstaub* [1798], in: ders., *Schriften*, Bd. 2: *Das philosophische Werk I*, Darmstadt 1965, Spruch 77, S. 447.

28 Marx, Engels, *Maschinenfragment*, MEW 42, Berlin 1983, S. 592.

29 Aristoteles, *Über die Seele*, Hamburg 1995, Buch II, Kap. 1, S. 61 f.

30 Eduardo Batalha Viveiros de Castro, *Kannibalische Metaphysiken. Elemente einer post-strukturalen Anthropologie*, Leipzig 2019.

31 Theo Jansen, *Strandbeest evolution 2017*, {https://www.youtube. com/watch?v=LewVEF2B_pM}, letzter Aufruf 28.10.2021.

32 Vilém Flusser, *Vom Stand der Dinge. Eine kleine Philosophie des Design*, Göttingen 2019, S. 9.

33 Simon Schaffer, »Babbage's Intelligence: Calculating Engines and the Factory System«, in: *Critical Inquiry Autumn* (1994), S. 203–227.

34 Roland Barthes, *Mythen des Alltags*, Berlin 2016, S. 68–72.

35 Frisch, *Tagebuch 1946–1949*, S. 135–138.

36 Jean-Jacques Rousseau, *Emile oder Von der Erziehung*, Düsseldorf 1997, S. 340.

37 Ernst Jentsch, zit. nach Sigmund Freud, *Das Unheimliche* [1919], GW XII, S. 237.

38 Stanley Cavell »The Uncanniness of the Ordinary«, in: ders., *The Quest for the Ordinary*, Chicago 1994, S. 86–89.

39 Heinrich Heine, *Florentinische Nächte*, Berlin 1999, S. 38.

Diener und Doppelgänger

1 Ian McEwan, *Maschinen wie ich*, Zürich 2019.

2 Sarah Herwig, »Leiden Roboter in Zukunft genau wie wir?«, in: SRF, 14.11.2015, {https://www.srf.ch/kultur/gesellschaft-religion/leiden-roboter-in-zukunft-genau-wie-wir}, letzter Aufruf 27.1.2021.

3 Martha Albertson Fineman u. a. (Hg.), *Privatization, Vulnerability, and Social Responsibility: A Comparative Perspective*, New York, N. Y., 2016.

4 Aristoteles, *Politik*, in: ders., *Philosophische Schriften*, Bd. 4, Hamburg 1995, 1254a 25–30.

5 Ebd. 1254a 30–35.

6 Immanuel Kant, *Grundlegung zur Metaphysik der Sitten* [1785], in: ders., *Werkausgabe*, Band VIII, Frankfurt/M. 1991, AA IV, S. 429.

7 Georges Canguilhem, *Die Erkenntnis des Lebens*, Berlin 2009, S. 186.

8 Robert Owen, »Eine neue Gesellschaftsauffassung« [1817], in: Thilo Ramm (Hg.), *Der Frühsozialismus*, Stuttgart 1968, S. 249–346, hier: S. 283.

9 Georg Wilhelm Friedrich Hegel, *Phänomenologie des Geistes*, Hamburg 2006, S. 120–156.

10 Cavell, *The Uncanniness of the Ordinary*, S. 86 f.

11 *Bezelem*, im Ebenbilde, heißt die israelische Nichtregierungsorganisation, die die Verletzungen der Menschenrechte in den besetzten Gebieten anprangert.

12 Fernando Pessoa, *Das Buch der Unruhe des Hilfsbuchhalters Bernardo Soares*, Frankfurt/M. 2008, S. 152.

13 Auf Hebräisch: *Eli, Eli, lama asavtani*.

14 Nietzsche, *Fröhliche Wissenschaft* [1882], KSA 3, § 125. S. 481.

15 Jean-Luc Nancy, *Der Eindringling. Das fremde Herz*, Berlin 2000, S. 49.

16 Günther Anders, *Die Antiquiertheit des Menschen* Bd. I, München 2018, § 1–5.

17 Freud, *Das Unbehagen in der Kultur* [1930], GW XIV, S. 450 f.

18 Kapp, *Grundlinien einer Philosophie der Technik*.

19 Publius Ovidius Naso, *Metamorphosen*, Ditzingen 1993, Buch X, S. 324, Z. 247–250.

20 Ovid, *Metamorphosen*, Buch III, S. 108, Z. 432–439.

21 Dieses illustrative Beispiel verdanke ich dem passionierten Arzt, Musiker und Zyklisten Jean Lucien L'Eplattenier, der mir davon erzählte.

22 Johann Gottfried Herder, *Sprachphilosophie. Ausgewählte Schriften*, Hamburg 2017, S. 13.

23 Leroi-Gourhan, *Hand und Wort*, S. 71–83.

Die Not der Mönche

1 Giorgio Agamben, *Höchste Armut. Ordensregeln und Lebensform*, Frankfurt/M. 2012, S. 35–43.

2 *De perfectione monachorum*, zit. nach ebd., S. 38.

3 David Saul Landes, *Der entfesselte Prometheus. Technologischer Wandel und industrielle Entwicklung in Westeuropa von 1750 bis zur Gegenwart*, Niedernberg 1991.

4 Hans Magnus Enzensberger, »Giovanni de'Dondi«, in: ders., *Gedichte. 1950–2020*, Berlin 2019, S. 74 f.

5 Christian Wolff, *Vernünfftige Gedancken von Gott, der Welt und der Seele des Menschen, auch allen Dingen überhaupt* (= Deutsche Metaphysik), Halle 1720, § 556, S. 296.

6 Thomas Hobbes, *Leviathan. Oder Stoff, Form und Gewalt eines kirchlichen und bürgerlichen Staates*, Frankfurt/M. 1984, S. 5.

7 Otto Mayr, *Uhrwerk und Waage. Autorität, Freiheit und technische Systeme in der frühen Neuzeit*, München 1987.

8 Discovery Institute, »What Is Intelligent Design«, {https://intelligentdesign.org/whatisid}, (Übersetzung d. A.), letzter Aufruf 29.09.2021.

9 Ernst Kantorowicz, *Die zwei Körper des Königs. Eine Studie zur politischen Theologie des Mittelalters*, München 1994.

10 Hans Jakob Christoffel von Grimmelshausen, »Simplicius Simplicissimus«, zit. nach Cora Stephan, *Das Handwerk des Krieges*, Berlin 1998, S. 138.

11 Ebd., S. 137.

12 Friedrich Spanheim, »Disputationes Anababtisticae«, zit. nach: Michael Heyd, *Be Sober and Reasonable. The Critique of Enthusiasm in the Seventeenth and Early Eighteenth Centuries*, Leiden 2000, S. 19 (Übersetzung d. A.).

13 Kittsteiner, *Die Entstehung des modernen Gewissens*.

14 Papst Pius XII, *Humani generis*, {https://www.stjosef.at/dokumente/humani_generis.htm}, letzter Zugriff 29.09.2021.

15 Michael Pfister, Stefan Zweifel, *Pornosophie & Imachination. Sade, La Mettrie, Hegel*, München 2002, S. 185.

16 Denis Diderot, *Die geschwätzigen Kleinode oder die Verräter*, Berlin 2005 [1793], S. 270.

1 Claude-François Ménestrier, *Traité des Tournois ioustes, carrousels, et autre spectactles pvblics*, 1658, S. 141 f. {https://reader.digitalesammlungen.de/de/fs1/object/display/bsb10899601_00006.html}, letzter Aufruf 21.10.2021 (Übersetzung d. A.).

2 Rivkah Feldhay, »Preclassical Mechanics in Context: Practical and Theoretical Knowledge between Sovereignty, Religion and Science«, in: Rivkah Feldhay (Hg.), *Emergence and Expansion of Preclassical Mechanics*, Berlin 2019, S. 29–53.

3 Louis Marin, *Das Porträt des Königs*, Berlin 2005, S. 26.

4 Blaise Pascal, *Gedanken über die Religion und einige andere Gegenstände*, Berlin 1840, Bd. 1, Kap. 8, § 8, S. 164 (Übersetzung v. A. verändert).

5 Ebd.

6 Jörg Jochen Berns, *Die Herkunft des Automobils aus Himmelstrionfo und Höllenmaschine*, Berlin 1996, S. 14.

7 Marin, *Das Porträt des Königs*, S. 9 f.

8 Oliver Hochadel, *Öffentliche Wissenschaft. Elektrizität in der deutschen Aufklärung*, Göttingen 2003.

9 Sir Robert Fludd war ein mystischer Philosoph, Alchemist und Astrologe vom Beginn des 17. Jahrhunderts, der als Gegenspieler von Johannes Kepler Berühmtheit erlangte, vgl. Robert Fludd, *Minoris Metaphysica. Utriusque cosmi maioris scilicet et minoris metaphysica, physica atque technica historia in duo volumina secundum cosmi differentiam divisa*, Oppenheim 1617, S. 26.

10 Alexandre Koyré, *Von der geschlossenen Welt zum unendlichen Universum*, Frankfurt/M. 2008.

11 Angelus Silesius, *Sämtliche poetische Werke in drei Bänden*, Bd. 3, München 1952, S. 103.

12 Gideon Freudenthal, »The Hessen-Grossmann Thesis: An Attempt at Rehabiltation«, in: *Perspectives on Science* 13 (2), S. 166–193 (2005) hier S. 179–190.

13 Lynn White jr., *Die mittelalterliche Technik und der Wandel der Gesellschaft*, München 1968, S. 87.

14 Der Begriff des impliziten Wissens (*tacit knowledge*) stammt von Michael Polanyi. Polanyi meint allerdings eher eine Form der Geschicklichkeit, wie das Wissen eines Schreiners, hier hingegen geht es um eine technische Lösung ohne Kenntnis der zugrunde liegenden Gesetze. Siehe Michael Polanyi, *Implizites Wissen*, Frankfurt/M. 2016. Der Begriff der Konkretisierung stammt von Simondon, *Existenzweise*, S. 19–22.

15 Giambattista Della Porta, *Magiae naturalis sive de miraculis rerum naturalium*, Neapel 1558.

16 In etwa: »Darstellende Magie oder über die Repräsentationen wunderlicher Dinge durch Licht und Schatten, Athanasius Kircher, *Ars Magna Lucis Et Umbrae*, Lib. X, Amsterdam 1671, S. 703–733.

17 Parastaticus bedeutet etwa »in Erscheinung treten lassend«.

18 Leonardo da Vinci, *Traktat von der Malerei*, Jena 1909, S. 53.

19 Benjamin, *Ursprung des deutschen Trauerspiels*, S. 152.

20 Bacon, *Neues Organon*, § 38–69.

21 Um das Jahr 1628 schrieb er zwei Abhandlungen über Optik, *Dioptrique* und *Météors*.

22 Helmut Hilz, *Theatrum Machinarum. Das technische Schaubuch der frühen Neuzeit*, München 2008.

23 Jan Lazardzig, *Theatermaschine und Festungsbau. Paradoxien der Wissensproduktion im 17. Jahrhundert*, Berlin 2007, S. 37.

24 Pierre Corneille, »Argument«, in: Ad. Regnier (Hg.), *Les grands écrivains de la France, nouvelles éditions, œuvres de P. Corneille*, Tome V, Paris 1862, S. 292–298.

25 Lazardzig, *Theatermaschine und Festungsbau*, S. 47.

26 Nietzsche, *Fröhliche Wissenschaft*, KSA 3, Vorrede § 4. S. 352.

27 Lazardzig, *Theatermaschine und Festungsbau*, S. 46 f.

Objekte der Aufklärung

1 Gottfried Wilhelm Leibniz, »Drôle de Pensée«, in: Horst Bredekamp, *Die Fenster der Monade. Gottfried Wilhelm Leibniz' Theater der Natur und Kunst*, Berlin 2012, S. 237–244.

2 Francis Bacon, *Neu-Atlantis*, Stuttgart 1982, S. 43.

3 Ebd., S. 53.

4 Ebd., S. 54.

5 Giambattista Vico, *Liber metaphysicus. Risposte (De antiquissima Italorum sapientia liber primus)*, München 1979, S. 34.

6 René Descartes, *Regulae ad directionem ingenii*. Lateinisch – deutsch (Regeln zur Ausrichtung der Erkenntniskraft), Hamburg 1973, Regel 5.

7 René Descartes, *Über den Menschen*, Heidelberg 1969, S. 57.

8 Ebd., S. 44.

9 Ebd., S. 56.

10 Ebd., S. 135 f.

11 Canguilhem, *Die Erkenntnis des Lebens*, S. 186.

12 George Makari, *Soul Machine. The Invention of the Modern Mind*, New York, London 2015, S. 103–149.

13 Angelus Silesius, »Cherubinischer Wandersmann«, in: ders., *Sämtliche poetische Werke in drei Bänden*, Bd. 3, S. 10.

14 Johann Wolfgang von Goethe, zit. nach Annette Beyer, *Faszinierende Welt der Automaten. Uhren, Puppen, Spielereien*, München 1983, S. 56.

15 Zit. nach Carsten Priebe, *Vaucansons Ente. Eine kulturgeschichtliche Reise ins Zentrum der Aufklärung*, Norderstedt 2004, S. 7.

Organismus und Maschine

1 Denis Diderot, »Essay über die Herrschaft der Kaiser Claudius und Nero sowie über das Leben und die Schriften Senecas« [1782], in: ders., *Philosophische Schriften*, Bd. 2, Berlin 1984, S. 237–583, hier: S. 429.

2 Vgl. Julien Offray de La Mettrie, *L'Homme Machine. Die Maschine Mensch*. Französisch/Deutsch, Hamburg 1990.

3 Friedrich Albert Lange, *Geschichte des Materialismus und Kritik seiner Bedeutung in der Gegenwart*, Bd. I, Frankfurt/M. 1974, S. 344.

4 Pfister, Zweifel, *Pornosophie & Imachination*, S. 205.

5 Georg Ernst Stahl, »Über den Unterschied zwischen Organismus und Mechanismus« [1714], in: ders., *Sudhoffs Klassiker der Medizin* 36, Leipzig 1961, S. 47– 54, hier S. 49.

6 Canguilhem, *Die Erkenntnis des Lebens*, S. 216.

7 Georges Cuvier, *Vorlesungen über vergleichende Anatomie*, Buch 3, Leipzig 1810, S. 4.

8 Rolf Pfeifer u. a., *How the Body Shapes the Way we Think. A New View of Intelligence*, Cambridge, Mass., 2007.

9 Philipp Blom, *Das vernünftige Ungeheuer. Diderot, d'Alembert, de Jaucourt und die Große Enzyklopädie*, Frankfurt/M. 2005.

10 Diderot, »Gespräche mit D'Alembert«, in: ders., *Philosophische Schriften*, Bd. 1, S. 511.

11 Ebd., S. 539.

12 Gottfried Wilhelm Leibniz, *Monadologie* [1714], Hamburg 1982, § 64, S. 57.

13 Diderot, *Philosophische Schriften* 1, S. 528.

14 Hochadel, *Öffentliche Wissenschaft*, S. 16.

15 Benjamin Franklin, *Autobiographie*, München 2016.

16 Zit. nach Hochadel, *Öffentliche Wissenschaft*, S. 52 f.

17 Robert Darnton, *Der Mesmerismus und das Ende der Aufklärung in Frankreich*, München 1983.

Der Tod und die Maschine

1 Immanuel Kant, *Zum Ewigen Frieden*, Stuttgart 1984 [1795], S. 24.

2 Immanuel Kant, *Metaphysische Anfangsgründe der Naturwissenschaft*, Hamburg 1997 [1786], S. 3.

3 Kant, *Kritik der Urteilskraft*, § 65.

4 Kant, *Metaphysische Anfangsgründe*, S. 7.

5 Kant, *Kritik der Urteilskraft*, § 75.

6 Ebd., § 65 (Hervorhebung d. A.).

7 Brief von Goethe an Carl Friedrich Zelter vom 29. Januar 1830, zit. nach Karl Vorländer, *Immanuel Kant. Der Mann und das Werk*, Wiesbaden 2004, S. 357.

8 Ästhetik kommt vom griechischen *aísthēsis*: Wahrnehmung oder Empfindung.

9 Friedrich Schiller, »Die Götter Griechenlands« [1788], in: ders. *Sämtliche Gedichte*, Frankfurt/M., Leipzig 1980 S. 184–195.

10 Weber, *Wissenschaft als Beruf*, S. 488.

11 Georg Wilhelm Friedrich Hegel, »Das älteste Systemprogramm des deutschen Idealismus« [1796], in: ders., *Frühe Schriften, Werkausgabe*, Bd. 1, Frankfurt/M., S. 234–238, hier S. 234 f.

12 Zit. nach Thomas Assauer, »Die Gefährten«, in: *Die Zeit*, 18.12.2007, {https://www.zeit.de/2007/52/OdE9-Geist}, letzter Zugriff 15.11.2021.

13 Georg Wilhelm Freidrich Hegel, »Entwürfe über Religion und Liebe« [1797/98], in: ders., *Frühe Schriften, Werkausgabe*, Bd. 1., S. 239–254, hier S. 242–245.

14 Hegel, *Phänomenologie des Geistes*, S. 390.

15 Schiller, *Über die ästhetische Erziehung des Menschen*, S. 617.

16 Freud, *Das Unheimliche*, GW XII, S. 247.

17 Gilles Simon, *Ce sport qui rend fou*, Paris 2020.

18 Johann Wolfgang von Goethe, *Wilhelm Meisters Lehrjahre*, Hamburg 2013, S. 312 f.

19 Novalis, *Blüthenstaub*, Spruch 77.

20 Sigfried Giedion, *Die Herrschaft der Mechanisierung. Ein Beitrag zur anonymen Geschichte*, Frankfurt/M. 1982.

21 Wladimir Velminski, *Gehirnprothesen. Praktiken des Neuen Denkens*, Berlin 2012, S. 17–43.

22 Zit. nach Giedion, *Die Herrschaft der Mechanisierung*, S. 770.

23 Jean-Jacques Rousseau, *Diskurs über die Ungleichheit*, Paderborn 1993, S. 105.

24 Jean-Jacques Rousseau, *Emil oder Über die Erziehung*, Berlin 2015.

25 E. T. A. Hoffmann, *Der Sandmann*, Stuttgart 2013, S. 25.

26 Rüdiger Safranski, *Romantik. Eine deutsche Affäre*, München 2008, S. 118.

Die Wärmekraftmaschine

1 Platon, *Timaios*. 70 c–d.

2 William Harvey, zit. nach Everett Mendelsohn, *Heat and Life. The Development of the Theory of Animal Heat*, Cambridge 1964, S. 33.

3 Antoine Laurent de Lavoisier, Pierre Simon de Laplace, *Zwei Abhandlungen über die Wärme. aus den Jahren 1780 und 1784*, Leipzig 1892, S. 8 f.

4 James Watt, zit. nach Conrad Matschoss, *Geschichte der Dampfmaschine*, Hamburg 2013, S. 61.

5 Ilya Prigogine, Isabelle Stengers, *Dialog mit der Natur. Neue Wege naturwissenschaftlichen Denkens*, München 1993.

6 Michel Foucault, »Of Other Spaces«, in: *Diacritics* 1 (1986), S. 22–27, hier: S. 22 (Übersetzung d. A.).

7 Beide Zitate: Christoph Bernoulli, *Anfangsgründe der Dampfmaschinenlehre für Techniker und Freunde der Mechanik*, Basel 1824, S. 2 f.

8 Unter Wirkungsgrad versteht man den Anteil der zugeführten Wärme, die in Kraft umgewandelt wird. Ein Wirkungsgrad von 1 bedeutet, dass die gesamte Wärme verwertet werden kann. Nur ein *perpetuum mobile* hätte diesen Wirkungsgrad.

9 Nicolas Sadi Carnot, *Betrachtungen über die bewegende Kraft des Feuers und die zur Entwicklung dieser Kraft geeignete Maschine*, Leipzig 1892, S. 6 f.

10 Emil du Bois-Reymond, *Vorträge über Philosophie und Gesellschaft*, Hamburg 2015, S. 13.

11 Yehuda Elkana, *The discovery of the conservation of energy*, Cambridge, Mass., 1975.

12 Richard P. Feynman, *Lectures on Physics. Mainly mechanics, radiation, and heat*, Reading, Mass., 1963, Bd. 1, S. 4 (Übersetzung d. A.).

Die Arbeit und die Dampfmaschine

1 Adam Smith, *Der Wohlstand der Nationen* [1789], München 1996, S. 9.

2 Herbert Breger, *Die Natur als arbeitende Maschine*, Frankfurt/M. 1982.

3 Jugendbriefe von du Bois-Reymond, zit. nach Breger, *Die Natur als arbeitende Maschine*, S. 214.

4 Hermann von Helmholtz, *Über die Erhaltung der Kraft. Eine physikalische Abhandlung*, Berlin 1847, S. 2.

5 Julius Mayer, »Bemerkungen über die Kräfte der unbelebten Natur« in: Jacob J. Weyrauch, *Die Mechanik der Wärme in Gesammelte Schriften von Robert Mayer (sic!)*, Stuttgart 1893, S. 28.

6 Eskadron ist die kleinste Einheit der Kavallerie. Ob Helmholtz Pferd oder Reiter behandelte oder beide, konnte ich leider nicht ermitteln.

7 Brief vom 9. Februar 1852, in: Hermann von Helmholtz, Emil Heinrich Du Bois-Reymond, *Dokumente einer Freundschaft. Briefwechsel zwischen Hermann von Helmholtz und Emil Du Bois-Reymond*, Berlin 1986, S. 123.

8 Zit. nach Anson Rabinbach, *The Human Motor. Energy, Fatigue, and the Origins of Modernity*, Berkeley, Calif., 1992, S. 121 (Übersetzung d. A).

9 Detlef Wilkens (Hg.), *Justus Liebigs Chemische Briefe*, Norderstedt 2014, S. 250.

10 Hegel, *Phänomenologie des Geistes*, S. 135.

11 Karl Marx, *Lohnarbeit und Kapital*, MEW 6, Berlin 1961, S. 397–423, hier: S. 400 f.

12 Karl Marx, *Kritik der politischen Ökonomie*, MEW 13, Berlin 1961, S. 3–160, hier: S. 18.

13 Ebd., S. 51.

14 Friedrich Engels, *Die Lage der arbeitenden Klasse in England*, Leipzig 1845, S. 42 f.

15 Lazare Carnot, *Essai sur les machines en général*, Dijon 1786, S. 19.

16 Karl Marx, Friedrich Engels, *Das kommunistische Manifest*, Hamburg 2016, S. 39.

17 Karl Marx, *Das Kapital*, Band I, 3. Abschnitt, MEW 23, Berlin 1962, S. 192.

18 Friedrich Schelling, *Ideen zu einer Philosophie der Natur, als Einleitung in das Studium dieser Wissenschaft*, Berlin 2016 [1779], S. 35.

19 Ebd., S. 149.

20 Aldous Huxley, *Schöne Neue Welt*, Frankfurt/M. 2021 [1932].

21 Wer sich für die geistesgeschichtlichen Folgen der Entropie interessiert, dem ist das Buch: Elizabeth Neswald, *Thermodynamik als kultureller Kampfplatz. Zur Faszinationsgeschichte der Entropie, 1850–1915*, Freiburg 2006, empfohlen.

22 Erwin Schrödinger, *Was ist Leben? Die lebende Zelle mit den Augen des Physikers betrachtet*, München 2011.

1 James Gleick, *Die Information. Geschichte, Theorie, Flut*, München 2011.

2 Alan M. Turing, »On Computable Numbers, with an Application to the Entscheidungsproblem«, in: *Proceedings of the London Mathematical Society* 1 (1937), S. 230–265.

3 Philip Mirowski, *Machine Dreams. Economics Becomes a Cyborg Science*, Cambridge 2002, S. 2–25.

4 Alan M. Turing, »Computing Machinery and Intelligence«, in: *Mind* 236 (1950), S. 433–460.

5 Gottfried Wilhelm Leibniz, »Dissertatio de arte combinatoria« [1666], in: ders., *Philosophische Schriften*, IV, hg. von C. J. Gerhardt, Berlin 1880, S. 13–26.

6 George Boole, *Investigation of the Laws of Thought, on Which are Founded the Mathematical Theories of Logic and Probabilities*, London 1954.

7 George Boole, *Studies in Logic and Probability*, Newburyport 2012, S. 273.

8 Subtraktion lässt sich als Addition einer negativen Zahl, Division als Multiplikation eines Bruches deuten.

9 In jüngster Zeit wurden Zweifel an ihrer Universalität laut, siehe Roy Wagner, »Does Mathematics Need Foundations?«, in: Stefania Centrone u. a. (Hg.), *Reflections on the Foundations of Mathematics*, Heidelberg 2019, S. 381–396.

10 George Gheverghese Joseph, *A Passage to Infinity. Medieval Indian Mathematics from Kerala and its Impact*, New Delhi 2009.

11 Leibniz, *Monadologie*, § 11.

12 Schaffer, *Babbage's Intelligence: Calculating Engines and the Factory System*, S. 207.

13 Mirowski, *Machine Dreams*, S. 31–43.

14 Elmar Schenkel, *Die elektrische Himmelsleiter. Visionäre und Exzentriker in den Wissenschaften*, München 2005, S. 71–76.

15 Charles Babbage, *On the Economy of Machinery and Manufactures*, Cambridge 1832.

16 Schaffer, *Babbage's Intelligence: Calculating Engines and the Factory System*, S. 203.

17 Babbage, *On the Economy of Machinery and Manufactures*, S. 175 f.

18 Marx, »Rede auf der Jahresfeier des ›People's Paper‹« [1856], MEW 12, S. 3 f.

19 Marx, *Maschinenfragment*, MEW 42, S. 593.

20 Schenkel, *Die elektrische Himmelsleiter*, S. 77–84.

21 Zit. nach B. V. Bowden (Hg.), *Faster than Thought. A Symposium on Digital Computing Machines*, London 1953, S. 351 (Übersetzung d. A.).

22 Simon Schaffer, »Babbage's Dancer«, in: {http://www.imaginary-futures.net/2007/04/16/babbages-dancer-by-simon-schaffer}, letzter Aufruf 8.11.2021.

23 Charles Babbage, *The Ninth Bridgewater Treatise*, Cambridge 1837.

24 Er entwirft darin den Plan eines Personal Computers (PC), fast dreißig Jahre bevor 1976 Apple I, der erste PC, auf den Markt kam. Siehe Vannevar Bush, »As we may Think«, in: *The Atlantic Monthly* 176 (July 1945) S. 101–108.

25 Claude Shannon, Warren Weaver, *The Mathematical Theory of Communication*, Urbana 1964, S. 31 (Übersetzung d. A.).

26 Claus Pias, *Computer-Spiel-Welten*, München 2002, S. 195–197.

27 Georg Lukács, *Die Verdinglichung und das Bewußtsein des Proletariats*, Bielefeld 2015.

28 Heute gibt es schon Spiele, in die der Spieler eigene Subroutinen einfügen kann.

29 John von Neumann, Oskar Morgenstern, *Spieltheorie und wirtschaftliches Verhalten*, Würzburg 1967.

Literatur

Giorgio Agamben, *Höchste Armut. Ordensregeln und Lebensform*, Frankfurt/M. 2012.

Günther Anders, *Die Antiquiertheit des Menschen*, München 2018.

Thomas von Aquin, *Summa Theologica*. Vollständige, ungekürzte deutsch-lateinische Ausgabe, Graz 1977.

Aristoteles, *Physik*, in: *Philosophische Schriften* 6, Hamburg 1995.

Aristoteles, *Politik*, in: *Philosophische Schriften* 4, Hamburg 1995.

Aristoteles, *Über die Seele*, Hamburg 1995.

Aristoteles, *Poetik*, München 2010.

Aristoteles, *Metaphysik*, Berlin 2019.

Thomas Assauer, »Die Gefährten«, in: *Die Zeit*, 18.12.2007, {https://www.zeit.de/2007/52/OdE9-Geist}.

Aurelius Augustinus, *Bekenntnisse*, Frankfurt/M., Leipzig 2004.

Charles Babbage, *On the Economy of Machinery and Manufactures*, Cambridge 1832.

Charles Babbage, *The Ninth Bridgewater Treatise. Cambridge library collection. Religion*, Cambridge 1837.

Francis Bacon, *Neu-Atlantis*, Stuttgart 1982.

Francis Bacon, *Neues Organon*, Hamburg 1999.

Bernardini Bardi, *In mechanica Aristotelis problemata exercitationes: adiecta succincta narratione de autoris vita & scriptis*, Mainz 1621.

Roland Barthes, *Mythen des Alltags*, Berlin 2016.

Alexander Gottlieb Baumgarten, *Ästhetik. Lateinisch-deutsch*, Hamburg 2007.

Sandro Benini, »Minderjährige sollten kein Smartphone haben«, in: *Tages-Anzeiger*, 14.01.2021, {https://www.tagesanzeiger.ch/minderjaehrigen-sollte-man-das-smartphone-verbieten-913599951082}

Walter Benjamin, *Ursprung des deutschen Trauerspiels*, Frankfurt/M. 1978.

Berichterstattungskommission des Deutschen Zollverein, *Amtlicher Bericht über die Industrie-Ausstellung aller Völker zu London im Jahre 1851*, Berlin 1852.

Christoph Bernoulli, *Anfangsgründe der Dampfmaschinenlehre für Techniker und Freunde der Mechanik*, Basel 1824.

Jörg Jochen Berns, *Die Herkunft des Automobils aus Himmelstrionfo und Höllenmaschine*, Berlin 1996.

Annette Beyer, *Faszinierende Welt der Automaten. Uhren, Puppen, Spielereien*, München 1983.

Philipp Blom, *Das vernünftige Ungeheuer. Diderot, d'Alembert, de Jaucourt und die Große Enzyklopädie*, Frankfurt/M. 2005.

Hans Blumenberg, *Arbeit am Mythos*, Frankfurt/M. 2011.

Hans Blumenberg, *Die Legitimität der Neuzeit*, Frankfurt/M. 2012.

George Boole, *Investigation of the Laws of Thought, on Which Are Founded the Mathematical Theories of Logic and Probabilities*, London 1954.

George Boole, *Studies in Logic and Probability*, Newburyport 2012.

Bertram Vivian Bowden (Hg.), *Faster than Thought. A Symposium on Digital Computing Machines*, London 1953.

Horst Bredekamp, *Die Fenster der Monade. Gottfried Wilhelm Leibniz' Theater der Natur und Kunst*, Berlin 2012.

Herbert Breger, *Die Natur als arbeitende Maschine*, Frankfurt/M. 1982.

Derren Brown, *Absolut Magic*, Humble 2003.

Vannevar Bush, »As We May Think«, in: *The Atlantic Monthly* 176 (July 1945), S. 101–108.

Georges Canguilhem, *Die Erkenntnis des Lebens*, Berlin 2009.

Lazare Carnot, *Essai sur les machines en général*, Dijon 1786.

Nicolas Sadi Carnot, *Betrachtungen über die bewegende Kraft des Feuers und die zur Entwicklung diese Kraft geeignete Maschine*, Leipzig 1892.

Ernst Cassirer, *Form und Technik* (1930), in: ders., *Gesammelte Werke* 17, Hamburg 2009, S. 139–183.

Ernst Cassirer, *Schriften zur Philosophie der symbolischen Formen*, Hamburg 2009.

Eduardo Batalha Viveiros de Castro, *Kannibalische Metaphysiken. Elemente einer post-strukturalen Anthropologie*, Leipzig 2019.

Salomon de Caus, *Von gewaltsamen Bewegungen. Beschreibung etlicher, so wol nützlichen alß lustigen Machiner*, o. O. [1615]. {https://digi.ub.uni-heidelberg.de/diglit/caus1615gaa}.

Stanley Cavell »The Uncanniness of the Ordinary«, in: ders. *The Quest for the Ordinary*, Chicago 1994.

Eugenio Coseriu, *Geschichte der Sprachphilosophie. Von den Anfängen bis Rousseau*, Tübingen 2003.

Georges Cuvier, *Vorlesungen über vergleichende Anatomie, Buch 3*, Leipzig 1810.

Leonardo da Vinci, *Traktat von der Malerei*, Jena 1909.

Robert Darnton, *Der Mesmerismus und das Ende der Aufklärung in Frankreich*, München 1983.

Lorraine Daston, Katherine Park, *Wunder und die Ordnung der Natur. 1150–1750*, Frankfurt/M. 2002.

Gilles Deleuze, Félix Guattari, *Anti-Ödipus*, Frankfurt/M. 1977.

Gilles Deleuze, Félix Guattari, *Tausend Plateaus. Kapitalismus und Schizophrenie 2*, Berlin 1997.

Giambattista Della Porta, *Magiae naturalis sive de miraculis rerum naturalium*, Neapoli 1558.

René Descartes, *Über den Menschen*, hg. von Karl Rothschuh, Heidelberg 1969.

René Descartes, *Regulae ad directionem ingenii*. [Lateinisch–deutsch] = *Regeln zur Ausrichtung der Erkenntniskraft*, Hamburg 1973.

René Descartes, *Meditationes de prima philosophia*, Hamburg 2009.

Denis Diderot, *Essay über die Herrschaft der Kaiser Claudius und Nero sowie über das Leben und die Schriften Senecas*, in: ders., *Philosophische Schriften II*, Berlin 1984, S. 239–584.

Denis Diderot, *Gespräche mit D'Alembert*, in: *Philosophische Schriften 1*, Berlin 1984, S. 509–580.

Denis Diderot, *Die geschwätzigen Kleinode oder die Verräter*, Berlin 2005.

Denis Diderot, Jean le Rond d'Alembert, *Encyclopédie ou Dictionnaire raisonné des Sciences, des Arts et des Métiers*, Paris 1966.

Emil Du Bois-Reymond, *Vorträge über Philosophie und Gesellschaft*, Hamburg 2015.

Wolfgang Düsing (Hg.), *Friedrich Schiller, Über die ästhetische Erziehung des Menschen in einer Reihe von Briefen*, München 1981.

Yehuda Elkana, *The Discovery of the Conservation of Energy*, Cambridge, Mass., 1975.

427

Friedrich Engels, *Die Lage der arbeitenden Klasse in England*, Leipzig 1845.

Hans Magnus Enzensberger, *Gedichte. 1950–2020*, Berlin 2019.

Rivkah Feldhay, »Preclassical Mechanics in Context: Practical and Theoretical Knowledge between Sovereignty, Religion and Science«, in: dies. u. a. (Hg.), *Emergence and Expansion of Preclassical Mechanics*, Berlin 2019, S. 29–53.

Elena Ferrante, *Meine geniale Freundin*, Berlin 2016.

Leon Festinger, *Theorie der Kognitiven Dissonanz*, Bern 1978.

Ludwig Feuerbach, *Das Wesen des Christentums*, Stuttgart 1986.

Richard P. Feynman, *Lectures on Physics. Mainly mechanics, radiation, and heat. Addison-Wesley world student series* 1, Reading 1963.

Marsilio Ficino, *Über die Liebe oder Platons Gastmahl*. Lateinisch – deutsch, Hamburg 1984.

Martha Albertson Fineman u. a. (Hg.), *Privatization, Vulnerability, and Social Responsibility: A Comparative Perspective*, New York, N. Y. 2016.

Robert Fludd, *Minoris Metaphysica. Utriusque cosmi maioris scilicet et minoris metaphysica, physica atque technica historia in duo volumina secundum cosmi differentiam divisa*, Oppenheim 1617.

Vilém Flusser, *Vom Stand der Dinge. Eine kleine Philosophie des Design*, Göttingen 2019.

Michel Foucault, »Of Other Spaces«, in: *Diacritics* 16 (1986), S. 22–27.

Michel Foucault, *Was ist Kritik?*, Berlin 1992.

Michel Foucault, *Die Ordnung der Dinge. Eine Archäologie der Humanwissenschaften*, Frankfurt/M. 2012.

Benjamin Franklin, *Autobiographie*, München 2016.

Sigmund Freud, *Der Witz und seine Beziehung zum Unbewußten*, in: ders., *Gesammelte Werke*, Bd. VI, hg. von Anna Freud u. a., Frankfurt/M. 1999.

Sigmund Freud, *Totem und Tabu*, in: ders., *Gesammelte Werke*, Bd. IX, hg. von Anna Freud u. a., Frankfurt/M. 1999.

Sigmund Freud, »Die Verdrängung«, in: ders., *Gesammelte Werke*, Bd. X, hg. von Anna Freud u. a., Frankfurt/M. 1999, S. 247–262.

Sigmund Freud, »Das Unbewußte«, in: ders., *Gesammelte Werke*, Bd. X, hg. von Anna Freud u. a., Frankfurt/M. 1999, S. 263–304.

Sigmund Freud, »Zur Einführung des Narzißmus«, in: ders., *Gesammelte Werke*, Bd. X, hg. von Anna Freud u. a., Frankfurt/M. 1999, S. 137–170.

Sigmund Freud, »Das Unheimliche«, in: ders., *Gesammelte Werke*, Bd. XII, hg. von Anna Freud u. a., Frankfurt/M. 1999, S. 227–268.

Sigmund Freud, »Aus der Geschichte einer infantilen Neurose«, in: ders., *Gesammelte Werke*, Bd. XII, hg. von Anna Freud u. a., Frankfurt/M. 1999, S. 27–158.

Sigmund Freud, *Jenseits des Lustprinzips*, in: ders., *Gesammelte Werke*, Bd. XIII, hg. von Anna Freud u. a., Frankfurt/M. 1999.

Sigmund Freud, *Das Unbehagen in der Kultur*, in: ders., *Gesammelte Werke*, Bd. XIV, hg. von Anna Freud u. a., Frankfurt/M. 1999, S. 419–506.

Sigmund Freud, *Neue Folge der Vorlesungen zur Einführung in die Psychoanalyse* in: ders., *Gesammelte Werke* Bd. XV, hg. von Anna Freud u. a., Frankfurt/M. 1999.

Sigmund Freud, *Originalnotizen zum Rattenmann*, in: ders., *Gesammelte Werke, Nachtragsband*, hg. von Angela Richards., Frankfurt/M. 1999, S. 50–569.

Gideon Freudenthal, »The Hessen-Grossmann Thesis. An Attempt at Rehabilitation«, in: *Perspectives on Science* 2 (2005), S. 166–193.

Max Frisch, *Tagebuch. 1946–1949*, Frankfurt/M. 1983.

Sigfried Giedion, *Die Herrschaft der Mechanisierung. Ein Beitrag zur anonymen Geschichte*, Frankfurt/M. 1982.

Bertrand Gille, *Ingenieure der Renaissance*, Wien, Düsseldorf 1968.

James Gleick, *Die Information. Geschichte, Theorie, Flut*, o. O. 2011.

Johann Wolfgang von Goethe, *Wilhelm Meisters Lehrjahre*, Hamburg 2013.

Johann Wolfgang von Goethe, *Faust I. Reclam XL – Text und Kontext*, Ditzingen 2014.

Erich H. Gombrich, *Die Geschichte der Kunst*, Gütersloh 1977.

Karl-Heinz Göttert, *Magie. Zur Geschichte des Streits um die magischen Künste unter Philosophen, Theologen, Medizinern, Juristen und Naturwissenschaftlern von der Antike bis zur Aufklärung*, Zürich 2001.

Anthony Grafton, »Der Magus und seine Geschichte(n)«, in: *Anthony Grafton*, Moshe Idel (Hg.), *Der Magus. Seine Ursprünge und seine Geschichte in verschiedenen Kulturen*, Berlin 2001, S. 1–26.

Guidobaldo del Monte, *Mechanicorum Liber*, Pesaro 1577.

Ludwig Günther, *Keplers Traum vom Mond*, Leipzig 1898.

Byung-Chul Han, *Vom Verschwinden der Rituale. Eine Topologie der Gegenwart*, Berlin 2018.

Georg Wilhelm Friedrich Hegel, »Entwürfe über Religion und Liebe« [1797/98], in: ders., *Frühe Schriften, Werkausgabe* 1, S. 239–254.

Georg Wilhelm Friedrich Hegel, *Phänomenologie des Geistes*, Hamburg 2006.

Georg Wilhelm Friedrich Hegel, »Das älteste Systemprogramm des deutschen Idealismus«, in: ders., *Frühe Schriften*, Frankfurt/M. 2016.

Martin Heidegger, *Sein und Zeit*, in: ders., *Gesamtausgabe*, Bd. 2, Frankfurt/M. 1977.

Martin Heidegger, »Die Frage nach der Technik«, in: ders., *Gesamtausgabe*, Bd. 7: *Vorträge und Aufsätze*, Frankfurt/M. 2000, S. 5–37.

Heinrich Heine, *Florentinische Nächte*, Berlin 1999.

Hermann von Helmholtz, *Über die Erhaltung der Kraft. Eine physikalische Abhandlung*, Berlin 1847.

Hermann von Helmholtz, Emil Heinrich Du Bois-Reymond, *Dokumente einer Freundschaft. Briefwechsel zwischen Hermann von Helmholtz und Emil Du Bois-Reymond*, Berlin 1986.

Johann Gottfried Herder, *Sprachphilosophie. Ausgewählte Schriften*, Hamburg 2017.

Klaus Herrmann (Hg.), *Sefer Jezira – Das Buch der Schöpfung*, Berlin 2008.

Mathias Herweg, *Herzog Ernst*. Mittelhochdeutsch/Neuhochdeutsch: in der Fassung B mit den Fragmenten der Fassungen A, B und Kl., Ditzingen 2019.

Sarah Herwig, »Leiden Roboter in Zukunft genau wie wir?«, in: SRF, 14.11.2015, {https://www.srf.ch/kultur/gesellschaft-religion/leiden-roboter-in-zukunft-genau-wie-wir}, letzter Aufruf 15.11.2021.

Michael Heyd, *Be Sober and Reasonable. The Critique of Enthusiasm in the Seventeenth and Early Eighteenth Centuries*, Leiden 2000.

Helmut Hilz, *Theatrum Machinarum. Das technische Schaubuch der frühen Neuzeit*, München 2008.

Thomas Hobbes, *Leviathan. Oder Stoff, Form und Gewalt eines kirchlichen und bürgerlichen Staates*, Frankfurt/M. 1984.

Oliver Hochadel, *Öffentliche Wissenschaft. Elektrizität in der deutschen Aufklärung*, Göttingen 2003.

E. T. A. Hoffmann, *Der Sandmann*, Stuttgart 2013.

E. T. A. Hoffmann, »Die Automate«, in: Wulf Segebrecht (Hg.), *E. T. A. Hoffmann: Die Serapions-Brüder*. Frankfurt/M., S. 396–429.

Homer, *Ilias*, Berlin 2014.

Homer, *Odyssee*, Berlin 2014.

Max Horkheimer, Theodor W. Adorno, *Dialektik der Aufklärung. Philosophische Fragmente*, Frankfurt/M. 2017.

Aldous Huxley, *Schöne Neue Welt*, Frankfurt/M. 2021.

Hippolytus von Rom, *Widerlegung aller Häresien*, München 1922.

Sheila Jasanoff, Sang-Hyun Kim (Hg.), *Dreamscapes of Modernity. Sociotechnical Imaginaries and the Fabrication of Power*, Chicago, London 2015.

George Gheverghese Joseph, *Medieval Indian Mathematics from Kerala and Its Impact*, New Delhi 2009.

Immanuel Kant, *Kritik der Urteilskraft*, Hamburg 1990.

Immanuel Kant, *Kritik der reinen Vernunft*, Hamburg 1998.

Immanuel Kant, *Grundlegung zur Metaphysik der Sitten*, Hamburg 2016.

Immanuel Kant, *Metaphysische Anfangsgründe der Naturwissenschaft*, Hamburg 2017.

Immanuel Kant, *Zum Ewigen Frieden. Ein philosophischer Entwurf*, Hamburg 2017.

Ernst Kantorowicz, *Die zwei Körper des Königs. Eine Studie zur politischen Theologie des Mittelalters*, München 1994.

Ernst Kapp, *Grundlinien einer Philosophie der Technik. Zur Entstehungsgeschichte der Cultur aus neuen Gesichtspunkten*, Berlin 2015.

Garry Kasparov, *Deep Thinking. Where Machine Intelligence Ends and Human Creativity Begins*, New York 2017.

Athanasius Kircher, *Ars Magna Lucis Et Umbrae*, Amsterdam 1671.

Heinz-Dieter Kittsteiner, *Die Entstehung des modernen Gewissens*, Frankfurt/M. 2000.

Heinrich von Kleist, *Über das Marionettentheater*, Stuttgart 2013.

Alexandre Koyré, *Von der geschlossenen Welt zum unendlichen Universum*, Frankfurt/M. 2008.

Winfried Kretschmer, *Geschichte der Weltausstellungen*, Frankfurt/M. 1999.

Klaus Krüger, *Politik der Evidenz. Öffentliche Bilder als Bilder der Öffentlichkeit im Trecento*, Göttingen 2015.

George Kubler, *The Shape of Time. Remarks on the History of Things*, New Haven, Conn., 1962.

Julien Offray de La Mettrie, *L'Homme Machine. Die Maschine Mensch.* Französisch/Deutsch, Hamburg 1990.

David Saul Landes, *Der entfesselte Prometheus. Technologischer Wandel und industrielle Entwicklung in Westeuropa von 1750 bis zur Gegenwart*, Niedernberg 1991.

Friedrich Albert Lange, *Geschichte des Materialismus und Kritik seiner Bedeutung in der Gegenwart*, Band I, Frankfurt/M. 1974.

Antoine Laurent de Lavoisier, Pierre Simon de Laplace, *Zwei Abhandlungen über die Wärme. Aus den Jahren 1780 und 1784*, Leipzig 1892.

Jan Lazardzig, *Theatermaschine und Festungsbau. Paradoxien der Wissensproduktion im 17. Jahrhundert*, Berlin 2007.

Jan Lazardzig, »Die Maschine als Spektakel«, in: Helmar Schramm, u. a. (Hg.), *Instrumente in Kunst und Wissenschaft. Zur Architektonik kultureller Grenzen im 17. Jahrhundert*, Berlin, New York 2006, S. 167–193.

Gottfried Wilhelm Leibniz, *Dissertatio de arte combinatoria*, in: ders., *Philosophische Schriften* IV, Berlin 1923.

Gottfried Wilhelm Leibniz, *Monadologie*, München 2010.

André Leroi-Gourhan, *Hand und Wort. Die Evolution von Technik, Sprache und Kunst*, Frankfurt/M. 1980.

Georg Lukács, *Die Verdinglichung und das Bewußtsein des Proletariats*, Bielefeld 2015.

Philip M. Palmer, Robert P. More, *The Sources of the Faust Tradition. From Simon Magus to Lessing*, New York 1936.

Heinrich Lysius, *Dissertatio Theologica, Argumentum Exhibens Jubilæo Quod Instat Lutherano Accommodatum, De Miraculorum Defectu, B. Luthero Male Exprobato / Quam ... Praeside ... Dn. Henrico Lysio, S. Theol. Doct. & Prof. ... Publico Eruditorum Examini Subjicit Christophorus Langhansen, Mathem. P. P. Extraord. in Auditorio Maximo Anno 1717. d. 22. Octobris* {https://digitale.bibliothek.uni-halle.de/vd18/content/titleinfo/3887681}, letzter Zugriff 15.11.2021.

George Makari, *Soul machine. The Invention of the Modern Mind*, New York, London 2015.

Herbert Marcuse, *Der eindimensionale Mensch. Studien zur Ideologie der fortgeschrittenen Industriegesellschaft*, München 1998.

Louis Marin, *Das Porträt des Königs*, Berlin 2005.

Michael Marti, »Ein paar Tech-Boys wollten Frauen vergleichen«, in: *SonntagsZeitung*, 17.02.2020, {https://www.tagesanzeiger.ch/sonntagszeitung/ein-paar-techboys-wollten-dieattraktivitaet-von-frauen-vergleichen/story/31104539}, letzter Zugriff 15.11.2021.

Karl Marx, »Lohnarbeit und Kapital«, in: ders. *Marx-Engels-Werke* 12, Berlin 1961, S. 397–423.

Karl Marx, »Rede auf der Jahresfeier des ›People's Paper‹«, in: ders. *Marx-Engels-Werke* 12, Berlin 1961, S. 3–4.

Karl Marx, *Kritik der politischen Ökonomie*, in: ders., *Marx-Engels-Werke* 13, Berlin 1961, S. 3–160.

Karl Marx, *Das Kapital*, in: ders., *Marx-Engels-Werke* 23, Berlin 1962.

Karl Marx, »Maschinenfragment«, in: ders., *Marx-Engels-Werke* 42, Berlin 1983, S. 590–605.

Karl Marx, Friedrich Engels, »Die grossen Männer des Exils«, in: dies., *Marx-Engels-Werke* 8, Berlin 1960, S. 233–335.

Karl Marx, Friedrich Engels, *Das kommunistische Manifest*, Hamburg 2016.

Conrad Matschoss, *Geschichte der Dampfmaschine*, Hamburg 2013.

Otto Mayr, *Uhrwerk und Waage. Autorität, Freiheit und technische Systeme in der frühen Neuzeit*, München 1987.

Ian McEwan, *Maschinen wie ich*, Zürich 2019.

Marshall McLuhan, *Das Medium ist die Massage. Ein Inventar medialer Effekte*, Stuttgart 2016.

Everett Mendelsohn, *Heat and life; the development of the theory of animal heat*, Cambridge 1964.

Claude-François Menestrier, »Traité des Tournois ioustes, carrousels, et autre spectactles pvblics«, {https://reader.digitale-sammlungen.de/de/fs1/object/display/bsb10899601_00006.html}, letzter Zugriff 15.11.2021.

Inga Michler, »Künstliche Intelligenz macht den Deutschen Angst«, in: *Die Welt*, 15.10.2017, {https://www.welt.de/wirtschaft/article169640579/Kuenstliche-Intelligenz-macht-den-Deutschen-Angst.html}, letzter Zugriff 15.11.2021.

Philip Mirowski, *Machine Dreams. Economics Becomes a Cyborg Science*, Cambridge 2002.

Wolf-Dieter Müller-Jahnke, »Agrippa von Nettesheim, ›de occulta philosophia‹, ein ›magisches System‹«, in: *studia leibnitiana Sonderheft* 7 (1978), S. 19–29.

Jean-Luc Nancy, *Der Eindringling. Das fremde Herz*, Berlin 2000.

Elizabeth Neswald, *Thermodynamik als kultureller Kampfplatz. Zur Faszinationsgeschichte der Entropie, 1850–1915*, Freiburg 2006.

John von Neumann, Oskar Morgenstern, *Spieltheorie und wirtschaftliches Verhalten*, Würzburg 1967.

Friedrich Nietzsche, *Die fröhliche Wissenschaft*, in: ders., *Kritische Studienausgabe* (*KSA*), Bd. 3, hg. von Giorgio Colli und Mazzino Montanari, München 1999.

Friedrich Nietzsche, *Über Wahrheit und Lüge im aussermoralischen Sinne*, in: ders., *Kritische Studienausgabe* (*KSA*), Bd. 1, hg. von Giorgio Colli und Mazzino Montanari, München 1999.

Novalis, »Blüthenstaub« [1798], in: ders., *Schriften*, Bd. 2: *Das philosophische Werk I*, Darmstadt 1965.

Publius Ovidius Naso, *Metamorphosen*, Ditzingen 1993.

Robert Owen, »Eine neue Gesellschaftsauffassung«, in: Thilo Ramm (Hg.), *Der Frühsozialismus*, Stuttgart 1968, S. 249–346.

Philip M. Palmer, Robert P. More, *The Sources of the Faust Tradition. From Simon Magus to Lessing*, New York 1936.

Paracelsus, *Labyrinthus Medicorum Errantium*, in: ders., *Werke* II, Basel 2010.

Blaise Pascal, *Gedanken über die Religion und einige andere Gegenstände*, Berlin 1840.

Kathrin Passig, *Standardsituationen der Technologiekritik*, Berlin 2013.

Papst Pius XII, *Humani generis*, {https://www.stjosef.at/dokumente/humani_generis.htm}, letzter Zugriff 15.11.2021.

Fernando Pessoa, *Das Buch der Unruhe des Hilfsbuchhalters Bernardo Soares*, Frankfurt/M. 2008.

Rolf Pfeifer u. a., *How the Body Shapes the Way We Think. A New View of Intelligence*, Cambridge, Mass., 2007.

Michael Pfister, Stefan Zweifel, *Pornosophie & Imachination. Sade, La Mettrie, Hegel*, München 2002.

Claus Pias, *Computer-Spiel-Welten*, München 2002.

Plato, *Phaidros*, in: ders., *Sämtliche Werke*, Bd. 2, Reinbek bei Hamburg 1994.

Platon, *Timaios*, in: ders., *Sämtliche Werke*, Bd. 4, Reinbek bei Hamburg 1994.

Platon, *Thäeitetos*, in: ders., *Sämtliche Werke*, Bd. 2, Reinbek bei Hamburg 1994.

Michael Polanyi, *Implizites Wissen*, Frankfurt/M. 2016.

Carsten Priebe, *Vaucansons Ente. Eine kulturgeschichtliche Reise ins Zentrum der Aufklärung*, Norderstedt 2004.

Ilya Prigogine, Isabelle Stengers, *Dialog mit der Natur. Neue Wege naturwissenschaftlichen Denkens*, München 1993.

Anson Rabinbach, *The Human Motor. Energy, Fatigue, and the Origins of Modernity*, Berkeley, Calif., 1992.

Ad. Regnier (Hg.), *Les grands écrivains de la France, nouvelles éditions, œuvres de P. Corneille*, Bd. V, Paris 1862.

Jessica Riskin, *The Restless Clock. A History of the Centuries-Long Argument over What Makes Living Things Tick*, Chicago 2016.

Jennifer Ellen Robertson, *Robo sapiens japanicus. Robots, Gender, Family, and the Japanese Nation*, Oakland, Calif., 2018.

Nils Röller, *Magnetismus. Eine Geschichte der Orientierung*, München 2010.

Jean-Jacques Rousseau, *Diskurs über die Ungleichheit*, Paderborn 1993.

Jean-Jacques Rousseau, *Emile oder Von der Erziehung*, Düsseldorf 1997.

Rüdiger Safranski, *Romantik. Eine deutsche Affäre*, München 2008.

Simon Schaffer, »Babbage's Intelligence: Calculating Engines and the Factory System«, in: *Critical Inquiry* 21 (1994), S. 203–227.

Simon Schaffer, »Babbage's Dancer«, in: {http://www.imaginaryfutures.net/2007/04/16/babbages-dancer-by-simon-schaffer}, letzter Zugriff 15.11.2021.

Friedrich Schelling, *Ideen zu einer Philosophie der Natur, als Einleitung in das Studium dieser Wissenschaft*, Berlin 2016.

Elmar Schenkel, *Die elektrische Himmelsleiter. Visionäre und Exzentriker in den Wissenschaften*, München 2005.

Friedrich Schiller, »Die Götter Griechenlands« [1788], in: ders. *Sämtliche Gedichte*, Frankfurt/M., Leipzig 1980.

Erwin Schrödinger, *Was ist Leben? Die lebende Zelle mit den Augen des Physikers betrachtet*, München 2011.

Claude Shannon, *Weaver, Warren: The Mathematical Theory of Communication*, Urbana 1964.

Angelus Silesius, *Sämtliche poetische Werke in drei Bänden*, Bd. 3, München 1952.

Gilbert Simondon, *Die Existenzweise technischer Objekte*, Zürich 2012.

Adam Smith, *Der Wohlstand der Nationen*, München 1996.

Baruch de Spinoza, *Die Ethik*, Stuttgart 1977.

Georg Ernst Stahl, *Über den Unterschied zwischen Organismus und Mechanismus*, Leipzig 1961.

Cora Stephan, *Das Handwerk des Krieges*, Berlin 1998.

Bernard Stiegler, *Der Fehler des Epimetheus*, Zürich 2009.

Charles Taylor, *Quellen des Selbst. Die Entstehung der neuzeitlichen Identität*, Frankfurt/M. 2016.

Alan M. Turing, »On Computable Numbers, with an Application to the Entscheidungsproblem«, in: *Proceedings of the London Mathematical Society* 1 s2-42 (1937), S. 230–265.

Alan M. Turing, »Computing Machinery and Intelligence«, in: *Mind* 236 (1950), S. 433–460.

Giorgio Vasari, *Das Leben des Lionardo da Vinci, Raffael von Urbino und Michelangelo Buonarotti*, Stuttgart 1996.

Wladimir Velminski, *Gehirnprothesen. Praktiken des Neuen Denkens*, Berlin 2012.

Giambattista Vico, *Liber metaphysicus. Risposte* (*De antiquissima Italorum sapientia liber primus*), Universitätsschrift, München 1979.

Giambattista Vico, *Die neue Wissenschaft über die gemeinschaftliche Natur der Völker.* (*Scienza nuova*), Berlin 2000.

Marcus Vitruvius Pollio, *De architectura. Libri decem*, Burlington 2013.

Eduardo Batalha Viveiros de Castro, *Kannibalische Metaphysiken. Elemente einer post-strukturalen Anthropologie*, Leipzig 2019.

Klaus Völker (Hg.), *Künstliche Menschen. Dichtungen und Dokumente über Golems, Homunculi, Androiden und liebende Statuen*, München 1971.

Karl Vorländer, *Immanuel Kant. Der Mann und das Werk*, Wiesbaden 2004.

Roy Wagner, »Does Mathematics Need Foundations?«, in: Stefania Centrone u. a. (Hg.), *Reflections on the Foundations of Mathematics*, Heidelberg 2019, S. 381–396.

Max Weber, »Wissenschaft als Beruf« [1919] in: ders., *Schriften 1894–1922*, Stuttgart 2002 S. 474–511.

Jacob J. Weyrauch, *Die Mechanik der Wärme in Gesammelte Schriften von Robert Mayer*, Stuttgart 1893.

Lynn White jr., *Die mittelalterliche Technik und der Wandel der Gesellschaft*, München 1968.

Norbert Wiener, *God and Golem, inc. A Comment on Certain Points Where Cybernetics Impinges on Religion*, Cambridge 1964.

Detlef Wilkens (Hg.), *Geschichte der Wissenschaft. Justus Liebigs Chemische Briefe*, Norderstedt 2014.

John Wilkins, *Mathematical Magick: or, The Wonders That may be Performed by Mechanical Geometry*, London 1648.

Bernard Williams, *Wahrheit und Wahrhaftigkeit*, Berlin 2013.

Donald W. Winnicott, *Vom Spiel zur Kreativität*, Stuttgart 2012.

Tom Wolfe, *Radical Chic und Mau Mau bei der Wohlfahrtsbehörde*, Berlin 2001.

Christian Wolff, *Vernünfftige Gedancken von Gott, der Welt und der Seele des Menschen, auch allen Dingen überhaupt* (= Deutsche Metaphysik), Halle 1720.

Abbildungen

S. 263 Louis Figuier, *Les merveilles de la science*, 1867–1891.

S. 264 Robert Stuart, *A Descriptive History of The Steam Engine*, London, 1824.

S. 269 F. M. Feldhaus, *Die Technik der Vorzeit, der geschichtlichen Zeit, und der Naturvölker*, Leipzig, Berlin 1914.

S. 311 L. Blaginskij, »Osnovij našego obučenija«, in: *Smena* 15 (1924).

S. 329 Rotationsdampfmaschine von Boulton und Watt, ausgestellt im Science Museum London, © CC 4.0.

S. 368 Die Turing-Welchman-Bombe, ein Computer, © CC 2.0.

S. 371 Ramon Lull, *Ars Magna*, ca. 1305, © Ziereis Faksimiles, Regensburg.

S. 372 Raimundus Lullus, *Ars brevis*, 1308, Stadtbibliothek und Stadtarchiv Trier, Trier Hs. 1895/1428, © CC 4.0.

S. 382 Charles Babbages Difference Engine No. 1, Science Museum London © CC 2.0.

S. 386/387 Luigi Menabrea, *Sketch of The Analytical Engine Invented by Charles Babbage*, 1842.

Danksagung

Dieses Buch ist aus einem Seminar entstanden, das ich 2013/2014 unterrichtete. Damals wurde ich vom Widerstand überrascht, den manche Studenten und Studentinnen, die sich für Philosophie begeistern, technischen Themen und besonders Maschinen entgegenbringen. Als ich mich entschied, das Thema weiterzuverfolgen, war mir deshalb klar, dass der Versuch, diese negativen Affekte besser zu verstehen, im Zentrum meiner Arbeit stehen muss.

Ohne die Unterstützung von José Brunner, emeritierter Professor für Wissenschaftsgeschichte und Wissenschaftstheorie der Universität Tel Aviv, Janina Enderle, Berlin, und Noam Strassberg, Zürich, wäre dieses Buch nicht zustande gekommen. Sie lasen die Texte, manche mehrmals, kommentierten sie kritisch, aber nie entmutigend, korrigierten und formatierten sie. Dafür bin ich unbeschreiblich dankbar.

Michael Hampe las große Teile des Manuskripts und machte wichtige Vorschläge zur Verbesserung der Lesbarkeit des Textes. Beinahe noch wichtiger war mir aber der kontinuierliche intellektuelle Austausch, der auf manchmal verschlungenen Wegen die Arbeit befruchtete.

Daniel Zimmermann und Olivier Del Fabbro kommentierten einzelne Kapitel ebenso kritisch wie hilfreich. Karin Mendes de Leon gab sich redlich Mühe, mir die nötigen mathematischen und physikalischen Grundlagen näherzubringen. Für ihre Geduld möchte ich mich herzlich bedanken. Allfällige Fehler sind aber nur meiner Begriffsstutzigkeit zuzuschreiben.

Während meiner wiederholten Besuche am Cohn Institute for the History and Philosophy of Science der TelAviv University führte mich Ido Yavetz mit nicht nachlassender Begeisterung in die Welt der Maschinen, Rivkah Feldhay in die des barocken Theaters und Gideon Freudenthal in die Philosophie der Technik ein. Direktor Yossef Schwartz danke ich für die Gastfreundschaft.

Andreas Kilcher, Zürich, teilte sein enormes Wissen über die Welt der Magie mit mir und Valentin Gröbner, Luzern, führte mich in die Bilderwelt des Mittelalters ein. Auch ihnen schulde ich Dank.

Last but not least möchte ich mich bei Magdalena Schrefel für ihr Lektorat bedanken. Sie hat mir gezeigt, dass es zwischen Strenge und Genauigkeit einerseits und Wohlwollen und Freundlichkeit andererseits keinen Widerspruch geben muss.

Erste Auflage Berlin 2022

Copyright © 2022
MSB Matthes & Seitz Berlin Verlagsgesellschaft mbH
Göhrener Str. 7, 10437 Berlin
info@matthes-seitz-berlin.de

Alle Rechte vorbehalten

Umschlaggestaltung: Dirk Lebahn, Berlin
Layout und Satz: Tom Mrazauskas, Berlin
Druck und Bindung: Pustet, Regensburg

ISBN 978-3-7518-0358-8

www.matthes-seitz-berlin.de

Sophie Wennerscheid
Sex machina
Zur Zukunft des Begehrens

240 Seiten, gebunden mit Schutzumschlag
ISBN 978-3-95757-706-1

Schon immer hat sich der Mensch nach der Überschreitung einer ›natürlichen‹ Sexualität gesehnt. Neu ist, dass mit der Schaffung virtueller Welten und der Fertigung von lebensechten Sexpuppen und humanoiden Robotern nun die Möglichkeit besteht, dieses Begehren auch real auszuleben. Bevor aber entschieden werden kann, ob das die bisherige Begehrensordnung revolutioniert oder bestehende Geschlechterverhältnisse zementiert, muss die grundsätzliche Frage gestellt werden, was es heißt, eine Maschine zu begehren. Anhand zahlreicher Beispiele aus Film, Fernsehen, Kunst und Literatur, zeigt *Sex Machina*, wie unterschiedlich Begehren und Beziehungen zwischen Menschen und Maschinen imaginiert und organisiert werden können. Gleichzeitig ist es ein Plädoyer für einen entspannten Umgang mit Technik, der diese nicht als funktionale Vervollkommnung, sondern als Eigenart von Sexualität und Begehren einordnet.

Martin Burckhardt
Philosophie der Maschine

360 Seiten, gebunden mit Schutzumschlag
ISBN 978-3-95757-476-3

Die Maschine ist die große Unbekannte des Denkens. Wem dies sonderbar anmutet, weil man ihr als Metapher überall begegnet, werfe einen Blick auf unser Bild von Gott: Nacheinander wurde er von der Kultur zum Theaterereignis, zum Uhrmacher und schließlich zum Programmierer umgeschult. Worin liegt der philosophische Nerv der Maschine, dieser großen Unbekannten des Denkens? Über historische Exkursionen hinaus führt Martin Burckhardt in dieser philosophischen Grundlegung den Leser in die Gegenwart auf den so langsamen wie unweigerlichen Rückzug der Philosophie und der gleichzeitigen Explosion maschineller Intelligenzen hin. Die Maschine ist kein technisches Gadget mehr, sondern längst zur geistigen Größe geworden. Sie ist das Unbewusste der Philosophie, der Gesellschaft überhaupt. Würde der Geist der Maschine freigesetzt, wäre endlich eine nun von allem metaphysischen Ballast befreite, radikal geistesgegenwärtig Philosophie denkbar.